工业和信息化部“十四五”规划专著

图像拟态融合理论、模型和应用

Mimic Fusion of Images: Theory, Model and Application

杨风暴　吉琳娜　著

科 学 出 版 社

北 京

内 容 简 介

图像拟态融合是一种新的智能仿生信息处理的理论和方法，其不企图给出适用所有图像融合的方法，也不排除已有融合算法的优势性能，更不拒绝在融合中引入其他新的理论和方法提升融合自适应程度，而是模仿拟态章鱼的多拟态特性，借助“差异决定结构、结构决定效果”的思想，根据不同图像成像特性和场景变化提取差异特征，形成对融合可变驱动，使融合模型的结构和算法根据图像间差异的变化而动态优化，达到融合效果的整体更优．本书是在作者及其课题组多年来研究成果的基础上撰写而成的，是国内首本拟态仿生融合理论研究的专著．全书主要内容包括理论研究、模型构建和应用探索三个方面，其中理论研究有拟态融合基本概念、拟态融合理论框架、拟态章鱼的感知与拟态机理、差异特征驱动机制、拟态变换原理等，模型构建包括拟态融合模型结构、图像间差异特征类集构建、结构化融合算法类集构建、类集间的多集值映射、融合算法的协同嵌接机理等，应用探索包括红外光强与偏振图像的拟态融合、红外与可见光视频的拟态融合等．

本书可供从事多源信息融合、不确定性信息处理、人工智能、风险评估与预测、故障诊断等方面研究的科研人员使用，也可作为高等学院和科研院所信息与通信工程、智能科学与工程、光学工程、计算机技术、控制工程、环境与安全工程、信息计算、应用数学等相关专业的高年级本科生和研究生的参考用书．

图书在版编目（CIP）数据

图像拟态融合理论、模型和应用 / 杨风暴，吉琳娜著．—北京：科学出版社，2024.5

ISBN 978-7-03-077185-8

Ⅰ. ①图…　Ⅱ. ①杨…　②吉…　Ⅲ. ①图像处理　Ⅳ. ①TP391.413

中国国家版本馆 CIP 数据核字（2023）第 236648 号

责任编辑：胡庆家　贾晓瑞 / 责任校对：彭珍珍

责任印制：张　伟 / 封面设计：无极书装

科学出版社 出版

北京东黄城根北街 16 号

邮政编码：100717

http://www.sciencep.com

保定市中画美凯印刷有限公司印刷

科学出版社发行　各地新华书店经销

*

2024 年 5 月第　一　版　开本：720×1000　1/16

2024 年 9 月第二次印刷　印张：21 1/2

字数：433 000

定价：148.00 元

（如有印装质量问题，我社负责调换）

序　言

多源图像融合是现代智能探测系统综合处理信息的重要手段, 利用不同图像间互补信息获得对场景更准确、更全面的理解. 但探测场景的复杂多样、目标状态特性的变化和探测手段的性能不同等因素导致多源图像的差异信息属性复杂多变, "固定"的融合模型难以满足"动态"变化的差异信息融合需求. 拟态融合借助"差异决定结构、结构决定效果"的思想, 实现融合模型随图像间差异信息的变化而动态优化, 是一种创新性的智能仿生信息处理的理论和方法. 该书研究图像拟态融合的理论、模型和应用, 具有重要的理论意义和应用价值.

作为一个新理论, 拟态仿生融合还未形成理论体系, 该书从理论研究、模型构建和应用探索三方面进行相应的开创性探索. 理论研究的内容包括: 建立了拟态融合基本概念、拟态融合理论框架、拟态章鱼的感知与拟态机理、差异特征驱动机制、拟态变换原理等内容的系统的理论框架; 模型构建的内容包括拟态融合模型结构、图像间差异特征类集构建、结构化融合算法类集构建、类集间的多集值映射、融合算法的协同嵌接机理等; 应用探索的内容包括红外光强与偏振图像的拟态融合、红外与可见光视频的拟态融合等. 该书是在作者及其课题组多年来研究成果的基础上撰写而成的, 尤其是理论探索与实践运用相结合, 给出了拟态融合理论在红外偏振与光强图像拟态融合、可见光与红外视频拟态融合等方面的应用实例, 具有重要的科学意义和应用价值. 因此, 该书为拟态仿生融合理论更深入研究和更广泛应用奠定了基础, 对相关的科技研究和应用发展将产生深远的意义.

杨风暴教授及其带领的团队长期从事智能信息处理领域的研究, 尤其近年来在拟态仿生融合理论研究方面取得了不少的重要研究进展和成果, 得到了同行专家的肯定和关注. 在与杨教授多年交往中, 感受到他治学严谨、勤奋刻苦、为人谦逊. 该书撰写中他们几易其稿、反复斟酌, 为保证书稿质量奠定了良好基础.

我相信该书的出版将对拟态仿生融合理论的研究发挥促进作用.

以此为序.

中国工程院院士　张锡祥

前言

多传感器图像融合的关键是在综合增强共有特征的基础上，实现不同图像差异特征的有效融合. 当前，大多数图像融合方法是依据图像差异特征的先验知识事先确定融合算法的. 在真实应用当中，由于场景的动态变化，不同传感器图像间的差异特征难以提前有效确定，必须依靠适时的成像条件和探测系统及时获取；且图像差异特征的类型、幅度、频次等是随机变化的，尤其是视频图像的帧间变化更为多样. 因此，事先选择的“固定”融合模型和算法很难满足“动态”变化的差异特征融合需求，这种“先验假设”的融合方法不可避免地成为制约两类图像融合效果提升的瓶颈.

上述瓶颈产生的原因表面看是由于融合模型不随图像差异特征变化而调整，本质上是融合模型对图像差异特征变化敏感性低、融合模型的静态结构不具备动态调整能力.

研究发现，拟态章鱼是生物界的“变形金刚”，在浅海难以藏身的环境中面对各种大型生物威胁，可模仿十几种海洋生物而躲避危险，具有超强的多拟态能力. 其得益于自身的两大功能：能够敏锐感知到外界不同威胁对象，能够通过颜色、形状和动作等变化模仿威胁生物不感兴趣的各种生物及行为. 这与突破上述瓶颈问题的需求是一致的，由此，我们提出了一种新的仿生融合方法——图像拟态融合.

研究拟态融合的目的就是针对现有图像融合模型缺乏感知图像间差异信息能力、不能根据图像差异调整融合策略等缺陷，通过模仿拟态章鱼的多拟态特性，研究图像拟态仿生融合基本原理(包括剖析拟态章鱼感知机理、探究拟态章鱼的颜色形状行为的变换特点、揭示拟态变换规律等)，探索拟态仿生融合模型构建方法(包括感知/认知图像差异特征的方法、构建结构化融合算法类集、能够派生多种形态模型等)，为高性能多源成像探测技术及图像融合探索新理论、新方法.

本书汇集了作者十几年来在图像拟态仿生融合方面的艰辛探索的研究成果，尽管有些内容还有进一步完善的地方，但作为一种新的图像融合的理论和方法，本书试图建立其系统的理论、模型及应用的体系，达到抛砖引玉的效果. 全书主要内容包括理论研究、模型构建和应用探索三方面，其中，理论研究有拟态融合基本概念、拟态融合理论框架、拟态章鱼的感知与拟态机理、差异特征驱动机制、拟态变换原理等，模型构建包括拟态融合模型结构、图像间差异特征类集构建、结构化融合算法类集构建、类集间的多集值映射、融合算法的协同嵌接机理等，应用探索包括红外光强与偏振图像的拟态融合、红外与可见光视频的拟态融合等.

我国信息融合领域的领头人、中国工程院何友院士在本书的编写中给予的极大的支持和帮助；澳大利亚伍伦贡大学习江涛教授，英国雷丁大学卫红博士，太原科技大学王志社教授，中北大学蔺素珍教授、王肖霞副教授和李菠博士审阅了部分书稿，在此表示衷心的感谢. 本书的研究得到了国家自然科学基金项目(批准号: 61171057、61672472 和 61972363)的资助，在此表示感谢.

本书第 1, 2, 6, 7, 11, 12, 13 章由杨风暴教授撰写，第 3, 4, 5, 8, 9, 10 章由吉琳娜副教授撰写，全书由杨风暴教授统稿. 博士研究生郭小铭、硕士研究生王学霜和刘延东等在本书的撰写过程中付出了艰辛努力，本团队多年来指导的研究生为本书积累了大量的研究成果. 本书的撰写过程中参阅了近年来相关领域的一些新的研究成果，在此向有关作者表示诚挚的谢意.

本书正文涉及的所有彩图都可以扫封底二维码查看.

由于作者学术水平有限，书中定有不妥或疏漏之处，有些系一家之言，真诚希望各位专家、学者不吝赐教、批评指正.

杨风暴

2023.12.1

目　　录

第二篇 图像拟态融合模型

第三篇　图像拟态融合应用

第 1 章　绪　　论

1.1　图像融合及其面临的问题

1.1.1　图像融合的概念

1. 图像融合的定义

图像融合是指不同传感器在同一时刻或不同时刻获取的关于同一景物的图像或序列图像按一定的准则综合成一幅合成图像的过程, 其目的是克服单一传感器图像在几何、光谱和空间分辨率等方面存在的局限性和差异性, 提高图像的信息丰富程度[1].

常见的需要融合的对象包括多光谱遥感影像、多模态医学图像、多波段图像、多聚焦图像、多曝光图像、多空间域图像等. 图像融合的优点主要有改善图像质量、扩大图像所含有的时空信息、提高系统对目标探测识别的可靠性、利于目标实时动态观测等. 图像融合在遥感观测、医学诊断、智能控制、林业安防、无损检测等领域(见图 1.1)具有广泛的应用价值[2].

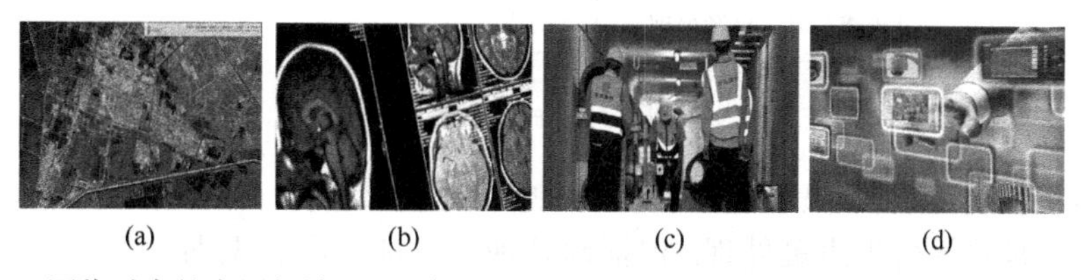

(a)　(b)　(c)　(d)

图 1.1　图像融合的应用领域, (a)遥感观测; (b)医学诊断; (c)智能机器人探测; (d)公共安全视频监控

2. 图像融合的层级

图像融合由低到高可分为三个层次: 像素级融合、特征级融合、决策级融合.

(1) 像素级融合. 像素级融合是指直接对采集到的图像的像素进行操作得到融合图像的过程, 是最低层次的融合, 如图 1.2 所示. 像素级融合可保留原始图像中较多的信息, 提供其他融合层次所不能提供的细微信息, 这有利于对图像进一步分析、处理和理解, 但其缺点是在融合前需得到精确配准的源图像, 否则影响融合结果, 且处理时间长、实时性差.

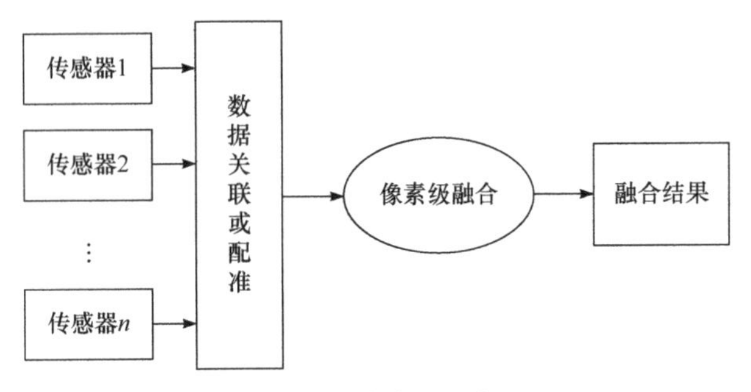

图 1.2　像素级融合

(2) 特征级融合. 特征级融合属于中间层次的融合，首先从源图像中提取图像的特征信息，然后再对提取到的特征信息进行处理的过程，一般提取的特征信息是像素信息的充分表示量和充分统计量，实现多源数据的分类和综合，如图 1.3 所示. 与像素级融合相比，其压缩了大量的融合数据，便于实时处理，减小了数据的不确定性；由于所提取的图像特征直接与决策分析有关，因此融合结果能较大限度地给出决策分析所需要的特征.

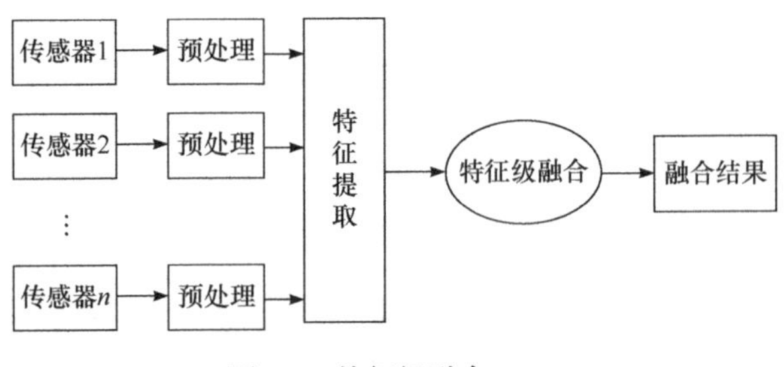

图 1.3　特征级融合

(3) 决策级融合. 决策级融合是一种高层次的融合，首先对每个图像传感器本身的数据进行初步决策处理，包括预处理、特征提取、识别或判决，以得出检测目标的初步结论，然后进行关联处理、决策层融合判决，最后获得联合推断结果，如图 1.4 所示. 决策级融合是直接针对具体决策目标的，除具有实时性好的优点

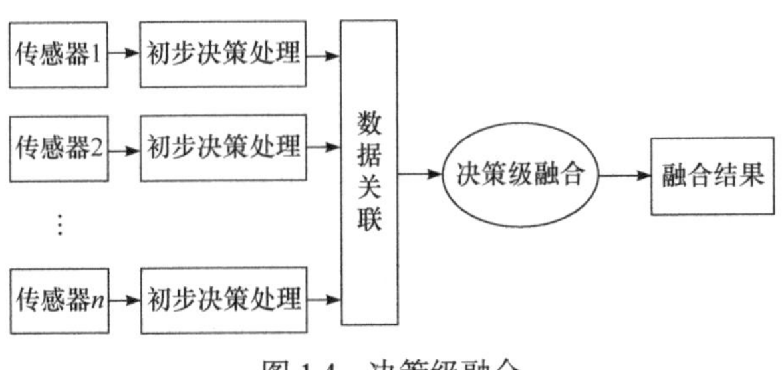

图 1.4　决策级融合

外，还可以在少数传感器失效的情况下仍能给出最终决策，且这种联合决策比任何单传感器决策都更精确、更明确，融合系统具有很高的灵活性，对信息传输的带宽要求低.

3. 图像融合的驱动方式

图像处理的目的和任务不同、参与融合的图像的模态和特点不同，对图像融合的需求也不同. 并且，几乎没有某一方法能够适用于所有融合需求，因而有各种各样图像融合实现的方法；换而言之，不同的图像融合方法有各自不同的优势和特点. 所以，不同的融合需求需要采用不同的融合方法去满足，只有根据融合需求选择或研究融合方法才能提高图像融合的针对性，我们把根据需求选择融合方法称为需求驱动融合. 根据融合需求的不同，融合驱动方式有很多种，常见的有差异特征驱动融合、目标处理驱动融合、场景理解驱动融合等.

差异特征驱动融合：合成不同图像间的互补信息是图像融合的核心任务，也是综合发挥不同成像方式的各自优势的重要手段. 图像间的差异特征是其图像间互补信息的具体体现，因此，差异特征驱动融合的目的就是以融合图像间具有差异的特征，使融合后的图像信息更丰富全面. 具体来讲，差异特征驱动融合是利用差异特征的变化驱动融合方法自适应变化的一种图像融合方式，其通过建立多图像间差异特征集合与融合算法集合间的、反映融合有效性的映射，根据不同的差异特征，基于该映射选择不同的融合算法(或融合规则、融合参数等)，将选择的融合算法组合形成相应的融合方法，从而使融合方法随图像差异特征的改变而优化改变.

目标处理驱动融合：许多工程应用当中，图像处理的任务主要是围绕探测目标进行的，包括目标检测、目标识别、目标定位、目标跟踪、目标关联等等. 根据图像目标处理的任务不同选择图像融合的方法，我们称之为目标处理驱动融合. 比如，图像融合的后续任务是目标检测，融合时就应该把利于目标检测的图像信息和特征尽量综合到融合图像中，以此为依据选择利于目标检测的融合方法，这就是目标检测驱动融合. 类似的驱动方式还有目标识别驱动融合、目标跟踪驱动融合、目标关联驱动融合等.

场景理解驱动融合：图像处理的最终结果常常是供人眼观察的，或者图像中没有事先确定的目标，或者即使有目标也需要背景信息共同作用，例如场景认知分析、目标背景对比、场景变化监测等. 图像融合的目的是集成更多的信息，便于后续图像观察者更好地理解场景或提升面向人眼的信息表现能力，这类为集成更多信息的图像融合方法选择的方式被称为场景理解驱动融合. 如彩色映射图像融合、视觉仿生图像融合等.

1.1.2 常用图像融合算法

总体来说, 图像融合方法可以概括为以下几类.

(1) 基本融合方法: 一般指的是利用源图像的局部空间特征, 如梯度、灰度值、空间频率和局部标准差等进行融合, 常用的算法包括多幅叠加法、加权平均法、选择最大值/最小值法、比值融合法、高通滤波法等. 该类方法一般直接对图像像素点进行操作, 计算简单、运算速度快, 能够较好地保留结果图像的整体效果.

(2) 基于多尺度变换的方法: 首先利用变换算法将源图像分解为高低频率系数; 然后对不同的系数采用不同的融合策略, 分层次分方向地完成融合; 最后通过逆变换实现图像融合. 常见的包括金字塔变换、小波变换, 以及在此基础上的改进法等.

金字塔变换是采用隔行隔列降 2 采样获得的一系列分辨率逐渐降低的图像集合与分解获得的低分辨率系数和高分辨率系数, 凸显了图像的重要特征和细节信息. 金字塔算法包括拉普拉斯金字塔(Laplacian Pyramid, LP)、对比金字塔(Contrast Pyramid, CP)、梯度金字塔(Gradient Pyramid, GP)和形态学金字塔(Morphological Pyramid, MP)等, 均获得了良好的融合效果. 该方法计算效率非常高, 融合效果较为理想, 但也存有以下缺点: 冗余分解, 无方向性, 随着分解层的逐渐增加, 分辨率会越来越小, 边界越来越模糊.

小波变换将图像分解为表示轮廓的低频近似系数和表示图像细节的多层 3 个方向(水平、垂直和对角)的高频细节系数, 充分反映了源图像的局部变化特征. 其优点是分解后信息无冗余, 具有方向性, 克服了基于金字塔变换方法的缺点. 如离散小波变换(Discrete Wavelet Transform, DWT)和静态小波变换(Stationary Wavelet Transform, SWT).

改进的多尺度变换法有双树复小波变换(Dual-Tree Complex Wavelet Transform, DTCWT)、轮廓波、曲波变换(Curvelet Transform, CVT)和剪切波等, 它们不但具有平移不变性, 也具有方向选择性. 当前, 应用最广泛的是非下采样轮廓波变换(Non-Subsampled Contourlet Transform, NSCT)和非下采样剪切波变换(Non-Subsampled Shearlet Transform, NSST). NSCT 是在轮廓波基础上提出的非降采样变换, 计算量大, 耗时长, 效率低. 而 NSST 是在剪切波基础上提出的非降采样变换, 速度快, 具有多方向性, 融合效果更理想.

(3) 基于模型的方法: 一般指的是可以自适应提取图像特征的图像融合方法, 包括基于稀疏表示的融合法、基于神经网络的融合法、基于子空间的融合法等.

基于稀疏表示的融合法是在保留图像细节特征的基础上, 将图像有效地分解为一组非零原子的线性组合, 过完备字典和稀疏表示模型是其的核心内容. 目前, 常见的模型有: 稀疏表示基本模型、组稀疏模型和交叉稀疏表示模型等. 该方法优点是模型构建简单, 易理解, 对噪声误差的处理较理想. 但复杂度高、计算效率低，模糊了源图像中的细节信息.

基于神经网络的融合法模仿人脑的感知行为来处理神经信息，该方法具有较好的适应性、容错能力和抗噪声能力. 如脉冲耦合神经网络模型、基于卷积神经网络的深度学习模型、基于生成对抗网络的模型等.

基于子空间的融合法是将高维图像投影到低维子空间中，以捕捉源图像的内在结构. 如主成分分析法(Principal Component Analysis, PCA)、非负矩阵分解和独立成分分析等.

(4) 混合型融合方法：是指融合了 2 种或 2 种以上的方法，各取所长，优势互补，提高了融合质量，通常混合型的融合方法优于单一融合方法. 如多尺度变换和稀疏表示法相结合的多聚焦图像融合方法，在保留了图像的边缘信息和梯度信息的基础上，提高了图像的空间细节信息量，提升了融合质量；基于引导滤波和稀疏表示的融合方法，通过引导滤波算法，将全色图像作为向导图，对多光谱亮度图注入细节，加强局部细节，空间分辨率和光谱的保留度都优于其他方法.

1.1.3 存在的问题

在不同类型的图像融合中，图像间差异特征的有效融合是体现图像融合优势的关键. 常用的图像融合方法，如基本图像融合方法、基于多尺度变换的方法、基于模型的方法及混合型融合方法等，这些方法大多是根据已有的融合经验、结合算法的优势特点来事先确定一种固定的融合策略来实现融合，缺乏考虑融合需求以及场景的具体信息，往往事先选择的融合算法会出现融合效果不理想，严重情况下会造成融合失效的问题.

问题具体包含以下两点：

(1) 不同融合算法对同一差异特征或同一算法对不同差异特征的融合效果均不相同. 如基于顶帽变换和支持度变换的融合算法对亮度差异特征的融合效果更明显，可以提高图像的对比度；加权平均、金字塔、小波变换、小波包、NSCT 和 NSST 等算法对图像不同差异特征的融合性能各有差异，即单一融合算法并不能在各类差异特征上均保持性能较优.

图 1.5 为一些算法的融合性能比较结果，图 1.5(a)和(b)为两组红外光强与偏振图像，(c)—(h)分别为像素绝对值取大融合(Maximum Pixel Absolute Value, MPAV)、PCA、NSCT、NSST、LP 和多尺度双边滤波变换(Multiscale Bilateral Filtering Transform, MBFT)对以上两组源图像的融合结果，明显发现这 6 种算法对不同类型的差异特征融合性能并不相同，其中 MPAV 和 PCA 具有较好的亮度差异特征迁移能力，在细节纹理等方面表现较差；NSST 和 NSCT 具有较强的细节差异特征迁移能力；LP 和 MBFT 具有较好的结构差异特征迁移能力.

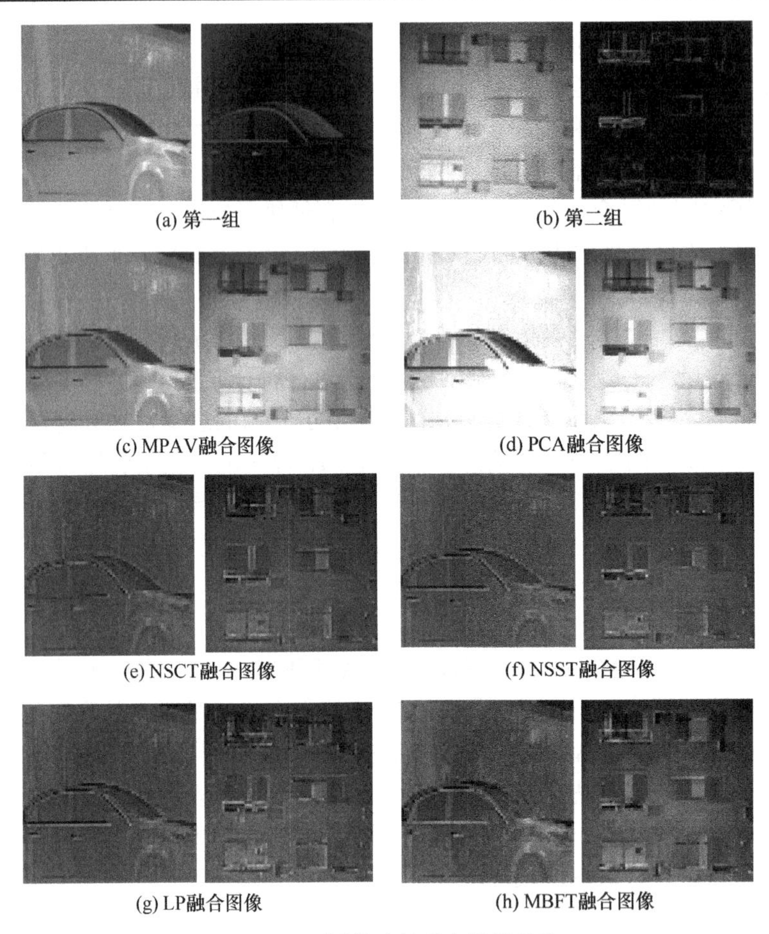

图 1.5　不同算法的融合性能比较

(2) 实际的目标检测中(见图 1.6)，由于场景的动态变化，不同模态图像间的差异特征很难提前有效确定，另外融合需求也是存在多样性的. 融合需求决定融合图像的具体要求，哪些特征需要被突出，哪些目标信息需要被强调，当场景信息比较复杂的时候，经验选择的融合算法大多情况下只能满足复杂场景下某些特定目标的融合，也就是满足特定的融合需求，不能满足全部的融合需求；而且当目标信息不同的时候，其反映到图像上的特征也不一样.

图 1.6　红外与可见光图像

即便能够预先确定场景下主要的差异特征类型，但成像机理的差异性、探测环境和目标的复杂性会导致这探测图像间差异特征的幅值等属性更加复杂多变，预先选择的融合算法不可能始终保持较好的融合性能，必然会引起算法融合效果也会发生不确定变化，造成融合质量的降低．特别地，当多种类型差异特征的幅值同时发生变化时，尤其是最显著的亮度、边缘轮廓、纹理细节等差异特征幅值发生改变时，这会对融合效果产生更大的不确定性，若仍采用先前的融合方法可能导致融合质量大幅度降低甚至造成融合失效．显然，传统的这种相对静态、缺乏针对性的融合不能满足光电探测系统自发现、自调整、自优化的功能需求．

上述的固定融合模型从表面看是模型不随图像差异特征变化而调整，实质上是融合模型对图像差异特征变化敏感性低、融合模型静态不变的结构不能动态调整和选择有效融合算法，从而严重束缚了图像融合优势的发挥．与固定融合模型相比，柔性融合模型是指在分布式系统中，融合节点、信息流向、传输内容、信息处理等融合要素能够按照系统探测的不同融合需求而自主改变，进而产生新的融合结构，以满足复杂场景下的信息融合感知，更有利于动态场景的自适应融合和精准识别，只有研究提高模型对差异特征变化的敏感能力、建立动态可变融合结构的方法，才能解决以上问题．

1.2　生 物 拟 态

生物拟态[3,4]是由英国博物学家 Henrry W. Bates 在 1862 年首先描述的．他观察到南美蝴蝶中某些具有鲜艳色彩的种类从外形上看几乎完全相同，但有些是有毒的，而另外一些却是完全无毒的．他由此推测无毒的蝴蝶伪装成有毒的蝴蝶，以便逃避被捕食的厄运，他将这种现象称为拟态．

拟态是指某些生物在进化过程中形成的外表形状或色泽斑纹与其他生物或非生物异常相似的现象，是生物适应环境的最为典型的例子．它被认为是生物长期适应环境的必然结果，生物可以逃避敌害、捕捉猎物、帮助传粉和繁殖后代等．有些生物会模仿环境中的非生物，如枯叶蝶(仿枯叶)、负泥虫幼虫(仿鸟的粪便)、圆眼燕鱼幼鱼(仿落叶)等；也有一些生物可以模仿环境中的其他生物，如竹节虫(仿竹)、举尾虫(仿蝎)、食蚜蝇(仿胡蜂)等，如图 1.7 所示．

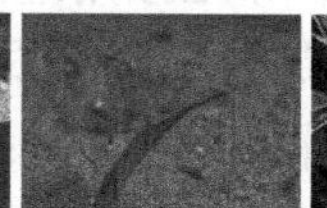
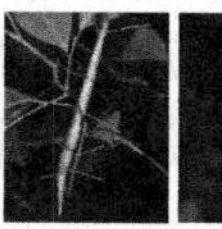

枯叶蝶　负泥虫幼虫　圆眼燕鱼幼鱼　竹节虫　举尾虫　食蚜蝇

图 1.7　生物拟态的样例

1.2.1　生物拟态系统的构成

典型的生物拟态系统由本体、被模仿生物和受骗者共同组成, 生物拟态系统可以用以下方式定义.

1. 受骗者

由两个不同的信号发送者发出信号, 这两个信号发送者至少有一个共同的信号接受者, 即受骗者(R). 对 R 来说两个信号相似, 但对一个发送者做出的反应是积极的(+), 但对另一个发送者做出同样反应后是消极的(–).

2. 本体和被模仿生物

如果发送的信号引起了 R 有负面后果的反应(–), 即欺骗了 R, 则称为本体(S_1). 另一个信号引起受骗者有正面后果的反应(+), 则称为被模仿生物(S_2). 这些关系可以用符号表示, 如图 1.8(a)所示.

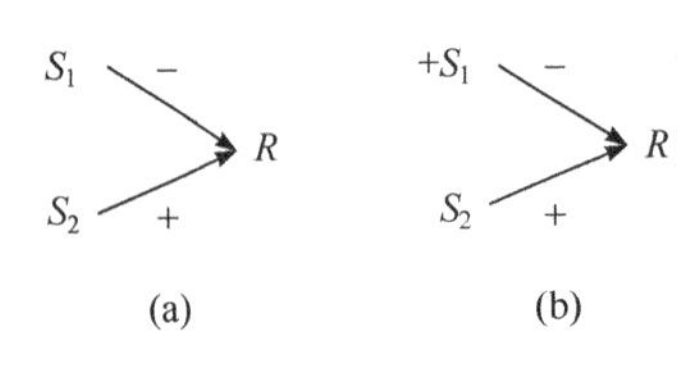

图 1.8　拟态系统的关系

R 对 S_2 作出反应的结果总是积极的, 如果结果对 R 不利, 则反应就会消失. S_1 获得 R 的反应结果总是对自身有利的(+), 关系自动变成, 如图 1.8(b)所示.

S_2 获得 R 反应结果可能的情况有: ①如果 S_2 是一个无生命的物体, 则不存在; ②是消极的, 例如, 如果 S_2 是蜘蛛, 通常被鸟类受骗者吃掉; ③是积极的, 如 S_2 是清洁鱼, 与鱼类 R 是共生关系.

3. 两种典型的生物拟态系统

(1) 蛛尾拟角蝰拟态系统.

在蛛尾拟角蝰、蜘蛛和鸟类拟态系统中, 蛛尾拟角蝰会利用鸟类捕食蜘蛛这一特点, 用尾巴模仿蜘蛛的外形和动作, 吸引鸟类靠近后将其捕食, 蛛尾拟角蝰拟态系统关系如图 1.9(a)所示. 其中, S_1 代表蛛尾拟角蝰, S_2 代表蜘蛛, R 代表鸟类.

此类拟态系统中, 对鸟类来说, 蛛尾拟角蝰发出信号的反应结果是消极的, 即被捕食, 蜘蛛发出信号的反应结果是积极的, 即捕食蜘蛛; 蛛尾拟角蝰获得鸟类反应的结果是积极的, 即成功骗到并捕食鸟类; 蜘蛛获得鸟类反应的结果消极的, 被鸟类吃掉.

(2) 假清洁鱼拟态系统.

在假清洁鱼、清洁鱼和鱼类拟态系统中, 清洁鱼与鱼类有良好的共生关系,清洁鱼以鱼类体外的寄生虫为食，它们经常表现出特殊的“邀请姿势”，尾鳍张开，鱼的后部上下摆动. 而假清洁鱼通过拟态清洁鱼的大小、形状、颜色及特殊的“邀请姿势”来欺骗鱼类，成功后对鱼类进行撕咬、攻击，假清洁鱼拟态系统关系如图 1.9(b)所示. 其中，S_1 代表假清洁鱼，S_2 代表清洁鱼，R 代表鱼类.

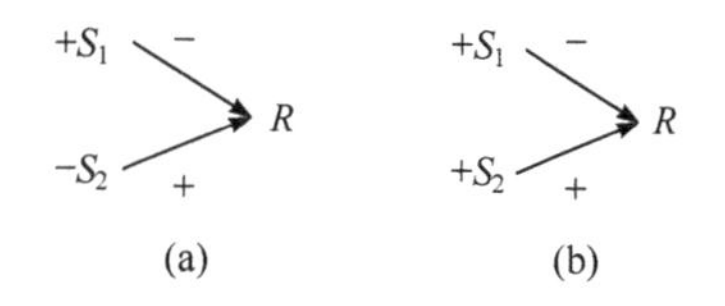

图 1.9 蛛尾拟角蝰和假清洁鱼拟态系统

在此类拟态系统中，对鱼类来说，假清洁鱼发出信号的反应结果是消极的，即受到攻击，清洁鱼发出信号的反应结果是积极的，即清除了身体的寄生虫；假清洁鱼获得鱼类反应的结果是积极的，成功骗到鱼类，使自己获益；清洁鱼获得鱼类反应的结果是积极的，吃掉鱼类身体上的寄生虫.

1.2.2 生物拟态基本类型

常见的生物拟态类型按拟态的发现顺序主要包括贝氏拟态、缪氏拟态、波氏拟态和瓦氏拟态四类，其中贝氏拟态、缪氏拟态为防御性拟态；波氏拟态为进攻性拟态；瓦氏拟态为共生性拟态.

(1) 贝氏拟态：是指无毒害的生物通过模仿有毒、有刺或适口性差生物的防御型拟态. 贝氏拟态中拟者的种群大小小于被拟者的种群大小，被拟者分布广、数量众多、显眼并具有不可食性或其他保护方式. 例如：一种鳞翅目的幼虫(图 1.10(a))在捕食者靠近时，就把自己的头膨胀成三角形并带有一双突出的眼睛，形似蛇头，然后采取攻势，从而吓跑捕食者. 如果模仿者的种群大小大于被模仿者的种群大小，捕食者吃到无毒的模仿者的概率更大，基因频率负选择，这种情况对模仿者是不利的，此特殊情况被称为贝茨-瓦尔德鲍尔氏拟态.

(2) 缪氏拟态：常见于一组无亲缘关系且均有毒、不能吃并具同样鲜明的警戒色的物种之间，即不可食物种间的相互模仿. 这样的组称为拟态环，常伴有贝氏拟态现象. 当环中所有成员均采用同一信号时，所获得的保护最多，这便是信号标准化原则. 缪氏拟态所涉及的所有物种都具有警戒色或其他保护方法，各个物种都是广布种，物种间的相互模仿不必像贝氏拟态那样精确，因为模仿的目的不是要骗过捕食者，只是为增强警戒作用. 典例：帝王蝶和总督蝶(图 1.10(b)和图 1.10(c)).

(3) 波氏拟态：模仿其他生物以便于接近进攻对象的拟态，也可以理解为有危险的生物模仿无危险的生物. 典例：兰花螳螂(图 1.10(d))通过模仿兰花的颜色和外形来伏击前来采蜜授粉的昆虫等. 贝茨-瓦尔莱西亚拟态被描述为本体通过拟态并收集模仿对象的信息，对模仿对象的捕食网络、社会网络进行入侵，从而获得食物.

(4) 瓦氏拟态: 瓦氏拟态有广义狭义之分. 广义的瓦氏拟态指的是动物模仿生存环境的现象, 即自然拟态. 典例: 枯叶角蟾(图 1.10(e))等. 狭义的瓦氏拟态特指本体模仿寄主的体型或动作的情形进而达到与寄主共同生活的目的(巢寄生). 典例: 杜鹃会将卵产在柳莺等多种鸟的巢中, 由于杜鹃鸟的卵和寄主的卵颜色很相似(图 1.10(f), 黑色箭头指向杜鹃鸟卵), 且小杜鹃鸟孵出后也拟似寄主的雏鸟, 使寄主无法分辨, 进而抚养这些冒牌的幼鸟(图 1.10(g)杜鹃鸟雏鸟、图 1.10(h)寄主雏鸟).

图 1.10　各拟态类型的拟态物种

除了常见的四类拟态类型, 还有其他的拟态形式, 如集体拟态、植物拟态等. 集体拟态为一个物种群体间相互配合, 共同模仿出别的生物或非生物的形态, 以此抵御敌人的攻击, 伴有贝氏拟态现象. 还有一些植物拟态, 如典型的瓦维诺夫拟态称作植物拟态, 指经过人工选择的杂草拥有与农作物相同的一种或几种特征, 从而避免被拔除的现象. 其他的植物拟态用于传粉、保护自己等一些行为. 虽然拟态已有了较为详细的研究, 但后来发现的拟态章鱼不属于四类拟态类型中的任何一类.

1.3　拟 态 章 鱼

在 1998 年的印度尼西亚苏拉威西海岸附近, 科学家观察到一种章鱼的外形可以在比目鱼、海蛇和蓑鲉间来回转换. 在此前所发现的头足类动物虽然可以通过改变身体颜色和皮肤三维质地伪装自己, 但还没有描述头足类动物能够模仿有毒或存在威胁的生物, 甚至没有描述过任何一种动物能够在不同模式生物的模仿间来回转换. 科学家将这类能够多态模仿的章鱼命名为印度尼西亚拟态章鱼[5]. 在拟态章鱼拟态系统中, S_1 代表拟态章鱼, S_2 代表被拟态对象, R 代表威胁生物.

1.3.1　拟态章鱼的发现

1. 拟态章鱼的形态

拟态章鱼的真实形态为带斑点的褐色, 如图 1.11 所示, 由于拟态章鱼白天活动威胁生物多, 再加上生存的沙地地形开阔遮蔽物少, 因此它常常呈现为模仿状态. 与其他夜行的头足类不同的是, 拟态章鱼不仅能够改变身体颜色和皮肤的三维材质, 还能够利用自身灵活的腕足来模仿多种生物的形状特点. 据悉已发现拟态章鱼可以模仿的形态高达 15 种以上, 如海蛇、蓑鲉、海葵、比目鱼、水母、躄鱼、蛇鳗、有毒章鱼、螳螂虾、海星、海羽、鳐鱼、贝类、螃蟹、蛙鱼等. 但拟态章鱼也不是万能的, 由于身体大小的限制, 通常只长到 50～60cm, 因此它不能模仿比自己大得多的生物, 如鲨鱼等.

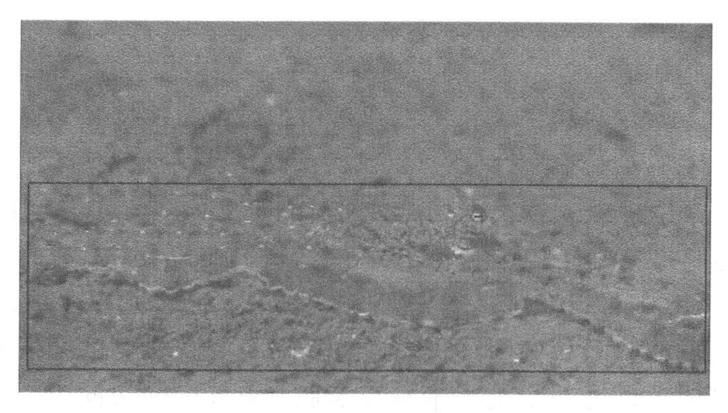

图 1.11　拟态章鱼

2. 拟态章鱼的行为

(1) 拟态章鱼的觅食行为: 拟态章鱼有三种觅食行为. 推测性海底搜寻: 高度可延伸的网和腕足完全覆盖周围的底层, 灵巧的臂尖和吸盘扎根于底层中并抓住隐藏在表面下小型猎物; 缓慢摸索: 拟态章鱼用腕足深入底层的许多小孔和洞穴, 然后抓住隐藏在里面的猎物; 拟态搜索: 拟态章鱼模仿对猎物无害的生物, 发现猎物后不引起猎物警惕的情况下将其捕获.

(2) 拟态章鱼的应险行为: 拟态章鱼会根据特定的情况模仿不同的物种来赶走威胁, 如拟态章鱼受到雀鲷的攻击时, 会模仿捕食雀鲷的海蛇, 展开前面的一对腕足模仿海蛇的条纹和动作, 以为是海蛇的雀鲷会赶快逃走(图 1.12(a)); 当遇到海蛇时, 拟态章鱼只能模仿沙地的环境来隐藏自己(图 1.12(b)); 此外也有不模仿的情况发生, 如当遇到一群鲻鱼觅食时, 拟态章鱼一般会躲到洞中, 待鲻鱼游走后再离开.

(3) 拟态章鱼的学习行为: 因为拟态章鱼能够模仿多种生物的技能是后天学

习得到的, 在恶劣的生存环境中要求拟态章鱼要有一个强大的学习能力, 需要记住被拟态对象的主要外貌和动作特征, 并需要多次实践使自己模仿得更加生动形象. 如拟态章鱼受到一只雀鲷的攻击, 拟态章鱼模仿海葵的样貌并模仿海葵捕杀猎物的特定动作(图 1.12(c)), 成功让雀鲷离开.

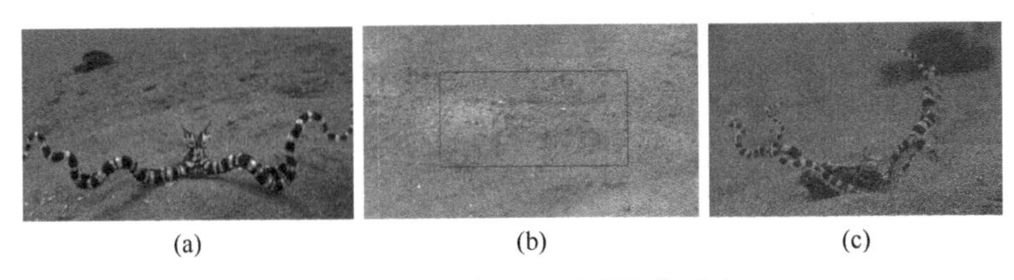

(a) (b) (c)

图 1.12 拟态章鱼面对威胁的反应

3. 拟态章鱼的结构和构成

拟态章鱼能模仿其他生物主要依靠自身拥有可以改变形状的腕足、乳突, 可以改变颜色的色素团(色包), 而这些变化是由拟态章鱼的神经元通过控制肌肉决定的.

根据拟态章鱼神经元发出的信号, 通过"肌肉静水器"中各组肌肉伸缩实现腕足、乳突的变化. 其中, 腕足主要由斜肌、横向肌肉和纵向肌肉控制, 通过这三组肌肉相互配合, 可以在腕足的任何位置完成复杂的动作(图 1.13(a)). 大多数乳突由三组负责伸展的肌肉组成, 一组是呈同心圆状排列的圆形真皮竖肌, 使乳突向上提离体表; 另一组是水平真皮竖肌, 使乳突周边向中心拉, 确定形状(图 1.13(b)); 第三组肌肉是牵开肌, 负责将乳突的顶端向下拉向体表, 同时将其底部拉伸.

拟态章鱼的正常体色是带着斑点的褐色, 其皮肤能够变换颜色是由色素团决定的. 该色素团实质上是复杂的多细胞系统, 包含一个中央色素细胞, 用于显示黑色、棕色、橙色、黄色中的一种, 该色素团通常被桡骨肌肉包围. 拟态章鱼大脑神经可以直接通过桡骨肌肉支配色素团负责颜色的转变, 调节色素团的色度(图 1.13(c)).

图 1.13(a)为拟态章鱼腕足示意图, 其中 T 为横向肌肉、L 为纵向肌肉、O 为斜肌、TR 为小梁、CBT 和 MC 分别为轴向神经系统中的脑臂束和髓质束. 图 1.13(b)为拟态章鱼乳突结构示意图, 靠近乳突底部的圆形真皮竖肌(dem.c)收缩, 将上面的皮肤层从外套膜上提起(左, 下), 同时, 水平真皮竖肌(dem.h)收缩, 将皮肤外层拉向肌肉核心的中心(左, 上), 这些肌肉收缩共同导致乳突伸展. 图 1.13(c)为拟态章鱼色包伸缩示意图, 左侧为色包收缩状态, 右侧为色包伸张状态.

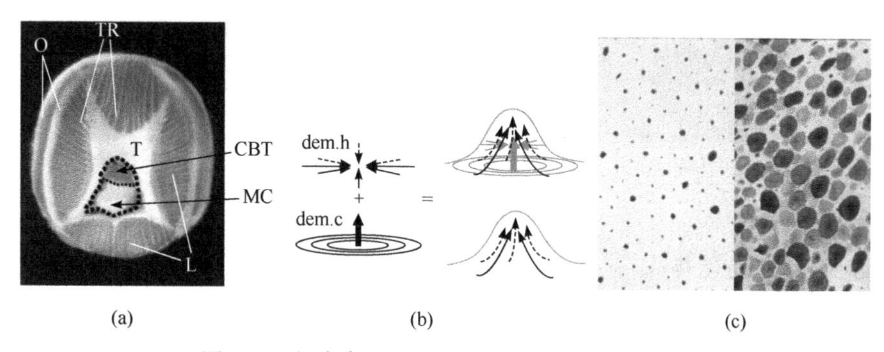

图 1.13　拟态章鱼腕足、乳突结构和色包伸缩图

1.3.2　拟态章鱼的多拟态性

拟态章鱼通过腕足、乳突和色包间的相互配合, 才有模仿多种生物的能力. 下面从拟态章鱼多拟态的表现、身体结构的配合和多拟态的优势三方面展开介绍.

1. 多拟态的表现

拟态是生物在自然界长期演化中形成的用于自我保护的特殊能力. 人们所熟知的自然界中具备拟态能力的生物大部分有单一固定的模仿对象, 如枯叶蝶可模仿枯叶、负泥虫幼虫可模仿鸟的粪便、竹节虫可模仿竹子、食蚜蝇可模仿胡蜂等, 即这些生物只具备单拟态能力. 而拟态章鱼为了觅食和躲避威胁可模仿 15 种以上的生物, 具备多拟态的能力. 如它在远处发现了螃蟹, 立刻模仿成对螃蟹无威胁的比目鱼(图 1.14(a)), 不引起螃蟹的警惕并能够快速靠近它, 当与螃蟹达到自己可捕猎的距离后, 伸出一对腕足将螃蟹卷入口中. 另外它能够模仿多种有毒的生物保护自己, 最常见的模仿对象就是海蛇、蓑鲉和带状比目鱼, 往往能吓跑威胁者且给它们带来威慑作用.

2. 身体结构的配合

拟态章鱼多拟态能力的发挥离不开腕足、乳突和色包这三大身体结构的相互配合, 其三大结构各司其职, 支撑拟态功能的实现. 其中它的八条腕足是用于模仿生物的主要形状特征, 如拟态蓑鲉时, 负责改变腕足形状的肌肉进行相应的调整, 将每条腕足都变成蓑鲉有标志性的同宽的鱼鳍(图 1.14(b)); 它利用皮肤表面的乳突来对模仿生物的三维质地进行模仿, 如拟态章鱼在模仿海星时, 原本光滑的皮肤在乳突中圆形真皮竖肌和水平真皮竖肌的作用下, 全部有不同程度的突起, 模仿海星粗糙的皮肤(图 1.14(c)); 它利用皮肤内的色包对模仿生物的整体颜色进行模仿, 如模仿海蛇时, 神经元控制各处桡骨肌肉的伸缩, 改变各色包的颜色, 模仿出与海蛇等间距的黑白条纹(图 1.14(d)).

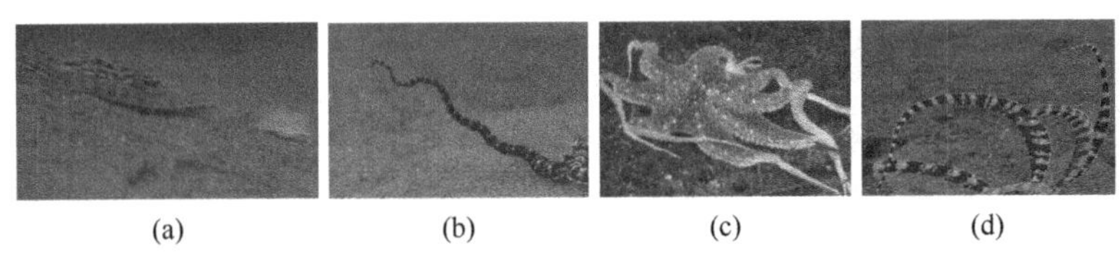

(a) (b) (c) (d)

图 1.14 拟态章鱼拟态图

3. 多拟态的优势

拟态章鱼的多拟态能力的三个优势主要体现在:

(1) 快速判断能力: 对拟态章鱼来说, 存在如此多威胁生物的情况下, 拟态章鱼有强大的感知能力, 快速察觉到威胁后, 能够准确判断是哪种生物, 知道威胁者所惧怕的生物并了解所惧怕生物的主要特征, 便于接下来的模仿. 如拟态章鱼遇到比目鱼时, 根据已经了解到的比目鱼惧怕海蛇这一特点, 对海蛇进行模仿后比目鱼逃开.

(2) 快速模仿威胁生物能力: 拟态章鱼有九个大脑, 除主脑外有八个分别分布在八条腕足中, 因此拟态章鱼在模仿生物时, 主脑只需给其他大脑发出一个信号, 它们可以自行控制各部分腕足和乳突形状的变化, 主脑再控制身体色包颜色的变换, 这让拟态章鱼有快速模仿成威胁生物的能力. 拟态章鱼在感知到威胁者后, 当威胁者离它的距离越近, 拟态章鱼越快速模仿成威胁生物, 它安全逃生的可能性就越大.

(3) 应变突发情况能力: 拟态章鱼遇到威胁后确定威胁生物进行模仿逃离危险的行为也不是每次都能成功的, 如拟态章鱼在一次觅食的过程中, 突然受到一只雀鲷的攻击, 拟态章鱼像往常一样模仿海蛇的动作, 但是雀鲷的攻击却没有停止, 发现模仿对雀鲷急剧威胁的生物行不通后, 它及时改变模仿方式, 模仿为海葵并模仿海葵捕杀猎物的动作, 使自己脱离危险.

1.4 图像拟态融合的提出

拟态章鱼是生物界的“变形金刚”, 在浅海难以藏身的环境中面对各种大型生物威胁, 可模仿多种海洋生物而躲避危险, 具有超强的多拟态能力[6]. 拟态章鱼的多拟态特性(见图 1.15)得益于自身的两大功能: ①能够敏锐感知到外界不同威胁对象; ②通过自身颜色、形状和动作的变化, 模仿威胁生物不感兴趣的不同生物及其行为, 获得自我保护. 拟态章鱼感知外界威胁变化的能力和做出相应变化的身体结构为融合模型根据差异特征不同变化而改变的需求提供了仿生依据.

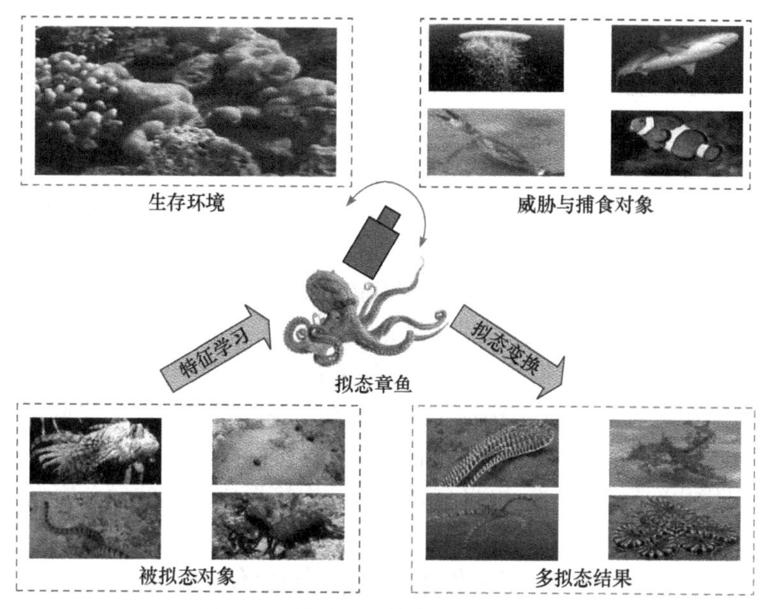

图 1.15 拟态章鱼的多拟态特性分析

2016 年，邬江兴院士[7]通过对拟态章鱼仿生，提出了拟态计算，针对服务对象的变化多样性研制出世界首台拟态计算机(见图 1.16)，能据动态参数选择生成多功能等价的可计算实体，同时还提出拟态防御的概念；高彦钊等[8]针对分布式机会阵雷达多功能一体化条件下信号处理高性能、高效能与高灵活兼顾的需求，基于拟态计算，构建了拟态信号处理系统，有效提升多种工作模式下雷达信号系统的处理性能和高灵活性；徐东飞[9]受拟态章鱼模仿能力的启发，利用其柔性可弯曲优势，提出将仿生柔性臂进行分段的方法，建立柔性仿生臂模型，为柔性机器人模仿能力的提高提供了一个探索方向.

图 1.16 世界首台拟态计算机

以上这些研究都证明了拟态仿生及拟态变换的可实现性，为图像拟态融合提供了借鉴. 因此，针对现有图像融合模型缺乏感知图像差异信息、不能根据认知差异调整融合策略等深层问题，我们将拟态章鱼的多拟态特性引入到图像融合中，提出了图像的拟态融合；给出了图像拟态融合理论，包括拟态融合的基本特性、拟态融合的基本原理、拟态融合的感知与认知、差异特征驱动机制、拟态变换的原理等；给出了图像拟态融合模型的构建方法，包括拟态融合模型的结构、图像间差异特征类集构建、结构化融合算法类集构建、类集间的多集值映射、融合算法的协同嵌接方法；最后给出图像拟态融合的两类应用案例，包括红外偏振与光强图像的拟态融合、可见光与红外视频的拟态融合. 图像拟态融合为探索高性能红外成像探测技术及图像融合提供新理论、新方法.

图像拟态融合是指根据拟态章鱼按照生存需求模仿出多种生物的多拟态行为，建立多类图像融合的变结构模型的一种仿生融合方法，以解决固定模型融合动态场景序列图像时效果低或失效的问题. 其通过感知图像间的差异特征及变化，动态映射出优化的融合算法，再将多算法协同嵌接形成相应的融合模型.

1.5　图像拟态融合的优势

图像拟态融合不企图建立适用所有图像融合方法，也不排除现有融合算法的优势性能，更不拒绝在融合方法中引入其他新理论提高融合算法自适应程度，而是借助“差异决定结构、结构决定效果”的思想，根据两类成像特性提取相应差异特征，形成对融合可变驱动，使图像差异特征和融合方法紧密结合[10]. 将图像拟态融合扩展到红外与可见光图像、多模态医学图像、多光谱遥感图像等异质图像融合中，可以极大地提高融合模型的鲁棒性，满足复杂差异特征融合需求. 此外在无人机遥感、智慧交通和危险物检测等领域的光电探测系统中，拟态融合有助于系统获得更加精细化、多元化和丰富的目标信息，显著提高系统精准探测和智能化水平[11].

从融合驱动方式上来讲，图像拟态融合属于差异特征驱动融合.

图像拟态融合不同于一般融合、多规则融合、自适应融合，它实现的是模型的参数、规则、算法以及结构能够随差异特征的改变而自适应变化(表 1.1).

表 1.1　拟态融合的优势

融合方法类型	参数	规则	算法	模型结构
一般融合	变	—	—	—
多规则融合	变	变	—	—
自适应融合	变	变	变	—
拟态融合	变	变	变	变

考虑到图像融合一般从图像特征层、图像区域层、探测场景层出发, 为此这里从以下四点具体论述了图像拟态融合的优势.

(1) 提高融合方法的选择针对性.

不同模态的图像因大气传输特性、天气因素等成像机理造成的显著成像差异, 通过不同成像探测器探测解算获得的图像在亮度、边缘和纹理细节等特征信息方面具有极大的差异性, 而根据不同差异特征优化选择融合方法是综合多模态图像成像优势的关键. 拟态融合可以从图像特征层出发, 根据感知到的不同模态图像间差异特征属性(类型、幅值及频次等)的动态变化, 优化选择相应的融合策略(融合结构、融合算法、融合规则及融合参数等), 提高融合方法的选择针对性[12].

(2) 实现整幅图像的高效全局最优.

大多数成像场景中一幅图像的不同区域其背景及目标内容往往并不相同且有时可能存在较大差异, 在该情况下整幅图像的主差异特征能否代表局部区域的主差异特征, 或者说整幅图像的主差异特征与局部区域的主差异特征是否保持一致, 将在一定程度上影响差异特征引导融合的最终质量. 拟态融合能从图像区域层出发, 基于目标特征相关性对整幅图像进行特定区域划分, 通过感知图像中不同块区域内差异特征属性的动态变化, 有区别地对待待融合图像的各个区域, 基于差异驱动融合选择相应区域的融合策略[13], 以期获得最佳融合效果, 有效提升融合效率并实现整幅图像全局最优.

(3) 提高不同场景的自适应性.

目前多源图像融合在医学、遥感、军事及气象预报等多个领域都得到了广泛的应用, 不同的应用领域导致图像融合的探测场景复杂多变, 目标及背景呈现多样性. 复杂自然环境如无光、强光, 或者是雨、雪等, 大气强散射环境、伪装干扰等均会对不同传感器探测系统的目标探测能力造成影响, 进而导致成像场景的变化呈现无规律. 拟态融合可以从探测场景层出发, 结合经验及已经建立的变体库对当前场景的主要差异特征类型进行确定, 对该差异特征的幅值及频次的分布进行定量分析, 根据所计算的特征差异度选择当前场景的融合策略, 从而提高不同场景的自适应性.

(4) 提升多场景融合的智能化水平.

由于探测场景的复杂多变, 其存在当前场景图像的不同区域其背景及目标内容存在差异特征不一致的问题, 图像拟态融合能从混合层出发, 即同时考虑探测场景层、图像区域层及特征层, 根据融合任务和不同模态的成像特性, 针对性对不同场景中目标及背景内容进行特定区域划分, 提取利于后续融合及识别任务的多类差异特征, 分析每个局部区域的主差异特征的属性变化, 动态优化选择相应的融合策略, 逐步实现不同场景及区域的自适应融合, 有效提升提高多场景融合的智能化水平.

参考文献

[1] 赵宗贵, 熊朝华, 王珂, 等. 信息融合概念、方法与应用[J]. 指挥信息系统与技术, 2013, 4(4): 90.

[2] Ma J Y, Ma Y, Li C. Infrared and visible image fusion methods and applications: A survey[J]. Information Fusion, 2019, 45: 153-178.

[3] Wickler W. Mimicry and the evolution of animal communication[J]. Nature, 1965, 208(5010): 519-521.

[4] Karen L C, Isabelle M C. Aggressive mimics profit from a model–signal receiver mutualism[J]. Proceedings: Biological Sciences, 2007, 274(1622): 2087-2091.

[5] Roger T H, Lou-anne C, John W F. Mimicry and foraging behaviour of two tropical sand-flat octopus species off North Sulawesi, Indonesia[J]. Biological Journal of the Linnean Society, 2008, 93(1): 23-38.

[6] Ishida T. A model of octopus epidermis pattern mimicry mechanisms using inverse operation of the Turing reaction model[J]. Plos One, 2021, 16(8): e0256025.

[7] 邬江兴. 网络空间拟态防御研究[J]. 信息安全学报, 2016, 1(4): 1-10.

[8] 高彦钊, 王建明, 雷志勇, 等. 分布式机会阵雷达拟态信号处理方法[J]. 现代雷达, 2021, 43(11): 1-8.

[9] 徐东飞. 受拟态章鱼模仿能力启发的仿生机器人研究[D]. 杭州: 杭州电子科技大学, 2018.

[10] 杨风暴. 红外偏振与光强图像的拟态融合原理和模型研究[J]. 中北大学学报(自然科学版), 2017, 38(1): 1-8.

[11] 郭小铭, 吉琳娜, 杨风暴. 基于可能性信息质量合成的双模态红外图像融合算法选取[J]. 光子学报, 2021, 50(3): 175-187.

[12] Guo X M, Yang F B, Ji L N. A mimic fusion method based on difference feature association falling shadow for infrared and visible video[J]. Infrared Physics &Technology, 2023, 132: 104721.

[13] Guo X M, Yang F B, Ji L N. MLF: A mimic layered fusion method for infrared and visible video[J]. Infrared Physics &Technology, 2022, 126: 104349.

第一篇　图像拟态融合理论

第 2 章　图像拟态融合的基本特性

将拟态章鱼和融合模型包含的结构用变体、高层变元、低层变元、基层变元表示(表 2.1), 变体为拟态章鱼经过拟态和融合模型进行拟态融合后形成的最终形态, 变元用来组成变体. 拟态章鱼形成变体离不开四种基本特性, 分别为拟态多样性、主动感知性、结构重构性和动态优化性, 融合模型同样也包含这四种基本特性.

表 2.1　变元变体结构

本体	拟态章鱼	融合模型
变体	拟态体 模仿成海蛇、蓑鲉、海葵、 比目鱼、水母、鳚鱼、蛇鳗等	结构 在并行、串联、内嵌等 拟态结构中组合而成
高层变元	腕足形状、 色包颜色、 乳突形状	金字塔变换算法、 小波变换算法、 稀疏表示算法等
低层变元	横、纵向肌, 斜肌, 桡骨肌肉, 圆形、水平真皮竖肌, 牵开肌	绝对值取大规则、 加权平均规则、 基于显著区域规则等
基层变元	肌纤维	分解层数参数、滤波器参数等

2.1　拟态多样性

2.1.1　拟态多样性的概念

拟态多样性是指本体可以满足不同需求形成多种变体的特点, 其多样性表现在模仿对象的多样性、拟态方法的多样性以及形成变体的多样性[1].

拟态章鱼和融合模型的拟态多样性有相似的地方, 分为形态多样性、功能多样性和过程多样性, 过程多样性又可以分为输入、组合和输出多样性. 最后对两者的形态、功能、过程多样性及输入输出多样性进行对比分析.

2.1.2　拟态章鱼的拟态多样性

拟态章鱼的拟态多样性通常涉及形态、功能和过程多样性, 具体包括以下几种.

1. 形态多样性

拟态章鱼能够模仿多种形态, 如带状比目鱼、海蛇、蓑鲉、蛇鳗等形态(图 2.1). 带状比目鱼拟态体: 拟态章鱼将腕足平铺, 伸向身后, 并模仿比目鱼的带状条纹, 游行的速度、高度也与比目鱼一致; 海蛇拟态体: 拟态章鱼可以展开身体前两臂, 生出条纹, 化作海蛇; 蓑鲉拟态体: 拟态章鱼的腕足再现了蓑鲉棘鳍的摆动, 还原了鳍的宽度和条纹, 它悬浮的高度是蓑鲉游动的高度; 蛇鳗拟态体: 拟态章鱼查看洞穴周围是否存在危险时, 模仿蛇鳗形态, 只将头露出来, 并再现了蛇鳗的细微头部活动; 有毒海葵拟态体: 拟态章鱼模仿有毒海葵的形状、条纹和随海流缓慢摆动的样子; 螃蟹拟态体: 拟态章鱼用腕足代表螃蟹的腿、钳, 皮肤颜色变化为螃蟹的黑色[2].

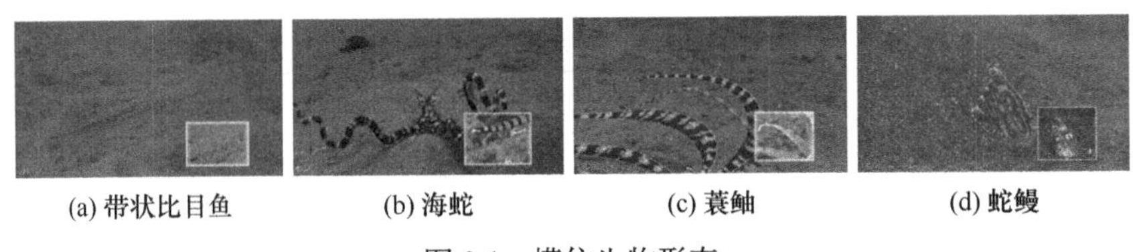

(a) 带状比目鱼　(b) 海蛇　(c) 蓑鲉　(d) 蛇鳗

图 2.1　模仿生物形态

2. 功能多样性

变体层功能, 拟态章鱼的形态模仿可以实现躲避、进攻、逃跑、变形、隐藏等功能. 躲避, 当遇到数量较多的威胁者时, 只能躲在洞中, 模仿蛇鳗露出脑袋确认安全时出洞; 进攻, 遇到威胁者时拟态章鱼会模仿合适的生物佯装攻击来吓走威胁生物, 捕食时则伪装成无威胁生物靠近猎物, 将毫无防备的猎物用前足卷起并送入口中; 逃跑, 当遇到一些行动较慢, 但具有威胁性的生物时, 拟态章鱼会选择模仿游动较快速且有毒的带状比目鱼逃开; 变形, 拟态章鱼会改变自身形态, 模仿被拟态对象的形态; 隐藏, 拟态章鱼遇到海蛇这类威胁时, 只能将自己隐藏, 身体变透明, 变成沙子的颜色, 卧在沙中[3,4].

高层变元功能, 具有变化身体形状、颜色和材质的功能. 拟态章鱼八条腕足的每条腕足都可以同时进行任意方向的伸长、缩短、扭转、弯曲; 其色包中心有一个充满色素的弹性囊, 颜色是黑色、棕色、橙色和黄色的一种, 与下层反射不同类型光线的细胞配合, 从而形成各种颜色; 皮肤表面的乳突, 能够形成不同大小形状各异的突起, 从而形成不同的皮肤材质.

低层变元功能, 主要用来控制腕足段、色包色度和乳突形状的变化. 拟态章鱼依靠横向、纵向和斜肌肉段不同程度的伸缩控制对应腕足段的形状变化; 桡骨肌肉包围色包, 利用色素团周围桡骨肌肉的伸缩支配不同色素团色度的变化; 主要依靠圆形真皮竖肌的伸缩状况确定乳突大小, 依靠水平真皮竖肌的伸缩状况确定乳突形状，利用牵开肌的伸缩控制着乳突的复原.

基层变元功能，负责各肌肉组伸缩状态的调整. 不计其数的肌纤维中，其蛋白质的相互滑动造成肌肉状态的变化.

3. 过程多样性

变元确定过程：拟态章鱼首先确定八条腕足的形状、需要变化的色包色度和乳突大小；其次确定腕足段内各处横向、纵向和斜肌的伸缩状态，桡骨肌的伸缩以支配色包中弹性囊的变化，圆形和水平真皮竖肌、牵开肌的伸缩以支配皮肤乳突的形状大小[5]；再次确定各肌纤维的伸缩对肌肉组的变化进行控制；最后完成了八条腕足形状、身体颜色和皮肤材质的变化并模仿被拟态对象的行为动作，形成变体.

变元变换方式选择过程：当威胁与前威胁一致时，被拟态对象一样，无需变换；当被拟态对象部分有差异时，进行替代变换，只需改变部分腕足、色包或(和)乳突；当被拟态对象相差较大时，进行全局变换，拟态章鱼至少对全身的腕足、色包或乳突其中的两种结构进行变化.

拟态章鱼的过程多样性又可细化为输入多样性、组合多样性和输出多样性.

(1) 输入多样性.

对于拟态章鱼来说，海底存在大量威胁生物，它需要根据生物的威胁类型确定解除威胁的方式. 威胁生物进入它的感知范围后，经过分析威胁生物特征，得到威胁类型. 常见的威胁生物有：雀鲷、小热带鱼、姑娘鱼、梭鱼、鞆鱼等，将生物威胁类型分为无威胁、轻度威胁、重度威胁、死亡.

(2) 组合多样性.

对各肌肉组内相应的肌纤维伸缩，推动了腕足段的肌肉、色包周围的桡骨肌及乳突中的肌肉对应部分伸缩状态的变化. 每条腕足的各段间变化相互组合，得到身体的总体形状，皮肤内各色包间颜色和皮肤上乳突间形状相互配合，得到了身体的皮肤颜色和材质[6,7]. 身体形状、颜色和材质的变化与被拟态对象的行为方式配合，完成了对被拟态对象的模仿.

(3) 输出多样性.

拟态章鱼根据不同的生物威胁模仿出合适的生物，例如：遇到狮子鱼时，它会模仿比目鱼使狮子鱼不敢靠近并借机逃走；遇到海蛇时，由于沙地中没有生物与它抗衡，拟态章鱼只得身体变透明隐匿于沙中.

2.1.3　融合模型的拟态多样性

融合模型的拟态多样性通常涉及形态、功能和过程多样性，具体包括以下几种.

1. 形态多样性包括串联式、并行式、内嵌式和混合式结构

串联式结构前一部分融合算法的输出作为后一部分融合算法的输入，要保证第一次融合后后面融合算法的输入设计合理，结构如图 2.2 所示.

并行式结构不同融合算法具有相同的输入，同时对图像进行融合，最后将不同融合结果合成获得最终融合结果(图 2.3).

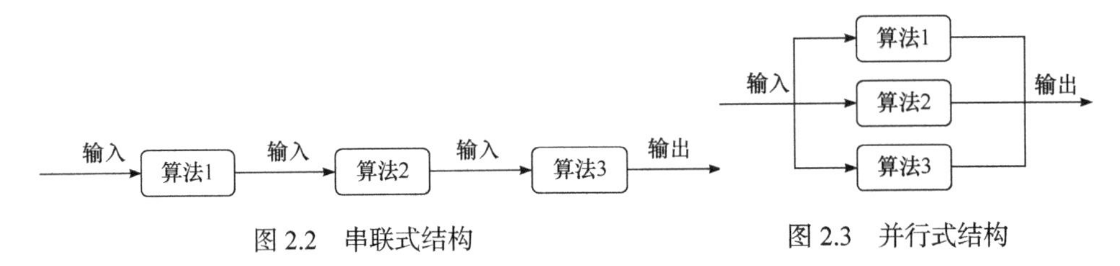

图 2.2　串联式结构　　图 2.3　并行式结构

内嵌式结构是不同融合算法层层嵌套获得最终融合结果. 至少需要其中一个融合算法具备嵌入式特征，其内部输出能作为其他算法的输入，其他融合算法能够嵌入其中，当内部融合结束后，该算法能将内部不同融合结果组合得到最终融合结果(图 2.4).

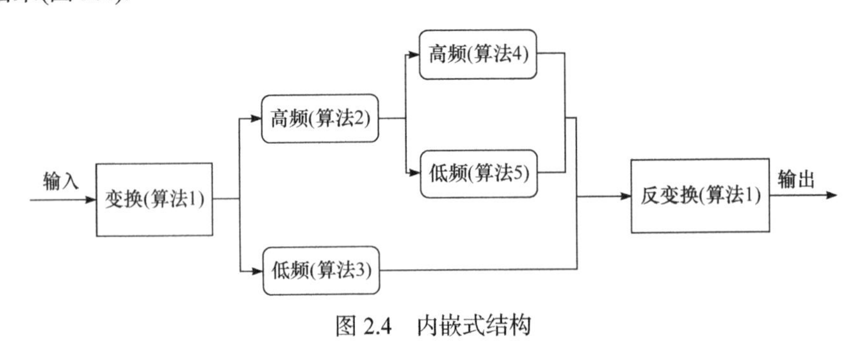

图 2.4　内嵌式结构

混合式结构将串联、并行和内嵌式结构两者或三者组合形成不同的形态.

2. 功能多样性

变体层功能：串联式结构可以对源图像的图像特征进行二次提取；并行式结构易于实现多种融合算法的组合，可以根据不同融合算法的优势自主设定不同算法所得融合图像在最终融合图像中所占的权值大小；内嵌式结构可以将具有互补性的方法进行相应的组合嵌接成大的融合体系，对于高低频融合均有较好的提取效果；混合式结构融合结果受获得最终结果时所选用的嵌接方式影响较大，可以根据需求选择混合式结构的嵌接方式.

高层变元功能：金字塔变换将原图像分解为不同尺度的图像子带，不同图像子带对应不同的特征信息；小波变换将图像分解为不同频率的子带，包含了不同

频带的能量分布和特征信息; 稀疏表示将图像分解为稀疏系数和稀疏基, 可以压缩图像的信息, 保留图像的重要特征等.

低层变元功能: 绝对值取大融合规则保留输入图像的最强特征, 突出图像中的显著信息和关键特征; 加权平均法融合规则可以调整权重, 控制图像对融合的影响, 保留图像重要的融合信息; 基于显著区域融合规则在突出图像中显著区域的同时, 还保留图像中的非显著区域等.

基层变元功能: 多尺度的分解层数是用来决定提取到图像细节信息量的参数, 较深的分解层数通常能更好地保留图像中的细节信息; 滤波器是用来突出特征的参数, 不同类型的滤波器突出图像的不同特征.

3. 过程多样性

变元确定过程: 首先根据图像的主差异特征与高层变元的关系确定对应的融合算法; 其次选择出与对应融合算法优势互补的融合规则; 再次确定融合参数, 满足高层变元的最优融合效果; 最后为各变元层确定一种合适的拟态结构, 进行高层变元间的组合形成变体, 实现图像的优质融合.

变元变换方式选择过程: 当前图像组的主差异特征类型与前一图像组的主差异特征一致时, 变体内的变元不发生变化; 当两者的主差异特征类型部分不一致时, 对变元进行替代变换, 需要替换一种融合算法; 当两者的主差异特征类型相差较大时, 进行全局变换, 改变所有融合算法.

融合模型的过程多样性又可细化为输入多样性、组合多样性和输出多样性.

(1) 输入多样性.

不同模态间传感器间存在成像差异特性、大气传输差异特性和成像响应差异特性, 使得两类图像在不同场景的差异特征复杂多变, 从而造成拟态融合中差异特征的感知输入存在多样性, 这里差异特征主要包括亮度、边缘及纹理三方面, 其中亮度特征用平均能量、对比度表示, 边缘特征用边缘丰度、平均梯度表示, 纹理差异用对比度、清晰度表示.

(2) 组合多样性.

融合模型根据图像主差异特征, 把确定的融合参数、融合规则和融合算法组合, 形成完整的高层变元, 最后对各高层变元按拟态结构组合, 形成了变体.

(3) 输出多样性.

融合模型根据图像的主差异特征类型确定适当的融合方法, 不同的图像形成不同的融合方法, 使各类图像实现较优的融合.

2.1.4 仿生对比分析

拟态章鱼和融合模型形态、功能和过程多样性的仿生对比如表 2.2 所示.

表 2.2　形态、功能和过程多样性的仿生对比

		拟态章鱼	融合模型
形态多样性		带状比目鱼 海蛇 蓑鲉 蛇鳗 有毒海葵等	串联式结构 并行式结构 内嵌式结构 混合式结构
功能多样性	变体层	躲避 进攻 逃跑 变形 隐藏	有助于二次提取图像特征 能够设定最终融合权值 适合互补性方法的融合
	高层变元	身体形状、 颜色、 材质的构成	将图像分解为不同尺度的图像子带、 分解为不同频率的子带、 分解为稀疏系数和稀疏基等
	低层变元	控制腕足段、 色包色度、 乳突形状的变化	保留输入图像的最强特征 可以调整权重 突出显著区域
	基层变元	调整各肌肉组伸缩状态	决定提取到图像细节信息量 突出图像特征
过程多样性		(1) 身体外貌变化 (2) 肌肉组 (3) 肌纤维 (4) 行为动作	(1) 融合算法 (2) 融合规则 (3) 融合参数 (4) 拟态结构

拟态章鱼的形态多样性表现为模仿的被拟态对象形态的多样性，融合模型的形态多样性表现为最终拟态结构的多样性.

功能多样性分为变体层、高层变元、低层变元和基层变元的功能多样性. 其中拟态章鱼的变体层拥有躲避、进攻、逃跑、变形和隐藏等功能；融合模型的变体层介绍了拟态结构的功能，比如二次特征提取、融合权值确定、有利于互补融合算法融合等. 高层变元中拟态章鱼腕足、色包、乳突的变化，实现模仿生物形状、颜色、质地的功能；融合模型的高层变元实现确定基本融合算法的功能. 低层变元中拟态章鱼通过各组肌肉的变化，控制着腕足、色包、乳突的改变；融合模型的高低频融合规则描述算法对图像特征的融合过程. 基层变元中拟态章鱼肌纤维的变化实现控制肌肉变化的功能；融合模型的融合参数拥有判定不同特征、子带融合情况的功能.

拟态章鱼的过程多样性根据顺序，先确定身体的形状、颜色、材质如何变化后，然后确定各肌肉组的变化，再明确各肌肉组中肌纤维的变化，最后与行为动作的模仿结合，实现对生物的模仿；融合模型确定融合算法，然后确定融合规则，再确定融合规则包含的融合参数，最后将融合算法按拟态结构组合形成完整的融合方法(结构).

拟态章鱼和融合模型输入、输出多样性的仿生对比如表 2.3 所示. 其中, GF 为引导滤波(Guided Filtering), MSVD 为多分辨奇异值分解(Multiresolution Singular Value Decomposition), WPT 为小波包变换(Wavelet Packet Transform).

表 2.3　输入和输出多样性

拟态章鱼			融合模型		
威胁类型	威胁生物	拟态体	差异类型	差异特征	结构
无威胁	小型甲壳类 浮游动物	比目鱼	亮度特征	平均能量 对比度	MSVD GF DWT WPT
轻度威胁	雀鲷 小热带鱼 姑娘鱼	海葵 海蛇	边缘特征	平均梯度 边缘丰度	CP MP
重度威胁	海鳗 蓑鲉 鳐鱼	海蛇 蓑鲉 比目鱼	纹理特征	Tamura 对比度 清晰度	CP MP GP
死亡	鲨鱼 海蛇	—	—	—	—

拟态章鱼作为小型甲壳类、浮游动物的捕食者, 需要模仿比目鱼这类生物使它们放松警惕后行动. 而当面临威胁时, 会根据威胁程度不同来变换不同形态. 例如, 当其受到雀鲷、小型热带鱼这类轻度威胁生物攻击时, 可能会模仿海葵、海蛇将其赶走; 海鳗、蓑鲉这类可以捕食章鱼或毒性较大的生物, 属于重度威胁对象, 拟态章鱼可以模仿海蛇、比目鱼等赶走它们; 当出现鲨鱼、海蛇这些威胁拟态章鱼死亡的生物, 依靠模仿其他生物不能使自己脱离死亡威胁, 需要躲藏起来不被威胁者发现[8].

融合模型根据图像的差异类型, 即特征类型的差异, 来映射融合算法. 每种差异类型有多种特征提取方式, 确定主要差异特征类型后, 使用与差异特征对应的融合算法, 从而达到所需的融合效果.

2.2　主动感知性

2.2.1　主动感知性的概念

形成变体前首要获取信息, 要求能够主动地全面地采集信息, 并对信息进行有效筛选.

主动感知性从主动性、感觉、知觉三部分展开分析. 其中主动性强调自主扫描, 选择合适的扫描周期对外界信息进行获取; 感觉强调快速性和敏感性, 即接收外界信息的有效性; 知觉强调判断的过程, 可以先根据以往经验判断, 没有经验则进行定性定量综合判断.

图 2.5 为拟态章鱼的判断过程, 先主动感觉环境, 分析环境中的特征是否改变; 当感知到威胁生物存在时, 将对威胁类型、距离数量等进行综合分析判断, 从而得到威胁度, 并根据威胁度确定被拟态对象, 最后模仿被拟态对象.

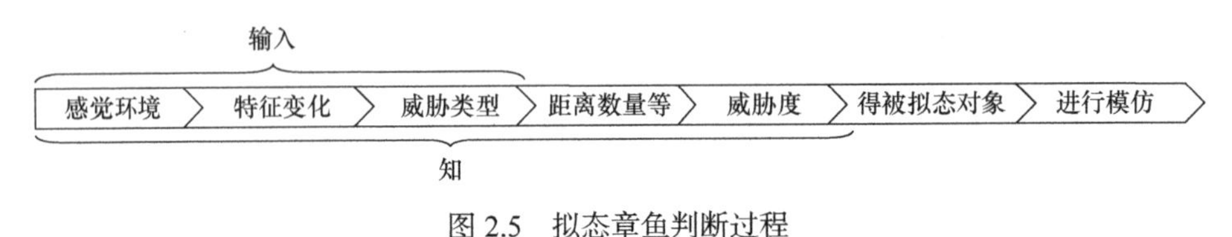

图 2.5　拟态章鱼判断过程

图 2.6 为融合模型的判断过程, 先提取图像差异特征, 分析特征是否变化; 当确认差异特征变化后, 通过特征类型、幅值、频次等方面分析, 计算得到差异度值, 然后根据差异度得到融合算法, 最后进行图像融合.

图 2.6　融合模型判断过程

2.2.2　拟态章鱼的主动感知性

1. 主动性

当拟态章鱼在沙地上活动时, 会主动观察周围环境, 对周围环境进行自主扫描, 运用一种或多种感觉方式, 当察觉出一点异样时, 便持续关注异样环境以应对可能发生的变化.

2. 感觉

(1) 快速性.

拟态章鱼拥有多种方式感知危险, 比如视觉器官、嗅觉细胞、触觉细胞及混合感觉等, 只要任意感觉方式察觉异样, 就会使拟态章鱼警惕. 使用视觉器官, 拟态章鱼的眼睛有能力识别基于横纹肌二向色性的偏振光平面, 可以看到全景, 当生物一进入感知范围, 眼睛便能察觉; 使用嗅觉细胞感知周围化学信号, 其分布在拟态章鱼的腕足中, 周围环境轻微的变化也能察觉到, 当它闻到讨厌的味道时,会保持警觉，做出不同判断；使用触觉细胞，拟态章鱼接触水中不易扩散的难溶性分子判断是否存在危险，当受到存在威胁生物的攻击时，拟态章鱼能立刻察觉危险躲避攻击并想办法逃脱；混合感觉，可能存在一种感觉监测方式无法发挥作用的情况，拟态章鱼需利用混合感觉识别危险.

(2) 敏感性.

拟态章鱼利用多种感觉方式容易察觉异样，并保持警惕进行持续观察. 确认周围环境一直在变化后，进一步确认该变化是否存在威胁；确认环境安全，变化不大后，会放松下来对周围环境进行周期性扫描.

3. 知觉

发现威胁生物后，观察特征，检索记忆库. 若记忆库中存在该类生物，则得到其威胁类型；如果该类生物不存在记忆库中，则需进行综合分析，来判断威胁类型.

拟态章鱼通过视觉、嗅觉、触觉发现威胁者后，观察其形态、动作特征，采集威胁生物的威胁要素指标数据，将其存储记忆库[9]，完成了定性分析.

根据观察威胁生物的特征，判断出威胁类型. 再根据以威胁类型、生物的体积、离自身的距离和数量为自变量的威胁函数，计算得到威胁程度.

2.2.3　融合模型的主动感知性

1. 主动性

融合模型通过自动扫描主动感知图像间的差异信息，可以选择合适的扫描周期保证时间及资源浪费的最小化，当发现可能存在差异的情况，可缩短扫描周期.

2. 感觉

(1) 快速性.

通过分析差异特征类型、幅值及频次等属性来对当前拟态融合所选变元是否改变进行判断，流程如图 2.7 所示. 实现过程：分析主差异特征的类型，对比与前融合图像类型，若一致，继续分析；若不一致，考虑重新确定融合算法. 在主差异特征类型与前融合图像的差异特征类型一致的情况下，需比较其差异幅值是否在同一区间内. 如果在同一区间，进行下一步判断；如果没有，重新选择融合算法. 在幅值差异处于同一区间时，比较相同主差异特征的频次，如果差异频次较小，则融合算法不变；如果相差过大，代表两幅图像不同，需要改变融合算法.

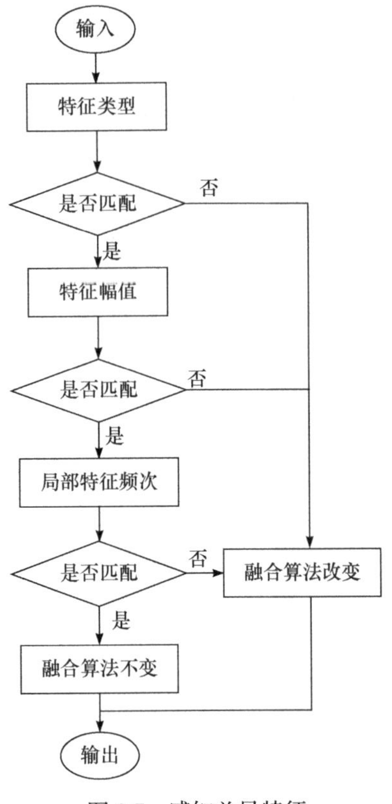

图 2.7　感知差异特征

(2) 敏感性.

融合模型察觉异样后缩短扫描周期, 仔细扫描; 通过多种方式感知差异特征, 较为全面地判定差异特征的敏感变化; 对于差异特征变化较大的图像, 模型感知的敏感性越强.

3. 知觉

图像差异特征变化后, 先检查主差异特征是否与记忆库中的差异特征存在匹配. 若存在匹配, 可直接得出记忆库中是否存在匹配的差异特征幅值区间; 若不存在匹配, 则需进行下一步分析.

融合模型感知差异特征变化后, 将选择的主差异特征存入记忆库中, 完成了定性分析.

利用主差异特征判断出特性类型, 根据特征类型、差异幅值和差异频次计算主差异特征的差异度.

2.3　结构重构性

2.3.1　结构重构性的概念

把原结构还原成每个局部的基本原始单位，再重新组合，构成一个不同于以前的新结构. 为了获得不同需求的不同解决方法，需要有一套方法的形成规则、形成架构，从而构成新方法，拟态章鱼和融合模型的可变结构如图 2.8 所示.

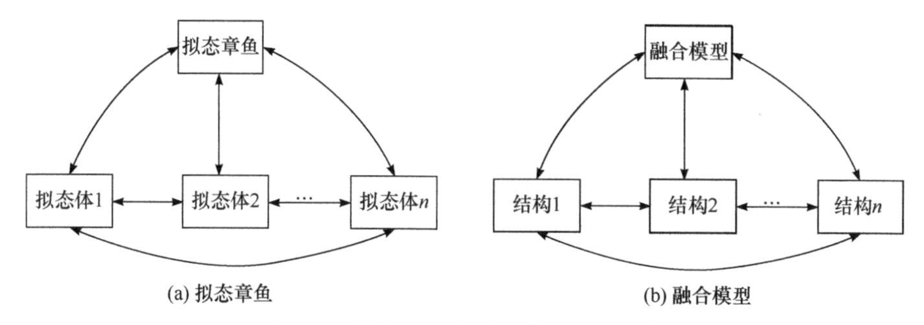

图 2.8　拟态章鱼和融合模型可变结构

变元分层结构如图 2.9 所示，本体代表原始结构；变体是经过一系列变化重组的结构，变体为高层变元的组合；变元是将各部分按层级划分，有不同的层次和类型，高层变元包含低层变元，低层变元包含基层变元，其中基层变元为最基本的变元，实现某一功能时，需要多个变元组合. 变元的变换方式分为局部、替代和全局变换，其中局部变换为低层、基层变元的变化，替代变换为高层变元的部分变化，全局变换是对高层变元全部进行变化. 不变元是本体拥有的固定结构，不会随变体变化而改变.

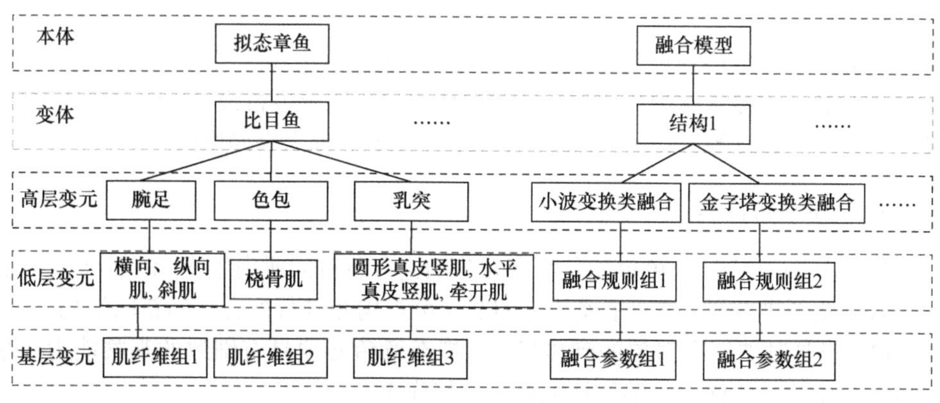

图 2.9　变元分层结构

2.3.2 拟态章鱼的结构重构性

1. 变元分层结构

(1) 分层.

将拟态章鱼(本体)从高到低分成变体、高层变元、低层变元和基层变元. 在变体层中将拟态章鱼的拟态体定义为变体, 如模仿成比目鱼、狮子鱼、海蛇等; 高层变元为腕足变元、色包变元、乳突变元; 将各肌肉组定义为低层变元, 如腕足肌肉组、色包肌肉组、乳突肌肉组; 基层变元用组成肌肉的肌纤维定义.

(2) 高层变元分类.

腕足变元有多种基本形状类型, 每个腕足段拥有伸长、缩短、扭转、弯曲等行为, 每种行为可能存在不同的伸长量、缩短量、扭转度和弯曲度; 色包变元有四种基本颜色类型, 分别为黑色、棕色、橙色和黄色, 经过周围色包变元颜色显现的数量和色度的变化, 皮肤可展现出多种颜色的改变; 乳突变元拥有不同程度、不同大小的突起形状, 按形状分类.

2. 变元变换方式

局部变换: 低层变元局部变换通过改变拟态章鱼部分部位内肌肉组变元的伸缩情况实现; 基层变元局部变换通过改变肌肉组包含的肌纤维变元的伸缩实现[10].

替代变换: 部分腕足段的形态进行变化; 改变部分需要变化颜色色度的色包或对已变化的色包进行颜色复原; 对部分需要变化大小形状的乳突做出改变或对不需要的乳突进行逆变.

全局变换: 腕足段形态全部变化, 重新调整腕足段的形态及组合; 身体颜色整体改变, 变化全部色包的显现数量及色度; 改变皮肤所有乳突的大小形状[11].

3. 不变元

根据拟态章鱼模仿的范围, 将不变元分为部分模仿和全局模仿, 比如拟态章鱼模仿海蛇、蛇鳗等这类生物时, 只需对身体的一部分进行模仿, 称为部分模仿; 模仿比目鱼、蓑鲉等生物时, 身体全部都进行模仿, 称为全局模仿.

4. 变体重构需求

(1) 拟态章鱼腕足、色包和乳突变元分别包含各自的肌肉组变元, 肌肉组变元又包含了肌纤维变元, 这三个模块中的变元可重构并进行配合得到新的结构.

(2) 若要对被拟态对象的到位模仿, 拟态章鱼必须具有细致的观察能力, 将被拟态对象的主要样貌、动作特征存入记忆库中.

(3) 被拟态对象的外貌与拟态章鱼的外貌基本都存在较大差异, 所以拟态章鱼需分配好腕足所模仿的身体部位和身体各处的颜色、质地.

2.3.3　融合模型的结构重构性

1. 变元分层结构

(1) 分层.

将拟融合模型(本体)从高到低分成变体、高层变元、低层变元和基层变元. 在变体层将融合模型的结构称为变体, 由融合算法变元按串联、并行、内嵌等拟态结构组合形成; 定义高层变元为融合算法变元, 有多种图像分解方法; 将融合规则变元称作低层变元, 例如加权平均、绝对值最大、局部能量匹配等; 融合参数变元作为基层变元存在.

(2) 高层变元分类.

按分解方式可将融合算法类变元分为基于金字塔变换类、小波变换类、方向滤波类、边缘保持类的方法变元等.

2. 变元变换方式

局部变换: 低层变元局部变换是对部分融合规则变元进行改变; 基层变元局部变换是对部分融合参数变元进行改变.

替代变换: 对选择的融合算法变元类内类间的部分融合算法进行替换.

全局变换: 在替代变也不满足需求的情况下, 对选择的融合算法变元类内类间的所有融合算法进行变化, 确定拟态结构进行组合.

3. 不变元

将像素级、特征级、决策级融合方法作为不变元, 像素级融合是直接对传感器采集来的数据进行处理而获得融合图像的过程; 特征级融合是从源图像中将特征信息提取出来, 这些特征信息是观察者对源图像中目标或感兴趣的区域, 如边缘、人物、建筑或车辆等信息, 然后对这些特征信息进行分析、处理与整合从而得到融合后的图像特征; 决策级融合根据所提问题的具体要求, 将来自特征级图像所得到的特征信息加以利用, 然后根据一定的准则以及每个决策的可信度直接做出最优决策.

4. 变体重构需求

(1) 融合算法变元包含了融合规则变元, 融合规则变元又包含了融合参数变元, 这三个模块中的变元可重构, 变元内和变元间能组合得到新的结构.

(2) 分析图像差异特征的变化, 通过主差异特征确定合适的融合算法、规则和参数，并确定组合融合算法的拟态结构.

(3) 各层变元内或各层变元间组合存在着增强型、互补型和抵消型协同关系，要选择好各层变元的协同关系，并避免拥有抵消型协同关系的变元参与组合.

2.4 动态优化性

2.4.1 动态优化性的概念

由于多重因素的干预造成拟态结果不满足需求时，需要对方案结构进行动态调整，直到满足需求.

动态优化(图 2.10)包括变体内和变体间优化，变体内有高层变元内和高层变元间的优化，高层变元内又包括低层变元内与基层变元间的优化，拟态章鱼和融合模型的变体内优化方式如表 2.4 所示. 进行优化时先考虑基层变元的优化，优化不成功时考虑低层变元间的优化，还没有成功时可以考虑高层变元间的优化，如果变体内的优化没有达到优化标准时，进行变体间的优化.

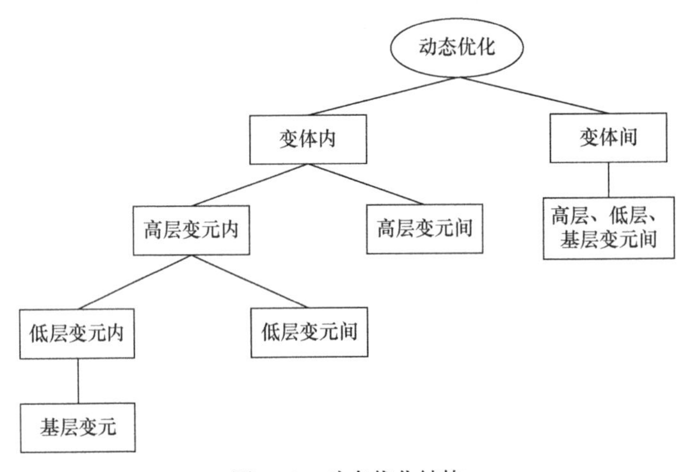

图 2.10 动态优化结构

表 2.4 变体内优化方式

变体内	拟态章鱼	融合模型
基层变元间	肌纤维变元间	融合参数变元间
低层变元间	肌肉组变元间	融合规则变元间
高层变元间	腕足、色包、乳突变元类内类间	融合算法变元类内类间

2.4.2　拟态章鱼的动态优化性

1. 变体内优化

拟态章鱼进行模仿时, 可能会出现模仿相似性较差, 不能起到威慑敌人的作用, 因此需要对该模仿进一步优化. 融合模型形成的融合算法可能存在融合图像质量不达标的情况, 因此需要优化进行二次融合.

(1) 基层变元间优化.

优化肌纤维变元, 改变其收缩、舒张状态.

(2) 低层变元间优化.

优化横向、纵向和斜肌变元的伸缩程度, 不同腕足段的各肌肉变元进行相应的伸缩变化; 优化桡骨肌变元的伸缩, 改变色包变元周围桡骨肌肉变元的收缩情况以控制色包的颜色变化; 优化圆形和水平真皮竖肌变元的伸缩控制乳突的扩张, 优化牵开肌变元控制乳突的收缩.

(3) 高层变元间优化.

在原腕足形状的基础上, 优化腕足段的形状, 腕足形状变元中类内优化为改变腕足段内的形状变化程度, 类间优化是对腕足段形状的替换; 控制色包的变化使需要变化颜色的皮肤得到准确的颜色, 类内优化为同类型色包色度的变化, 类间优化为不同类型间色包颜色的替换; 根据模仿对象的皮肤材质, 拟态章鱼会进一步控制乳突的大小、形状, 使其皮肤材质与被模仿者的皮肤更接近, 类内优化为乳突的大小变化, 类间优化为乳突形状的变化.

2. 变体间优化

重新确定被拟态对象, 在优化前的拟态基础上, 改变各腕足段横向、纵向和斜肌变元的伸缩, 模仿现被拟态对象的身体形状; 分布身体各处的神经元控制桡骨肌肉变元伸缩, 间接控制着身体颜色接近模仿对象的颜色; 根据要实现的皮肤材质需求, 如果要减小乳突体积, 收缩牵开肌变元, 如果要增大乳突体积, 收缩圆形真皮竖肌变元; 要改变乳突形状, 则收缩水平真皮竖肌变元; 各变元确定后, 开始模仿被拟态对象的动作行为.

2.4.3　融合模型的动态优化性

1. 变体内优化

(1) 基层变元间优化.

通过改变融合参数变元使融合规则权重改变, 实现对融合模型的优化.

(2) 低层变元间优化.

融合规则变元间优化, 先改变融合算法中的融合规则变元, 对融合规则进行组合；再调整分解算法变元中的融合参数变元.

(3) 高层变元间优化.

融合算法变元间优化：对融合算法变元进行替换，确定融合算法变元、融合规则变元和融合参数变元. 类内优化是在算法类内选择融合算法，类间优化是在算法类间选择融合算法.

2. 变体间优化

重新确定各层变元，根据已建立的各类差异特征与各层变元的映射关系，先确定高层变元的融合算法和执行顺序，再确定融合算法的融合规则和融合规则中的融合参数，最后确定组合融合算法的拟态结构.

2.4.4 动态优化评价

1. 拟态章鱼

按照本体的灵敏程度、驱离威胁生物的有效程度及驱离所需时间、脱离危险的时间及距离等指标来对当前拟态章鱼动态优化的拟态结果进行评价.

2. 融合模型

融合模型的动态优化评价流程如图 2.11 所示，具体步骤如下.

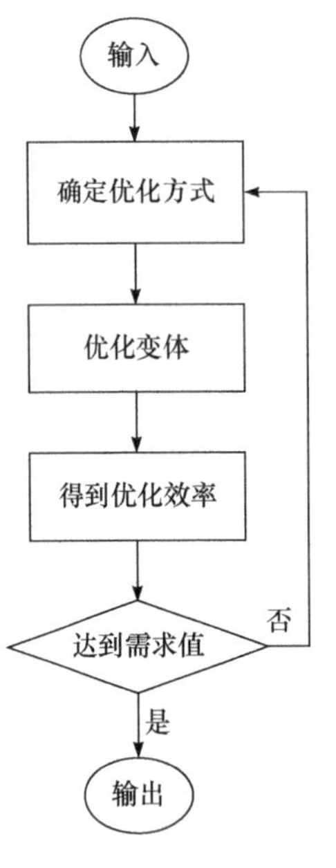

图 2.11 优化评价

(1) 确定优化方式：先从低层、基层变元的优化方式出发，再依次考虑在高层变元间、变体间的优化方式.

(2) 优化变体：对变体按照确定的优化方式进行优化，改变变体内部的基层变元、低层变元、高层变元或拟态结构.

(3) 得到优化效率：定性、定量对比优化前的融合图像与优化后的融合图像，参考优化时间，得到优化效率指标. 对比优化前与优化后图像的评价指标，根据优化图像融合算法所需时间以及评价指标得到优化效率指标，优化效率指标越大，代表图像融合算法优化效率越好.

(4) 对比优化需求值：确定优化需求值，与优化效率比较，若没达到优化需求，重新确定其他优化方式进行优化；若达到优化需求，准备进行下组图像的融合.

参 考 文 献

[1] 吕胜, 杨风暴, 吉琳娜, 等. 红外光强与偏振图像多类拟态变元组合融合[J]. 红外与激光工程, 2018, 47(5): 63-72.

[2] Letizia Z, Hadas E, Federica M, et al. Motor control pathways in the nervous system of octopus vulgaris arm[J]. Journal of Comparative Physiology A-Neuroethology Sensory Neural and Behavioral Physiology, 2019, 205(2): 271-279.

[3] Alessio D C, Federica M, Irene B, et al. Beyond muscles: Role of intramuscular connective tissue elasticity and passive stiffness in octopus arm muscle function[J]. Journal of Experimental Biology, 2021, 224(22). jeb242644. doi: 10. 1242/jeb. 242644.

[4] Tamar G, Letizia Z, Binyamin H, et al. Use of peripheral sensory information for central nervous control of arm movement by octopus vulgaris[J]. Current Biology, 2020, 30(21): 4322-4327.

[5] Yoram Y, Roni S Z, Binyamin H, et al. Dynamic model of the octopus arm. II. Control of reaching movements[J]. Journal of neurophysiology, 2005, 94(2): 1459-1468.

[6] Ramirez M D, Oakley T H. Eye-independent, light-activated chromatophore expansion (LACE) and expression of phototransduction genes in the skin of Octopus bimaculoides[J]. Journal of Experimental Biology, 2015, 218(10): 1513-1520.

[7] Deravi L F. Compositional similarities that link the eyes and skin of cephalopods: Implications in optical sensing and signaling during camouflage[J]. Integrative and Comparative Biology, 2021, 61(4): 1511-1516.

[8] Allen J J, Bell G, Kuzirian A M, et al. Comparative morphology of changeable skin papillae in octopus and cuttlefish[J]. Journal of Morphology, 2014, 275(4): 371-390.

[9] Shomrat T, Zarrella I, Fiorito G, et al. The octopus vertical lobe modulates short-term learning rate and uses LTP to acquire long-term memory[J]. Current Biology, 2008, 18(5): 337-342.

[10] Allen J J, Bell G, Kuzirian A M, et al. Cuttlefish skin papilla morphology suggests a muscular hydrostatic function for rapid changeability[J]. Journal of Morphology, 2013, 274(6): 645-656.

[11] Kier W M. The musculature of coleoid cephalopod arms and tentacles[J]. Frontiers in Cell and Developmental Biology, 2016, 4: 10. doi: 10. 3389/fcell. 2016. 00010.

第 3 章　图像拟态融合的基本原理

3.1　图像拟态融合的功能

拟态融合作为一种新型智能仿生融合技术，主要是将拟态章鱼的多拟态特性引入到图像融合中，使融合模型的参数、规则、算法以及结构根据图像间差异特征的变化而动态变化[1]. 随着探测场景的复杂多变，尤其对于动态探测场景来说，拟态融合一方面能够主动感知图像/视频帧间的差异特征及其变化，从而快速确定图像或区域中主要差异特征的类型，并能对主要差异特征的幅值、频次、时相和空间分布属性进行判断，形成对融合的有效驱动需求. 另一方面也能够根据被拟态对象的特点将可逆变元进行结构重构. 根据拟态变换的基本过程及其类型，拟态融合需要形成满足相应驱动需求的拟态体，从而有效提升不同模式图像融合的自适应性，从而充分发挥智能协同探测系统中各模式的互补优势. 拟态融合的具体功能见表 3.1.

表 3.1　图像拟态融合的功能

拟态融合的功能	具体内容
基本功能	拟态融合能够主动感知图像间差异特征的不同属性及其变化，为拟态需求的确定奠定基础
核心功能	拟态融合能够揭示拟态变换的原理，为可逆结构体中变元间组合关系及组合方式的确定提供依据
延伸功能	拟态融合能够揭示融合算法间的协同嵌接机理，从而利于多算法变结构融合模型的建立

(1) 基本功能：拟态融合能够主动感知图像间差异特征的不同属性及其变化，为拟态需求的确定奠定基础.

拟态章鱼能够敏锐感知到外界不同威胁对象，通过类比分析目标和周围环境辐射特性，感知不同模式下目标信息间差异，这一特点可建立不同模式下成像特性与图像特征变化差异间的关系，揭示成像差异特征到图像差异特征的演化过程与形成机理，进而明确图像或区域中的主要差异特征，并对主要差异特征的其他属性(如幅值、频次、时相及空间分布情况等)进行逐一判断，实现差异特征不同属性的提取与表征.

拟态融合能够分别对图像特征差异性、图像区域差异性、场景差异性(多组场景)以及场景与图像区域差异性变化四种情况下的互补信息及其变化进行感知，通过感知到的主要差异特征，明确融合的驱动因素、驱动方式以及驱动强度，形成差异特征驱动机制, 从而为根据差异特征变化调整融合结构及算法的实现提供必要前提[2].

(2) 核心功能: 拟态融合能够揭示拟态变换的原理, 为可逆结构体中变元间组合关系及组合方式的确定提供依据.

根据被拟态对象的不同及其特点, 拟态融合一方面可将某类或若干类变体的可逆变元通过局部变或替代变的方式进行融合结构重构, 通过对变元组内变元选择、变元组形成、变元及变元组间组合关系的确定等进行研究, 形成拟态变换的基本过程; 另一方面, 从变元的变换方式、变体结构、变体形态等角度确定拟态变换的类型及其特点, 结合拟态融合的拟态多样性、主动感知性、结构重构性和动态优化性等基本特性, 分析不同拟态融合间的关系, 制定拟态变换的不同规则, 从而为多变结构拟态体形成和融合算法派生等研究提供理论依据. 拟态变换是拟态融合实现的核心环节, 更是建立图像间差异特征变化与动态可变融合结构间关系的必要手段[3,4].

(3) 延伸功能: 拟态融合能够揭示融合算法间的协同嵌接机理, 从而利于多算法变结构融合模型的建立.

根据拟态变换原理派生出不同融合算法之后, 如何发挥各算法优势性能, 选择利于差异特征融合的协同关系, 设计满足拟态需求的嵌接方式, 并实现两者间的优化匹配组合, 是拟态融合的最终环节. 只有分析算法间不同协同关系及其对融合效果的影响特点、确定不同嵌接方式对融合效果的影响要素, 才能揭示算法间的协同嵌接机理, 并与拟态机理深度结合, 拟态融合模型才能按照差异特征变化合理地确定融合结构、算法、规则及参数等.

3.2　图像拟态融合的基本过程

拟态感知机理和拟态变换原理[5]是拟态融合模型根据两类图像间差异特征的变化动态选择合适算法的理论基础. 从融合原理出发, 拟态融合的主要过程主要包括差异特征属性的变化感知、拟态变元的选择和变元间的协同嵌接, 具体见图 3.1.

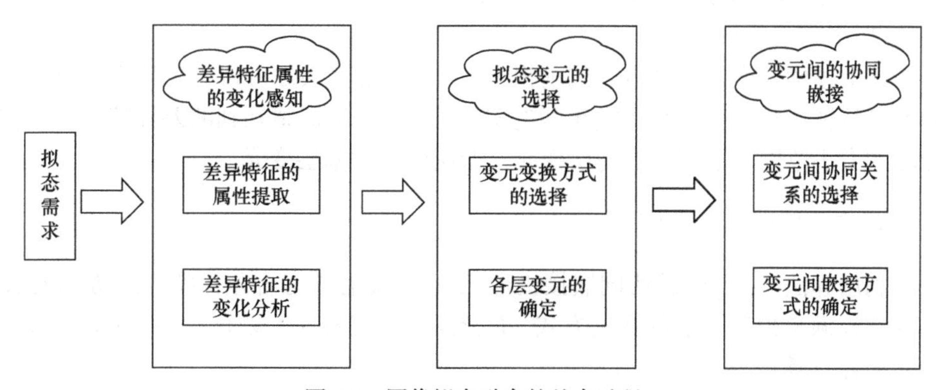

图 3.1　图像拟态融合的基本过程

1. 差异特征属性的变化感知

图像间差异特征属性变化感知主要包括差异特征的属性提取和差异特征的变化分析两部分, 主要基于拟态感知机理对图像间差异特征的类型、幅值、频次、时相及空间分布等属性进行提取, 然后计算前后融合图像的属性变化量, 最后通过变化量阈值来判断当前图像的拟态融合驱动类型.

(1) 差异特征的属性提取.

通过分析不同模式下成像特性以及图像间特征的相关性, 基于成像差异特征到图像差异特征的演化过程与形成机理, 研究差异特征多个属性(如类型、幅值、频次及时相等)的特点, 基于距离测度、非样本估计等方法对差异特征各属性进行表征和提取.

(2) 差异特征的变化分析.

分析拟态章鱼具有感知能力的原因, 探究其感知到不同威胁对象的颜色、形状及动作等变化并及时做出准确的判断和反应的感知机理, 得出相应的图像拟态感知机理. 基于此来感知拟态融合过程中前后图像间差异特征各属性的变化量, 并对其进行量化, 再根据拟态需求及先知经验来分析当前变化量阈值, 从而判断当前融合图像的拟态融合驱动方式.

2. 拟态变元的选择

拟态变元的选择主要是基于拟态变换原理以及差异驱动机制, 根据图像间的差异特征来调用变体记忆库中的映射关系匹配相应的变元. 主要包括变元变换方式的选择和各层变元的确定.

(1) 变元变换方式的选择.

变元的变换方式分为局部变、替代变和全局变, 根据感知到前后图像间差异特征属性的变化量, 计算差异度. 再根据差异度的大小对当前的驱动强度进行判断, 利用差异驱动机制来选择当前变元的变换方式.

(2) 各层变元的确定.

在上述确定变元变换方式的前提下, 利用拟态变换原理以及变体库中已建立的差异特征类集与融合算法类集间的多集值映射, 根据感知到的差异特征属性差异度的大小范围确定相应的高层变元、低层变元和基层变元.

3. 变元间的协同嵌接

利用算法(变元)间的协同嵌接机理[6], 选择能有效融合差异特征的协同关系, 以及选择满足拟态需求的嵌接方式, 充分发挥各层变元的融合优势, 显著提升图像的融合质量.

(1) 变元间协同关系的选择.

根据当前图像间主差异特征的类型个数以及所选的变元，利用协同机理计算变元间的协同强度大小，来选择当前协同关系是增强型协同、抵消型协同还是互补性协同. 一般当图像间主差异特征类型只有一种时，选择增强型较为合适；当主差异特征类型包含两种以上，如亮度、边缘等，一般采用互补型协同. 同时还需结合待融合图像的类型，融合图像类型不同，变元间的协同关系也不同.

(2) 变元间嵌接方式的确定.

在选择变元协同关系后，首先根据实际融合需求，从串联式、并行式、内嵌式和混合式四种中选择合适的嵌接方式，然后基于嵌接机理对变元间嵌接方式的权重、内嵌方式、串联顺序及组合顺序等进行确定，保证各层变元的融合优势在最终拟态融合结果中获得合适的体现.

3.3　图像拟态融合的关键技术

1. 拟态变换

拟态变换是指由具有感知和认知的可逆变元按照被拟态对象的某种需求协同组合的变化过程，针对不同威胁/差异类型，将某类或若干类变体的变元进行重新组合，从而形成新的形态或结构；它是拟态融合的核心，更是图像融合中建立感知/认知到的差异特征变化与动态可变融合结构之间关系的必要环节. 只有对拟态变换中各种变体中变元的构成、多个变元间的协同组合规则、不同类拟态的变换过程及其关系深入研究，融合模型的拟态性能才能实现.

拟态变换的实现过程主要包括：变元组内变元的选择、变元组的形成、变元及变元组组合关系的确定以及拟态体的形成等. 如图 3.2 所示.

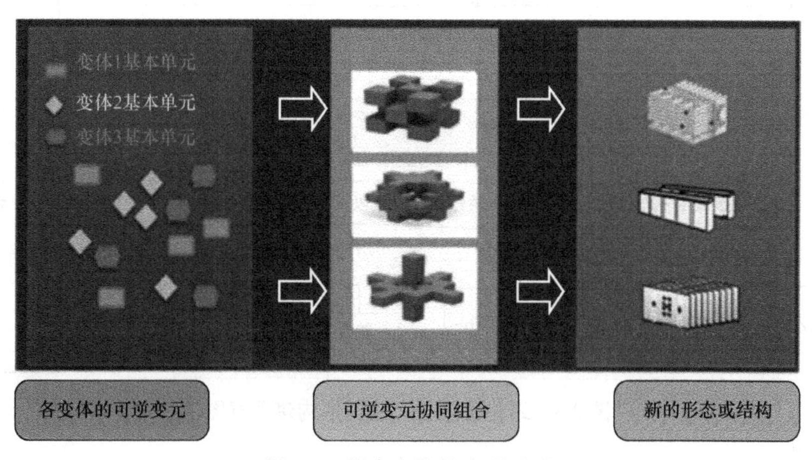

图 3.2　拟态变换的实现过程

2. 结构化融合算法类集构建

结构化融合算法类集[7]是算法按照融合需求、适用范围及算法对不同特征的融合效果等进行归类后而形成的集合. 结构化主要体现在元素的层次结构(即算法类集、算法集、规则集以及参数集等的多层次结构及其存储、调用关系)和元素间联接关系(包括类内元素选择、替代、变换关系以及类间元素的组合关系). 只有对类集中各层次元素的存储调用关系、类内及类间元素的选择替代关系进行深入研究, 拟态仿生融合模型才能按照差异特征变化合理地确定融合结构、算法、规则及参数等[8-10].

结构化融合算法类集构建的主要过程见图 3.3 所示, 具体包括:

首先, 将不同融合算法按照融合需求、适用范围及算法对图像不同特征的融合效果等进行归类, 形成融合算法类集[11]. 以类集中某个元素与其他元素的距离测度为主要依据, 研究类集元素的构成形式和增删机制. 其次, 采用类比数据库的建立方法, 在算法类集的框架下建立算法集、规则集和参数集的多层次结构. 然后, 用经验估计和实验方法分析、验证不同层次元素的存储、调用关系. 再采用分离变量法分析不同算法集、规则集和参数集中元素的具体特点和优势互补关系, 最后形成结构化融合算法类集[12].

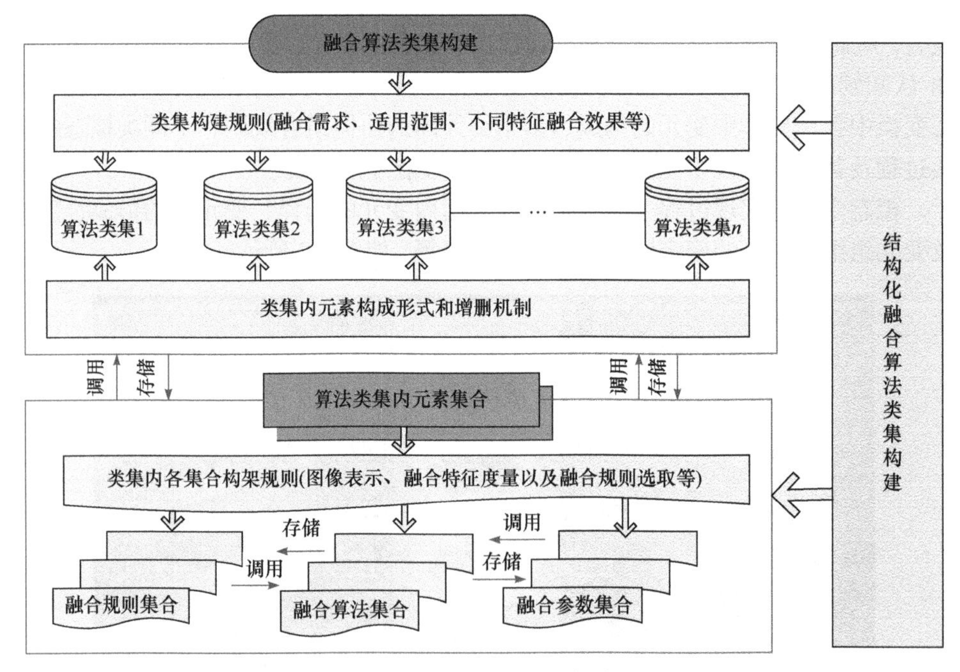

图 3.3　结构化融合算法类集构建示意图

参 考 文 献

[1] 杨风暴. 红外偏振与光强图像的拟态融合原理和模型研究[J]. 中北大学学报(自然科学版), 2017, 38(1): 1-8.

[2] 杨风暴, 吉琳娜. 双模态红外图像差异特征多属性与融合算法间的深度集值映射研究[J]. 指挥控制与仿真, 2021, 43(2): 1-8.

[3] Guo X M, Yang F B, Ji L N. A mimic fusion method based on difference feature association falling shadow for infrared and visible video[J]. Infrared Physics &Technology, 2023, 132: 104721.

[4] Guo X M, Yang F B, Ji L N. MLF: A mimic layered fusion method for infrared and visible video[J]. Infrared Physics &Technology, 2022, 126: 104349.

[5] 吕胜. 面向双模态红外图像融合的拟态变换原理研究[D]. 太原: 中北大学, 2018.

[6] 张雷. 面向拟态变换的异类红外图像融合算法协同嵌接方法研究[D]. 太原: 中北大学, 2018.

[7] 王向东. 面向双模式红外图像可重构融合的结构化算法类集构建研究[D]. 太原: 中北大学, 2019.

[8] 杨利素, 王雷, 郭全. 基于 NSST 与自适应 PCNN 的多聚焦图像融合方法[J]. 计算机科学, 2018, 45(12): 217-222, 250.

[9] 张强. 基于非下采样 Shearlet 变换域的图像融合及去噪算法研究[D]. 合肥: 合肥工业大学, 2014.

[10] 余美晨, 孙玉秋, 王超. 基于拉普拉斯金字塔的图像融合算法研究[J]. 长江大学学报(自科版), 2016, 13(34): 21-26, 4.

[11] 牛涛, 杨风暴, 王志社, 等. 一种双模态红外图像的集值映射融合方法[J]. 光电工程, 2015, 42(4): 75-80.

[12] 尚朝轩, 王品, 韩壮志, 等. 基于类决策树分类的特征层融合识别算法[J]. 控制与决策, 2016, 31(6): 1009-1014.

第 4 章　拟态融合的感知

4.1　差异特征感知的仿生需求

4.1.1　差异感知的共性

1. 感知要素

拟态章鱼在感知外界环境差异时，主要通过感知威胁生物的类型、数量、体积以及离自身的距离等要素来对当前环境是否改变进行分析.

融合模型在感知场景差异时，主要是通过感知差异特征的类型、幅值、频次以及时相等属性来对当前待融合图像进行分析.

从上面分析来看，显然拟态章鱼和融合模型在差异感知要素上有相同之处[1].

2. 感知过程

拟态章鱼的感知过程为：主动对当前环境进行扫描；若出现威胁生物，快速感知威胁生物的类型、数量、体积以及离自身的距离等要素，计算得到威胁度(驱动强度)；然后根据驱动强度的大小来判断威胁强度，选择相应的拟态变换.

融合模型的感知过程为：主动对待融合的图像进行扫描；快速感知当前图像差异特征的类型、幅值、频次以及时相等属性，计算得到特征差异度(驱动强度)，根据驱动强度的大小来判断拟态融合的程度，选择相应的拟态变换.

从上面分析来看，显然拟态章鱼和融合模型在差异感知过程上有相同之处.

3. 感知记忆

拟态章鱼和融合模型都将感知到的信息差异、是否需要拟态变换等反馈给驱动机制，同时记忆此次驱动过程及拟态结果，建立记忆库，为下次遇到同样情况做准备[2].

4.1.2　差异特征感知的必要性分析

差异特征感知在序列图像拟态融合时能发挥更大的优势，序列图像差异特征的感知避免了对相似图像组的融合[3]. 差异特征能准确感知序列中相邻帧间差异的变化，如果连续帧间的差异不大，即为平缓帧，代表连续帧间多类别图像组的差异特征相差不大，不需要对此图像组进行拟态变换，只需在其中选择一帧(关键帧)参与多类图像组的融合，既免除了对不必要图像的融合，又能精准察觉到图像的变化，提升了拟态融合在序列图像中的时间利用率[4,5].

对多类别图像的差异特征与上一帧多类别图像的差异特征进行分析，避免不必要的资源浪费. 如果序列图像中相邻帧差异特征的差异达到图像变化的条件，才计算此多类别图像组间的差异特征，并与上一帧多类别图像组的差异特征进行对比，对差异特征变化的情况进行分析，确定拟态融合的变元变换方式，得到针对此多类别图像差异特征融合的方案. 利用相近多类别图像的差异特征存在关联性的关系，根据变元变换方式形成此多类别图像组的变体，提高了形成变体的效率和对资源的利用率.

如果不对序列图像中相邻帧的差异特征进行感知[6]，就无法判断相邻帧间信息的差异情况，无法在平缓帧中进行关键帧的选取，需要对每帧多类别图像组的差异特征进行分析，这样比感知相邻帧间差异特征的差异情况更耗时间，降低了对序列图像拟态融合的效率；如果不对多类别图像组的差异特征进行感知，就无法利用相近图像的关联性，对变体经过变元的变换方式形成新的变体，更无法利用多类别图像组间的差异信息确定此组图像的融合方案，不能做到对图像的针对性融合.

4.2　差异特征的属性分析

4.2.1　差异特征类型

结合目标与背景的成像差异特性、大气传输差异特性和成像仪响应差异特性，两类图像在亮度特征、边缘特征、纹理特征等方面上存在较大差异，因此图像间差异特征类型主要从亮度、边缘及纹理三方面来表征[7].

其中亮度信息主要选取空间形状特征中的灰度均值(Gray Mean, GM)来量化，选择边缘强度(Edge Intensity, EI)、标准差(Standard Deviation, SD)、平均梯度(Average Gradient, AG)来分别表示边缘信息中的边缘幅值强度信息、反差度信息以及边缘的清晰度. 在纹理特征中选择 Tamura 纹理特征量化表征纹理信息，Tamura 纹理特征是基于人类对纹理的视觉感受研究得到的，该纹理特征的表达分为六个分量，分别对应心理学中的六个纹理特征属性，其中粗糙度(Coarseness, CA)、对比度(Contrast, CN)、方向度(Directionality, DR)这三种属性分量的相关程度很低，具有极好的独立性，但方向度无法在两类图像中有效表示互补性信息. 因此选择 CA, CN 分别表征纹理信息的粗糙性以及像素值强度对比的整体布局.

基于此，可选取 GM, EI, SD, AG, CA 以及 CN 描述两类图像的差异特征类型.

4.2.2　差异特征幅值

差异特征幅值表示两类图像特征强度值间的绝对差异度[8]. 假设源图的大小为 $L\times W$, $px(i,j)$ 为像素点 (i,j) 处的像素值的大小, 以红外偏振与光强图像为例来说明, 其中角标 P, I 分别代表红外偏振和光强图像.

1. GM

在灰度图像中, 由于不包含色彩信息, 其亮度信息是由暗到明连续变化的, 差异灰度均值表示两类图像中所有像素强度均值 m 的绝对差值, 可反映源图组亮度特征差异的变化, 可表示为

$$m=\frac{1}{L\times W}\sum_{i=1}^{L}\sum_{j=1}^{w}px(i,j) \tag{4.1}$$

$$\mathrm{GM}=\left|m_{\mathrm{P}}-m_{\mathrm{I}}\right| \tag{4.2}$$

2. EI

边缘信息作为人眼识别特征信息的轮廓结构性特征, 存在两类图像之中, 在两类图像中分布的差异很大. 差异特征边缘强度表示两类图像边缘幅值强度 e 的绝对差值, 在此选取基于边缘提取算子中的 Sobel 算子提取边缘幅值强度信息, 表征源图组边缘特征差异变化, 可表示为

$$\nabla_x px(i,j)=px(i,j)-p(i-1,j) \tag{4.3}$$

$$\nabla_y px(i,j)=px(i,j)-px(i,j-1) \tag{4.4}$$

$$e=\frac{1}{L\times W}\sum_{i=1}^{L}\sum_{j=1}^{W}\sqrt{(\nabla_x px(i,j))^2+(\nabla_y px(i,j))^2} \tag{4.5}$$

$$\mathrm{EI}=\left|e_{\mathrm{P}}-e_{\mathrm{I}}\right| \tag{4.6}$$

其中 $\nabla_x px(i,j),\nabla_y px(i,j)$ 分别为垂直和水平 Sobel 算子以像素(i,j)为中心与源图像的卷积.

3. SD

标准差能够反映两类图像灰度相较于平均灰度的离散情况. 差异标准差越大, 灰度级分布越离散, 反映两类图像反差越大, 可以利用的信息越多, 融合效果越好, 可表示为

$$s=\sqrt{\frac{\sum_{i=1}^{L}\sum_{j=1}^{W}(px(i,j)-\overline{px}(i,j))}{L\times W}} \tag{4.7}$$

$$SD = \left| s_{\mathrm{P}} - s_{\mathrm{I}} \right| \tag{4.8}$$

4. AG

平均梯度反映了两类图像对微小的细节反差变化和纹理信息的表述，也体现了图像的清晰度. 差异平均梯度越大，融合图像就越清晰，可表示为

$$a = \frac{1}{L \times W} \sum_{i=1}^{L} \sum_{j=1}^{W} \sqrt{[\nabla_x px(i,j)^2 + \nabla_y px(i,j)^2]/2} \tag{4.9}$$

$$\mathrm{AG} = \left| a_{\mathrm{P}} - a_{\mathrm{I}} \right| \tag{4.10}$$

5. CA

粗糙度是最基本的纹理特征，反映了图像纹理中粒度的一个量. 当两类图像中纹理特征模式所利用的知识基元尺寸不同时，具有较大基元尺寸的粗糙性越强. 计算图像中大小为 $2^k \times 2^k$ 个像素的活动窗口中像素的平均强度值，这里 k 设为 5，其中水平与垂直方向的窗口互相并不重合，通过单位像素分别计算 x 方向与 y 方向窗口间的强度均值的差，分别记为 $E_{k,h}$ 和 $E_{k,v}$. 设置 k 的值得到最佳尺寸 $S_{\mathrm{best}}(x,y) = 2^k$ ，可以使在每个像素中 E 值达到峰值. 差异粗糙度可以通过计算两幅图像中各自 S_{best} 的平均值差的绝对值得到，可表示为

$$A_k(x,y) = \sum_{i=x-2^{k-1}}^{L=x+2^{k-1}-1} \sum_{j=y-2^{k-1}}^{W=y+2^{k-1}-1} g(i,j)/2^{2k} \tag{4.11}$$

$$E_{k,h} = \left| A_k(x+2^{k-1},y) - A_k(x-2^{k-1},y) \right| \tag{4.12}$$

$$E_{k,v} = \left| A_k(x,y+2^{k-1}) - A_k(x,y-2^{k-1}) \right| \tag{4.13}$$

$$ca = \frac{1}{L \times W} \sum_{i=1}^{L} \sum_{j=1}^{W} S_{\mathrm{best}}(i,j) \tag{4.14}$$

$$\mathrm{CA} = \left| ca_{\mathrm{P}} - ca_{\mathrm{I}} \right| \tag{4.15}$$

6. CN

对比度通过统计图像像素强度的分布状况对图像进行全局度量. 其幅值通常与四个因素有关，即灰度的动态范围、直方图两极分化程度、边缘的锐化以及重复模式周期，可表示为

$$cn = \frac{\sigma}{\alpha_4^{1/4}} \quad \left(\alpha_4 = \frac{\mu_4}{\sigma^4} \right) \tag{4.16}$$

$$\mathrm{CN} = \left| cn_{\mathrm{P}} - cn_{\mathrm{I}} \right| \tag{4.17}$$

其中 μ_4 代表四阶矩，σ^2 代表方差.

两类图像差异特征幅值强度分布图可用于描述基于不同成像场景中差异特征幅值的动态分布情况，以 3 组图像的差异特征幅值强度分布图为例，如图 4.1 所示.

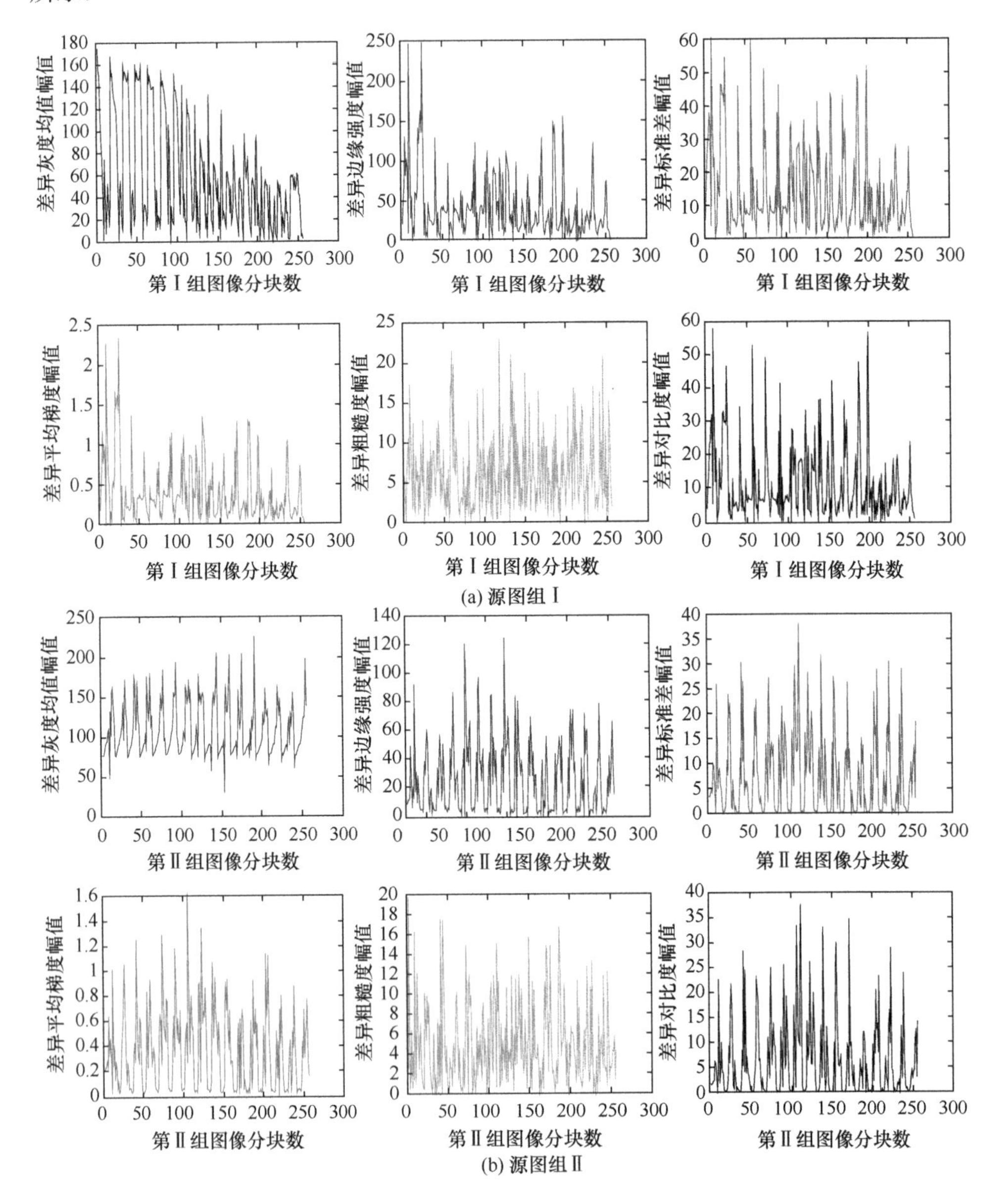

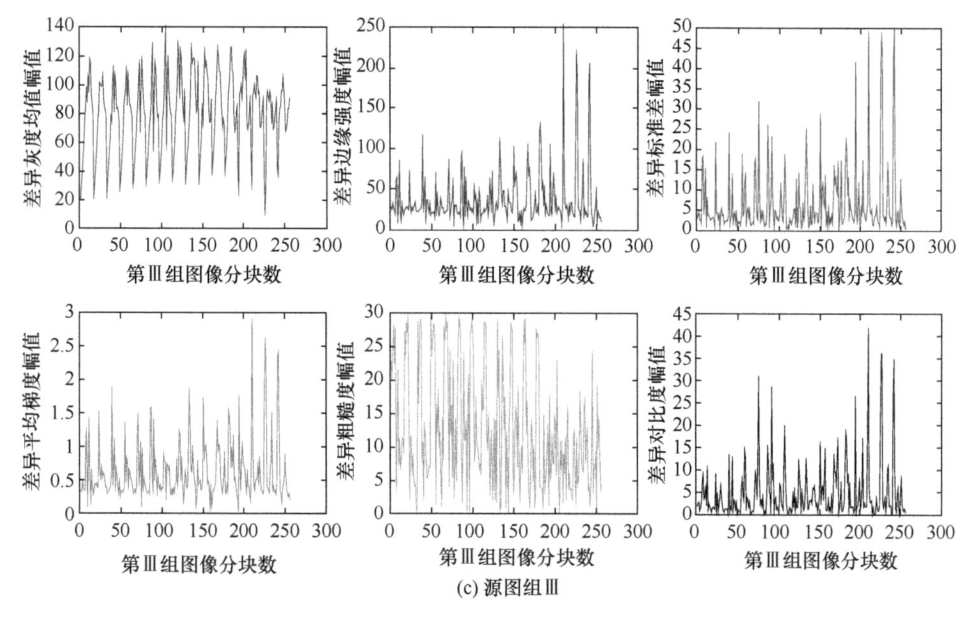

(c) 源图组Ⅲ

图 4.1　差异特征幅值强度分布图

4.2.3　差异特征频次

差异特征频次属性反映了成像场景中差异特征类型属性的广泛性，描述了差异特征幅值属性分布的疏密性[9]. 对于不同场景来说，差异特征幅值的分布具有动态不确定性，差异特征幅值函数描述形式是未知的. 由于参数估计法中的非参数估计法分布函数的具体形式也是未知的，且非参数估计法中样本函数和其概率密度函数服从同分布，因此采用非参数概率密度估计的方法可以得到差异特征幅值样本集的概率密度分布，进而构造差异特征频次分布. 这里用非参数概率密度估计法中的 K 最近邻(K-nearest Neighbor, KNN)概率密度估计构造差异特征频次分布.

KNN 概率密度估计通过改变区域大小来确保小样本数量的相同，从而获取估计所需的概率密度序列值. 假设选定动态区域内的样本数量为 N，依据总体样本集的个数确定一个近邻数 K_N，其中 K_N 是正整数，其大小与概率密度曲线的平滑度有关. 当 K_N 越大时，曲线平滑度也越高. 当 K_N 值固定不变时，通过改变动态区域 V 进行概率密度估计.

将差异特征幅值点从小到大排序，且进行分组，利用累积分布函数得到差异特征幅值的频率分布直方图. 在幅值频率分布直方图中，统计每个频率直方图的面积，计算每个幅值区间内差异特征频次值. 累积分布函数中不涉及带宽等因素，不会损失任何数据，所以通过累积分布函数统计得到频率分布直方图是真实准确的.

每组源图像中每类差异特征幅值有 N=256 个, 差异特征类型有 r 种, 初始样本集 $\left\{Q_{ri}\right\}$ 包含样本数量为 N. 初始样本集中样本数量少, 不满足非参数概率密度估计中大样本数量的需求. 差异特征幅值点 Q_{ri} 的移动步长设为 $xstep$=0.01, 经过线性插值获取到扩充样本集 $\left\{Q_{rj}\right\}$, 所含样本数量为 $N' = [Q_{rj}^R - Q_{rj}^L / xstep]$, j=1, 2, …, N, 其中 Q_{rj}^L 为差异特征幅值扩充样本集的左边界, Q_{rj}^R 为扩充样本集的右边界, 且每种差异特征幅值扩充样本集服从同分布. 当幅值点为 Q_{rj} 时, 动态调整包含 Q_{rj} 区域的面积, 当区域内落入 K_N 个样本点时停止区域动态调整. 因此 K_N 值不同时 V 也会动态变化, 这些样本点即幅值点 Q_{rj} 的 K_N 个最近邻.

差异特征幅值样本点为一维数据, 样本点近似分布于一条线上, V 等于幅值样点 Q_{rj}^m 到其第 K_N 近邻距离 $Q_{K_N}^m$ 的两倍, 利用欧氏距离描述 Q_{rj}^m 与 $Q_{K_N}^m$ 间的距离. 当步长移动时, 求得每个幅值样本点的概率密度估计值, 直到 $Q_{rj}^m < Q_{rj}^R + xstep/2$. 差异特征幅值样本点 Q_{rj}^m 的概率密度估计值为 $\hat{p}(Q_{rj}^m)$, 如式(4.18)所示:

$$\hat{p}(Q_{rj}^m) = \frac{K_N / N'}{2\left|Q_{rj}^m - Q_{k_N}^m\right|} \tag{4.18}$$

其中 $K_N = \sqrt{N'}$, 当 $\sqrt{N'}$ 为非整数时, K_N 向下取整. 显而易见, 如果 Q_{rj} 样本幅值点的概率密度较高, 则 V 的体积较小, 提升了分辨力; 反之 V 的体积较大, 当该幅值样本点处于高密度区域时, V 会停止动态扩大.

K 最近邻概率密度估计得到曲线的纵坐标是差异特征幅值概率密度值与相应差异特征幅值的比值, 差异特征频次概率序列值分别为概率密度估计得到的分段曲线与子幅值区间围成的面积. 序列面积值可以通过数值积分中的复化梯形积分得到. 将差异特征幅值区间 $[Q_{jl}, Q_{jr}]$ 划分为 n=20 份, 差异特征幅值子区间 $[Q_l^k, Q_r^k]$ 中利用复化梯形积分求得差异特征频次的序列概率值, 子区间内也划分成 20 份, 步长为 $h = (Q_r^k - Q_l^k)/n$, 每个子区间含有 q 个差异特征幅值概率密度估计值 $\hat{p}(Q_{rj}^m)$, 其中每个子区间节点为 $Q_w^k = Q_l^k + wh, w = 1, 2, \cdots, n-1$, 则求得每个子区间的差异特征频次的序列值, 式(4.19)表示每组源图像的差异特征频次序列值 $\left\{fc_r^k\right\}$, 最终构造差异特征频次分布:

$$fc_r^k = 256\int_{Q_l^i}^{Q_r^i}\left[\sum_{m=1}^{m=q}\hat{p}(Q_{rj}^m)d(Q_{rj}^m)\right]d(Q_{rj}) = 256\frac{h}{2}\left[\hat{p}(Q_l^i) + 2\sum_{w=1}^{n-1}\hat{p}(Q_l^i + wh) + \hat{p}(Q_r^i)\right] \tag{4.19}$$

将累积分布函数统计得到的差异特征幅值频率分布直方图、K 最近邻概率密度估计、高斯核密度估计差异特征幅值概率密度曲线进行对比，以 2 组源图组的差异特征为例，如图 4.2 所示.

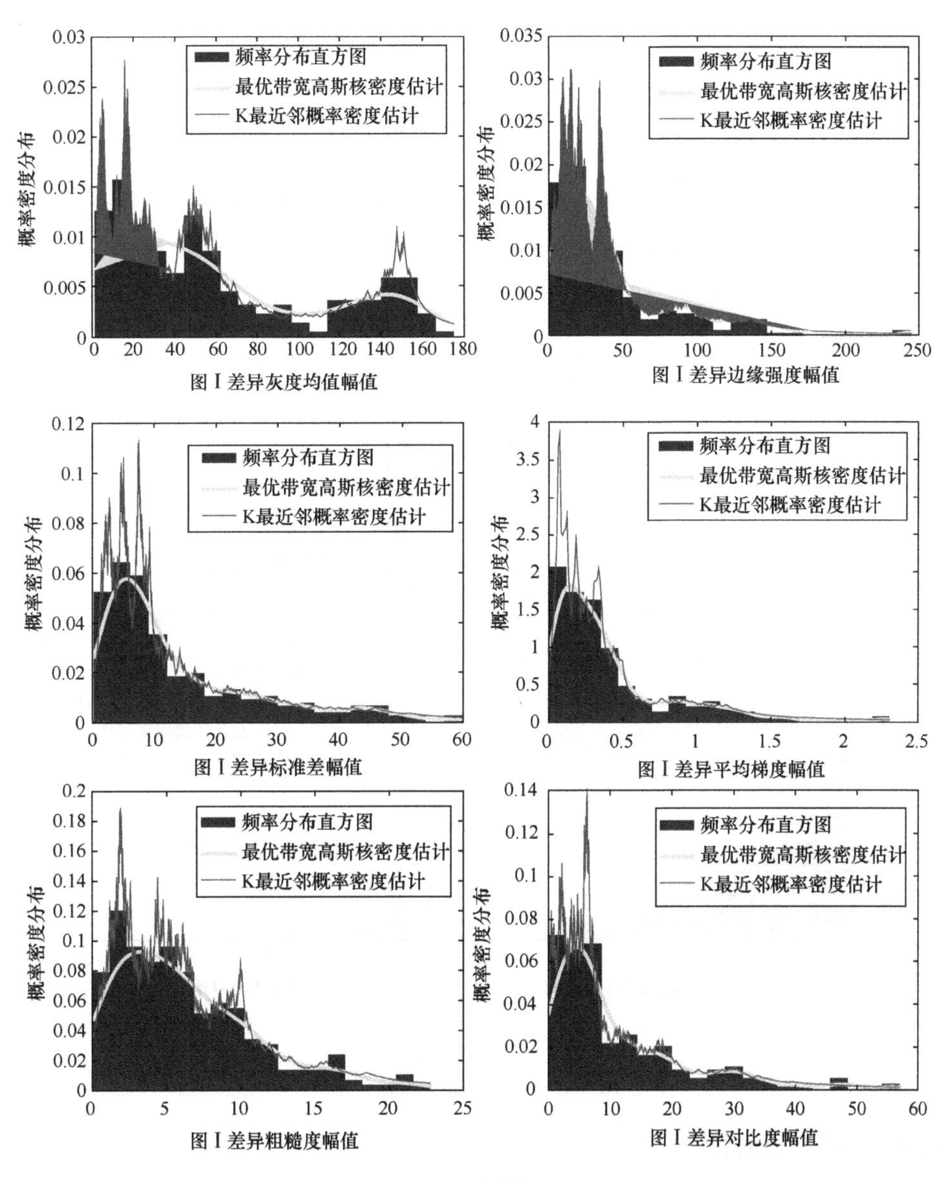

(a) 源图1

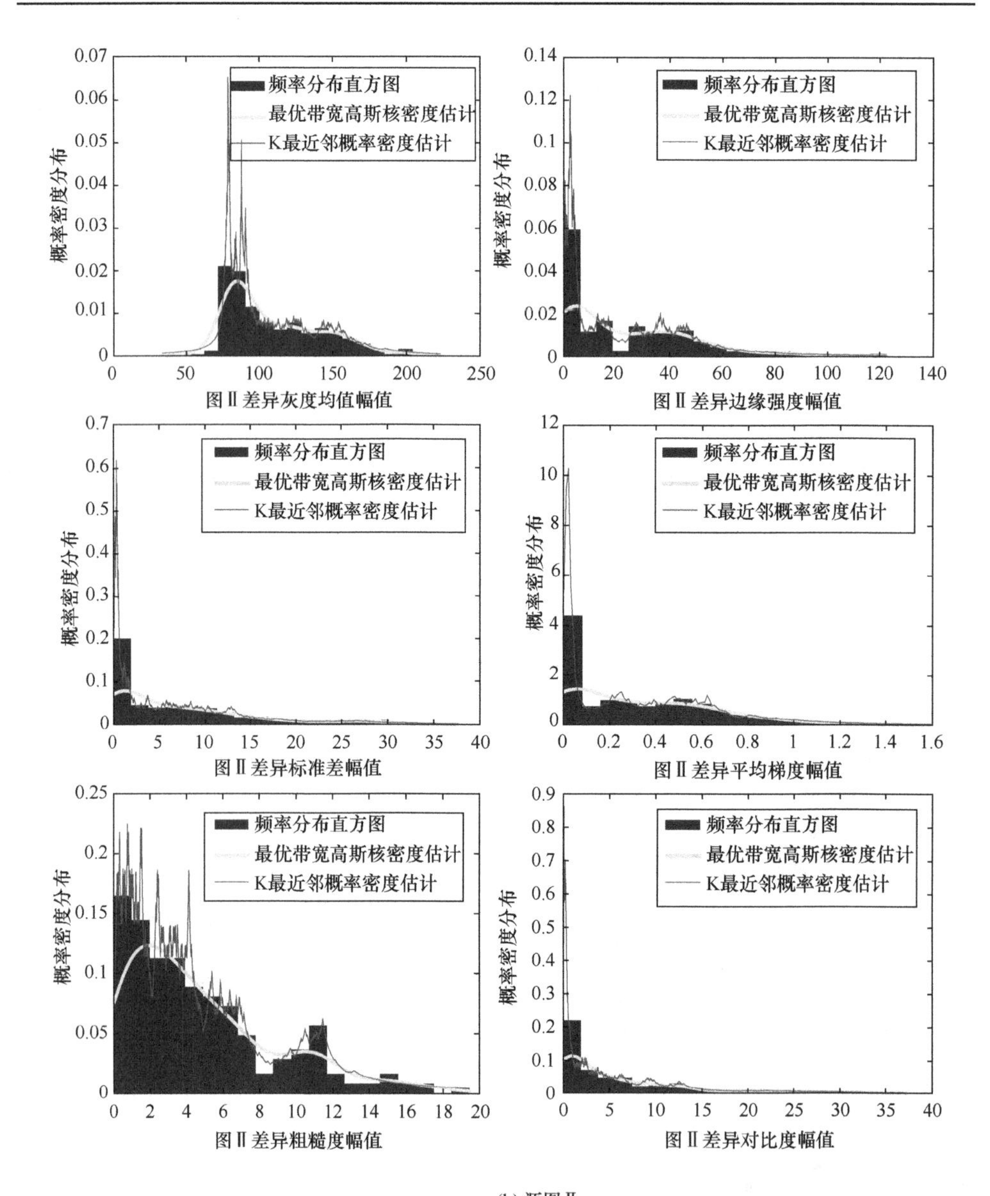

(b) 源图Ⅱ

图 4.2　差异特征频次分布图

4.2.4　差异特征时相

差异特征时相主要是指在双路视频序列中，定量地分析和确定不同时刻获取的帧图像间差异特征的类型、幅值及频次等属性的动态变化过程，它是从时间角度来描述特征变化的类型、特征幅值的分布状况与幅值大小的变化量等.

对于同一场景不同时刻的序列帧而言，常用的拍摄方式大致分为两种，一种是固定摄像头拍摄，以监控视频的方式实时记录每个时刻的画面；另外一种是摄像头随着被拍摄对象移动而移动，形成追踪的效果[10]. 第一种情况，属于背景画面基本不变，随时刻变化的是出现在该场景的移动目标，如车辆、人等，见场景一(如图 4.3 所示)，显然发现随着时间的变化，行人的数量、位置及走路的姿态均呈现动态变化，进而造成红外与可见光对应帧的目标及背景在亮度、边缘及纹理等方面的差异特征属性在不同时刻也发生相应变化，即为时相，具体见图 4.4，所展示视频间 6 类差异特征在不同帧(不同时刻)的幅值分布以及动态变化情况. 第二种情况，属于运动目标在场景画面的位置基本不变，而所处的场景在时刻发生变化，具体如图 4.5 所示，其时相变化如图 4.6 所示，与场景一类似.

时相能反映整个视频序列在某个时刻或时间段内差异信息的变化量，一般用来驱动双路视频融合，以感知探测场景变化为前提，实现面向场景变化的视频拟态融合，以提高不同场景的自适应性；也可用来作为当前视频序列关键帧的判别条件，即根据时相的变化趋势及动态范围来判断当前帧要执行什么方式的拟态变换(局部变、替代变还是不变等)，一般情况下可根据时相来将整个视频序列分割为平缓子镜头和运动子镜头，自适应地分割子镜头后，对于平缓子镜头，抽取中间帧作为关键帧；对于运动子镜头，则选择子镜头内与其他帧内容最相关的一帧，与关键帧内容相似的其他帧采取相同的拟态变化方式即可[11].

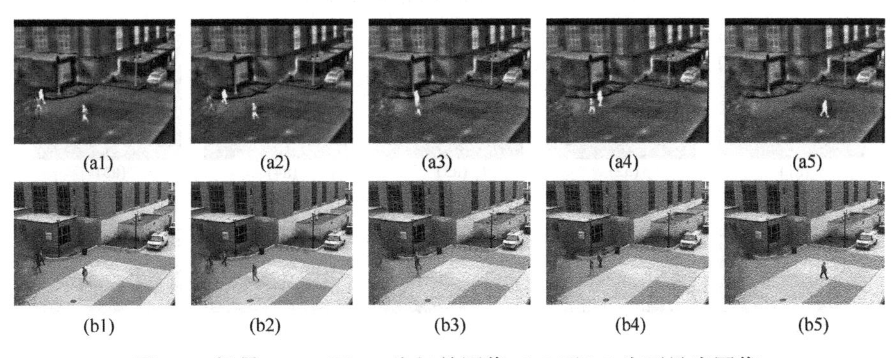

图 4.3　场景一((a1)至(a5)为红外图像，(b1)至(b5)为可见光图像)

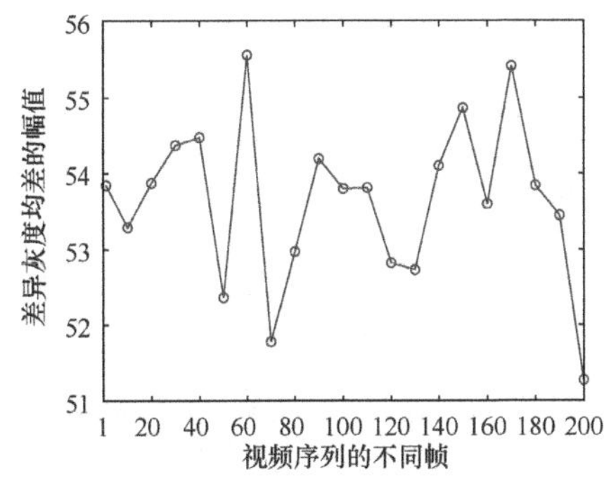

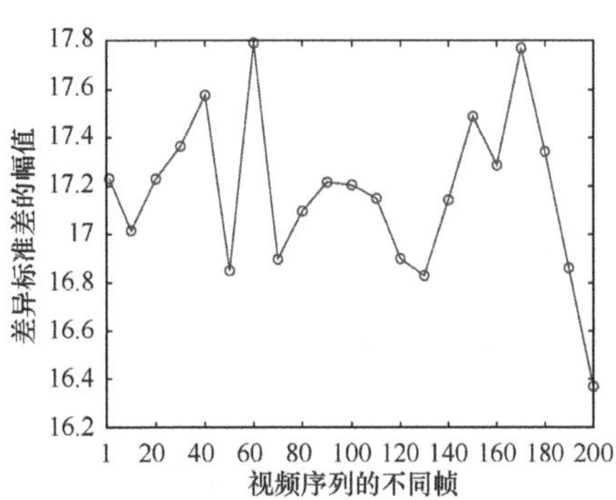

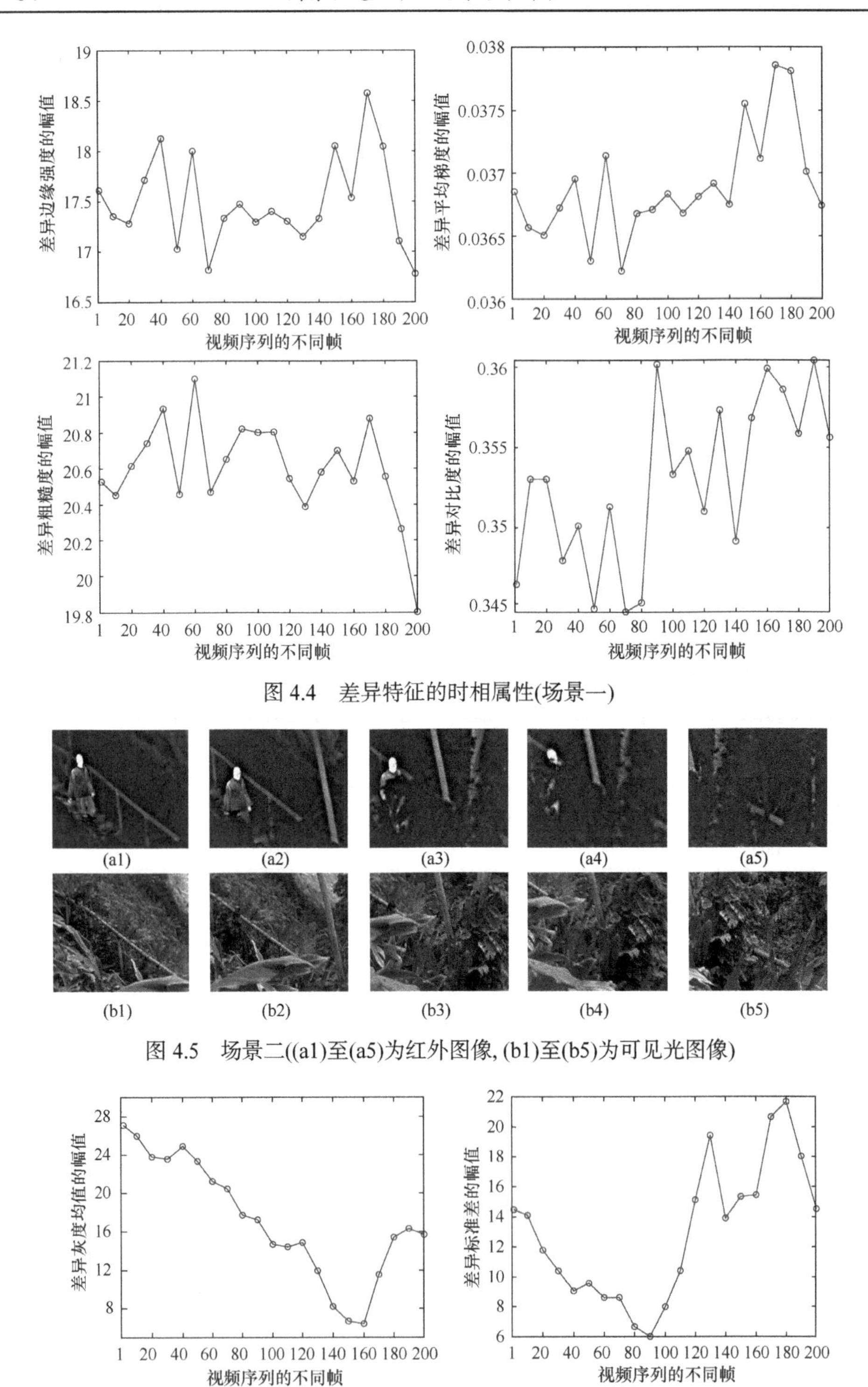

图 4.4　差异特征的时相属性(场景一)

图 4.5　场景二((a1)至(a5)为红外图像, (b1)至(b5)为可见光图像)

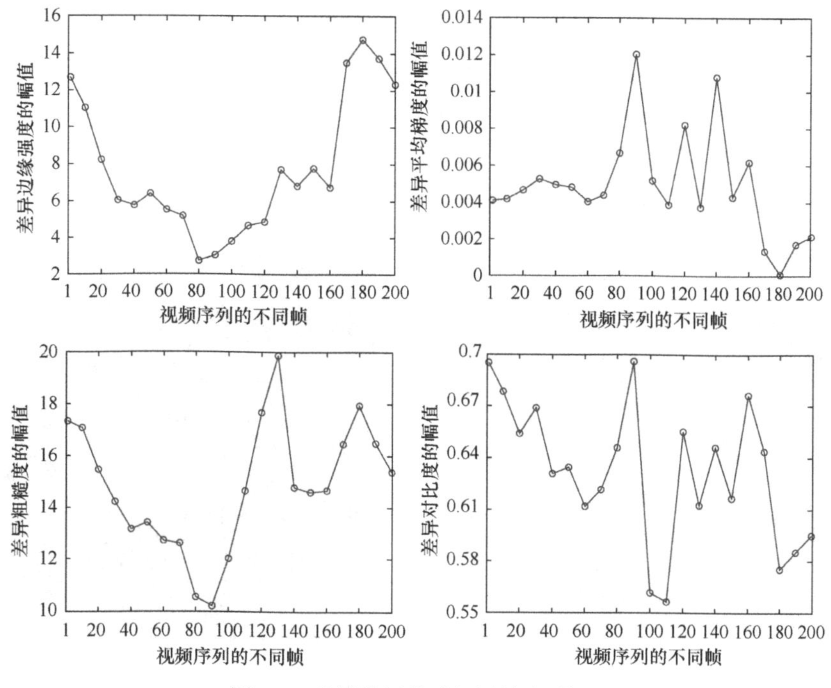

图 4.6　差异特征的时相属性(场景二)

4.2.5　差异特征空间分布

差异特征空间分布属性指的是在对于大多数成像场景中单幅图像的不同区域，其目标及背景的内容往往并不一致且有时可能存在较大差异，且该差异信息在整幅图像并不分布均匀，即存在不同局部区域各类差异特征的空间分布呈现一定的动态变化性，同差异特征的时相属性有点类似，只是它是从空间角度来描述整幅图不同位置、区域差异特征的类型、特征幅值的分布情况及幅值大小的变化量等[12].

接下来以一组图像为例来说明，首先利用 16×16 的平滑窗口对第一组红外偏振与光强图像(见图 4.7)同时进行不重叠分块处理，得到一系列图像块，然后对每一图像块的 6 类差异特征的幅值分布进行统计，具体见图 4.8 所示. 场景二是任选三个差异较为明显的区域来分析其差异特征的空间分布属性，见图 4.9 所示，每个区域差异特征的空间分布属性具体见表 4.1. 结合图 4.8 和表 4.1 的数据明显看出一组图不同(等额划分或任选)区域各类差异特征分布均不相同，同一特征在不同的场景块中所表现的相对强度各异，甚至有的场景块中根本就没有该特征. 如对于场景二的区域 1(对应图 4.9 左上角)，无明显目标，背景单一，显然表 4.1 中对应的各类差异信息都较少，也没有相对显著的差异特征；而区域 2(对应图 4.9 的中间区域)和区域 3(对应图 4.9 的右上角)中 GM, SD 及 CA 相对较大(见表 4.1 中加粗数字)，显然成为该区域的主要差异特征.

差异特征的空间分布属性一般可以用来反映单组场景中目标及背景差异信息在不同位置、区域的分布情况，一般受目标的位置、大小、形状、方向等多因素影响，可以用来辅助判断场景目标的相对位置，还可以作为差异驱动，用来指导面向图像区域变化的拟态融合研究，通过感知图像中不同区域内差异特征属性的动态变化，从而提升单幅图像整体的融合质量.

图 4.7　分块(均匀)的场景一

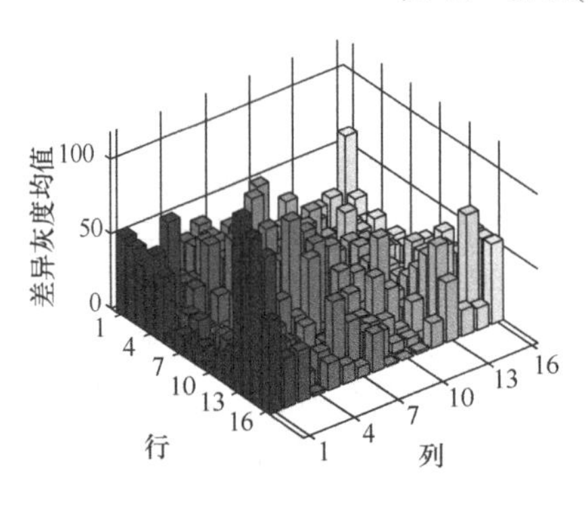

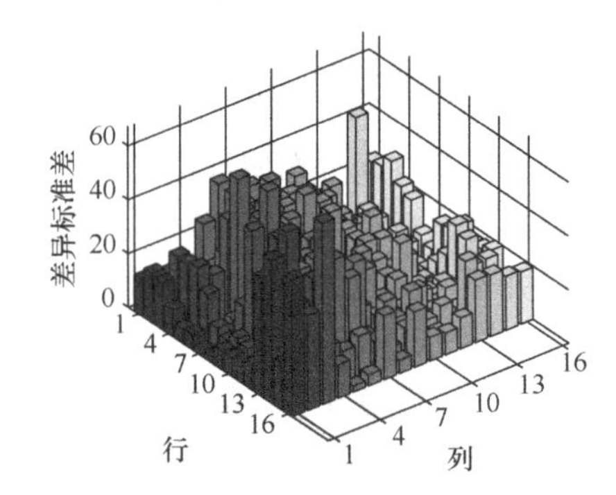

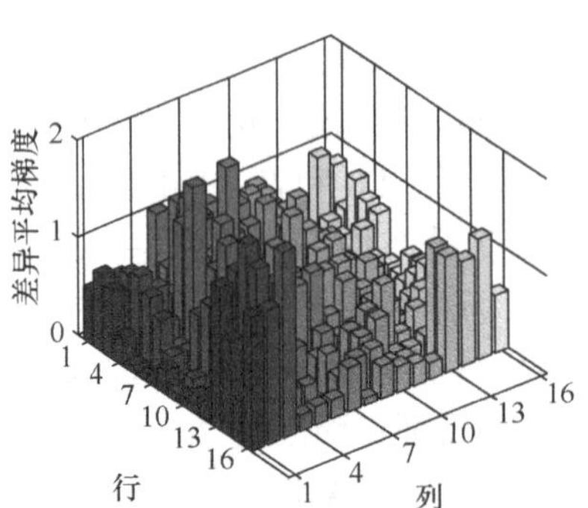

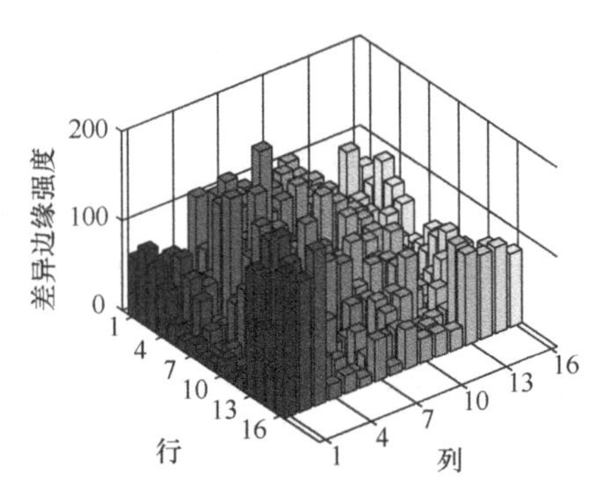

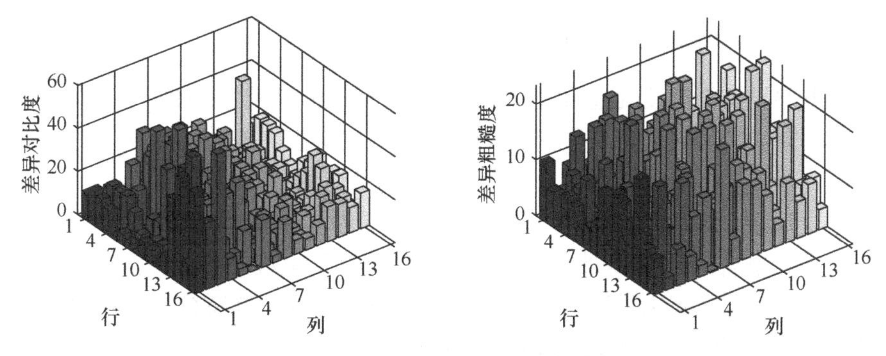

图 4.8　差异特征的空间分布属性(场景一)

图 4.9　任选区域的场景二

表 4.1　场景二对应 3 个区域差异特征的空间分布属性

区域	GM	SD	EI	AG	CA	CN
1	32.0629	0.6067	17.9692	0.1151	1.5371	0.6437
2	**95.4399**	**11.3170**	25.1039	0.1901	**15.8189**	0.3583
3	**86.4233**	**8.8548**	21.3032	0.1446	**13.2062**	0.4343

4.3　差异特征的变化感知

差异特征的变化感知主要分为三部分，一是面向双路视频对应帧间(第一类)差异特征的变化感知；二是面向单路视频不同帧间(第二类)差异特征的变化感知；三是两类差异特征的变化分析.

4.3.1　第一类差异特征变化感知

第一类差异特征的变化感知指的是模型能感知到一路视频的帧与另一路视频对应帧间的差异特征或者双路图像间的差异特征的类型、幅值、频次、时相及空间分布等一个或者多个属性发生显著变化，可分为三种情况.

一是全局层，即从帧的全局出发，感知对象为不同场景的双路视频对应帧，一般来说图像融合的探测场景复杂多变，目标及背景呈现多样性，差异特征显然也动态多变. 全局层变化感知指的是感知到当前场景的差异特征属性明显与上一探测场景的特征属性存在较大差距(见图 4.10).

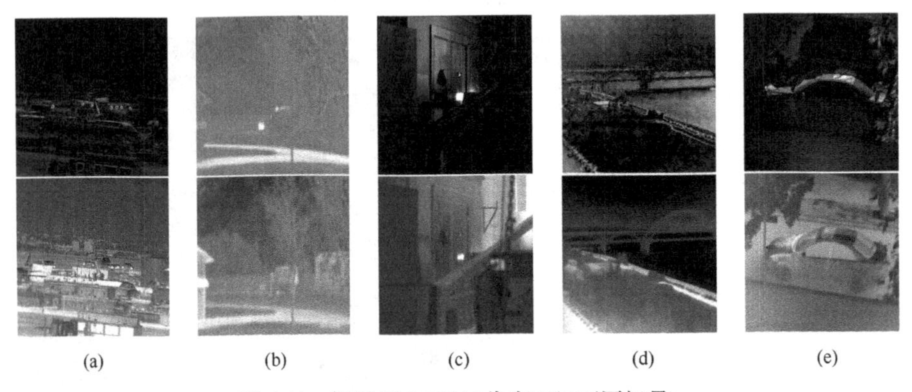

(a)　(b)　(c)　(d)　(e)

图 4.10　场景层((a)至(e)代表五组不同场景)

二是局部层，即从帧的局部出发，感知对象为同一场景双路视频对应帧的对应感兴趣区域，大多数探测场景中不同区域的背景及目标内容往往并不相同且有时可能存在较大差异(见图 4.11)，在不同融合需求下，所要融合的感兴趣区域并不同. 局部层变化感知指的是感知到单幅场景某一区域差异特征属性与周围相邻区域有明显差别.

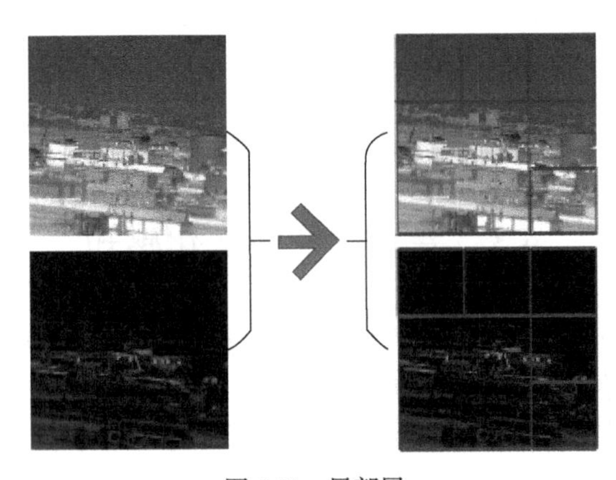

图 4.11　局部层

三是景物层, 即从当前帧所包含的内容出发, 景物指的是画面中所包含的所有目标及背景(见图 4.12), 如人、车、建筑物、植被、湖面等, 显然不同目标及背景的辐射特性、光谱反射特性并不一样, 这些景物所对应的差异特征属性也不太相同. 景物层变化感知指的是模型能明显感知这些景物对应的差异特征属性发生较大变化.

图 4.12　景物层

无论是针对全局层、局部层还是景物层, 尽管实现的功能不同, 感知的层面也不同, 但感知的本质均为感知差异特征的属性变化. 下面分别从差异特征的类型、幅值、频次、时相及空间分布等方面感知来展开分析.

1. 类型变化感知

差异特征类型变化感知指的是融合模型在连续静态帧的拟态融合过程中, 后面图像(或区域)的主差异特征类型与前面相比, 明显不一致. 其中主差异特征指的是对于一组不同模态的图像来说, 该类特征的差异信息相较于其他特征更为明显突出, 用其引导后期拟态融合具有现实可行性和重要意义. 其中差异特征类型有 GM, EI, SD, AG, CA 以及 CN 等. 表 4.2 为图 4.10 各组对应的主差异特征类型, 比如图 4.10(a)、图 4.10(d)对应主差异特征为 GM, 图 4.10(b)对应主差异特征为 AG, 图 4.10(c)、图 4.10(e)对应主差异特征为 EI(见表 4.2 中加粗数字). 显然这五组探测场景的主差异特征类型明显不同.

表 4.2　各组图对应的主差异特征

	GM	SD	AG	EI	CN	CA
(a)	**0.3676**	0.1967	0.2061	0.1996	0.1766	0.3260
(b)	0.3491	0.3016	**0.3555**	0.3305	0.2662	0.2373
(c)	0.5566	0.3231	0.2156	**0.6515**	0.5165	0.2557
(d)	**0.3636**	0.1945	0.0464	0.04447	0.3563	0.3123
(e)	0.4743	0.2304	0.1395	**0.4778**	0.3735	0.1370

2. 幅值变化感知

差异特征幅值变化感知指的是对于融合模型在连续静态帧(或区域)的拟态融合

过程中, 后面的图像(或区域)某类差异特征的幅值明显发生突变, 进而造成对应的主差异特征的类型或者其他属性发生改变, 然后导致相应的融合策略也发生改变.

取窗口大小为16×16, 然后用该大小的滑动窗口对图 4.13 进行分割, 其中滑动窗在移动过程中水平和垂直移动步长都为 16 个像素, 由此可以获得 256 个图块, 定义从左到右、从上到下对每个图块标号为1～256, 然后对每个图块提取 GM, SD, EI, AG, CA 和 CN 等的幅值. 图 4.14 显示了第 60～70 图像块的 6 类差异特征的幅值变化, 显然发现, 在图像块 60～62 中, 虽然 CN 的幅值来回波动, 但依然未超过 GM, 即 GM 为这几个图像块的主差异特征. 而图像块 63 显然不同, CN 的幅值明显高于 GM, 成为该图像块的主差异特征. 而对于 EI 来说, 其幅值在 60～64 显然变化不大, 且呈现下降趋势, 在第 65 块, 幅值突增, 成为该图像块的主要差异特征.

图 4.13　某组红外光强与偏振图像

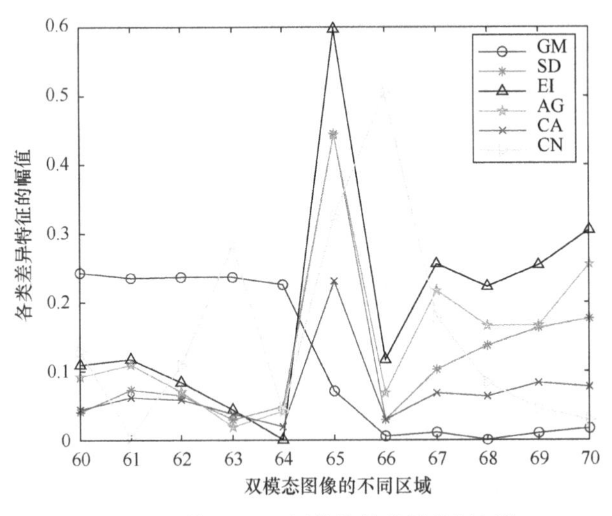

图 4.14　第 60～70 图像块的差异特征幅值

3. 频次变化感知

差异特征的频次变化感知指的是融合模型在连续静态帧的拟态融合过程中,

后续图像某类差异特征幅值分布的疏密程度(即频次)发生明显变化，进而造成整幅图像中差异特征在部分区域的分布属性发生改变，这可能影响到该块区域或者整幅图像的主差异特征属性.

图 4.15 显示的是图 4.10(a)和(b)两组图对应的 6 类差异特征的频次分布变化，明显发现两组图的各类差异特征在不同幅值大小对应的频次分布均不相同，如图 4.15(a)中第一组图在幅值 0～40 分布较为稀疏，频次值相对较小，而第二组图在 0～40 分布较为密集，对应的频次值都较大. 图 4.15(b)中第一组图在幅值 20～50 的频次几乎接近于 0，而第二组图却在 20～50 的频次显然比较大，频次发生明显变化. 再根据表 4.2 也能看出，频次分布进而导致两组图对应的主差异特征类型也发生了改变，图 4.10(a)对应 GM，图 4.10(b)对应 AG.

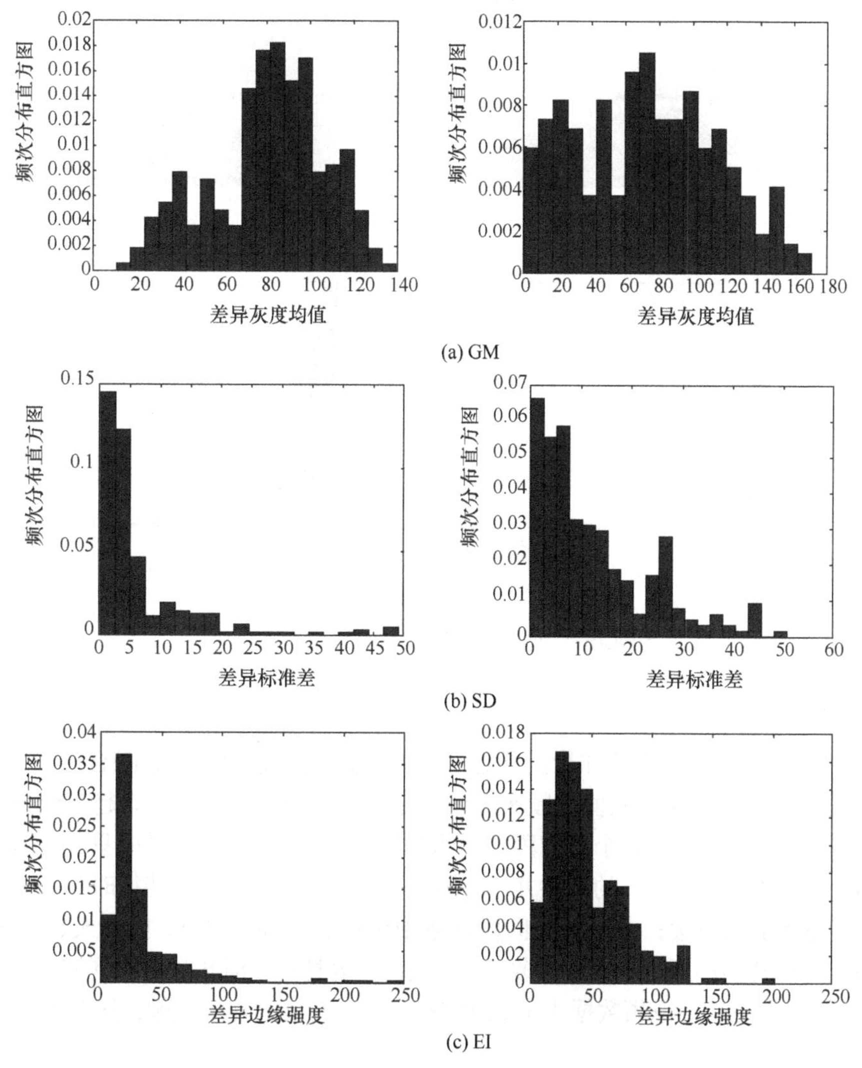

(a) GM

(b) SD

(c) EI

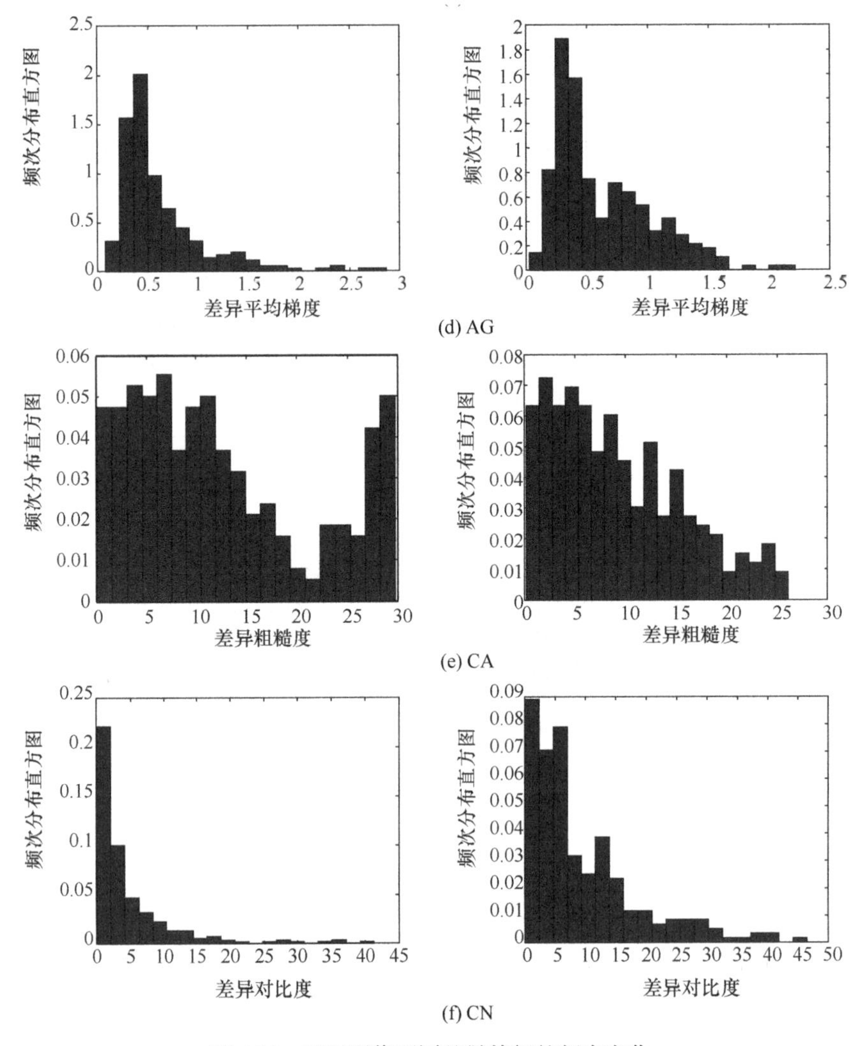

(d) AG

(e) CA

(f) CN

图 4.15　两组图像不同差异特征的频次变化

4. 时相变化感知

差异特征时相变化感知指的是融合模型在连续静态帧的拟态融合过程中，后面帧的某类差异特征的幅值、频次等属性在不同时间段呈现的动态趋势差异变化较为明显，例如可能在某个时间段内无明显目标出现，即当前场景中只包含有背景信息，在几帧内差异特征的属性并不会发生明显变化，此时差异特征时相基本不变化，其趋势呈现平缓；若某一时间段场景中出现若干移动目标，如行人、车辆等，则各类差异特征的属性必然变化复杂，则此时差异特征的时相趋势呈现波动.

图 4.16 展示了视频数据集 OTCBVS 两个时间段的连续几帧，其中图 4.16(a)

选自第 50～70 帧中的 5 帧，图 4.16(b)选自第 80～100 帧中的 5 帧，从图 4.16(a)中几帧画面中明显发现来回移动的两个人的步伐及动作幅度变化较快，导致两类模态对应帧的各类差异特征的幅值、频次等属性也相应发生改变，则该段时间对应的差异特征时相呈现动态大幅波动状态，如图 4.17(a)所示，各类差异特征的幅值在这些帧上来回跳动，波动范围很大，变化较为复杂.

相比之下，图 4.16(b)中画面内容基本没什么变化，虽然两个目标(人)在移动，但移动的幅度和范围很小，通常忽略不计，此外除了目标外背景也没明显变化，其对应的差异特征时相如图 4.17(b)所示，除 GM 和 EI 以外，其他差异特征的幅值波动在一个较小的范围内，基本保持平缓状态.

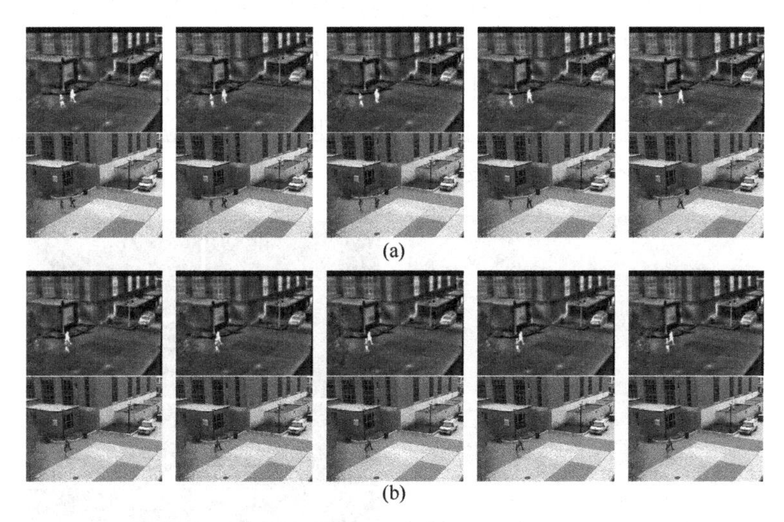

图 4.16　不同时间段的红外与可见光视频帧，(a)选自 50～70，(b)选自 80～100

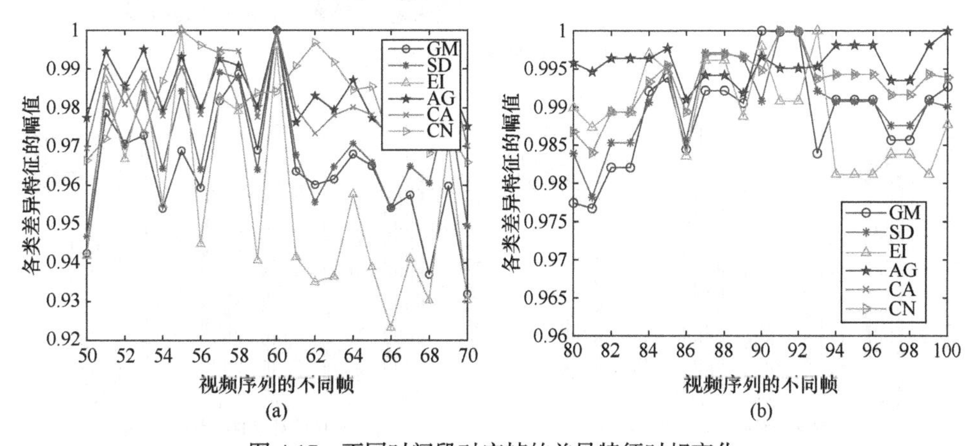

图 4.17　不同时间段对应帧的差异特征时相变化

5. 空间分布变化感知

差异特征空间分布变化感知指的是融合模型在面向场景及区域层的拟态融合过程中，双路图像间的各类差异特征在不同场景的整体空间分布变化的波动范围较大，幅值及其他属性变化较为明显. 这里的空间分布变化感知可以分为两种.

一是面向单组双路图像，对于单组图像而言，整幅图像可根据一定的融合需求被分割为几块区域，每块区域相当于新的融合对象，显然每块区域由于包含不同的背景及目标内容，其各类差异特征在不同子块的空间分布属性也明显不同. 图 4.18 被划分为四块区域，其各区域对应的差异特征空间分布如图 4.19(a)～(d)所示，显然发现每个区域块各类差异特征的分布不尽相同. 二是面向双路视频序列，随着时间的推移，场景中的目标及背景内容变化较大时，其对应的各类差异特征的幅值、频次等在不同区域(位置)的信息明显发生相应改变，进而导致该帧对应的差异特征空间分布也随之发生变化.

图 4.18　红外光强与偏振图像

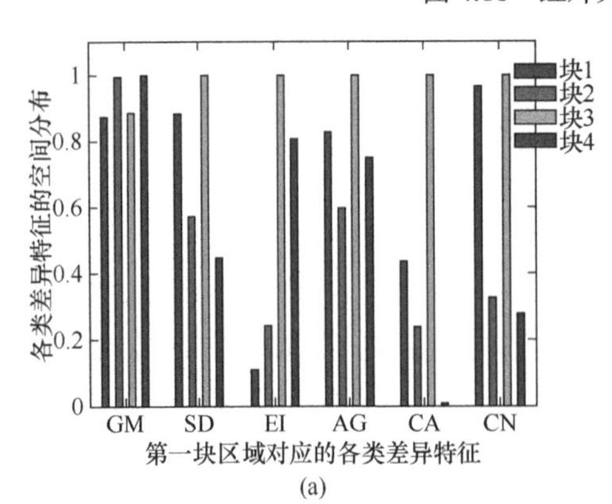

(a)

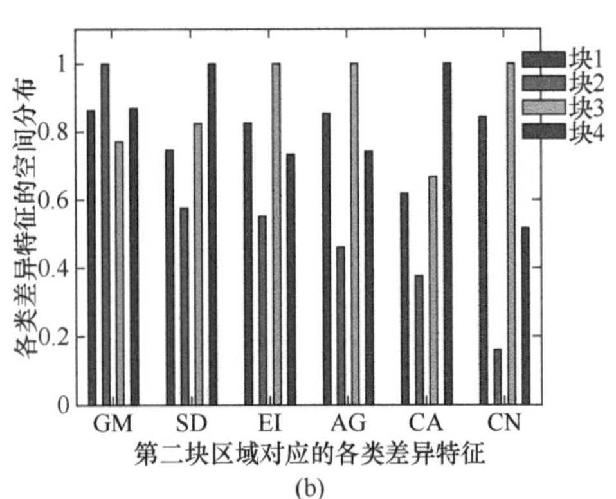

(b)

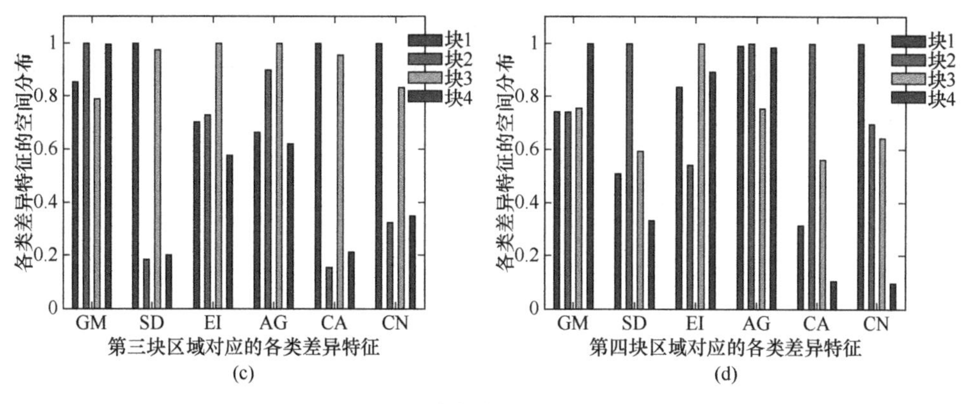

图 4.19　四个区域各类差异特征的空间分布

4.3.2　第二类差异特征变化感知

第二类差异特征的变化感知指的是模型在单路视频下不同时刻几帧间差异特征的类型、幅值、频次、时相及空间分布等一个或者多个属性发生显著变化.

类比双路对应帧差异特征的变化感知, 也从差异特征的五个属性入手, 逐一分析:

以 Nato_camp_sequence 这组双路视频序列为例, 图 4.20(a)和(b)分别为所选的几帧连续时刻的红外视频和可见光视频.

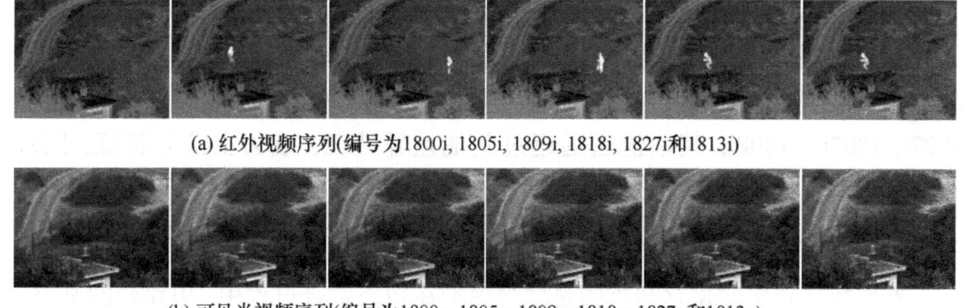

(a) 红外视频序列(编号为1800i, 1805i, 1809i, 1818i, 1827i和1813i)

(b) 可见光视频序列(编号为1800v, 1805v, 1809v, 1818v, 1827v和1813v)

图 4.20　双路视频序列

Nato_camp_sequence 在不同时刻帧间差异特征的幅值分布见图 4.21(a)和(b), 横坐标 1～10 代表该组序列所感知的第几组帧间差异特征, 如图 4.21(a)中横坐标 1 代表着 1800i 与 1801i 两帧间的差异特征, 横坐标 2 代表着 1801i 和 1802i 两帧间的差异特征.

1. 类型变化感知

差异特征类型变化感知主要是指融合模型在拟态融合过程中, 感知到不同时刻帧间的主差异特征类型发生明显变化, 如在图 4.21(a)红外视频序列中, 1800i 和 1801i 的帧间主差异特征类型为 GM, 1801i 和 1802i 的帧间主差异特征类型为 SD,

显然特征类型发生了改变. 而对于图 4.21(b)可见光视频序列来说, 1800v 和 1801v 的帧间主差异特征类型也为 GM, 1802v 和 1803v 的帧间主差异特征类型变为 SD 和 CA, 也明显发生了变化.

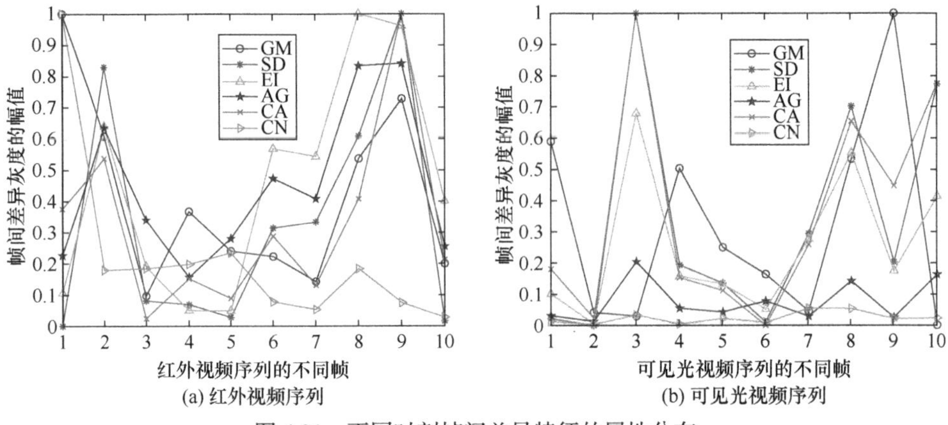

(a) 红外视频序列　　(b) 可见光视频序列

图 4.21　不同时刻帧间差异特征的属性分布

2. 幅值变化感知

差异特征幅值变化感知指的是融合模型在拟态融合过程中, 单路帧间某类差异特征的幅值明显发生突变, 进而造成对应主差异特征的类型或者其他属性发生改变, 然后导致相应的融合策略也发生改变. 具体见图 4.21, 图 4.21(a)红外视频序列在 1804i～1805i(对应横坐标为 5)时, 帧间差异特征 AG 的幅值最大, 为对应的主差异特征. 但随着时间的推移, EI 的幅值逐帧递增, 在 1805i～1806i, 1806i～1807i, 1807i～1808i, 其幅值远远超过其他差异特征, 成为主差异特征. 同理, 图 4.21(b)可见光视频序列也如此.

3. 频次变化感知

差异特征频次变化感知指的是融合模型在拟态融合过程中, 单路帧间某类差异特征的幅值分布的疏密程度(即频次)发生明显变化, 进而造成整幅图像中差异特征在部分区域的分布属性发生改变, 进一步可能影响到下一帧图像的主差异特征属性. 图 4.22 显示了 1800i～1801i, 1801i～1802i 和 1802i～1803i 三组帧间各类差异特征的频次分布, 显然这三帧的频次差异变化比较明显.

4. 时相变化感知

差异特征时相变化感知指的是从时间角度来综合分析融合模型在拟态融合过程中各类差异特征的属性变化, 以时间段为单位, 感知各个时间段单路帧间差异特征的幅值、频次呈现的动态趋势是否有明显变化. 图 4.23 展示了红外与可见光视频序列在两个时间段的差异特征的幅值变化, 以 15 帧为单位, 显然发现帧间差异特征的时相属性分布在不同时间、不同模态均不相同.

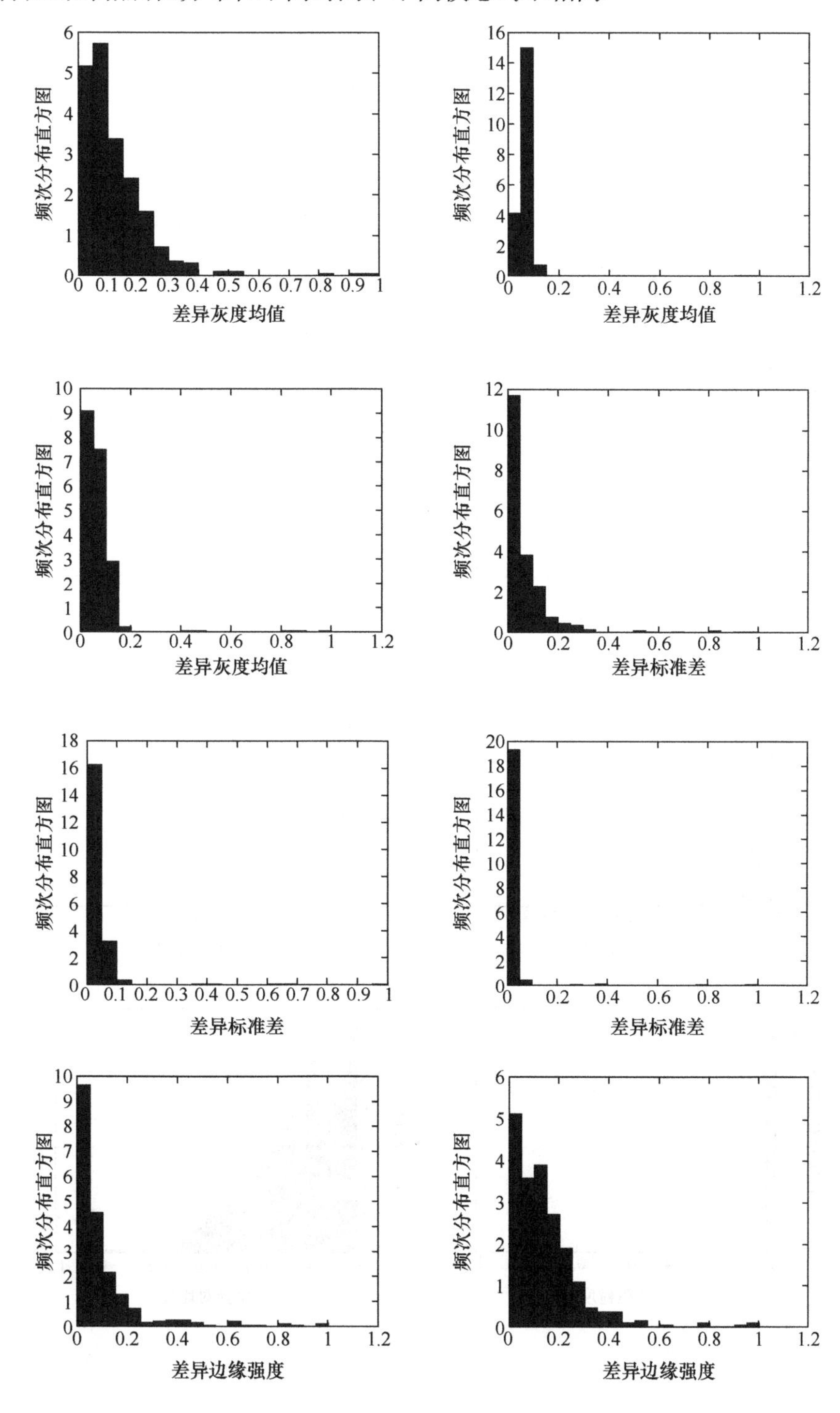

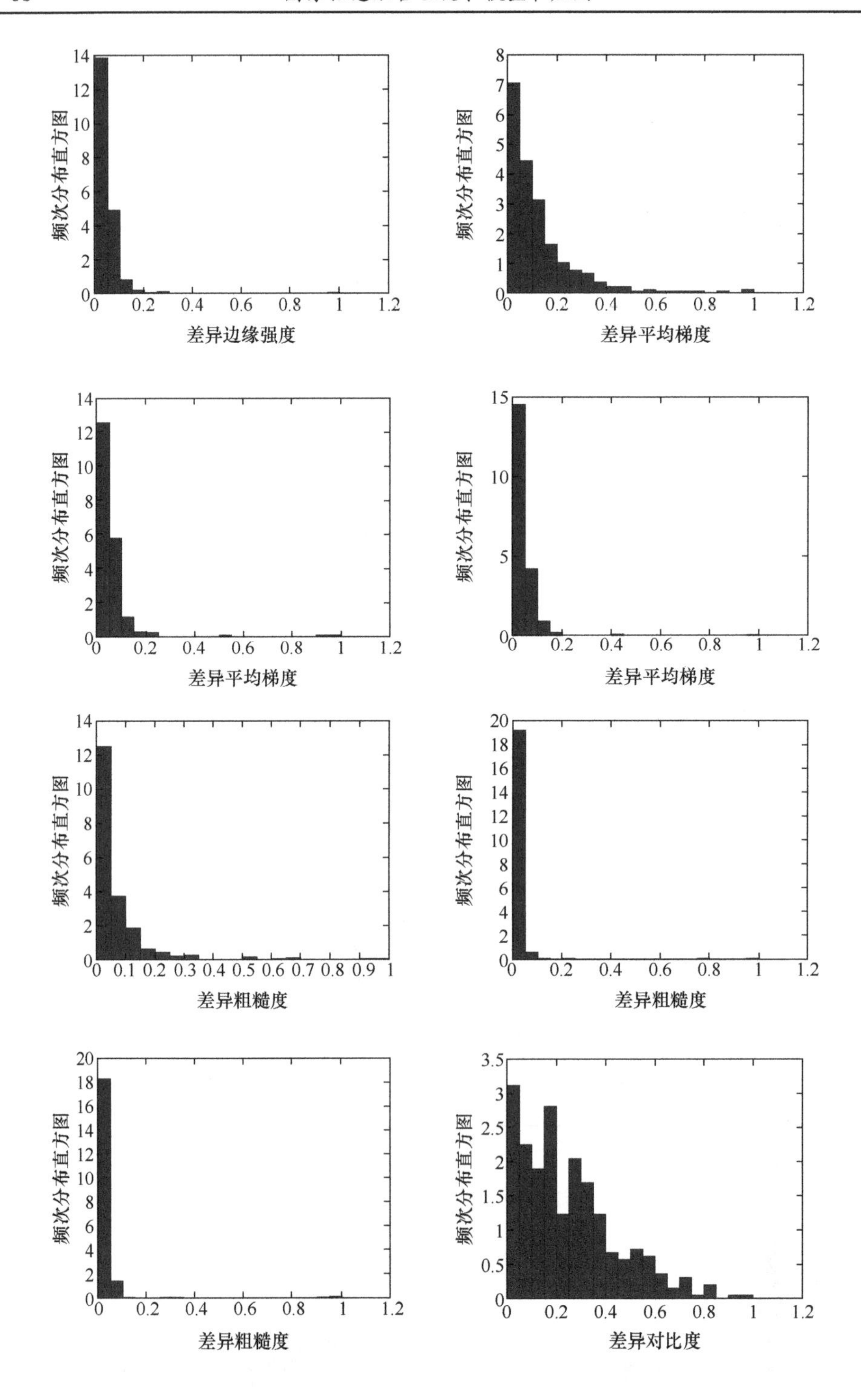
频次分布直方图
差异边缘强度
频次分布直方图
差异平均梯度
频次分布直方图
差异平均梯度
频次分布直方图
差异平均梯度
频次分布直方图
差异粗糙度
频次分布直方图
差异粗糙度
频次分布直方图
差异粗糙度
频次分布直方图
差异对比度

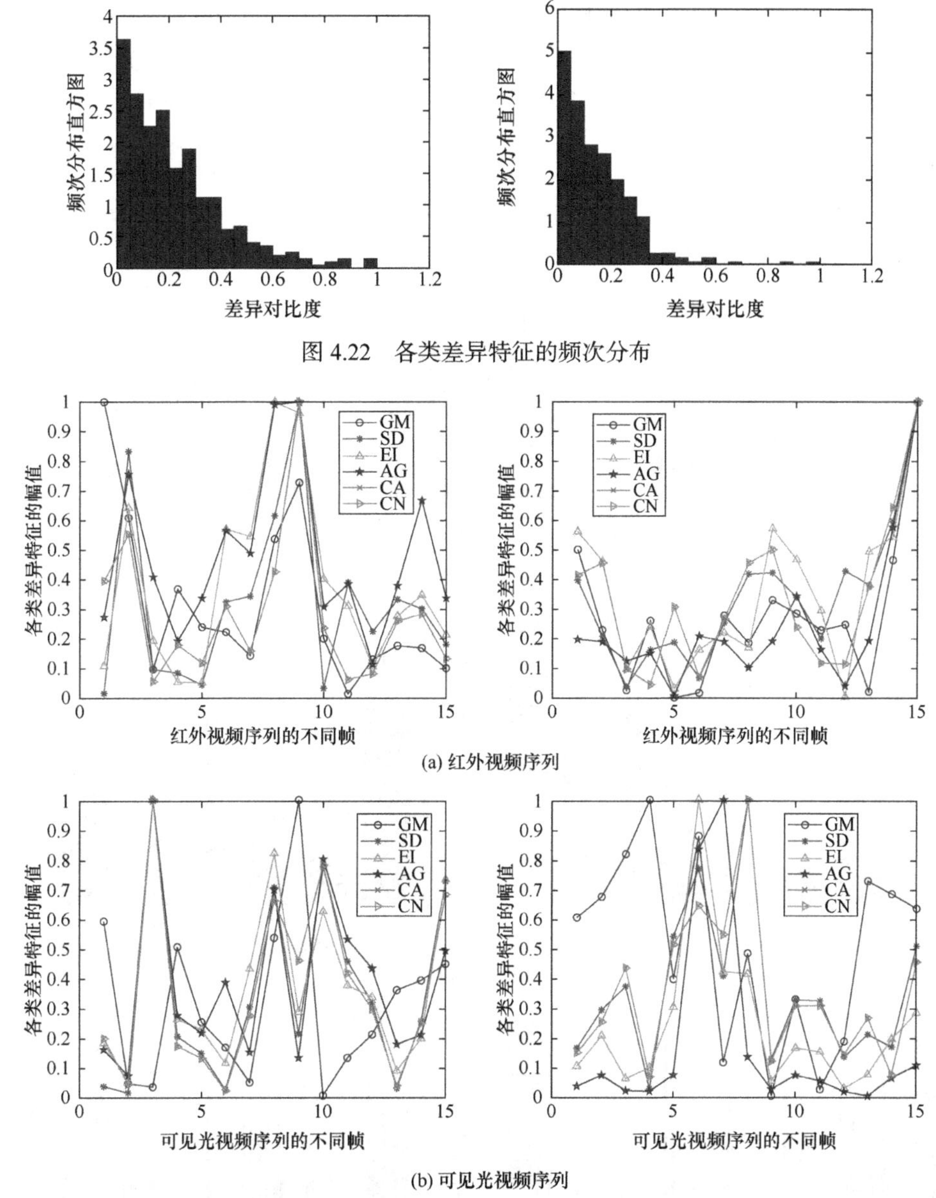

图 4.22　各类差异特征的频次分布

(a) 红外视频序列

(b) 可见光视频序列

图 4.23　单路视频序列差异特征的时相变化

5. 空间分布变化感知

差异特征空间分布变化感知指的是从空间角度出发，融合模型在连续帧的拟态融合过程中，分析单路帧间的各类差异特征的幅值、频次等属性在图像整体的空间分布的波动范围是否有明显变化. 图 4.24 为两类视频序列在不同时刻的帧,为了更好地分析这三帧间差异特征的空间分布属性，采用 90×90 的平滑不重叠窗口来对三帧图像进行区域划分，然后提取两两帧对应图像块的帧间差异特征幅值，具体见图 4.25，分别显示 1800i～1801i, 1801i～1802i, 1800v～1801v, 1800v～1801v 四

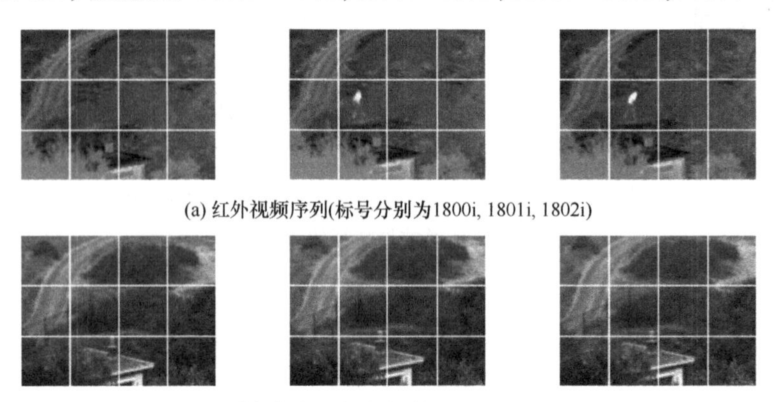

(a) 红外视频序列(标号分别为1800i, 1801i, 1802i)

(b) 可见光视频序列(标号分别为1800v, 1801v, 1802v)

图 4.24　单路视频序列

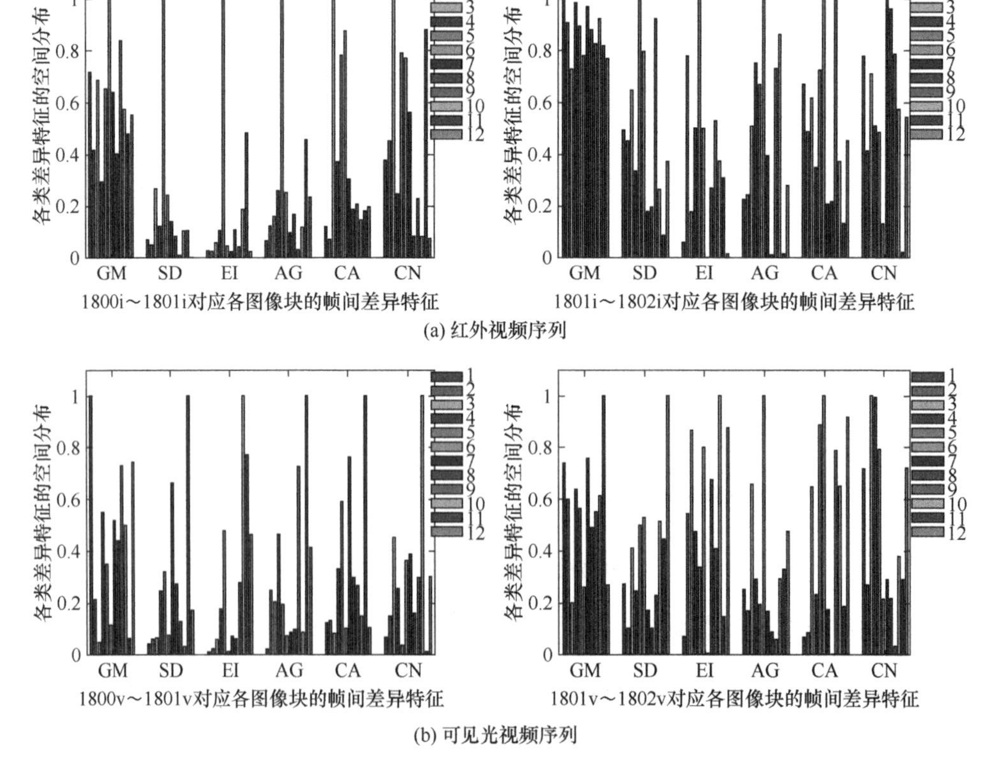

1800i～1801i对应各图像块的帧间差异特征

1801i～1802i对应各图像块的帧间差异特征

(a) 红外视频序列

1800v～1801v对应各图像块的帧间差异特征

1801v～1802v对应各图像块的帧间差异特征

(b) 可见光视频序列

图 4.25　单路视频帧间差异特征的空间分布变化

组帧在 12 个图像块所提取的各类帧间差异特征的幅值大小. 从整体来看, 整幅图的各类差异特征空间分布不同, 显然发现在相邻帧间的各类差异特征空间分布也不尽相同, 1801i～1802i 比 1800i～1801i 所包含的 GM, SD 及 AG 信息量更丰富.

4.3.3　两类差异特征的变化分析

视频间差异特征的变化分析指的是根据融合模型感知到的双路视频对应帧之间差异特征、单路视频不同帧间差异特征来综合分析差异特征属性变化量, 然后根据融合需求及记忆库确定相应单一/综合阈值.

1. 第一类差异特征分析

主要是根据感知到双路视频对应帧或者双路图像差异特征的类型、幅值、频次、时相及空间分布属性的变化量, 确定突变的阈值 Th_b, 定义如下:

$$\Delta D_i = \Xi\left(\Delta t_i, \Delta a_i, \Delta f_i, \Delta p_i, \Delta s_i\right) \geqslant Th_b \tag{4.20}$$

其中, ΔD_i 为差异特征综合变化量, i 代表第 i 个融合场景, $\Xi()$ 代表第一类差异特征的阈值函数, Δt_i, Δa_i, Δf_i, Δp_i, Δs_i 分别代表第 i 个场景的差异特征类型、幅值、频次、时相及空间分布的变化量. 当差异特征的变化量大于阈值 Th_b, 拟态融合模型选择相应的拟态变换方式来实现拟态融合.

2. 第二类差异特征分析

主要是通过感知单路视频下不同时刻帧与帧之间各类差异特征的属性变化量, 来判断当前帧是否需要改变拟态变换方式, 可用于选择当前整个视频序列的关键帧.

定义两种单一模态的帧间差异特征阈值分别为 Th_1, Th_2 如下:

$$\Delta D_{m,n}^1 = \Xi_1\left(\Delta t_{m,n}^1, \Delta a_{m,n}^1, \Delta f_{m,n}^1, \Delta p_{m,n}^1, \Delta s_{m,n}^1\right) \geqslant Th_1 \tag{4.21}$$

$$\Delta D_{m,n}^2 = \Xi_2\left(\Delta t_{m,n}^2, \Delta a_{m,n}^2, \Delta f_{m,n}^2, \Delta p_{m,n}^2, \Delta s_{m,n}^2\right) \geqslant Th_2 \tag{4.22}$$

其中 m, n 代表第 m 帧和第 n 帧, Ξ_1, Ξ_2 分别代表两路视频帧间差异特征的阈值函数.

在实际探测场景中, 如红外与可见光视频, 由于两类视频成像机理不同, 所呈现的差异特征也存在互补性, 因此在拟态融合过程中, 需要根据融合需求综合考虑每类视频差异特征属性综合变化量 $\Delta D_{m,n}^1$, $\Delta D_{m,n}^2$. 当各自的变化量大于所对应的阈值时, 则还需结合另一个阈值综合判断当前帧是否为关键帧, 从而选择合适的拟态变换方式.

$$\begin{cases} \Delta D_{m,n}^{1} \geqslant Th_1 \\ \Delta D_{m,n}^{2} \geqslant Th_2 \end{cases} \tag{4.23}$$

$$\Delta D_{m,n}^{i} = \Xi\left(\Delta D_{m,n}^{1}, \Delta D_{m,n}^{2}, \Delta D_{i}\right) \geqslant Th \tag{4.24}$$

其中，差异特征属性变化量综合阈值为Th，差异特征综合变化量为$\Delta D_{m,n}^{i}$，当融合模型在整个拟态融合过程中，需要同时考虑三个阈值的大小，才能对整个视频序列中目标的运动状态及运动区域做到预估和判断，以实现更好、更准确判断当前帧的拟态变换方式.

参 考 文 献

[1] 孙富钦, 陆骐峰, 张珽. 柔性仿生触觉感知技术: 从电子皮肤传感器到神经拟态仿生触觉感知系统[J]. 功能材料与器件学报, 2021, 27(4): 223-253.

[2] 焦玉茜. 面向拟态融合的红外图像差异特征驱动方法研究[D]. 太原: 中北大学, 2019.

[3] 赵艳霞. 基于拟态章鱼的红外偏振与光强图像间差异特征感知模型[D]. 太原: 中北大学, 2017.

[4] 于鹏鹏. 基于感知特征的图像认证技术的研究[D]. 哈尔滨: 哈尔滨理工大学, 2013.

[5] Riesenhuber M, Poggio T. Hierarchical models of object recognition in cortex[J]. Nat Neurosci, 1999, 2: 1019-1025.

[6] 王科奇. 基于感知自然物象的建筑创作方法——拟态建筑[J]. 四川建筑科学研究, 2011, 37(6): 236-240.

[7] 吉琳娜, 郭小铭, 杨风暴, 等. 基于可能性分布联合落影的红外图像融合算法选取[J]. 光子学报, 2021, 50(4): 236-248.

[8] 张雅玲, 吉琳娜, 杨风暴, 等. 基于余弦相似性的双模态红外图像融合性能表征[J]. 光电工程, 2019, 46(10): 82-92.

[9] 张雅玲, 吉琳娜, 杨风暴, 等. 基于非参数估计的双模态红外图像差异特征频次分布构造[J]. 红外技术, 2020, 42(4): 361-369.

[10] 杨风暴. 红外物理与技术[M]. 2 版. 北京: 电子工业出版社, 2020.

[11] 蔺素珍. 双色中波红外图像差异特征分析及融合方法研究[D]. 太原: 中北大学, 2013.

[12] 杨风暴, 李伟伟, 蔺素珍, 等. 红外偏振与红外光强图像的融合研究[J]. 红外技术, 2011(5): 262-266.

第 5 章　差异特征驱动机制

红外探测过程中，不同模式间的成像特性差异是互补有效信息形成的主要决定因素，本章分别以双色中波红外成像、红外偏振与光强成像为例，分析各成像特性关键因素的物理性质及不同模式间的对比差异，建立成像差异特性与图像差异特征间的关联关系，揭示不同差异特征形成机理，进而确定拟态融合的驱动类型.

5.1　不同模态间的成像差异特性

5.1.1　双色中波红外成像差异特性分析

根据双色中波红外被动热成像基本原理可知，影响双色中波红外目标成像的因素主要包括目标的辐射特性、红外辐射的传输特性和器件的响应特性等方面[1]，如图 5.1 所示，其中 M1 和 M2 是两个细分中波段.

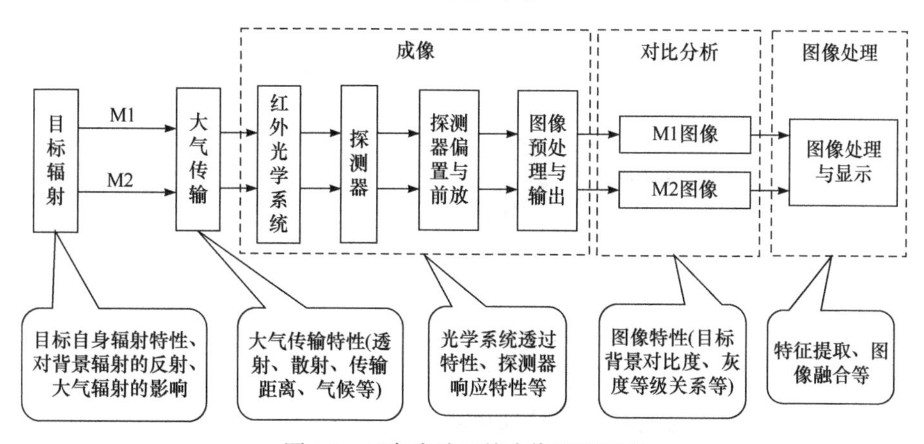

图 5.1　双色中波红外成像影响因素

1. 双色中波红外目标的辐射特性比较

依据红外辐射的基本定律，可以总结出目标在两个细分中波红外波段的辐射特性差异:

(1) 同一目标在两个细分中波段的辐射出射度不同: 根据普朗克定律，辐射出射度与波长有关，在相同温度下不同波长对应的辐射出射度不同.

(2) 两个细分中波段的峰值波长对应的温度范围不同：根据维恩位移定律，以 3.0～4.0μm(M1)和 4.0～5.0μm(M2)为例，M1 和 M2 对应的黑体温度范围分别为 966.3～724.8 K 和 724.8～579.8K，最高最低温度分别相差 241.5K 和 145K，前者范围宽，后者范围窄.

(3) 不同目标/背景(材料)的在两个细分中波段的辐射出射度也不同：不同材料的光谱发射率不同，在相同温度和同一波长下其辐射出射度是不同的.

2. 双色中波红外辐射的传输特性比较

在大气中传输的光电信号都会被吸收、散射、反射和漫射，从而产生信号衰减. 这使得探测器探测到的目标辐射特性和实际未经大气衰减的辐射特性相比，具有一些变化，进而影响目标特征分析与识别. 图 5.2 是飞机在加力状态下的大气衰减和未经大气衰减的红外辐射[2]. 其中虚线描述的是目标自身的辐射，而实线是经大气衰减后检测到的辐射. 可以看出经过大气衰减，飞机的整体辐射亮度均降低了，尤其是在 2.5～3.0μm 和 4.3～4.6μm 区间衰减得比较多.

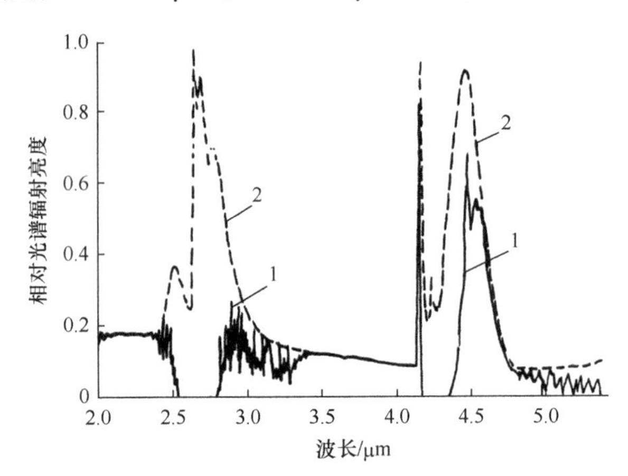

图 5.2 飞机经大气衰减和未经大气衰减的红外辐射光谱

1—经过大气衰减; 2—未经大气衰减

3. 双色中波红外辐射的响应特性比较

基于 II 型超晶格光电二极管的双色中波红外成像仪(288×384 的中波相机，AIM)在两个波段上的光电流响应特性如图 5.3 所示，其中蓝色为第一波段、红色为第二波段(下同). 此外，在两个细分中波段上，由于超晶格间距、波长等的不同均会导致探测器在两个波段的输出能力存在差异. 图 5.4 对不同间距的超晶格探测器的响应能力进行了比较，两个通道的噪声等效温差直方图见图 5.5. 可以看出两个细分中波段红色通道的响应均略高于蓝色通道.

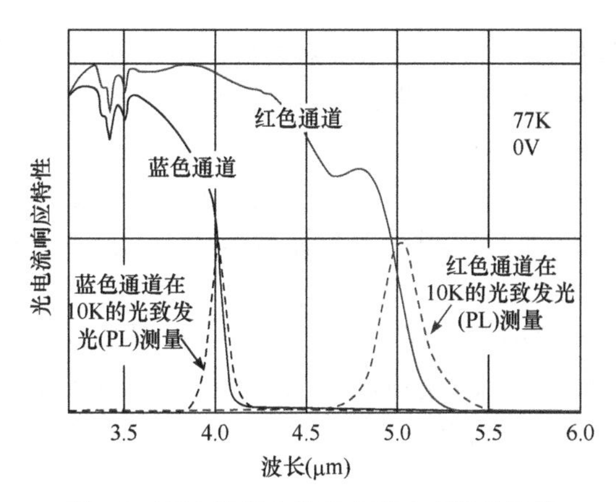

图 5.3 两个波段上的光电流响应特性比较

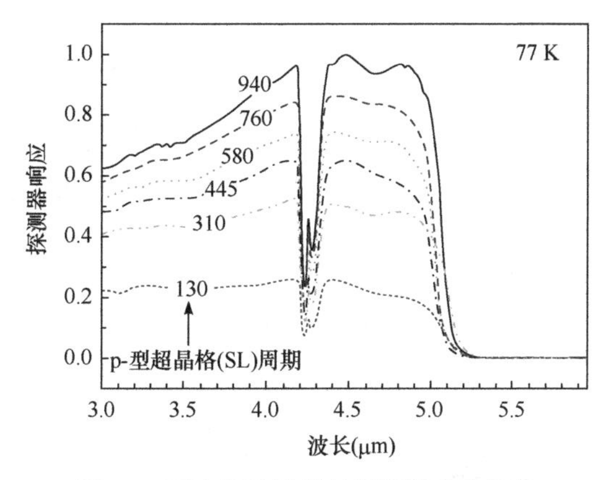

图 5.4 两个细分波段的探测器响应比较

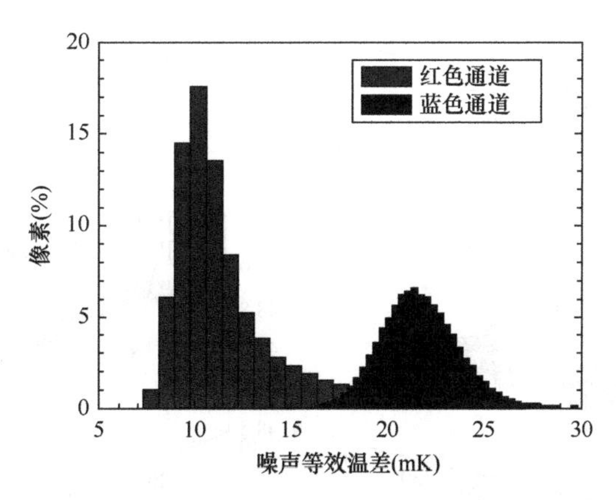

图 5.5 两个细分波段的噪声等效温差直方图比较

从上述分析可以得出，目标/背景辐射类型、大气透射率、太阳辐射和成像仪响应是造成两个细分波段成像效果存在较大差异的主要原因. 具体为：目标/背景辐射率、发射率不同是影响两个细分波段成像差异的主要因素，且受温度影响较大；第一细分波段大气透射率较大、变化较小，第二细分波段则大气透射率较小、变化较大；第一细分波段受太阳辐射影响较大，含较多太阳辐射和反射，而第二细分波段则主要受景物自身辐射影响；两个细分波段成像仪响应曲线、焦平面阵列有效量子效率等不同. 以面目标为例，其成像特性差异仿真结果如图 5.6 所示，结果表明：高(低)温面目标随着温度升高(降低)，两个细分波段的辐照度差异逐渐增大；面目标发射率对两个细分波段等辐照度点对应温度值影响较小.

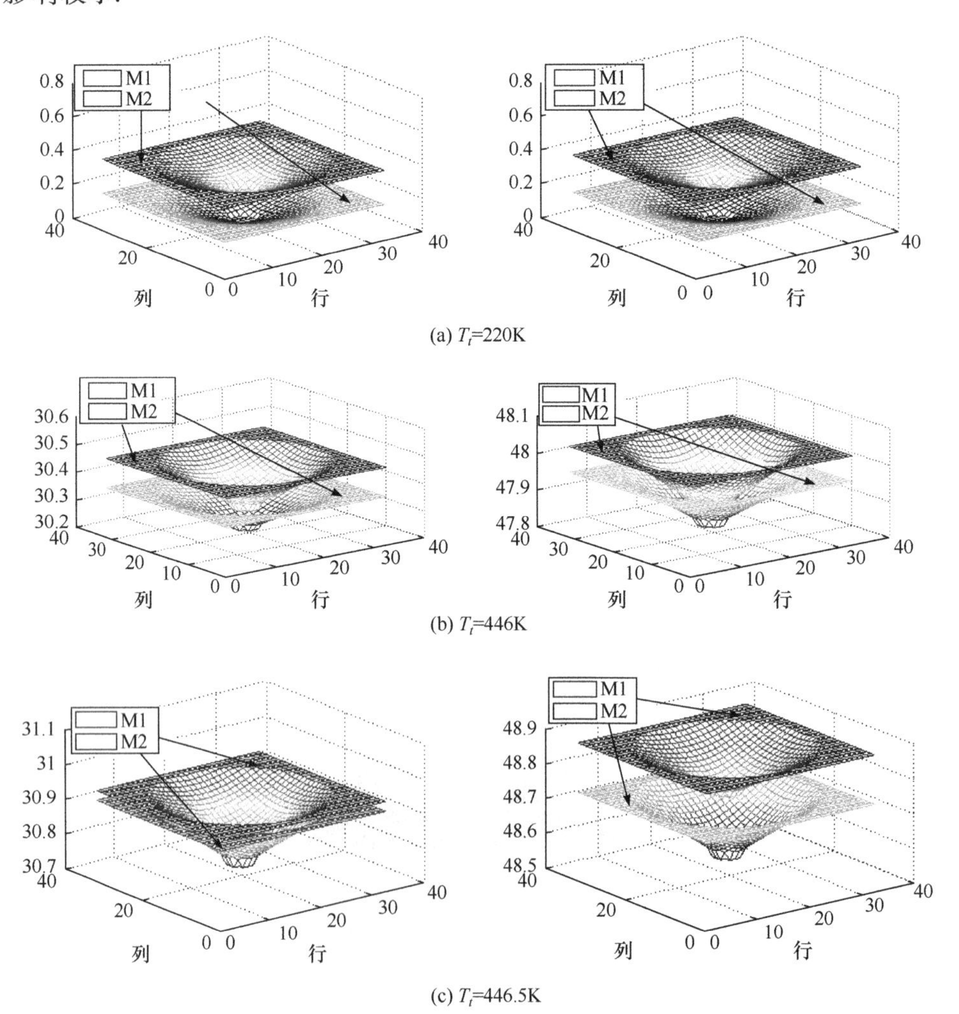

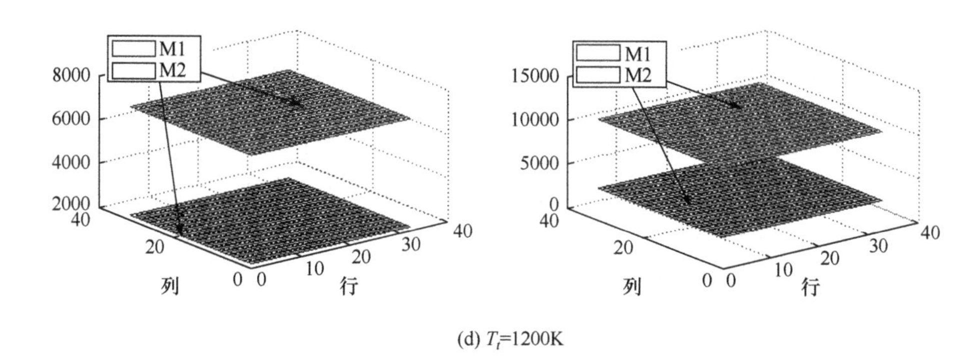

(d) T_t=1200K

图 5.6　不同温度下面目标 M1 和 M2 成像特性差异比较

5.1.2　红外偏振与光强成像差异特性分析

红外偏振与红外光强间的成像特性差异[3]主要表现在以下两方面.

1. 大气传输差异特性分析

针对大气对成像的影响, 国内外学者都做了很多研究, 根据大气的光传播方程建立单色图像复原模型, 认为大气对光的散射及大气自身成像是影响成像效果的主要因素. 当目标反射和自身辐射偏振光经过时, 大气分子与气溶胶的散射将会衰减, 这给目标检测和边缘标定带来较大的困难. 对于不同的天气条件, 光照条件、偏振成像的效果会有所差别, 晴天太阳光的偏振度最高, 阴天太阳光几乎为无偏光, 因此, 在阴天条件下利用偏振探测进行目标检测是比较容易实现的. 由于颗粒具有各向异性、多次散射会降低光的偏振度, 因此烟雾的退偏作用主要与烟雾的浓度、颗粒的运动状态等因素有关. 当烟雾的浓度较小时, 散射的退偏作用较弱, 微粒的各向异性是产生退偏的主要原因; 当烟雾的浓度较大时, 多次散射现象显著, 退偏作用较强, 多次散射是产生退偏的主要原因. 单次瑞利散射的侧向光(与入射光正交)为线偏振光, 但随着烟雾浓度的增大将变为部分偏振光, 烟雾浓度增大到一定程度后完全退偏为自然光. 但是, 大气辐射背景具有一定的偏振度, 而且偏振方向一般与目标的偏振方向不同, 大气偏振角是大气辐射特性最强的一个方面, 反之, 与大气偏振方向垂直的方向就是大气辐射特性最弱的方向, 因此, 利用偏振技术可以抑制大气辐射背景、提高物体的识别效果, 有效地克服大气对红外成像的影响.

由于大气中的水蒸气及悬浮在大气中的微粒对辐射具有吸收和散射作用, 因此红外辐射在大气传输的过程中会发生衰减. 大气中的散射元主要包括大气的分子(主要是氮气、氧气及少量稀有气体)、大气中悬浮的微小水滴(形成雾、雨及云)及悬浮的固体微粒(尘埃、碳粒(烟)、盐粒子和微小的生物体). 散射的强弱与大气中散射元的浓度及散射元的尺寸有密切关系. 大气中悬浮的固体微粒通常称为霾, 霾是由半径为 0.03～0.2μm 的粒子组成的. 在湿度比较大的地方, 湿气凝聚在上述固体微粒的周围, 可以使它们变大, 形成细小的水滴, 这就形成了雾和云. 雾和云的水滴半径为 0.5～80μm, 其中半径在 5～15μm 范围内的水滴数目较多. 由此可看到, 雾和云中的粒子半径多数同我们所应用的红外辐射的波长差不多, 而霾中所含粒子的半径要小得多. 根据散射理论可知, 当辐射的波长比粒子半径大得多时, 这时所产生的散射称为瑞利散射, 其散射系数为

$$\sigma = \frac{K}{\lambda^4} \tag{5.1}$$

式中, K 为与散射元浓度、散射元尺寸有关的常数, λ 为辐射的波长.

大气分子及霾的散射都属于瑞利散射. 由式(5.1)看出, 瑞利散射的散射系数与波长的 4 次方成反比, 因此大气分子及霾对于波长较长的红外线来说, 其散射作用很弱. 当粒子的尺寸和辐射波长相近时, 这时所产生的散射称为米氏散射, 其散射强度除与波长有关外, 还与粒子的半径有关. 米氏散射的散射系数为

$$\sigma = kr^2 \tag{5.2}$$

式中, k 为与粒子数目及波长有关的系数, r 为散射粒子的半径.

雾和云的散射是米氏散射. 由式(5.2)可见, 米氏散射的散射系数与粒子半径的平方成正比, 因此在薄雾(雾粒较小)中, 红外线有较好的透过性. 而在浓雾(雾粒较大)中, 红外线和可见光的透过性都很差, 因此红外装置的使用不是全天候的, 在浓雾中几乎不能使用. 由于水汽的浓度和大气中所含灰尘、烟等微粒的数目随高度的增加而大幅减小, 因此雾和烟在低空较常见, 在高空, 雾和烟的影响较小. 因此波长 2μm 以上的红外线在 3000m 以上的高空, 大气分子的散射及悬浮物的散射都不是影响大气衰减的主要因素.

从前面的分析已经知道, 对于红外辐射, 大气的衰减作用主要是由大气中分子(水蒸气、二氧化碳、臭氧)的吸收所造成的, 这三种物质对红外线的吸收都是选择性的, 即在某些波段内对红外线的吸收很强烈(常常称为强吸收带), 在某些波段内的吸收很弱. 这样一来, 大气透射率曲线就被强吸收带分割成许多区域. 当红外辐射在大气中传输时, 每处都有特有的气象因素, 包括气压、温度、湿度及每种吸收体的浓度等, 每种因素都对红外辐射有衰减作用, 因此大气衰减会影响红外成像的效果.

2. 成像响应差异特性分析

红外热像仪的基本工作原理是目标红外辐射通过红外物镜照射到探测器的敏感材料上, 使敏感材料的某些可测物理量发生变化, 从而将可测物理量的变化读出后, 通过模数转换器转换为电信号. 再通过电信号图像处理后, 进行数模转换,

最后把信号传送到监视器, 实现对红外辐射的探测.

红外偏振成像系统在普通红外成像系统的探测器前增加了偏振片装置[4]. 红外偏振成像系统首先需要转动偏振片, 在不同的角度下进行多次光强成像, 然后从探测器的光强响应中解算出景物光波的偏振信息. 与光强成像相比:

(1) 加入偏振片, 景物的红外辐射在通过偏振片时发生二次衰减, 使得偏振图像的亮度较低;

(2) 成像过程复杂, 实时性较差;

(3) 偏振片在同步旋转的过程中, 会在一定程度上影响目标的温度场, 容易造成误差.

红外偏振测量不仅能够提供红外光强图像, 还能提供偏振度、偏振角、偏振参数图像. 如图 5.7 所示为偏振片在不同位置的红外光强图像, 通过观察可知, 不同位置的图像特征有较明显的差异.

(a) 偏振片在0°位置

(b) 偏振片在45°位置

(c) 偏振片在90°位置

(d) 偏振片在135°位置

图 5.7　偏振片在不同位置的红外光强图像

利用斯托克斯公式(见式(5.3))对图 5.7 中的红外光强图像进行计算, 可以得到偏振度、偏振角(见式(5.4)). 斯托克斯参数 I, Q, U 图像和偏振度、偏振角如图 5.8 所示.

$$\begin{cases} I = I_0 + I_{90} = I_{45} + I_{135} = I_1 + I_\mathrm{r} \\ Q = I_0 - I_{90} \\ U = I_{45} - I_{135} \\ V = I_\mathrm{r} - I_1 \end{cases} \tag{5.3}$$

$$\begin{cases} P = \dfrac{\sqrt{Q^2 + U^2}}{I} \\ \theta = \dfrac{1}{2}\arctan\left(\dfrac{U}{Q}\right) \end{cases} \tag{5.4}$$

式中，I表示总的光强度；Q表示 0°与 90°方向的线偏振光分量之差；U表示 45°与 135°方向的线偏振光分量之差；V代表右旋与左旋圆偏振光分量之差，其中 I_l和 I_r分别表示左旋圆偏振光和右旋圆偏振光，由于自然界中目标与大气背景的圆偏振光分量在仪器可以检测的范围内的探测量很小，相对于仪器误差可忽略不计，因此一般工程探测和计算中认为$V = 0$.

(a) I参数图像

(b) Q参数图像

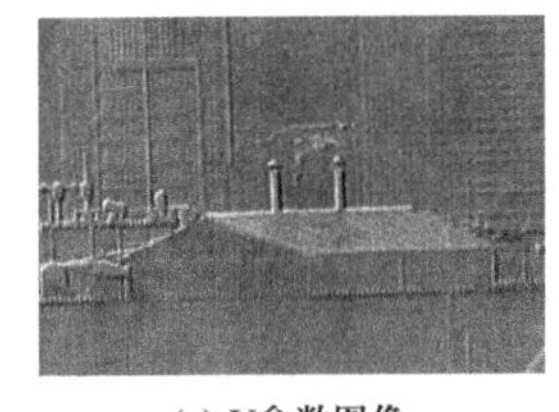
(c) U参数图像

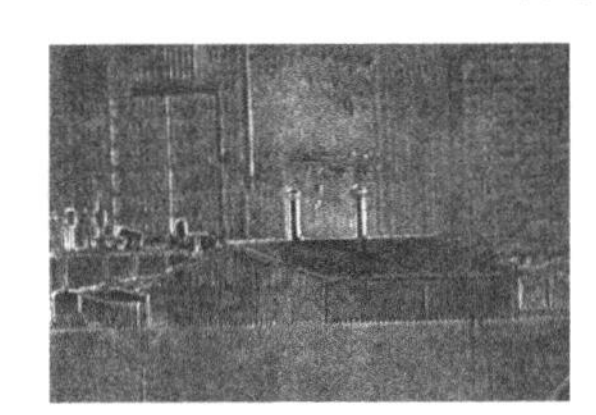
(d) 偏振度图像

(e) 偏振角图像

图 5.8 斯托克斯参数及偏振度、偏振角图像

5.2 图像差异特征形成机理

5.2.1 成像差异特性对图像差异特征的影响

温度、发射率和大气透射率是影响不同模式成像差异的主要因素，研究发现这些因素对图像间的辐照度、灰度和目标背景对比度等特征及其差异具有强相关性[5]. 具体如下.

1. 成像因素对图像辐照度和灰度的影响

将温度、发射率和大气透射率等成像因素进行归一化，金属等目标各成像因素对图像辐照度的影响分别如图 5.9 所示.

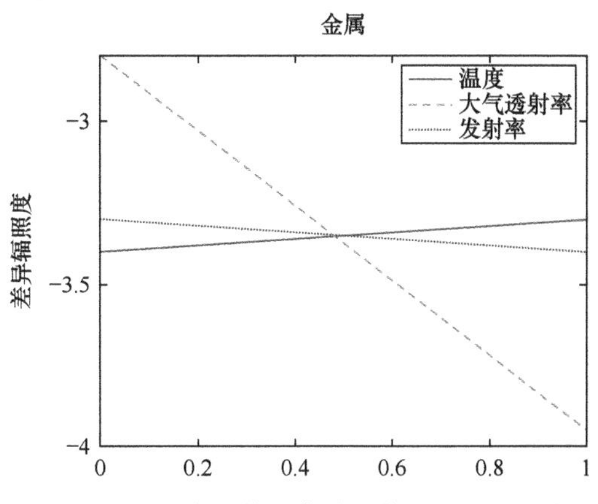

图 5.9 金属各成像因素对图像辐照度的影响

从图 5.9 中可知, 当目标为金属时, 零点之后大气透射率与发射率有了交点, 设其为交点 1, 那么零点和交点 1 之间范围内, 各因素对差异辐照度的影响可以排列为: 大气透射率>发射率>温度; 交点 1 之后, 大气透射率与温度有了交点, 设其为交点 2, 交点 2 之后发射率与温度产生交点, 设其为交点 3, 那么交点 1 到交点 3 之间范围内, 各因素对差异辐照度的影响可以排列为: 发射率>温度>大气透射率(位置相近的交点忽略不计); 交点 3 之后范围内, 各因素对差异辐照度的影响可以排列为: 温度>发射率>大气透射率. 差异辐照度随各影响因素的变化规律与差异灰度随各影响因素的变化规律相同.

2. 成像因素对目标背景对比度的影响

金属和非金属等目标各成像因素对目标背景对比度的影响分别如图 5.10 和图 5.11 所示.

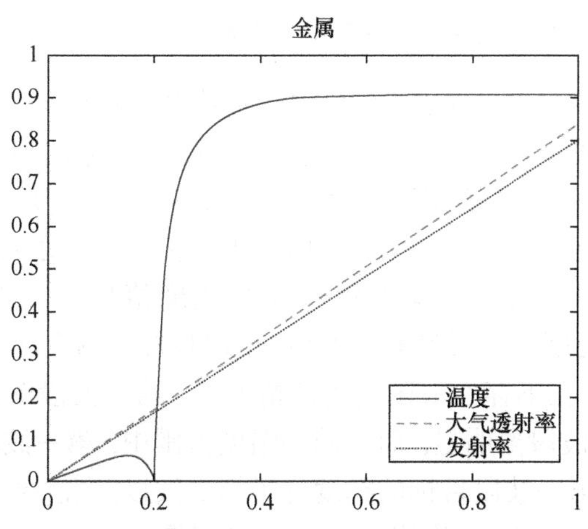

图 5.10 金属各成像因素对目标背景对比度的影响

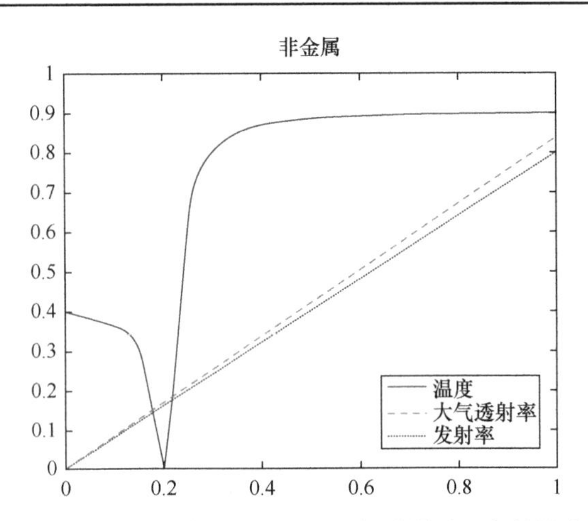

图 5.11 非金属各成像因素对目标背景对比度的影响

从图 5.10 中可知, 当目标为金属时, 零点之后, 温度与发射率有了交点, 设其为交点 1, 那么零点和交点 1 之间范围内, 各影响因素对差异目标背景对比度的影响排列为: 大气透射率>发射率>温度; 交点 1 之后的范围内, 各影响因素对差异目标背景对比度的影响顺序为: 温度>大气透射率>发射率. 图 5.11 中, 当目标为非金属时, 零点之后, 温度与大气透射率有了交点, 设其为交点 1, 那么零点和交点 1 之间范围内, 各影响因素对差异目标背景对比度的影响排列为: 温度>大气透射率>发射率; 交点 1 之后, 温度与发射率产生两个交点, 设其为交点 2 和交点 3, 交点 3 之后, 温度与大气透射率又产生一个交点, 设其为交点 4, 那么在交点 1 与交点 4 的范围内, 各影响因素对差异目标背景对比度的影响排列为: 大气透射率>发射率>温度; 在交点 4 之后范围内, 各影响因素对差异目标背景对比度的影响排列为: 温度>大气透射率>发射率.

5.2.2 成像差异特性与图像差异特征间的映射关系

从各成像因素对图像特征的影响来看, 成像差异特性与图像差异特征间的关系并不是单一固定的, 而是一对多、多对一、多对多的复杂映射关系. 现以双色中波红外成像[6]为例, 进一步说明两者间的内在联系. 具体如下.

(1) 目标温度高且不存在太阳直射时, 可以忽略背景对两波段目标造成的差异. 由于目标在第一波段入瞳处辐照度和灰度值比第二波段大, 所以亮度 $l_{\mathrm{M1}} > l_{\mathrm{M2}}$; 又因为亮度大小反映能量大小, 所以目标在两个波段的能量 $e_{\mathrm{M1}} > e_{\mathrm{M2}}$, 且均值 $\mu_{\mathrm{M1}} > \mu_{\mathrm{M2}}$. 在不存在太阳直射的情况下, 第二波段图像的纹理特征随目标温度增加比第一波段要明显, 而在同一温度范围中, 第一波段的灰度变化范围比第二波段大, 即第一波段目标的梯度优于第二波段. 综上可知, 目标温度高时, 有如下结论: 亮度 $l_{\mathrm{M1}} > l_{\mathrm{M2}}$, 均值 $\mu_{\mathrm{M1}} > \mu_{\mathrm{M2}}$, 能量 $e_{\mathrm{M1}} > e_{\mathrm{M2}}$, 梯度 $g_{\mathrm{M1}} > g_{\mathrm{M2}}$, 边缘特征第一波段好于第二波段, 但纹理特征第一波段小于第二波段[7].

(2) 目标温度低且周围不存在高温背景时, 目标在第一波段入瞳处辐照度比第二波段的小, 即第一波段目标灰度比第二波段的小, 亮度有 $l_{\mathrm{M1}} < l_{\mathrm{M2}}$, 能量 $e_{\mathrm{M1}} < e_{\mathrm{M2}}$, 均值 $\mu_{\mathrm{M1}} < \mu_{\mathrm{M2}}$. 在同一温度范围中, 第一波段目标灰度变化范围比第二波段大, 所以梯度 $g_{\mathrm{M1}} > g_{\mathrm{M2}}$. 对于目标温度低且周围存在高温背景的情况, 当波长大于4.5 μm时, 背景辐射主要是地面和大气的热辐射, 而在3～4.5 μm范围内背景辐射非常小. 即第二波段比第一波段受到背景辐射的影响更大, 因此环境对第二波段的影响大于第一波段, 背景辐射使得第二波段的纹理细节和轮廓都比第一波段更加清晰, 第二波段的边缘特征多于第一波段, 且有目标亮度 $l_{\mathrm{M1}} < l_{\mathrm{M2}}$, 能量 $e_{\mathrm{M1}} < e_{\mathrm{M2}}$, 均值 $\mu_{\mathrm{M1}} < \mu_{\mathrm{M2}}$.

(3) 当存在太阳直射并且目标存在饱和区[8]时, 目标在第一细分波段上反射了较多太阳照射, 使得第二波段目标的总能量比第一波段的多, 第二波段图像的梯度比第一波段图像的好, 所以有能量 $e_{\mathrm{M1}} < e_{\mathrm{M2}}$, 梯度 $g_{\mathrm{M1}} < g_{\mathrm{M2}}$, 而目标亮度 $l_{\mathrm{M1}} > l_{\mathrm{M2}}$.

5.2.3　图像差异特征的表征与描述

根据上述分析, 不同模式图像中存在的差异特征类型主要分为: 亮度差异特征、边缘轮廓差异特征和纹理细节差异特征[9]等, 内容具体见 4.2 节.

差异特征的作用是对两类图像间的差异互补信息进行定量描述, 而差异互补信息一定是源图像间的差异信息, 所以差异特征必须具备“描述信息差异性”这样的属性, 通过实验检验以上差异特征所构成的差异特征集的合理性及有效性. 由于差异特征的提取公式的不同, 提取后直接做差的结果无法直接比较. 所以定义归一化差异度(Normalized Difference Degree, NDD), 如式(5.5)所示.

$$\mathrm{NDD} = \frac{\mathrm{Df}_1 - \mathrm{Df}_2}{(\mathrm{Df}_1 + \mathrm{Df}_2)/2 + \sigma} \tag{5.5}$$

其中 Df_1 和 Df_2 分别表示不同模态图像的差异特征, σ 是一个极小常数用于防止分母为 0.

在此选取了 4 组包含常见目标(如车辆、建筑、人、道路、树木和植被等)的典型两类红外场景图如图 5.12 所示, 每张图像的大小都为 256×256.

需要注意的是, 如果直接对整幅图像利用式(5.5)计算 NDD, 那么在求解单个特征的NDD时, 实际的计算值极易受到其他特征的影响. 为了减小复合特征对实验结果的影响, 应尽可能只专注于单一特征的 NDD, 同时为了有效扩展实验样本以提高实验结果的可信度, 采用分块计算的方法将源图像分割成等大的图像块并计算每块特征的 NDD. 为了权衡分块过大引入复合特征和分块过小难以提取特征的矛盾, 以保证在有效提取特征的前提下尽量缩小分块, 从而尽可能降低图块

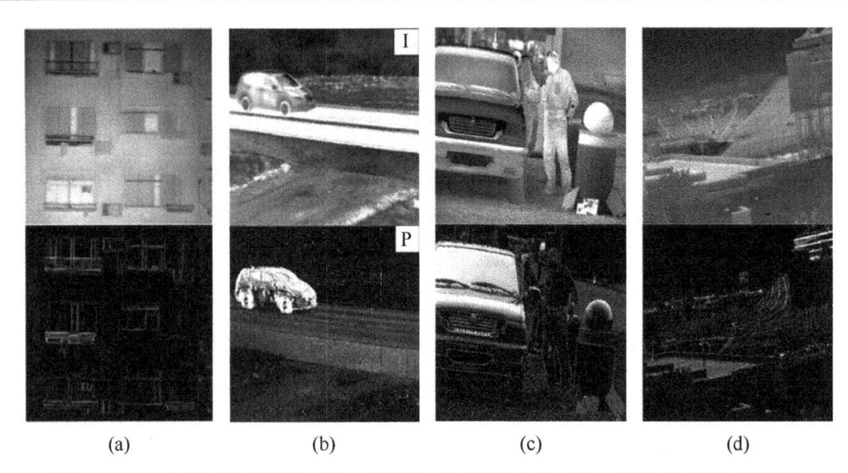

图 5.12　4 组典型场景图: 第一行为红外光强图像; 第二行为红外偏振图像

复合特征对实验结果的影响. 设定的分块大小为16×16, 样本图块的获得方式为用16×16的窗口在图像上滑动获得, 其水平和垂直方向上的滑动步长都为 16, 以此避免图块重叠对实验结果的影响[10].

图 5.13(a)至(d)分别为四类差异特征的 NDD. 根据图 5.13 不难发现: ①差异特征在两类图像间都具有十分明显的差异; ②红外光强图像的亮度明显高于红外偏振图像; ③根据图 5.13(c)可以发现红外偏振图像的边缘轮廓信息多数情况下要高于红外光强图像, 即红外偏振图像的边缘细节更加突出. 由此可见, 以上差异征

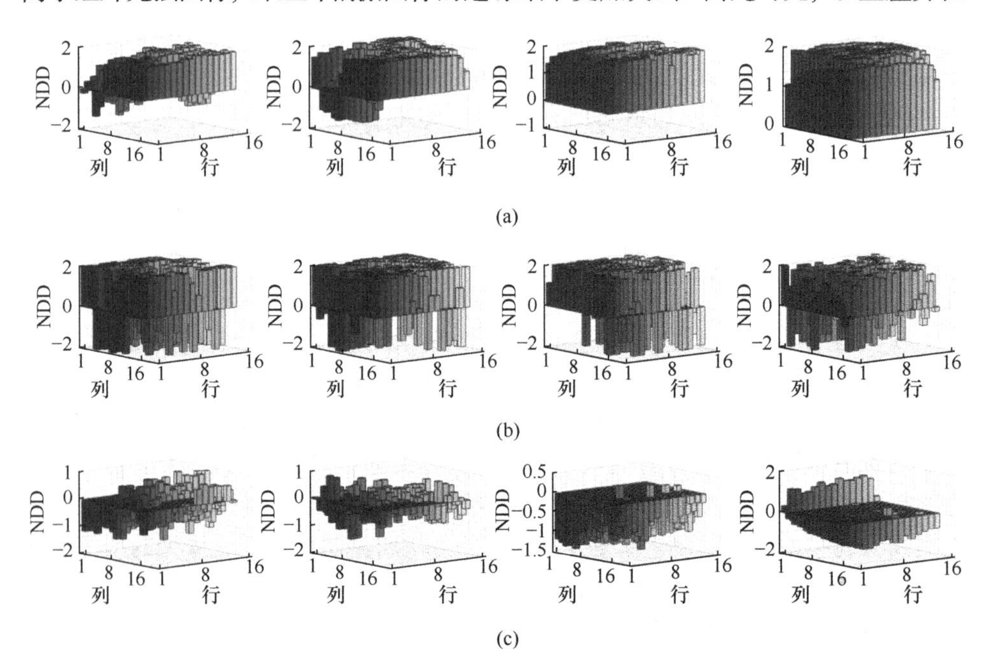

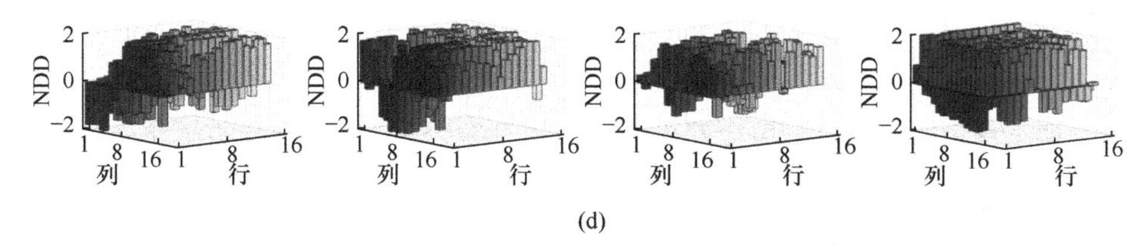

图 5.13　4 组典型场景下各差异特征的 NDD, 从(a)至(d)分别代表 4 类差异特征

特在描述两类图像的互补信息差异性上满足信息描述差异性的要求, 同时这些差异特征能够与两类图像的图像特点相吻合, 可以有效描述两类图像间的差异互补信息[11,12].

5.3　拟态融合的驱动

5.3.1　拟态融合的驱动过程

一般来说, 拟态章鱼和拟态融合的驱动过程主要包括: 数据收集、分析、判断、前驱和执行等部分. 其中, 拟态章鱼的驱动过程具体如图 5.14 所示.

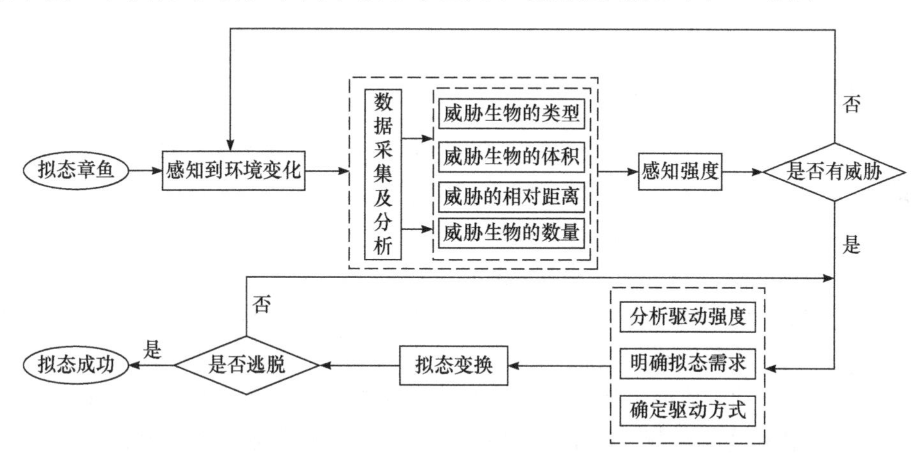

图 5.14　拟态章鱼驱动过程示意图

当威胁生物进入拟态章鱼的觉察半径后, 拟态章鱼感知到周围环境的变化, 进而对威胁生物的类型、体型大小、相对距离等数据进行收集; 初步分析出是否有威胁是否需要进行拟态变换, 做出第一次判断; 当需要进行拟态变换时, 对之前采集到的数据进行细致处理, 明确拟态需求, 确定驱动方式, 做好变换的准备; 根据需求选择最合适的拟态形态进行变换; 对拟态变换结果进行分析、评价, 得到具体驱动效果; 对驱动效果进行反馈, 有效/无效反馈给拟态章鱼; 对不成功的进行修正, 重新驱动拟态变换. 对拟态章鱼来说, 当面临的威胁生物的威胁仅仅

为骚扰程度时, 拟态章鱼不必做出很复杂的变换, 只需做出简单体积增大等威胁动作, 就可以达到当下要求.

拟态章鱼的驱动过程可以对应到图像拟态融合中. 拟态融合的驱动过程也可分为五个阶段:

(1) 数据收集: 从图像中提取特征数据;

(2) 分析: 从特征的多个角度综合考虑待融合图像间的差异, 分析图像是否需要融合, 即融合的必要性;

(3) 判断: 对于需要进行融合的图像, 再做详细分析, 通过特征的多个属性, 分析判断每组图像具体的融合需求;

(4) 前驱: 根据融合需求, 分析并选择合适的驱动方式;

(5) 执行: 由前三步分析得到的结果为指导, 进行图像融合, 并对结果分析验证.

在面对待融合图像时, 首先进行数据采集阶段, 获取图像特征及其多个属性; 其次, 通过分析特征属性及其差异, 确定图像是否存在融合必要, 进而明确其融合需求; 最后, 分析驱动方式, 选择合适的融合方法进行融合.

在驱动方式的选择上, 拟态融合与拟态章鱼类似, 如果在待融合图像中不存在明显的互补信息、融合必要性低的情况下, 使用最简单有效性价比高的融合方法即可.

5.3.2 拟态融合的驱动类型

影响拟态章鱼是否进行拟态变换的因素包括威胁生物类型、体积、与拟态章鱼的距离等. 相应的影响拟态融合的驱动因素包括差异特征的类型、幅值和频次等属性, 关于差异特征各属性的相关知识见 4.2 节.

拟态章鱼的驱动方式类型主要包括:

(1) 直接驱动: 拟态章鱼根据驱动强度的大小做出"有威胁""无威胁"的简单判定, 从而确定是否要进行变换.

(2) 众势驱动: 某种生物对拟态章鱼无生命威胁, 但其数量增多后对拟态章鱼产生压迫感和变相骚扰, 从而驱动拟态章鱼进行变换赶走该类生物.

(3) 多次驱动: 拟态章鱼第一次感知到该生物时, 该生物不具有威胁力, 拟态章鱼不进行拟态变换; 随后该生物又对拟态章鱼发起多次攻击, 最终导致拟态章鱼进行拟态变换, 隐藏或躲避或发起反击.

(4) 组合驱动: 根据以上驱动结果, 将是否需要拟态变换及是否成功躲避威胁等信息反馈给驱动机制, 同时记忆此次驱动过程与拟态结果, 并对不成功的部分做进一步调整, 即对该生物的威胁类型及威胁程度进行修正, 再一次进行拟态变换, 见图 5.15.

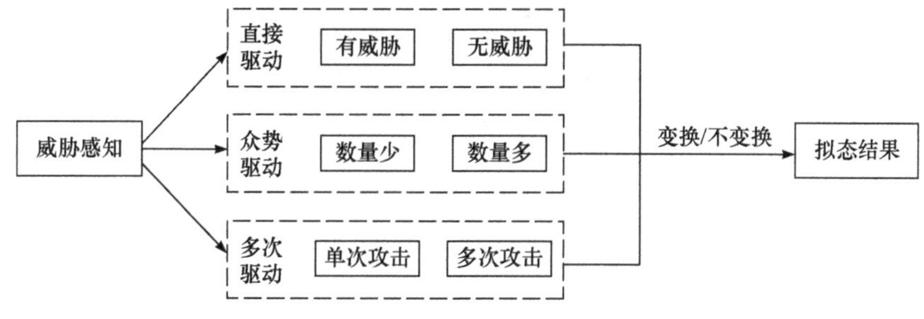

图 5.15　拟态章鱼组合驱动方式示意图

拟态融合也有相应的类型:

(1) 直接驱动: 融合模型根据两类图像差异特征差异度的大小做出“需融合”和“无需融合”的简单判定, 从而确定是否需要进行拟态变换.

(2) 众势驱动: 当某类差异特征在图像中分布较为稀疏, 即频次值较少时, 其对融合模型几乎没什么影响; 当其分布比较密集, 成为该幅图像的主差异特征时, 驱动融合模型必须要根据该类特征对应的拟态变换来完成融合.

(3) 多次驱动: 融合模型在融合视频序列时, 在当前帧感知到某类差异特征幅值较小或某类差异特征出现的次数较少, 对融合效果几乎不影响; 随着时间的推移, 该类差异特征的幅值所占比重逐渐变大或出现的次数增多, 使得融合模型不得不进行拟态变换实现融合.

(4) 组合驱动: 根据直接驱动、众势驱动和多次驱动三类的驱动结果, 将是否进行拟态变换及是否实现融合等信息反馈给驱动机制, 同时记忆此次驱动过程与拟态结果, 并对不成功的部分进行再次拟态变换, 见图 5.16.

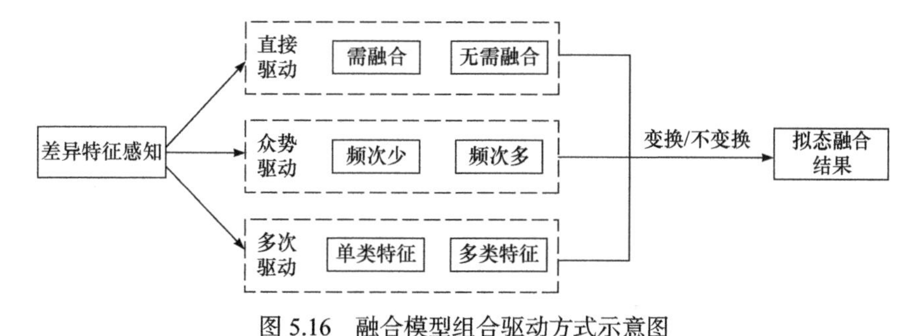

图 5.16　融合模型组合驱动方式示意图

参 考 文 献

[1] 杨风暴. 红外物理与技术[M]. 2 版. 北京: 电子工业出版社, 2020.

[2] 杨风暴. 多波段红外图像目标特征分析与融合方法研究[R]. 博士后研究工作报告, 北京: 北京理工大学, 2006.

[3] 蔺素珍. 双色中波红外图像差异特征分析及融合方法研究[D]. 太原: 中北大学, 2013.

[4] Zhang L, Yang F B, Ji L N, et al. A categorization method of infrared polarization and intensity image fusion algorithm based on the transfer ability of difference features[J]. Infrared Physics & Technology, 2016, 79: 91-100.
[5] Ratliff B M, LeMaster D A. Adaptive scene-based correction algorithm for removal of residual fixed pattern noise in microgrid image data[C]. Polarization: Measurement, Analysis, and Remote Sensing X. International Society for Optics and Photonics, 2012, 8364: 83640N.
[6] 周萧, 杨风暴, 蔺素珍. 双色中波红外图像差异特征驱动的融合模型[J]. 光电工程, 2013, 35(4): 227-231.
[7] 王忆峰, 余连杰, 田萦. Ⅱ类超晶格双光谱红外探测器光谱串音的量化分析计算[J]. 红外技术, 2011, 33(5): 293-295.
[8] Robert R, Martin W, Frank R, et al. Dual-color InAs/GaSb superlattice focal-plane array technology [J]. Journal of Electronic Materials, 2011, 40(8): 1738-1743.
[9] 杨风暴, 李伟伟, 蔺素珍, 等. 红外偏振与红外光强图像的融合研究[J]. 红外技术, 2011(5): 262-266.
[10] Hu P, Yang F, Wei H, et al. A multi-algorithm block fusion method based on set-valued mapping for dual-modal infrared images[J]. Infrared Physics & Technology, 2019, 102: 1-14.
[11] 杨风暴, 吉琳娜, 王肖霞. 可能性理论及应用[M]. 北京: 科学出版社, 2019: 41-45.
[12] 张雷, 杨风暴, 吉琳娜. 差异特征指数测度的红外偏振与光强图像多算法融合[J]. 火力与指挥控制, 2018, 43(2): 49-54, 59.

第 6 章　拟态变换的原理

6.1　拟态变换的基本过程

6.1.1　拟态变换的概念及功能

拟态变换是指可逆结构体按照被拟态对象的某种需求确定各层变元及其组合关系进而进行协同嵌接的变化过程. 其中, 可逆结构体能够主动感知环境的差异, 针对不同的威胁/差异类型将某类或若干类变体的可逆变元通过局部变、替代变和全局变的方式进行结构重构, 从而形成新的拟态体, 当变换结束后, 各变元应具备恢复初始状态的能力.

对于拟态变换过程, 可采用回归分析法与数学建模方法, 构建多维重构函数化体系, 进而提出各变体及变元间协同嵌接的组合方法, 如式(6.1)所示.

$$\phi\colon D\begin{bmatrix} t \\ v \\ f \\ \vdots \\ w \end{bmatrix} \Rightarrow \begin{bmatrix} A\{A_1,A_2,\cdots,A_m\} \\ B\{B_1,B_2,\cdots,B_n\} \\ C\{C_1,C_2,\cdots,C_k\} \end{bmatrix} \to \overset{T_1}{\left\{\begin{bmatrix} A_{m1} \\ B_{n1} \\ C_{k1} \end{bmatrix}\begin{bmatrix} A_{mi} \\ B_{ni} \\ C_{ki} \end{bmatrix}\right\}} \overset{T_2}{\left\{\begin{bmatrix} A_{m2} \\ B_{n2} \\ C_{k2} \end{bmatrix}\begin{bmatrix} A_{mj} \\ B_{nj} \\ C_{kj} \end{bmatrix}\begin{bmatrix} A_{mf} \\ B_{nf} \\ C_{kf} \end{bmatrix}\right\}} \cdots \overset{T_z}{\left\{\begin{bmatrix} A_{mz} \\ B_{nz} \\ C_{kz} \end{bmatrix}\begin{bmatrix} A_{ml} \\ B_{nl} \\ C_{kl} \end{bmatrix}\begin{bmatrix} A_{mo} \\ B_{no} \\ C_{ko} \end{bmatrix}\right\}}$$

$$\to \left[\left\{A_i(B_i(C_i))\right\}\upsilon\left\{A_j(B_j(C_j))\right\}\varphi\cdots\vartheta\left\{A_l(B_l(C_l))\right\}\right] \Rightarrow F \tag{6.1}$$

其中, 变换的定义域为各种变体及其变元组成的集合; 矩阵 $D\left[t\ v\ f\ \cdots\ w\right]^{\mathrm{T}}$ 表示感知到的差异信息的属性; $\{A_m\}$ 表示高层变元集; $\{B_n\}$ 表示低层变元集; $\{C_k\}$ 表示基层变元集; F 表示由高层变元、低层变元、基层变元协同组合形成的新的拟态体; $\Rightarrow$ 表示差异特征驱动过程; T 表示不同的变元组; $\to$ 表示变元组中变元的选择过程或变元组合关系的确定过程; υ, ϑ, φ 表示不同变元的组合方式.

拟态变换是拟态融合实现的核心部分, 根据被拟态对象的特点[1], 通过对构成融合算法不同层次的基本变元进行变换, 完成不同融合算法的生成及算法间组合, 实现拟态功能. 拟态变换是图像融合中建立感知、认知图像差异特征变化与动态可变融合结构之间关系的必要环节. 只有对拟态变换中各种可逆变元的构成、多个变元间的协同组合规则、不同类型拟态的变换过程及其关系深入研究, 才能实现融合模型的拟态变换.

6.1.2　拟态变换的主要步骤

拟态变换的基本过程主要包括四大部分, 一是变元组内变元的选择, 二是变元组的形成, 三是变元及变元组组合关系的确定, 四是拟态体的形成. 示意图见图 6.1.

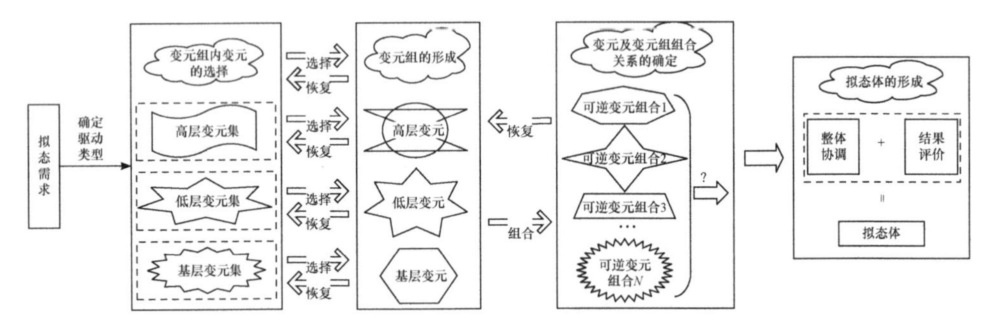

图 6.1　拟态变换示意图

在拟态变换过程中, 模型的结构按从高到低依次可拆分成为变体、高层变元、低层变元和基层变元(见图 6.2). 其中变体为高层变元与不变元的组合, 变元具有不同的层次和类型, 高层变元包含低层变元, 低层变元中包含基层变元, 其中基层变元为最基本的变元, 多个变元之间的组合构成了不同的拟态体. 变元的变换方式分为局部变、替代变和全局变, 其中局部变为基层变元和低层变元的变换, 替代变为高层变元的变换, 全局变为所有变元的变换.

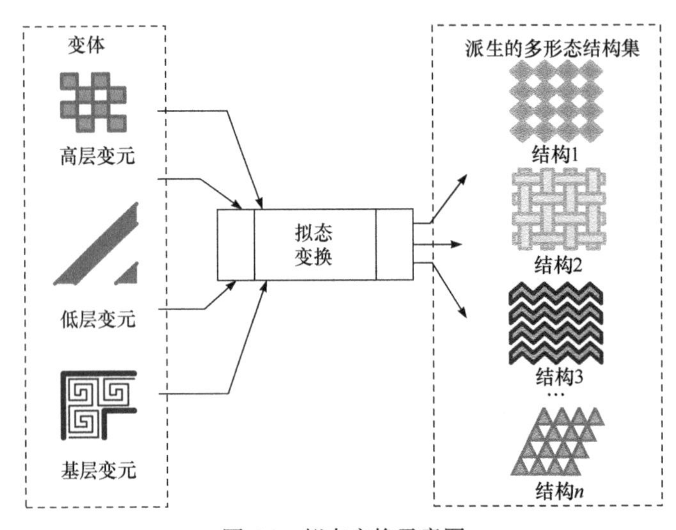

图 6.2　拟态变换示意图

1. 变元组内变元的选择

(1) 按照驱动数量多少来分.

(a) 单元型.

单元型指的是被拟态对象只包含一种类型的差异特征/威胁生物，或者是该种类型的差异特征/威胁生物占主要比重.

针对单元型，变元组内的高层变元、低层变元和基层变元均按照记忆库中已建立的映射关系逐层选择该差异特征/威胁生物相对应的变元.

(b) 多元型.

多元型指的是被拟态对象包含两种及以上类型的差异特征/威胁生物，且这几种类型的差异特征/威胁生物所占比重相当，难以区分. 对于拟态章鱼来说遇到不止一种威胁生物，可能同时出现两种或以上；对于图像融合来说，此时所融合的图像包含的主要差异特征有多种.

针对多元型，变元组内的高层变元、低层变元和基层变元应该根据记忆库中所建立的不同类型差异特征/威胁生物的单映射关系逐层选择同时利于多种差异特征/威胁生物的融合/解除的拟态变元.

(2) 按照驱动强度大小来分.

拟态章鱼根据威胁类型、生物的体积、离自身的距离和数量等自变量得到驱动强度，然后根据驱动强度的大小来判断威胁强度(死亡、重度威胁、轻度威胁、无威胁).

驱动强度可以看作某类威胁生物对拟态章鱼产生的、促进拟态章鱼进行拟态变换及融合的驱动力的大小，和威胁生物类型、数量和体积成正比，和距离成反比. 当驱动强度大于一定阈值时，拟态章鱼才会对威胁生物做出反应，通过分析威胁生物的属性来驱动自身进行相应的拟态变换.

假设 Q 为驱动强度，E_i 为第 i 类威胁生物的威胁程度，V_i 为第 i 类威胁生物相对于拟态章鱼的体积，d_i 为第 i 类威胁生物与拟态章鱼间的距离，n_i 为第 i 类威胁生物的数量，可将某一威胁生物对拟态章鱼的驱动强度表示为

$$Q = f(E_i, V_i, d_i, n_i) \tag{6.2}$$

融合模型根据差异特征的类型、幅值、频次、时相和空间分布等属性，计算差异度[2]，然后根据差异度的大小来判断拟态程度(必要融合、补充融合、优化融合、无需融合)，必要融合是指两类图像在特征上存在明显差异，包含互补的目标信息，即融合存在必要性. 补充融合则是对未缺失目标信息，仅存在边缘等差异的图像所采取的融合措施，通常选取最简单有效或基于对比度的方式进行融合. 优化融合是指在融合结果的优化效率指标值达不到预期效果，则需要对拟态结果进行优化. 无需融合是指视频前后帧特征差异度小于某一阈值，即前后帧的画面内

容差别不大, 此时只需保持原态, 无需进行拟态变换.

根据上述分析, 拟态需求按照从强到弱的顺序可以分为一级驱动、二级驱动、三级驱动、四级驱动. 其中拟态章鱼和融合模型的对应关系见表 6.1.

表 6.1　拟态章鱼和融合模型的拟态驱动

拟态驱动强度	拟态章鱼	融合模型
一级驱动	死亡	必要融合
二级驱动	重度威胁	补充融合
三级驱动	轻度威胁	优化融合
四级驱动	无威胁	无需融合

(a) 一级驱动.

一级驱动指的是当前驱动强度很大. 对于拟态章鱼来说是面临死亡的威胁, 即遇到鲨鱼、海蛇这些海中强者, 靠模仿生物无济于事, 只能变透明状将自己隐于沙地里或躲入洞中脱离危险. 而对于图像来说需进行必要融合, 通过全面考虑所有类型差异特征属性并根据已建立的单映射关系逐层选择利于各特征融合的拟态变元.

(b) 二级驱动.

二级驱动指的是当前驱动强度较大. 对于拟态章鱼来说是面临重度威胁, 如海鳗、蓑鲉这类可以捕食章鱼或毒性较大的生物, 拟态章鱼需模仿蓑鲉、比目鱼等将其赶走. 而对于图像来说是指补充融合的情况, 主要根据边缘和纹理这些差异特征来逐层选择相应的拟态变元.

(c) 三级驱动.

三级驱动指的是当前驱动强度较小. 对于拟态章鱼来说是面临轻度威胁, 如雀鲷、小型热带鱼等, 拟态章鱼需模仿海葵、海蛇等来将其赶走. 而对于图像来说是优化融合的情况, 则主要针对优化指标未达标的客观评价值有针对性地更改原先变元组内已选择的变元.

(d) 四级驱动.

四级驱动指的是当前驱动强度很小. 当前拟态体无需发生改变. 对于拟态章鱼来说是当前所面临的生物无威胁, 拟态章鱼无需更改身形. 而对于图像来说是无需融合的情况, 也无需发生任何改变.

在无需融合的情况下, 变元组内变元仍保持不变.

2. 变元组的形成

变元组指的是由高层变元、低层变元及基层变元的变元结合成的集体, 但并不是任意的三类变元均可组合成一个变元组，而是由高层变元的类型来决定该变元组内的成员，这是因为这三类变元均有包含关系. 高层变元是由部分低层变元和不变元组成，低层变元是由基层变元和不变元组成. 高层变元一般能分为几个大类，每一类可形成一个变元组(见图 6.3).

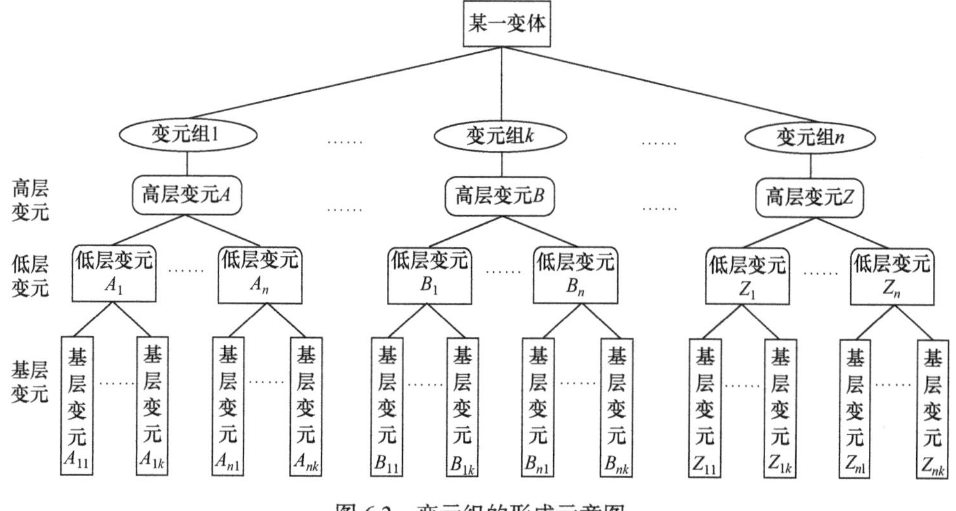

图 6.3　变元组的形成示意图

(1) 对于拟态章鱼来说，高层变元包含三类——腕足形状、色包颜色及乳突形状(见图 6.4).

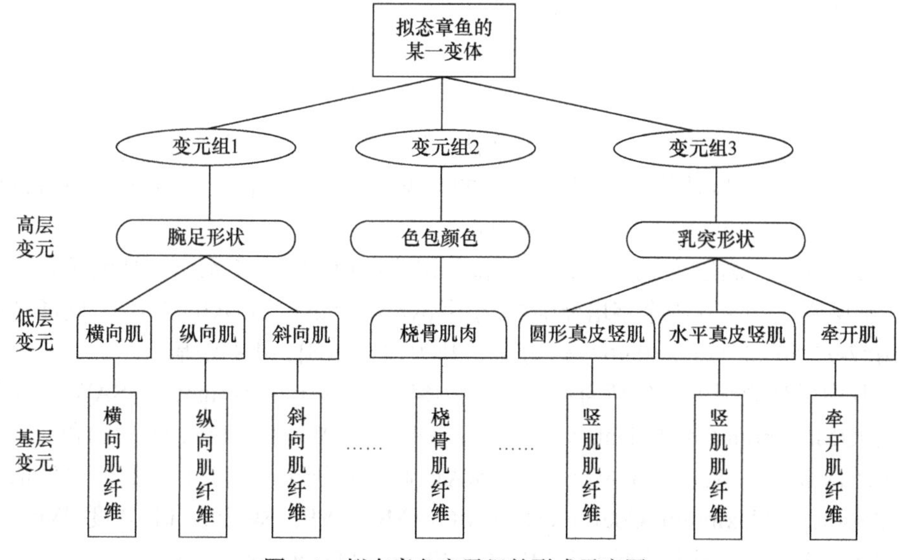

图 6.4　拟态章鱼变元组的形成示意图

变元组 1: 高层变元——腕足形状; 低层变元——横向、纵向和斜向肌肉; 基层变元——腕足肌纤维.

变元组 2: 高层变元——色包颜色; 低层变元——桡骨肌肉; 基层变元——色包肌纤维.

变元组 3: 高层变元——乳突形状; 低层变元——圆形、水平真皮竖肌和牵开肌; 基层变元——乳突肌纤维.

(2) 对于融合模型来说, 高层变元包含小波变换法[3](DWT, WPT 和 SWT)、轮廓波和剪切波变换(NSCT 和 NSST)、金字塔变换法(LP 和 GP)、基于潜在低秩表示法、稀疏表示法等. 见图 6.5:

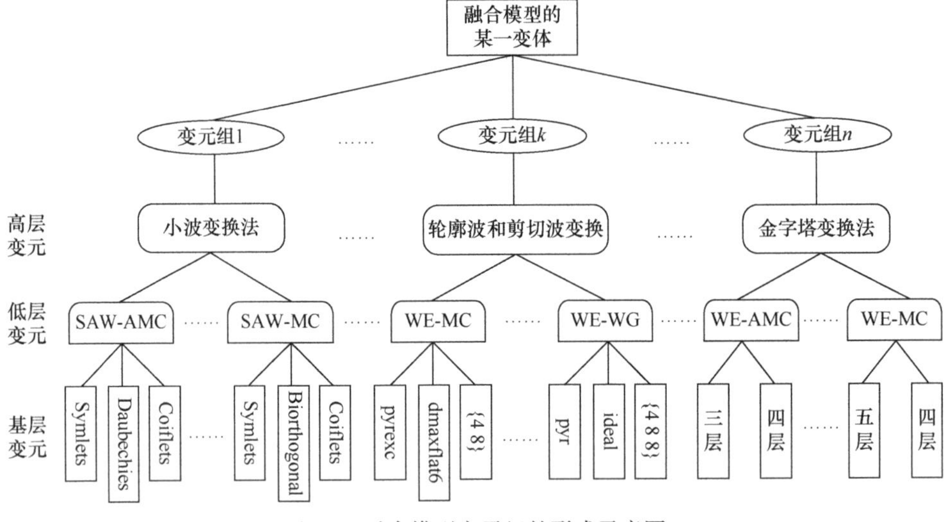

图 6.5　融合模型变元组的形成示意图

变元组 1: 高层变元——小波变换法; 低层变元——高低频融合规则; 基层变元——其中滤波器选用小波基家族中的典型小波基, 包括 Daubechies, Symlets, Coiflets, Biorthogonal 和 Reverse Biorthogonal.

变元组 2: 高层变元——轮廓波和剪切波变换; 低层变元——高低频融合规则; 基层变元——其中金字塔滤波器选用“pyrexc” “pyr” “maxflat”等, 方向滤波器选用“7-9” “ideal” “dmaxflat6”等, 分解层数为{4}, {4 8}, {4 8 8}等.

其中低频规则主要包括简单平均加权(Simple Average Weighting, SAW)、系数取最大(Maximum Coefficient, MC)、基于窗口能量(Window Energy, WE)和窗口加权平均(Window Weighted Average, WWA); 高频规则主要包括: 系数绝对值取最大(Absolute Maximum Coefficient, AMC), MC, WE, 基于窗口梯度(Window Gradient, WG), 基于窗口标准差(Window Standard Deviation, WSD).

变元组 3: 高层变元——金字塔变换法; 低层变元——高低频融合规则; 基层变元——金字塔分解层数.

变元组 4: 高层变元——基于潜在低秩表示法; 低层变元——基础层细节层融合规则; 基层变元——L_1范数的平衡系数.

3. 变元及变元组的组合关系及组合方式的确定

(1) 变元的组合关系.

变元的组合可以分为两大类, 一类是变元组内高层变元与高层变元的组合; 另一类是变元组内高层变元、低层变元与基层变元的组合.

第一类: 变元组内高层变元与高层变元的组合.

变元组内包含不止一种高层变元, 它们组合起来可以共同发挥作用, 一般属于增强型协同关系. 因为变元组内的高层变元一般是性能优势相近的变元, 对实现某一功能有较好的效果. 如拟态章鱼的变元组 1 中的高层变元——腕足形状, 可以经过各腕足段的形状变化的组合, 进而展现出多种形状变化来躲避威胁; 融合模型中的变元组 NSST 和 NSCT, 它们都对细节差异特征具有较好的融合效果, 这种组合对于差异特征类型较为单一的图像具有较好的融合效果, 比如多聚焦图像融合就主要关注细节差异特征的融合效果.

第二类: 变元组内高层变元、低层变元与基层变元的组合.

每一个变元组内高层变元与低层变元、基层变元以及相应的不变元组合形成一个整体, 也属于协同关系. 这是因为这三类变元存在包含关系, 且组合后能共同作用来完成某项任务或实现某一功能, 但该关系是增强型协同还是抵消型协同, 则取决于具体选择的该类变元的类型, 若对实现某一功能有较好的效果, 即为增强型, 若减弱该功能, 则为抵消型.

(2) 变元组的组合关系.

变元组的组合可考虑为不同变元组间高层变元与高层变元的组合, 组合关系一般可分为增强型协同、抵消型协同、互补型协同. 不同变元组意味着高层变元的类型均不相同, 彼此间组合获得的最终效果不一定存在累加效应. 若对实现某一功能有较好的效果, 即为增强型, 若减弱该功能, 则为抵消型. 若组合的高层变元间在性能上存在互补优势, 则组合起来可以在不同方面共同发挥作用以更好地实现该功能, 则为互补型.

(3) 变体内变元组合方式的确定.

变体内变元的组合方式有串联型、并联型、内嵌型和交叉混合型. 变体内变元的组合方式由被拟态对象的结构性能所决定, 通过判断当前环境中驱动数量的多少和当前驱动强度的高低来逐层选择相应变元形成变元组, 然后根据当前所选变元组的个数以及变元组内高层变元、低层变元和基层变元的个数选择相应的组合方式. 若所选高层变元只有一种, 则不考虑组合; 否则则需要根据几种高层变元的组合关系以及它们在不同组合方式下对当前驱动的应对效果优劣来综合选择变元间的组合方式.

对于拟态章鱼来说, 需要主动发现威胁对象的变化及时做出反应, 利用多拟态特性应对不同威胁. 如拟态章鱼遇到海蛇这类威胁时, 只能将自己身体变透明, 变成沙子的颜色, 这里只有色包颜色高层变元来发挥作用; 当拟态章鱼遇到狮子鱼, 它会将腕足平铺, 伸向身后, 并生出带状条纹, 拟态成有毒刺的比目鱼, 此时腕足形状、色包颜色及乳突形状三类高层变元相互组合共同完成拟态功能.

对于融合模型来说, 需要根据图像间差异特征的属性变化优化选择融合策略, 对于所选高层变元(融合算法)超出一种时, 则需考虑几种融合算法间的组合关系(增强型、抵消型或互补性), 然后根据这几种融合算法在不同组合方式(串联型、并联型、内嵌型及交叉型)差异特征的融合有效度值来选择最优组合方式.

4. 拟态体的形成

拟态体的形成一般包括: 整体协调和反馈完善.

(1) 整体协调.

在融合模型完成变元的选择及变元组的组合后, 需要检查其是否服从整体协调原则.

整体协调原则是指在拟态变换过程中, 使得整个过程所涉及的方方面面达到和谐、互补和统一的状态. 拟态变换的实施是个系统工程, 各项工作只有相互配合才能达到整体最佳的效果.

协调强调在各个拟态变换过程中的变元之间、变元组之间及变体之间、拟态体和被拟态体之间和谐化、合理化, 尽量避免矛盾的发生. 如果整体不协调, 只能增加内耗, 严重时导致拟态变换的失败.

(2) 反馈完善.

反馈完善主要从两部分着手, 一是检查是否满足拟态需求; 二是检查结果是否与计划目标有差异或背离.

满足拟态需求指的是当前拟态体能主动感知当前环境差异, 并能按照被拟态对象的某种需求动态选择各层变元及其组合关系. 结果是否与计划的目标有差异或背离是指根据目标期待效果值及性能评价指标值去评价当前拟态结果是否符合预期效果, 若偏离预期计划, 则需要动态调整变元优化拟态结果.

6.2　拟态变换的类型

6.2.1　拟态变换的类型及其特点

拟态变换可按照不同依据/角度划分为多种类型, 具体见表 6.2.

表 6.2　拟态变换的类型

拟态变换类型的分类依据		
根据变元的变换方式来分	根据变体的结构来分	根据变体的形态来分
局部变换型 替代变换型 全局变换型	固定结构型 变换结构型	拟态章鱼: 海蛇、蓑鲉、海葵、比目鱼等 15 种形态 融合模型: 空间域融合算法类、多分辨率融合算法类、颜色映射融合算法类、仿生融合算法类

1. 根据变元的变换方式来分

(a) 局部变换型.

局部变换型指的是在当前环境驱动下, 变体内低层变元间和低层变元内的变换足以满足目前的拟态需求, 不涉及高层变元的变换.

对于拟态章鱼来说, 并非在所有情况下均要调用三类变元(腕足形状、色包颜色及乳突形状). 如拟态章鱼为了躲避威胁模仿海葵的特定行为——腕臂微晃, 这时只是腕足内的肌肉组织发挥作用, 腕足形状并没有发生改变.

局部变换型可以分为以下两类:

低层变元局部变, 包括改变腕足段内横向肌、纵向肌和斜向肌变元伸缩情况; 改变色包周围桡骨肌变元的伸缩情况; 改变乳突中圆形真皮竖肌、水平真皮竖肌和牵开肌变元的伸缩.

基层变元局部变主要改变各肌肉组中肌纤维的收缩或舒张.

对于融合模型来说主要针对目标场景较为简单, 或者是动态场景中画面内容变化不大的情况, 前一帧的融合算法、融合结构同样适用于后一帧, 对于场景产生的微小变化, 只需稍稍调整一下内部的融合规则或者是融合参数, 即可达到预期效果.

(b) 替代变换型.

替代变换型指的是在当前环境驱动下, 模型内低层变元间和低层变元内的变换难以满足目前的拟态需求, 需要更换部分高层变元才能实现效果更优.

对于拟态章鱼来说, 如它遇到海蛇这类威胁时, 只能将自己身体变透明, 变成沙子的颜色. 替代变换型为改变腕足段内形态, 例如将弯曲段变为伸长段, 弯曲段变为扭转段等; 改变周围需要进行颜色变化的色包; 对需要变化的乳突做出改变.

对于融合模型来说，前后帧所提取的主要差异特征的类型、幅值及频次等属性存在显著差异，使得前一帧所选择的融合结构或者融合算法并不能在后一帧上发挥明显优势. 对于这种情况，需要根据所提取的主要差异特征重新确定部分融合算法，然后逐层确定融合规则、融合参数等变元的类型.

(c) 全局变换型.

全局变换型是指全部替代变的情况，即整个结构体内部的高层变元、低层变元及基层变元均被替代，整体结构均发生了改变，是一个全新的拟态体.

对于拟态章鱼来说，全局变换型在拟态变换的过程中是很常见的，如拟态章鱼拟态成比目鱼时，将腕足平铺，伸向身后，并模仿比目鱼的带状条纹，游行的速度、高度也与比目鱼一致. 它的腕足形状、色包颜色以及乳突形状均完全发生了改变，整体组合结构也不同于自身.

对于融合模型来说，主要针对动态场景较为复杂，包含较多动目标，画面内容变换较大时的情况，模型整体结构及内部均发生改变，所选变元组中高层变元类型不一致才能满足.

2. 根据变体的结构来分

(a) 固定结构型.

固定结构型指的是在当前环境驱动下，优化选择的高层变元只有一种类型，则显然变体为固定结构，内部高层变元不存在组合关系，即可满足当前的拟态需求.

对于拟态章鱼来说，固定结构型可分为腕足形状变换型、色包颜色变换型、乳突形状变换型.

对于融合模型来说，这种类型一般针对较为简单的探测场景. 可把固定结构型分为金字塔变换型、稀疏表示变换型和小波变换型等.

(b) 变换结构型.

变换结构型是在当前环境驱动下，优化选择的高层变元存在多种，变体内高层变元间的相互组合在拟态融合中共同发挥作用，主要包括增强协同型、抵消协同型以及互补协同型.

增强协同型主要是指对同一驱动都具有较好拟态效果的几种高层变元相组合以实现拟态结果更优；抵消协同型是指几种高层变元间组合会造成变元的优势性能难以有效地发挥，使得最后的拟态结果更差；互补协同型是指所选择的几种高层变元在性能优势具有互补性，这种组合更有利于达到拟态需求.

对于拟态章鱼来说，其高层变元腕足形状、色包颜色和乳突形状均在不同领域内发挥作用，若当前所选择的高层变元组合起来利于赶走当前威胁，则一般属于互补协同型.

对于融合模型来说，当所融合的图像中差异特征较为单一时，可以采用增强型协同关系，虽然具有增强型协同关系的算法融合优势上具有相似性，但存在一定差异，两者结合有利于同一类型差异特征融合. 针对不同差异特征选取融合算法时，融合算法间协同关系上需要互补协同，平衡不同差异特征对融合算法的要求，发挥融合算法优势上的互补性，防止融合算法组合出现抵消关系或弱互补关系融合过程造成差异特征的削弱或损失.

变换结构型还可从几种高层变元的组合方式来分，如串联型、并联型、内嵌型、交叉混合型等[4]，见图 6.6.

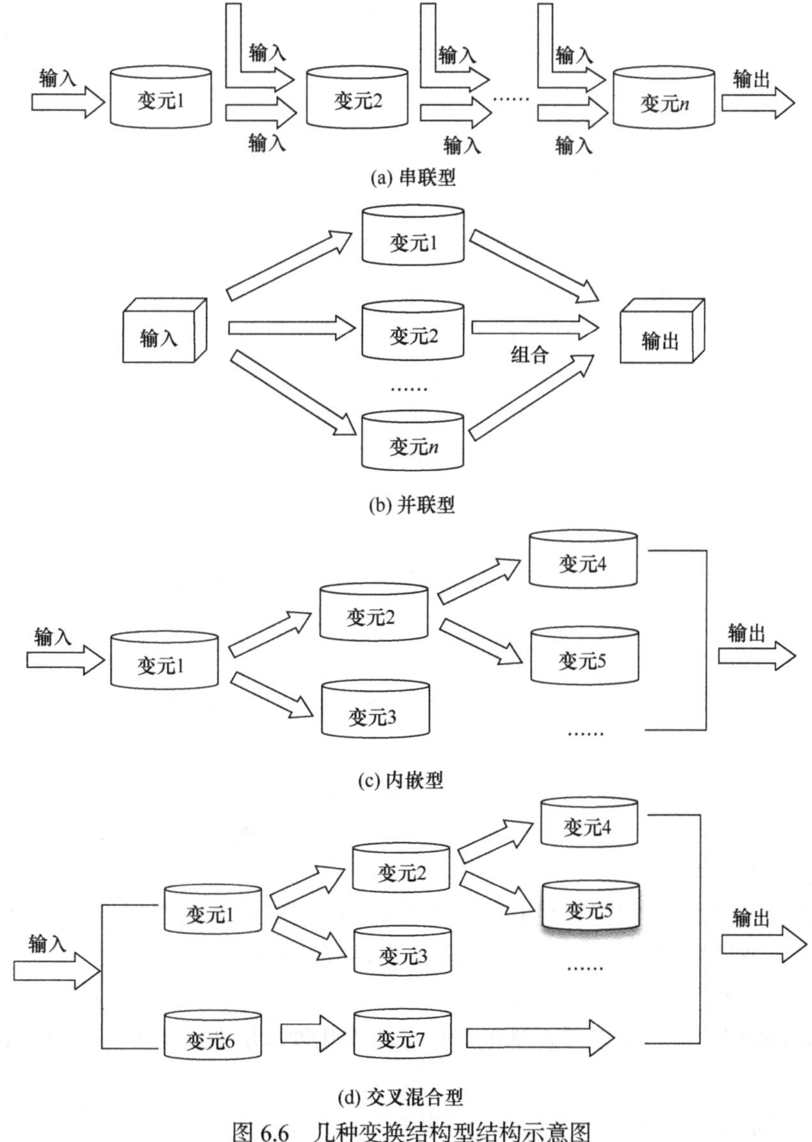

图 6.6　几种变换结构型结构示意图

串联型, 实现融合时前一级高层变元的结果构成后一级的输入.

并联型, 每个高层变元独立地完成一次图像融合, 将多个融合结果合成获得最终融合结果.

内嵌型, 不同高层变元互相嵌套实现高层变元间组合.

交叉混合型, 将不同嵌接方式相结合实现变元间组合. 该结构实现起来比较复杂.

3. 根据变体的形态来分

变体形态指的是变体的形式或状态. 具体为本体在拟态过程中变换的样貌, 或在一定拟态驱动条件下的表现形式. 按照拟态章鱼和融合模型的变体形态两部分分别展开.

(a) 拟态章鱼的变体形态.

目前可知拟态章鱼根据外界不同的威胁对象模仿的海洋生物形态达 15 种以上, 则按变体形态来分, 可分为: 海蛇、蓑鲉、海葵、比目鱼、带状比目鱼、水母、鳚鱼、蛇鳗、有毒章鱼、螳螂虾、海星、鳐鱼、贝类、螃蟹等. 列举如下几种.

带状比目鱼: 拟态章鱼会将头部和所有腕足移向身后铺平, 伪装比目鱼的扁平的身体形状; 改变皮肤色包颜色, 形成与带状比目鱼相似的条纹; 模仿比目鱼贴地游动的姿态, 其速度也与比目鱼保持一致.

海蛇: 拟态章鱼通常会进入一处洞穴便于隐藏其他的腕足, 将第一对腕足呈现之字形展开并有几处微微弯曲; 两臂的色包呈现海蛇的黑白条纹; 微微摆动模仿海蛇的姿态.

蓑鲉: 拟态章鱼的所有腕足向后张开并加宽来模仿蓑鲉的棘鳍; 色包相互配合, 身体呈现出与蓑鲉带毒条纹一样的标志; 模仿出与蓑鲉相同游动的高度, 速度和轻微摆动身体的状态.

蛇鳗: 拟态章鱼将八条腕足伸入洞穴, 只露出头部并立起; 通过改变色包颜色将露出洞穴部分呈现出与蛇鳗相同的纹路; 模仿出与蛇鳗相同的活动头部的动作.

海葵: 拟态章鱼在地面将腕足朝上向四周张开, 各腕足微微弯曲; 身体不同地方的色包改变色度, 呈现出海葵条纹的颜色; 八条腕足缓缓摇摆, 模仿出海葵随海流摆动的样子.

螃蟹: 拟态章鱼加宽腕足并腕足末端弯曲, 用腕足末端撑起身体; 身体皮肤颜色都变为螃蟹的灰色; 抬起身体前侧的腕足模仿钳的运动.

(b) 融合模型的变体形态.

融合模型的变体形态主要是根据拟态体内几种高层变元的类型、组合方式以及低层变元的类型来定义[5,6].

按照高层变元类别大致分为: 空间域融合算法类、多分辨率融合算法类、颜色映射融合算法类、仿生融合算法类.

(b1) 空间域融合算法类.

一般指的是利用源图像的局部空间特征[7], 如梯度、空间频率和局部标准差等进行融合, 常用算法包括加权平均法、PCA 融合法、基于最大/最小值的融合法等. 该类方法计算简单、运算速度快, 适合实时处理, 能够较好地保留源图像的整体效果, 但是边缘、轮廓等细节信息丢失严重.

加权平均法是对多幅图像的对应像素点直接进行加权处理, 从而得到融合图像的像素点.

PCA 融合法是将较低空间分辨率的图像进行 PCA 变换, 然后将高分辨率图像进行对比拉伸, 使之与低分辨率图像的第一主分量具有相同的均值和方差, 最后用拉伸后的图像替换第一主分量, 并通过 PCA 逆变换回到 RGB 空间, 即得到最终的融合图像.

基于最大/最小值的融合法即在融合处理时, 比较源图像对应位置处像素的灰度值的大小, 以其中灰度值大(或小)的像素作为融合后图像处的像素.

(b2) 多分辨率融合算法类.

一般是指通过变换输入图像、在变换域执行融合任务、应用逆变换回到空间域的算法. 常用的多分辨率图像融合算法包括基于金字塔变换法、基于小波变换法以及基于多尺度几何变换法. 此类算法可有效提取那些在空间上相互重叠、关系复杂但在频域上独立的图像特征, 整体来看, 该类算法的特征提取精准度较高, 融合效果较好[8], 优于空间域融合算法, 但是也存在一定的局限性, 如实时性较差等, 内容详见 1.1.2 节.

(b3) 颜色映射融合算法类.

颜色映射融合[9]是基于色彩空间转换将目标图的整体颜色附加到原图上, 最后使得结果图同时拥有原图的形状信息和目标图的色彩信息. 该类算法实现简单, 且运行效率很高, 主要包括 Reinhard 经典算法、Welsh 经典算法等.

Reinhard 经典算法是根据 $l\alpha\beta$ 颜色空间中各通道互相不关联的特点, 提出了一组适用于各颜色分量的色彩迁移公式, 其基本思想是根据着色图像的统计分析确定一个线性变换, 使得目标图像和源图像在 $l\alpha\beta$ 空间中具有同样的均值和方差.

Welsh 经典算法是在 Reinhard 算法的基础上, 提出了灰度图像彩色化的思想, 主要利用查找匹配像素来实现灰度图像的色彩迁移, 因为灰度图像只有亮度信息, 所以该算法主要通过像素的亮度值匹配, 来实现灰度图像的自动彩色化.

(b4) 仿生融合算法类.

一般指的是通过模仿生物系统的功能和行为来实现信息融合的算法. 该类算法打破了生物和机器的界限, 将自然界各种生物系统所具有的功能原理和作用机理作为生物模型进行研究, 实现了融合方法的突破, 有较好的主观视觉效果. 例如: 基于视觉神经生理学模型的图像融合法.

基于视觉神经生理学模型的图像融合法[10]主要是模拟生物视觉皮层中简单细胞的响应特性, 将单幅图像映射成一系列分辨力及方向各异的子图像, 子图像中每个像素代表了视觉皮层中某个神经元的响应, 通过简单的展开运算和加法操作实现逆变换, 从而得到融合图像.

6.2.2 拟态变换的关系

(1) 包含关系.

替代变换型和局部变换型是包含与被包含的关系, 替代变换型包含局部变换型, 局部变换型被包含于替代变换型中. 替代变换型是当局部变换型不满足当前融合需求而采取的优化融合策略, 在局部变换型的基础上进行动态优化使得最终结果达到最优[11].

协同型与单一型的关系也能表述为包含与被包含的关系, 协同型包含单一型, 单一型包含于协同型, 单一型是一种融合算法, 协同型是多种融合算法的组合, 也就是说多个单一型可以组成一个协同型.

(2) 并列关系.

单一型中的金字塔变换型、稀疏表示变换型和小波变换型[12]属于同一属概念之中存在同层次的种概念, 所以它们属于并列关系, 同理协同型中的串联型、并联型、内嵌型也属于并列关系.

6.3 拟态变换的规则

规则 1: 如果拟态本体的输入满足形态多样性和动态复杂性, 即输入信息的类型及幅值、频次、时相等其他属性较为复杂且动态多变, 则其可通过不同变元相互组合的拟态变换过程对应输出不同形态的拟态体.

该过程具体见公式(6.3), 式中$\begin{bmatrix} t & v & f & w & s \end{bmatrix}^{\mathrm{T}}$表示输入的多样性, t, v, f, w, s 代表输入信息的类型、幅值、频次、时相及空间分布等属性, 中间的

$$\begin{bmatrix} A_1 & A_2 & A_3 & \cdots & A_m \\ A_1A_2 & A_1A_3 & A_2A_3 & \cdots & A_3A_m \\ B_1B_2 & B_2B_3 & B_1B_3 & \cdots & B_2B_m \\ \vdots & \vdots & \vdots & & \vdots \\ A_1B_1C_1 & A_2B_2C_2 & A_3B_3C_3 & \cdots & A_mB_mC_m \end{bmatrix}$$

代表拟态变换过程的多样性, 变元间存在组合关系, $\{\mathrm{P} \quad \mathrm{O} \quad \mathrm{T} \quad \cdots \quad \Upsilon\}$ 代表输出多样性, P, O, T 均代表已完成拟态变换的拟态体.

$$\begin{bmatrix} t \\ v \\ f \\ w \\ s \end{bmatrix} \to \begin{bmatrix} A_1 & A_2 & A_3 & \cdots & A_m \\ A_1A_2 & A_1A_3 & A_2A_3 & \cdots & A_3A_m \\ B_1B_2 & B_2B_3 & B_1B_3 & \cdots & B_2B_m \\ \vdots & \vdots & \vdots & & \vdots \\ A_1B_1C_1 & A_2B_2C_2 & A_3B_3C_3 & \cdots & A_mB_mC_m \end{bmatrix} \Rightarrow \{\mathrm{P} \quad \mathrm{O} \quad \mathrm{T} \quad \cdots \quad \Upsilon\} \tag{6.3}$$

规则 2: 如果拟态本体自主感知当前环境中的驱动信息属性变化, 如类型、幅值及频次等, 则可根据计算所得的前后信息差异度调用记忆库中的驱动映射关系进行匹配相应的应对策略, 具体过程见公式(6.4).

根据感知到的信息的差异度的大小范围得出相应的优化策略 F 为

$$F = \begin{cases} g_1(t,v,f,w,s), & \Delta I \in [I_1, I_2] \\ g_2(t,v,f,w,s), & \Delta I \in [I_3, I_4] \\ g_3(t,v,f,w,s), & \Delta I \in [I_5, I_6] \\ \quad\cdots\cdots \\ g_k(t,v,f,w,s), & \Delta I \in [I_{2k-1}, I_{2k}] \end{cases} \tag{6.4}$$

其中 ΔI 代表感知到的信息差异度, g_k 表示不同情况下的融合策略函数.

定义本体的感知模型感知到的信息 I 为

$$I = \Xi\{t,v,f,w,s\} \tag{6.5}$$

其中 Ξ 代表感知函数, t, v, f, w, s 分别代表信息类型、幅值、频次、时相和空间分布.

规则 3: 如果拟态本体中高层变元、低层变元及基层变元内各个变元都可重构, 则可根据感知到特征差异度的取值范围选择不同的变元变换方式进行模型结构的重构. 其中不同的变元变换方式指的是局部变、替代变和全局变, 局部变为低层变元内与低层变元间的变化, 替代变代表高层变元间的变化, 全局变是指全部替代变.

局部变和替代变的变换规则满足式(6.6), 即当 $\Delta I \in (\inf\Delta I_1, \sup\Delta I_1)$, 则进行低层变元内的局部变; 当 $\Delta I \in (\inf\Delta I_2, \sup\Delta I_2)$, 则进行低层变元间的局部变; 当 $\Delta I \in (\inf\Delta I_3, \sup\Delta I_3)$, 进行高层变元间的替代变; 否则进行三类变元的全局变, 见公式(6.6).

$$F(A,B,C) = \begin{cases} \bigcup A_{j=1}^{m}(\bigcup B_{i=1}^{n}(C_1(I) \wedge C_2(I) \wedge \cdots \wedge C_k(I))), & \Delta I \in (\inf\Delta I_1, \sup\Delta I_1) \text{ (局部变)} \\ \bigcup A_{j=1}^{m}(B_1(I) \wedge B_2(I) \wedge \cdots \wedge B_n(I)), & \Delta I \in (\inf\Delta I_2, \sup\Delta I_2) \text{ (局部变)} \\ \bigcup A_{j=1}^{m}(I), & \Delta I \in (\inf\Delta I_3, \sup\Delta I_3) \text{ (替代变)} \\ \bigcup A_{j=1}^{m}(I) \bigcup B_{i=1}^{n}(I) \bigcup C_{r=1}^{k}(I), & \Delta I \in (\inf\Delta I_4, \sup\Delta I_4) \text{ (全局变)} \end{cases} \tag{6.6}$$

其中 A, B, C 分别代表高层变元、低层变元及基层变元，它们分别是 m, n, k 维向量，ΔI 代表感知信息差异度.

规则 4: 若拟态本体感知到的各类信息的幅值 v、频次 f 及时相 w 的大小满足式(6.7)范围，则变元执行相应的局部变规则.

$$F=\begin{cases} B_p(C_a \cup C_b), & t_{j=1}^s(\Delta v)<\inf v_1 \cap t_{j=1}^s(\Delta f)<\inf f_1 \cap t_{j=1}^s(\Delta w)<\inf w_1 \\ B_p(C_c \cup C_d), & t_{j=1}^s(\Delta v)<\inf v_2 \cap t_{j=1}^s(\Delta f)<\inf f_2 \cap t_{j=1}^s(\Delta w)<\inf w_2 \\ B_q(C), & t_{j=1}^s(\Delta v)<\inf v_3 \cap t_{j=1}^s(\Delta f)<\inf f_3 \cap t_{j=1}^s(\Delta w)<\inf w_3 \end{cases} \tag{6.7}$$

规则 5: 若拟态本体感知到的各类信息的幅值 v、频次 f 及时相 w 的大小满足式(6.8)范围，则高层变元执行相应的替代变规则.

$$F=\begin{cases} \phi_1(A_a \cup A_b), & t_{j=1}^s(\Delta v)\in[\inf v_1,\sup v_1]\cap t_{j=1}^s(\Delta f) \\ & \in[\inf f_1,\sup f_1]\cap t_{j=1}^s(\Delta w)\in[\inf w_1,\sup w_1] \\ \phi_2(A_e \cup A_g), & t_{j=1}^s(\Delta v)\in[\inf v_2,\sup v_2]\cap t_{j=1}^s(\Delta f) \\ & \in[\inf f_2,\sup f_2]\cap t_{j=1}^s(\Delta w)\in[\inf w_2,\sup w_2] \\ \phi_3(A_p \cup A_q), & t_{j=1}^s(\Delta v)\in[\inf v_3,\sup v_3]\cap t_{j=1}^s(\Delta f) \\ & \in[\inf f_3,\sup f_3]\cap t_{j=1}^s(\Delta w)\in[\inf w_3,\sup w_3] \end{cases} \tag{6.8}$$

规则 6: 若拟态本体感知到的各类信息的幅值 v、频次 f 及时相 w 的大小满足式(6.9)范围，则变元执行相应的全局变规则.

$$F=\begin{cases} \phi_1(A_a,B_a,C_a), & t_{j=1}^s(\Delta v)>\sup v_1 \cap t_{j=1}^s(\Delta f)>\sup f_1 \cap t_{j=1}^s(\Delta w)>\sup w_1 \\ \phi_2(A_p,B_p,C_p), & t_{j=1}^s(\Delta v)>\sup v_2 \cap t_{j=1}^s(\Delta f)>\sup f_2 \cap t_{j=1}^s(\Delta w)>\sup w_2 \\ \phi_3(A_q,B_q,C_q), & t_{j=1}^s(\Delta v)>\sup v_3 \cap t_{j=1}^s(\Delta f)>\sup f_3 \cap t_{j=1}^s(\Delta w)>\sup w_3 \end{cases} \tag{6.9}$$

规则 7: 如果拟态变换结果未达到最优，则拟态本体需要按从低到高、由内到外的顺序依次对基层变元、低层变元、高层变元和变体进行动态调整及优化，依旧考虑局部变和替代变，优化每一层的同时要根据优化效率指标值对优化结果进行判断，看是否符合预期效果，否则需继续优化.

优化效率指标 OE 定义如下:

$\mathrm{OE}=\Gamma\{\mathrm{MD},\mathrm{QE},\mathrm{TI},\mathrm{OC}\}$，其中 MD, QE, TI, OC 分别代表拟态需求度、优化质量、优化时间和整体协调度.

优化判断规则定义如下:

$$\mathrm{EX}=\begin{cases}F(A,B,C), & \mathrm{OE}\notin(\inf \mathrm{OE},\sup \mathrm{OE})\\0, & \text{其他}\end{cases}\tag{6.10}$$

定义一个优化结果评价指标 T, 其值越大表明拟态体对该类信息表达的效果越好, 拟态变换时对该类信息的拟态效果越好. T 为变元间协同强度度量矢量, $T=[\mathrm{SSIM\ SEG}\ V]$, 其中SSIM, SEG 和 V 表示本体感知到的三类信息(分别为环境亮度、结构信息、细节纹理)与被拟态体中相应信息的相似程度, 见式(6.11)~(6.13).

$$\mathrm{SSIM}=\frac{2\times\mu_A\mu_X}{\mu_A^2+\mu_X^2+C_1}\frac{2\times\sigma_{AX}}{\sigma_A^2+\sigma_X^2+C_2}\tag{6.11}$$

$$\mathrm{SEG}=\frac{2\times\sum_{i=1}^{M}\sum_{j}^{N}((\mathrm{EG}_A(i,j)-\mu_{\mathrm{EG}_A})\times(\mathrm{EG}_X(i,j)-\mu_{\mathrm{EG}_X}))}{\sum_{i=1}^{M}\sum_{j}^{N}((\mathrm{EG}_A(i,j)-\mu_{\mathrm{EG}_A}))^2+\sum_{i=1}^{M}\sum_{j}^{N}((\mathrm{EG}_X(i,j)-\mu_{\mathrm{EG}_X}))^2}\tag{6.12}$$

$$V=\frac{2\times\mathrm{SF}_A\times\mathrm{SF}_X}{\mathrm{SF}_A^2+\mathrm{SF}_X^2}\tag{6.13}$$

$$\mathrm{EG}_A(i,j)=\sqrt{s_A^x(i,j)^2+s_A^y(i,j)^2}\tag{6.14}$$

$$\mathrm{EG}_X(i,j)=\sqrt{s_X^x(i,j)^2+s_X^y(i,j)^2}\tag{6.15}$$

其中, μ_A 和 μ_X 分别为拟态体的特征均值和被拟态体的特征均值; σ_A 和 σ_X 分别为拟态体的标准差和被拟态体的标准差; σ_{AX} 为拟态体与被拟态体间的协方差; C_1 和 C_2 为常数; EG_A 和 EG_X 分别为拟态体 A 和被拟态体 X 的边缘信息; $s_A^x(i,j)$ 和 $s_X^x(i,j)$ 分别为 Sobel 水平方向卷积核在该点 (i,j) 处与 A,X 的卷积; $s_A^y(i,j)$ 和 $s_X^y(i,j)$ 分别为 Sobel 垂直方向卷积核在该点 (i,j) 处与 A,X 卷积; μ_{EG_A} 和 μ_{EG_X} 分别为 EG_A 和 EG_X 的均值; SF_A 和 SF_X 分别为 A 和 X 的空间分辨率.

参考文献

[1] 杨风暴. 红外偏振与光强图像的拟态融合原理和模型研究[J]. 中北大学学报(自然科学版), 2017, 38(1): 1-8.

[2] 朱攀. 红外与红外偏振/可见光图像融合算法研究[D]. 天津: 天津大学, 2017.

[3] Du Jiao, Li W S, Xiao B, et al. Union Laplacian pyramid with multiple features for medical image fusion[J]. Neurocomputing, 2016, 194: 326-339.

[4] 张雷. 面向拟态变换的异类红外图像融合算法协同嵌接方法研究[D]. 太原: 中北大学, 2018.

[5] Guo X M, Yang F B, Ji L N. A mimic fusion method based on difference feature association falling shadow for infrared and visible video[J]. Infrared Physics &Technology, 2023, 132: 104721.

[6] Guo X M, Yang F B, Ji L N. MLF: A mimic layered fusion method for infrared and visible video[J].

Infrared Physics &Technology, 2022, 126: 104349.
[7] 郑家宁. 多聚焦图像融合方法研究[D]. 重庆: 重庆大学, 2016.
[8] 杨娇. 基于小波变换的图像融合算法的研究[D]. 北京: 中国地质大学(北京), 2014.
[9] 蔡连杰. 图像色彩迁移技术研究[D]. 西安: 西安电子科技大学, 2013.
[10] 黄光华, 倪国强, 张彬, 等. 一种基于皮层变换的图像融合方法[J]. 北京理工大学学报, 2007, (6): 536-540.
[11] 李弼程, 彭天强, 彭波, 等. 智能图像处理技术[M]. 北京: 电子工业出版社, 2004.
[12] 张彬, 杨风暴. 小波分析方法及其应用[M]. 北京: 国防工业大学出版社, 2011.

第二篇　图像拟态融合模型

第 7 章　拟态融合模型结构

拟态融合模型可根据不同融合需求通过各变元间、变体间组合派生出多种融合结构，是一种多形态结构可变模型，能自适应地更新差异特征类集与拟态变元类集间的映射，基于差异特征变化动态优化选择与使用各层拟态变元，从根本上确保模型的融合性能，以解决固定模型在融合动态场景序列图像时效果差或失效的问题[1].

7.1　模 型 结 构

7.1.1　模型物理组成

拟态融合模型的物理组成包括差异特征感知单元、差异特征类集、集值映射单元、融合算法类集和算法组合单元，具体见图 7.1.

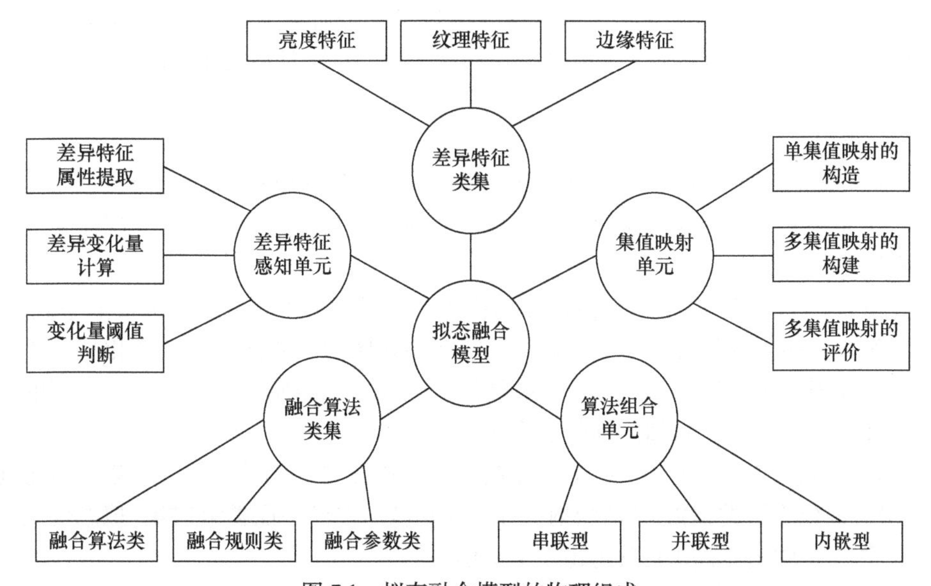

图 7.1　拟态融合模型的物理组成

差异特征感知单元由差异特征的属性提取、差异特征的变化量计算、差异特征变化量的阈值判断等子单元组成，其中属性提取包括差异特征的类型提取、差异特征的幅值提取、差异特征频次提取、差异特征的时相提取和差异特征的空间分布提取.

差异特征类集[2]是通过分析成像的差异特性, 依据其成像差异特性对原始特征进行显著性分析; 然后对原始特征进行降维处理, 选出能够满足差异分布规律的有效特征; 最后基于层次分析法以及先验知识来构建差异特征类集, 以实现差异特征的准确分类.

集值映射单元[3]主要是基于可能性理论构造差异特征不同属性的融合有效度分布, 从而建立多图像间差异特征类集与融合算法类集间的反映融合有效性的多集值映射, 根据不同的差异特征, 基于该映射选择不同的融合算法(或融合规则、融合参数等), 将选择的融合算法协同嵌接形成相应的融合模型, 从而使融合模型随图像差异特征的改变而优化改变; 揭示成像差异特性到图像差异特征的演化规律, 确定拟态驱动类型.

融合算法类集指的是不同算法按照融合需求、融合算法的特点、适用范围及算法对不同特征的融合效果等进行归类后形成的集合, 类集内包括融合算法类(高层变元)、融合规则类(低层变元)及融合参数类(基层变元)等, 融合算法类集内元素间存在层次和联接关系, 能根据差异特征融合需求变化合理地选择融合算法[4].

算法组合单元主要是指通过定性分析不同融合算法间的优势互补及嵌接方式, 根据图像间差异特征及融合需求选择最佳融合算法和算法间的协同关系, 设计融合算法的嵌接方式, 实现算法间的优化组合, 最终形成相应的拟态体.

7.1.2 模型逻辑结构

拟态融合模型的逻辑结构具体如图 7.2 所示, 包括单路/双路差异特征感知模块、差异特征与拟态变元映射记忆库模块以及多形态子结构拟态变元层派生及组合模块三大部分.

单路/双路差异特征感知模块作为拟态融合实现的前提[5], 用来提取单路/双路图像或视频差异特征的各属性信息, 感知输入图像的差异特征的变化从而用于判断当前图像是否需要拟态变化, 主要包括差异特征的属性提取、差异特征的变化量计算、差异特征的阈值判断三个子模块.

差异特征与拟态变元映射记忆库模块用于构建并存储差异特征类集和拟态变元类集(融合算法类集)的集值映射关系, 主要包括差异特征类集构建、拟态变元类集构建和两类集间集值关系构建三个子模块.

多形态子结构拟态变元层派生及组合模块是拟态融合的实现及输出模块, 主要通过感知到的差异特征来实现拟态变元的优化选择及组合, 完成映射记忆库的调用, 由拟态变换类型的选择、拟态变元的选择、变元组合方式的确定及拟态体的形成等子模块组成.

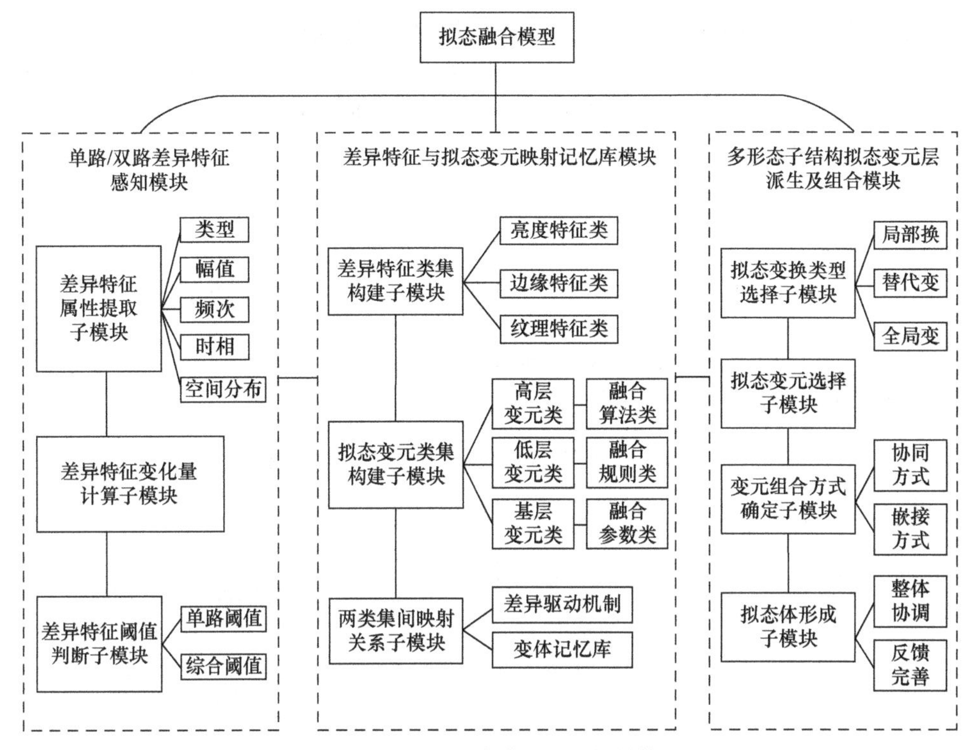

图 7.2　拟态融合模型的逻辑结构

7.1.3　模型的信息流程

拟态融合模型的信息流程具体见图 7.3，主要包括单路/双路视频静态图像采集、差异特征的变化感知、差异特征类集与拟态变元集多集值映射建立、拟态融合的实现四大部分.

单路/双路视频静态图像采集主要是作为拟态融合模型的输入端，采集单路或双路视频图像，对采集的图像建立图像数据库，对当前待融合的图像进行场景分析，确定当前的拟态需求.

差异特征的变化感知整体流程为：首先确定每组图像的主差异特征类型，然后计算探测前后图像主差异特征幅值、频次、时相及空间分布的变化量，通过单路的单一阈值及双路的综合阈值来判断当前帧是否进行拟态变换.

差异特征类集与拟态变元集多集值映射建立[6]主要是通过差异驱动机制来构建差异特征类集与拟态变元类集的多集值映射关系，同时建立变体记忆库为后期变元的选择缩短运行时间.

拟态融合主要通过上面三部分的实现结果来完成，主要包括拟态变换类型的选择、拟态变元的选择及变元组合方式的确定，还需结合拟态需求，即从多特征层、多区域层、多场景层及混合层所对应的面向图像差异的拟态融合、面向图像区域变化的拟态融合、面向场景变化的拟态融合、面向场景和图像区域变化的拟态融合四类中选择适合当前的拟态融合方式. 然后形成拟态体实现拟态融合, 结合性能评价指标值去评价当前拟态结果是否符合预期效果. 若偏离预期计划, 则需要动态优化拟态模型[7].

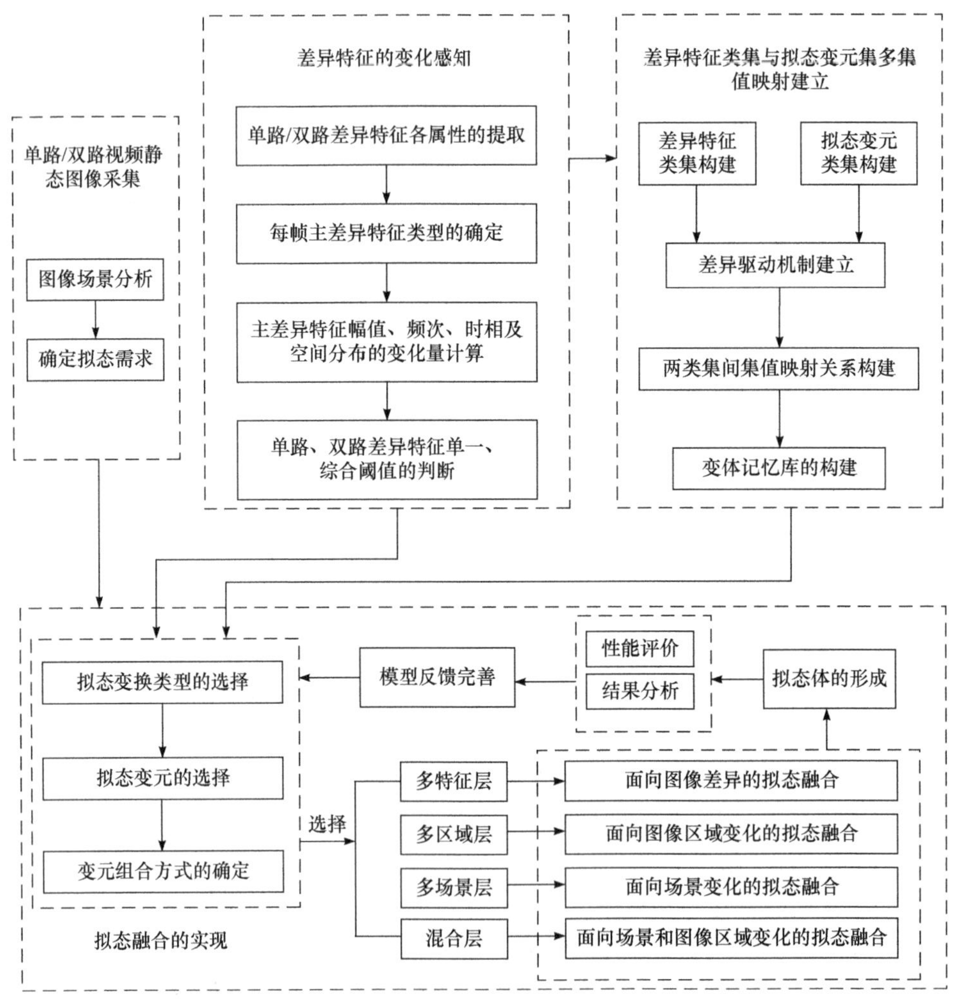

图 7.3 拟态融合模型的信息流程

7.2 模型性能

从理论上讲, 要完整、准确地评价拟态融合模型的综合性能, 就要把影响模型三大逻辑结构以及能否成功实现的主要因素结合起来，分析并指出模型的基本性能指标，对拟态融合模型的性能进行评价[8].

7.2.1　基本性能指标

1. 差异特征感知模块的性能指标

(1) 差异感知灵敏度 S_{dp}.

差异感知灵敏度是描述拟态融合模型对各类差异特征细微变化感知和分辨的合理区间，见式(7.1)，即模型在某个区间范围内感知到当前帧的某类差异特征属性变化时，能在短时间内调动算法类集的各层拟态变元，优化组合完成拟态变换.

$$S_{dp} = \left(S_{dp}^{min}, S_{dp}^{max}\right) \tag{7.1}$$

(2) 差异感知有效度 E_p.

差异感知有效度是描述拟态融合模型在感知过程中提取差异特征信息的有效程度. 模型在感知差异特征信息的过程中，所提取的信息不一定对当前融合均有效，即需要对外界信息进行合理的筛选，避免对后续的拟态变换过程造成影响. 定义如下:

$$E_p = \frac{I_p - I_p'}{I_p} \tag{7.2}$$

其中 I_p 是指当前感知到的所有信息，I_p' 指的外界干扰信息.

(3) 差异特征感知周期 T_{pe}.

差异特征感知周期是描述拟态融合模型完成当前帧的各类差异特征属性提取、与前一帧的属性变化量计算、变化量综合阈值判断总共所需的时间，定义如下:

$$T_{pe} = T_{ex} + T_{vc} + T_{tj} \tag{7.3}$$

其中 T_{ex}，T_{vc}，T_{tj} 分别指差异特征属性提取时间、差异变化量计算时间和变化量综合阈值判断时间.

2. 差异特征与拟态变元映射记忆库模块性能指标

(1) 类集的完备度 C_s.

类集的完备度是描述拟态融合模型所构建的差异特征类集和算法(拟态变元)类集的完备程度，即当前集合是否将所有应该包含的元素囊括在内，定义如下:

$$C_s = \frac{n_s}{N_s} \tag{7.4}$$

其中 n_s 为当前类集所包含的元素个数，N_s 为当前类集本应该包含的所有元素的个数.

(2) 映射的查全率 RC_m.

映射的查全率是衡量拟态模型在调用映射记忆库时，从映射关系集合中检出相关映射关系成功度的一项指标，即检出的相关映射关系与全部相关映射关系的比率，定义如下：

$$RC_m = \frac{n_{rc}}{N_{rc}} \tag{7.5}$$

其中 n_{rc} 为检索出相关映射关系数目，N_{rc} 为映射记忆库中所包含的全部相关映射关系数目.

(3) 映射的查准率 PR_m.

映射的查准率是衡量拟态模型调用映射记忆库准确度的尺度，是指从映射关系集合中检出的相关映射关系与检出映射关系总量的比率，定义如下：

$$PR_m = \frac{n_{pr}}{N_{pr}} \tag{7.6}$$

其中 n_{pr} 为检索出相关映射关系数目，N_{pr} 为映射记忆库中所包含的全部映射关系数目.

3. 多形态子结构拟态变元层派生模块性能指标

(1) 整体协调度 T.

整体协调度是用来度量拟态融合模型调用映射记忆库所选出的高层变元、低层变元与基层变元三类变元在整个拟态变换过程中彼此和谐一致的程度，是协调状况好坏程度的定量指标，定义如下：

$$T = [a,b] \otimes U_{ab} + [b,c] \otimes U_{bc} + [a,c] \otimes U_{ac} \tag{7.7}$$

其中 $[a,b]$，$[b,c]$，$[a,c]$ 分别指的是高层变元集、低层变元集及基层变元集两两之间的协调比重，U_{ab}，U_{bc}，U_{ac} 为三个类集间的局部协调度，$\otimes$ 代表非线性计算符号.

(2) 拟态有效度.

拟态有效度指的是拟态融合模型针对当前场景所得拟态结果与预期结果相比的有效程度，用来检验当前拟态结果是否满足融合需求，是否达到目标期待效果值，在这里主要是指图像差异特征的融合有效度.

(3) 拟态质量综合指标 Q_c.

拟态质量综合指标是一个拟态融合模型结果的质量评价值，即采用客观评价[9]的方法，基于互信息、图像特征、结构相似度及人眼视觉等方面对拟态结果进行

定量分析, 最后结合融合需求, 利用加权思想将其综合为一个单一值, 定义如下:

$$Q_c = \sum_{i=1}^{n} w_i e_i \tag{7.8}$$

其中 e_i, w_i 分别指的是评价指标集中每个指标相对得分值以及其在总指标值中所占的权重.

7.2.2　性能评价方法

拟态融合模型的性能评价方法则是依据上述的基本性能指标, 接下来给出这些指标[10]相应的检测方法.

从所建立的数据库中选择多组不同场景的红外偏振与光强视频作为检测对象, 然后依次测试以下指标值.

(1) 差异感知灵敏度.

从双路视频集中对各类差异特征的属性, 对前后帧的差异特征属性变化量进行统计, 对每帧所选用的拟态变元依次进行对比, 查找不同差异特征属性变化量对应所选各层拟态变元的突变帧, 分析突变前和突变后对应的差异特征变化量值, 尽可能地遍历较多数量的帧, 从而准确得出拟态融合模型所对应的对各类差异特征细微变化感知和分辨的合理区间, 即为差异感知灵敏度.

(2) 差异感知有效度.

拟态融合模型在感知过程中所提取信息的有效性判断取决于当前的拟态融合需求, 如果当前融合对象只关注移动目标(人、车), 则所提取的大范围背景的差异信息属于干扰信息, 那么差异感知有效度可根据目标与背景的差值来计算.

(3) 差异特征感知周期.

从一组双路视频中随机选择一定数量的帧, 对每帧视频进行相同的操作, 包括各类差异特征的属性提取、与前一帧的属性变化量计算、变化量综合阈值判断这三步, 然后统计每帧所需的时间, 最后求均值即为模型对这组视频的差异特征感知周期.

(4) 类集的完备度.

差异特征类集和算法类集的完备度是在探测过程中, 需要根据融合需求对类集中的元素随时进行删添, 是一个逐步完善的过程. 例如差异特征类集可以根据当前需求便于目标识别的特征增添进去, 从而更利于后续的识别跟踪; 所建算法类集不排除现有各融合算法的优势性能, 更不拒绝新的融合算法来提高算法集的完备性. 所选算法可以为空间域算法、变换域算法、基于低秩矩阵的融合算法、智能仿生图像融合算法的任意一类.

(5) 映射的查全率.

映射关系记忆库所包含的映射关系存在一对多、多对一和多对多的情况, 根据当前帧主差异特征查找相关的映射关系, 可能存在查找不全的情况. 例如记忆库里面本来三条相关映射, 但系统繁忙导致只有一条查出, 则映射查全率即为 1/3.

(6) 映射的查准率.

映射的查准率是指根据当前帧主差异特征查找相关的映射关系时, 查出相关映射条数与记忆库所包含的所有映射数目的比值即为映射的查准率.

上述只是举例, 实际上映射的查全率和查准率都是针对整个拟态融合模型而言, 若要得出这两个评估值需要进行大量的抽检实验.

(7) 整体协调度.

拟态融合模型的整体协调度主要由高层变元、低层变元与基层变元三类变元类集间的协调比重和局部协调度决定, 通过公式(7.7)对当前测试模型的多组图像的 T 进行计算, 根据所得的均值大小来衡量该模型的整体协调水平.

在测试时, 三个类集间的局部协调度 U_{ab}, U_{bc}, U_{ac} 一般借助协同强度度量指标 C 来衡量, 定义如下:

$$C = [\mathrm{SSIM} \quad \mathrm{SEG} \quad V] \tag{7.9}$$

其中 SSIM, SEG 和 V 表示算法提取的特征与源图像中相应特征的相似程度, 见式(6.11)～(6.13).

(8) 拟态有效度.

拟态融合模型的拟态有效度测试时, 需要借助差异特征融合有效度指标, 还需要结合融合需求来对当前拟态结果进行分析, 即可针对图像的全局层、局部区域层或者景物层计算当前拟态图像差异特征的融合有效度, 从而得到拟态融合模型的拟态有效度. 拟态有效度值越高, 则代表当前所测试的模型拟态效果越好.

其中差异特征融合有效度定义如下:

融合有效度的评价函数用距离测度中的余弦相似性来表示, 见式(7.10), 其值越大, 融合有效度越高, $D_{rk}^{(\mathrm{F})}$ 表示基于算法 A_k 得到的融合图像的对应像素点位置上图像特征 r 的表征量, $D_r^{(\mathrm{I})}$ 和 $D_r^{(\mathrm{P})}$ 表示源图像 I, P 中对应特征 r 的表征量.

$$V_{rk} = \frac{D_{rk}^{(\mathrm{F})} \times \max(D_r^{(\mathrm{I})}, D_r^{(\mathrm{P})})}{\sqrt{(D_{rk}^{(\mathrm{F})})^2 + \max(D_r^{(\mathrm{I})}, D_r^{(\mathrm{P})})^2}} . \tag{7.10}$$

(9) 拟态质量综合指标.

拟态融合模型的拟态质量综合指标, 一般选用常用的几种客观评价指标, 如互信息、平均梯度、空间频率、结构相似度、$Q^{\mathrm{AB/F}}$、图像质量评价因子($Q_0, Q_{\mathrm{w}}, Q_{\mathrm{e}}$)等, 然后分别计算测试数据的拟态结果在上述不同评价指标下的量化值, 其中每个评价指标相对得分值在总指标值中所占的权重取决于当前的融合需求. 若无特殊要求, 则指标权重均取 1.

参 考 文 献

[1] 杨风暴. 红外偏振与光强图像的拟态融合原理和模型研究[J]. 中北大学学报(自然科学版), 2017, 38(1): 1-8.

[2] 牛涛, 杨风暴, 王志社, 等. 一种双模态红外图像的集值映射融合方法[J]. 光电工程, 2015, 42(4): 75-80.

[3] 杨风暴, 吉琳娜. 双模态红外图像差异特征多属性与融合算法间的深度集值映射研究[J]. 指挥控制与仿真, 2021, 43(2): 1-8.

[4] 吉琳娜, 郭小铭, 杨风暴, 等. 基于可能性分布联合落影的红外图像融合算法选取[J]. 光子学报, 2021, 50(4): 236-248.

[5] Guo X M, Yang F B, Ji L N. MLF: A mimic layered fusion method for infrared and visible video[J]. Infrared Physics &Technology, 2022, 126: 104349.

[6] 郭喆. 双模态红外图像融合有效度分布的合成研究[D]. 太原: 中北大学, 2018.

[7] 杨风暴, 李伟伟, 蔺素珍, 等. 红外偏振与红外光强图像的融合研究[J]. 红外技术, 2011, 33(5): 262-266.

[8] 宋佳, 柯涛, 张恒. 一种多传感器信息融合系统性能评价方法[J]. 舰船电子对抗, 2020, 43(6): 60-64.

[9] 刘智嘉, 贾鹏, 夏寅辉, 等. 基于红外与可见光图像融合技术发展与性能评价[J]. 激光与红外, 2019, 49(5): 633-640.

[10] 巩晋南, 侯晴宇, 张伟. 红外云杂波下点目标检测算法性能评价[J]. 哈尔滨工程大学学报, 2015, 36(4): 577-580.

第 8 章　图像间差异特征类集构建

本章以红外偏振和光强图像为例，构建其差异特征分类树，以此实现差异特征分类并构建差异特征类集. 首先分析差异特征类集的功能需求，依据成像差异特性对两种模态图像的原始特征(纹理、边缘和统计特征等)进行显著性分析；其次对原始特征进行降维处理，选出能够满足双模态红外图像差异分布规律的有效特征；最后基于层次分析法在类别中嵌入图像特征信息的先验知识来构建差异特征分类树，以实现差异特征的准确分类.

8.1　差异特征类集的功能需求分析

红外偏振和光强图像差异特征类集的构建是融合算法随着差异特征类型的变化而变化的前提，是建立差异特征类集与融合算法集间集值映射的基础环节.

构建差异特征类集要先对差异特征进行分类，现阶段文献中针对差异特征，一般依据红外图像的特征分类，例如从空间形状特征与纹理特征中选取差异特征类型，空间形状特征是信息探测中基于视觉系统所需的重要特征信息，对背景环境的变化不敏感，是物体的一种稳定属性，包含轮廓和局部区域信息的提取；纹理特征中含有丰富的视觉特征信息，独立于颜色与亮度信息，在微观上能够区别物体，描述纹理信息有统计、频谱、结构和模型法. 这两种特征类型描述法在表征互补性信息中有显著的优势.

红外图像主要包含三大特征，分为边缘差异特征、纹理差异特征、统计差异特征等. 这种分类可作为差异特征分类结果直接使用，避免了构建图像信息差异类别的环节，从而减少复杂度；但是，差异特征是红外偏振和光强图像差异的表征，而这种图像差异特征分类没有依据图像信息差异的类别而分类，忽略了图像差异特征的相关性，不利于融合算法与差异特征之间关系的建立，也就无法满足融合算法随着差异特征的变化而变化.

近几年，课题组在红外偏振和光强成像差异特性分析和图像差异特征的提取上有较深研究，包括纹理、统计差异特征提取等，统计法作为一种常见的方法，有灰度共生矩阵、Tamura 纹理特征、局部二值模式等几种方式；在初步探索红外偏振和光强图像的差异特征与融合算法关系[1]的同时，证实了图像差异特征分类的重要性. 因此，探索差异特征分类方法为差异特征类集的构建和集值映射的建立提供了依据.

8.2 差异特征的特点分析

红外偏振与光强成像差异特性是形成两类图像差异特征的主要因素[2], 因此分析两类图像的差异特征需从二者成像差异特性入手(参见 5.1.2 节). 红外偏振与光强成像特点主要包括:

(1) 成像对应的特征量不同: 红外偏振成像主要对景物多个不同方向的偏振量进行光强成像, 其主要与景物材料的性质、表面粗糙度等有关; 红外光强成像主要对景物的红外辐射强度进行成像, 其主要与景物的温度、辐射率等有关.

(2) 目标和背景的辐射特性不同: 目标与背景的辐射在传输过程中受大气衰减和复杂环境的影响, 到达探测器时其辐射强度已大大降低, 成像效果很不理想. 而红外偏振成像可以抑制辐射传输过程中的影响, 达到良好的成像效果. 研究表明, 在红外长波波段, 除水、海洋外, 自然物的偏振度一般比较低, 而人造物由于其材料及表面具有光滑性, 因此偏振度较高.

(3) 成像过程不同: 红外偏振成像需要在不同的角度进行多次光强成像, 通过计算才能得到一幅红外偏振图像, 成像过程复杂, 实时性较差, 但偏振度是辐射值之比, 偏振测量无需准确的辐射量校准, 就可以达到相当高的精度; 红外光强成像过程简单, 实时性较好, 但需要对成像设备进行及时的定标校准, 否则所测得的红外辐射亮度和温度不能反映被测物的真实辐射亮度和温度.

综上分析可知, 在红外光强图像中, 主要根据亮度差异来区分物体, 但是当物体间的辐射差异较小时, 根据亮度识别物体就比较困难, 这时如果物体间的偏振特性差异较大, 那么在红外偏振图像中就更容易区分物体. 当目标处于复杂场景时, 目标与背景辐射对比度较低, 不利于目标识别, 而红外偏振成像可以抑制复杂的背景, 改善目标的识别效果; 同一目标在红外光强图像中, 温度高的部位亮, 温度低的部位暗, 物体轮廓比较模糊, 而红外偏振成像可以获得目标的几何形状信息, 其边缘和轮廓特征明显. 因此红外偏振图像与光强图像在边缘特征、纹理特征和统计特征方面上存在较大差异.

8.2.1 边缘特征分析

图像边缘作为视觉系统最为敏感的特征之一, 主要是指局部像素灰度存在显著变化的像素集合, 是图像的最基本特征. 图像边缘特征的提取主要是基于一阶导数(梯度)和二阶导数来进行. 典型的运用一阶导数的方法有 Sobel 算子、Roberts 算子和 Prewitt 算子等; 典型的运用二阶导数的有 Log 边缘检测算子和 Canny 边缘检测算子等. 用这几种算子提取源图像如图 8.1 的边缘特征, 结果见图 8.2, 再计算每种算子对应的差异特征, 结果见图 8.3.

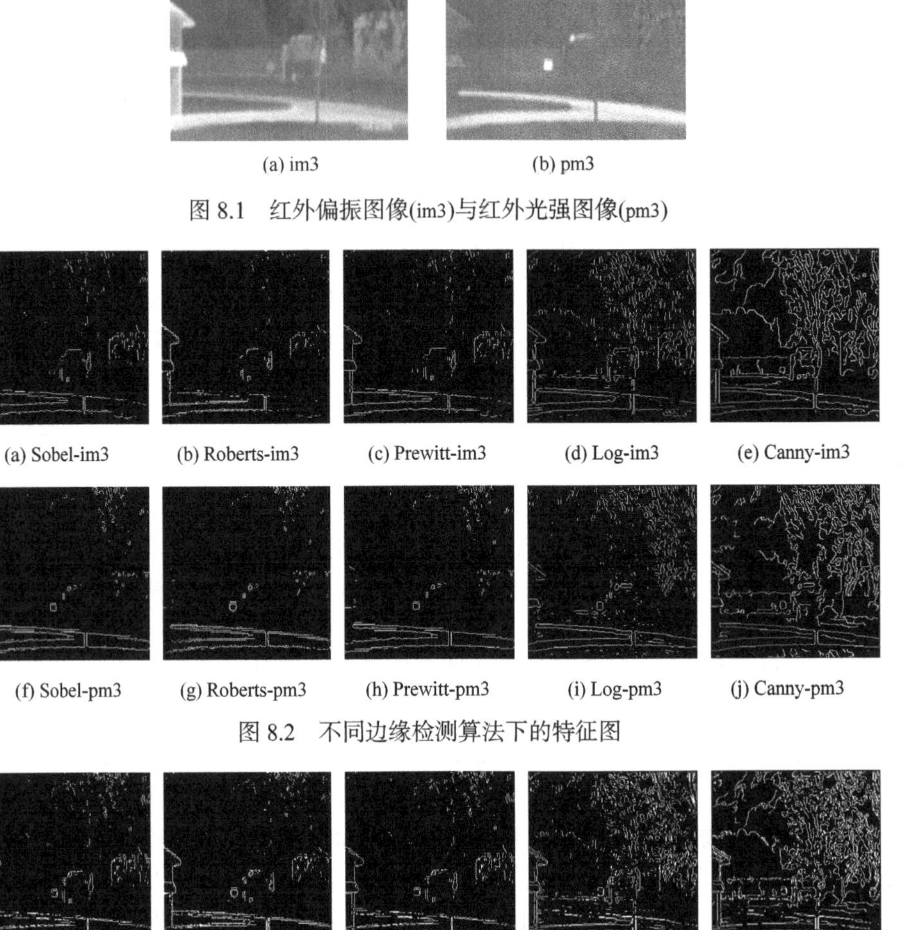

(a) im3　(b) pm3

图 8.1　红外偏振图像(im3)与红外光强图像(pm3)

(a) Sobel-im3　(b) Roberts-im3　(c) Prewitt-im3　(d) Log-im3　(e) Canny-im3

(f) Sobel-pm3　(g) Roberts-pm3　(h) Prewitt-pm3　(i) Log-pm3　(j) Canny-pm3

图 8.2　不同边缘检测算法下的特征图

(a) difference-Sobel　(b) difference-Roberts　(c) difference-Prewitt　(d) difference-Log　(e) difference-Canny

图 8.3　差异边缘特征(difference)

图 8.2 中(a)～(e)分别是用上述五个算子提取的 im3 和 pm3 的图像边缘，下面对其差异进行分析：

从上述图像的边缘提取效果来看，Canny 算子的边缘检测效果最好，但出现了较多的伪边缘. (e) Canny-im3 和(j) Canny-pm3 均提取了车、左侧房子、车后的房子、道边的井盖和树干的边缘信息，其中树木轮廓、道路边界、车窗、车灯及车身都较另外四个清楚明显，且提取结果较为完整. 从图 8.3(e) difference-Canny 也能看出 Canny 算子提取的差异边缘特征最符合预期效果. 总的来说，Canny 算子的提取效果最好，但是, 也产生了一些伪边缘, 如远处的山、草地等. 排在第二位的是 Log 算子的检测效果, 在实验图像中, 都能辨识目标, 但边缘的连续性不如 Canny 算子的检测结果, 当然, 伪边缘也较前者少. Sobel 算子和 Prewitt 算子及 Roberts 算子的边缘检测, 均出现不同程度的边缘漏检, 而且边缘点不够锐利和明确, 但线边缘检测要好于点边缘检测.

二阶算子的边缘提取效果优于一阶算子, 但一阶算子的伪边缘较少. 在边缘提取中抗噪性和检测精度是一对矛盾, 若要提高检测精度, 则检测到的噪声就多, 就会出现伪边缘; 若要提高抗噪性, 则会产生轮廓漏检和位置偏差. 在实际应用中, 需要在两者之间做出权衡.

综上考虑, 采用基于 Canny 算子的边缘强度来表示图像边缘特征, 进而得到红外偏振与红外光强图像的差异边缘强度, 以此描述两类图像间边缘轮廓差异特征的变化情况.

8.2.2　纹理及统计特征分析

1. 纹理特征

纹理特征也是一种全局特征, 它描述了图像或图像区域所对应景物的表面性质, 通常由一定形状和大小的元素集合构成, 是图像灰度局部变化的重复, 能够从很大程度上反映红外图像的成像特性[4]. 由于纹理特征的度量众多, 并非所有的度量都能够描述红外偏振与光强图像的成像差异, 且从高维的纹理特征中不易得到双模态红外图像的差异幅度. 选择常用的纹理特征包括 Tamura 纹理、灰度共生矩阵、灰度-梯度共生矩阵、空间频率、边界频率等共 39 个特征量建立原始特征空间, 对双模态红外图像的纹理特征差异进行分析, 将这些统计特征进行编号, 依次定义为 $V_1 \sim V_{39}$.

其中 Tamura 纹理特征包括粗糙度、对比度、方向度、线像度、规整度和粗略度, 灰度共生矩阵是图像特征分析与提取的重要方法之一, 本节采用像素距离为 1、灰度级别为 16, 分别从 0°, 45°, 90°和 135°四种不同角度生成灰度共生矩阵来实现能量、熵值、惯性矩和相关性四个图像特征的提取. 灰度-梯度共生矩阵纹理特征分析是用灰度和梯度的综合信息提取纹理特征, 将图像的梯度信息加入到灰度共生矩阵中, 使共生矩阵更能包含图像的纹理基元及其排列信息. 采用基于规范化的灰度-梯度共生矩阵, 包括 15 个常用的数字特征: 小梯度优势、大梯度优势、灰度分布不均匀性、梯度分布不均匀性、能量、灰度平均、梯度平均、灰度均方差、梯度均方差、相关、灰度熵、梯度熵、混合熵、惯性、逆差距.

2. 统计特征

图像的统计特征种类有很多, 不同特征可以从不同角度反映图像的特性, 如平均灰度值反映的是图像的整体亮度，标准差反映的是图像灰度值的离散程度[5]. 一般而言，图像特征的表示均是高维向量，使得其空间复杂度和运算复杂度非常高，通过特征选择和特征提取进行两个模态图像的差异特征比较. 特征提取指的是将特征选择后得到的"新特征集"映射到低维空间中. 然后利用降维后的数据得到双模态红外图像的综合统计特征差异.

选择常用的统计特征包括直方图统计特征(图像灰度均值、灰度方差、差异能量、偏度系数和峰度系数)、平滑度、三阶矩、一致性、局部熵、自相关系数、HU 矩组(7 个)、视觉指数等共 18 个纳入红外偏振与光强图像的原始特征空间，将统计特征进行编号，依次定义为 S_1～S_{18}.

3. 特征显著性分析

图 8.4 中 8 组大小均为 256×256 的已配准后的红外偏振与光强图像，利用 16×16 的滑动窗口来处理整幅图像，并提取每个图像块的差异特征，计算差异特征幅值. 由于选择的图像数目庞大，有些差异在红外偏振和光强图像间不显著，不宜对双模态红外图像差异进行综合处理. 因此从显著性方面对纹理特征(V_1～V_{39})和统计特征(S_1～S_{18})进行选择，从而得到有效差异特征反映两类图像的差异信息.

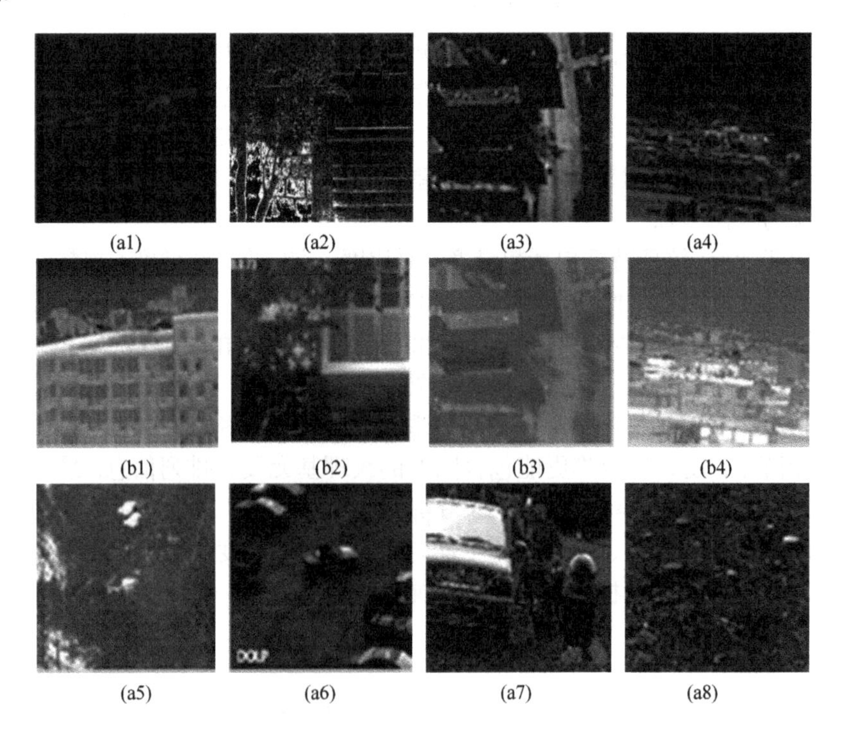

(a1)　(a2)　(a3)　(a4)
(b1)　(b2)　(b3)　(b4)
(a5)　(a6)　(a7)　(a8)

(b5)　(b6)　(b7)　(b8)

图 8.4　红外偏振和光强图像

差异特征幅值是由双模态红外图像中图像差异特征的绝对差值来表示，如公式(8.1)所示，T_i^{P}，T_i^{I}，ΔT_i 分别表示红外偏振图像、光强图像相应图像块特征幅值强度以及两类图像对应的图像块的差异特征幅值:

$$\Delta T_i = \left| T_i^{\mathrm{P}} - T_i^{\mathrm{I}} \right| \tag{8.1}$$

在本研究中，由于不同特征量纲不同，在数量级上可能存在较大差异，所以需要先对各特征量进行归一化，即将不同样本的同一特征量标准化处理. 随机选择图 8.4 中第七组图像某个图像块，对其纹理特征处理结果见图 8.5.

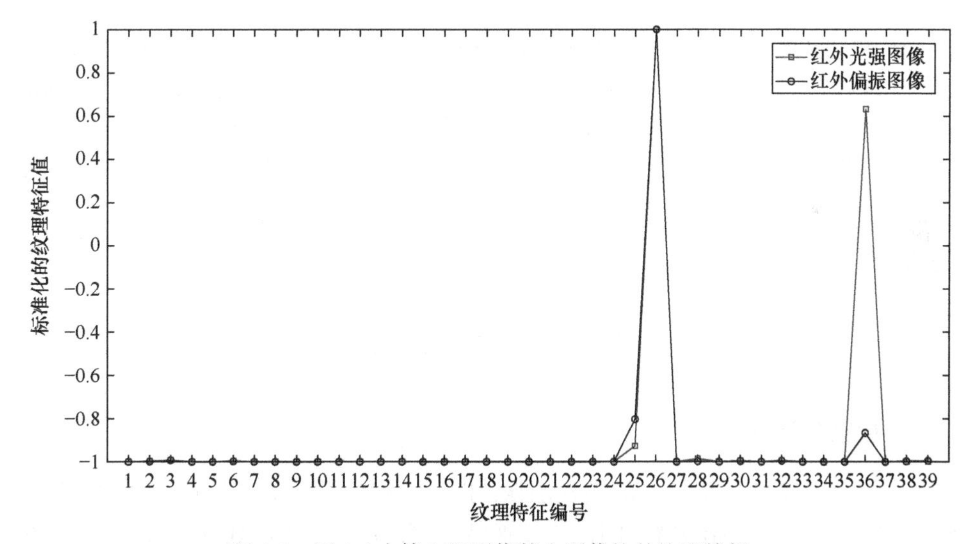

图 8.5　图 8.4 中第七组图像某个图像块的纹理特征

首先由双模态红外图像特征(纹理特征与统计特征)分别组成原始特征集，然后标准化处理后利用公式(8.1)计算红外偏振与光强图像各个特征的绝对差异 ΔT_i，设置阈值把原始特征集的元素分为特征差异显著和特征差异不显著两个集合.

其次对特征差异显著集进一步细分. 由两类图像特征分布规律相同的特征组

成一致特征子集; 而对两类图像特征分布规律不同情况, 根据能否解释原因再次分解, 把其中可以解释其原因的特征称之为特殊特征子集(对于不能解释原因的, 舍弃). 具体过程见图 8.6.

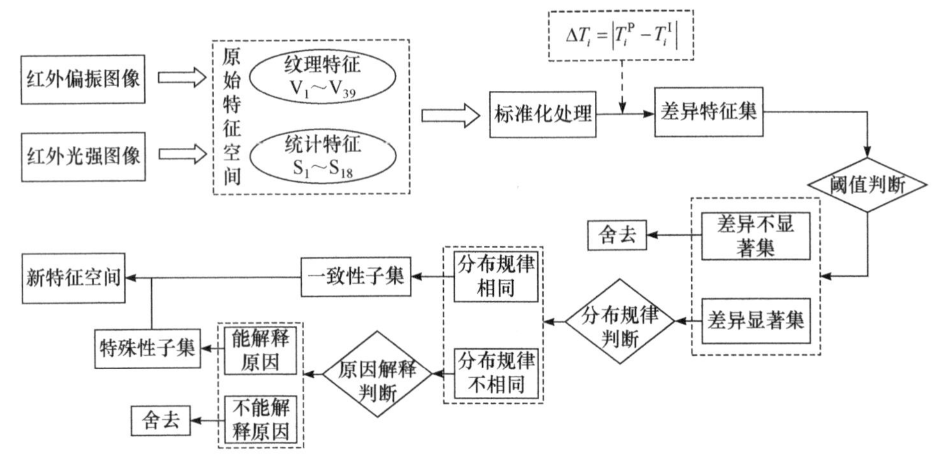

图 8.6　红外偏振与光强图像特征显著差异分析流程图

最后经显著差异选择后保留下来的特征为: 差异视觉指数、差异边缘强度、差异边缘特征点数、差异对比度、差异自相关、直方图的差异统计特征(直方图的灰度均值、直方图的灰度方差、偏度系数、峰度系数)、差异灰度-梯度共生矩阵纹理特征(灰度分布的不均匀性、梯度分布的不均匀性、灰度平均、灰度均方差、相关性、惯性)等共 15 个差异特征, 依次记为$\{T_1, T_2, T_3, T_4, T_5, T_6, T_7, T_8, T_9, T_{10}, T_{11}, T_{12}, T_{13}, T_{14}, T_{15}\}$.

8.3　差异特征的分类

8.3.1　层次分类法

层次分类是指一个较大的类别层次, 指定未知分类对象在类别层次中所属的类别, 分类对象可以指文本、图像或图像特征等. 分类方式可划分为人工分类、机器自动分类、基于专家经验的自动分类等.

层次分类方法通过构建类别层次结构对分类对象实现分解, 可有效解决多种分类问题, 例如图像分类[6]. 具体来说, 层次分类方法可以利用类别间的层次关系, 如在特征空间或者语义空间中建立相应的类别层次结构, 然后依据层次结构得到最终的分类结果, 这样将原分类任务化简为相对较小的分类子问题, 简化了原分类任务.

类别层次的典型结构是树形结构, 如图 8.7 所示, 其中黑色表示叶子节点(即类别标签), 灰色表示根节点.

8.3.2 基于层次分类的差异特征分类树构建

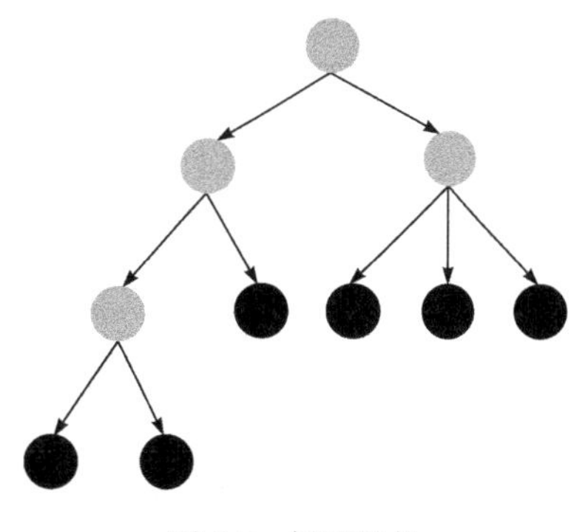

图 8.7　树形结构

由于层次分类方法在解决图像分类、目标识别等问题时, 这些类别在语义空间和特征空间上存在内在联系, 可被层次地组织起来, 通常采用自上而下的分类方法, 更符合人类的思维方式, 从而将样本数据逐步优化得到分类树. 差异特征分类树的构建必须考虑信息差异的类别层次, 采用树形结构, 且在类别层次中嵌入图像特征信息的先验知识.

差异特征分类树的第一层按照红外偏振和光强成像的偏振特性和辐射特性进行分类. 在进行偏振红外成像时, 可按照分类对象的偏振特性不同分为人工目标、自然景物. 常见的人工目标的表面材料一般是混凝土、金属或类似材料(如建筑物、道路、桥梁和机场等). 常见的自然景物有树木、草地、砂石、岩地、水等相关目标, 而目标的辐射强度特性也与物质的表面温度相关(如体温等).

因此, 构建差异特征分类树时, 树的第一层可得到的类别 C 为 $\{C_1, C_2, C_3\}$, 其中 C_1 为自然景物, C_2 为人工目标, C_3 为人.

差异特征分类树第二层是按照两类图像差异信息的特点进行分类. 从人眼视觉特性可以看出, 红外偏振和红外光强图像上存在许多差异的部分. 例如, 同一目标在光强图像中, 亮度高的目标温度高, 反之温度低, 且目标轮廓比较模糊, 而红外偏振图像中目标的几何形状信息(如边缘和轮廓)较丰富[7].

因此, 从 C_1, C_2, C_3 类别角度分别辨别两类图像差异信息类别并进行统计划分, 统计结果见表 8.1.

差异特征分类树的第三层是对两类图像各类差异信息的定量描述.

表 8.1　红外偏振和光强图像差异信息的类别

类别	图像差异信息的划分类别	
C_1: 自然景物	C_{11} 远景信息量	C_{12} 景物的层次感
	C_{13} 地面明暗对比度	C_{14} 地面粗糙、平滑程度
	C_{15} 草地的信息量	C_{16} 树影明暗对比度
C_2: 人工目标	C_{21} 目标边缘	C_{22} 目标亮度
	C_{23} 目标局部细节	C_{24} 目标亮度

续表

类别	图像差异信息的划分类别	
C_2: 人工目标	C_{25} 目标局部明暗对比度	C_{26} 目标线条、纹理
C_3: 人	C_{31} 人体边缘	C_{32} 人体亮度

8.4 差异特征类集构建及结果验证

8.4.1 差异特征类集构建结果

差异特征分类树第二层随机选取了汽车、建筑物、树木等不同场景的 8 组红外偏振和光强图像(见图 8.4), 划分图像差异信息的类别. 某个或某几个差异特征可表征某一类差异信息, 在树中图像差异类别与差异特征分类结果见表 8.2, 差异类别的分类结果如图 8.8 所示.

表 8.2 图像差异的类别与差异特征的分类

图像差异信息的类别	差异特征分类
C_{11} 远景(山、云等)信息量	T_6, T_{12}
C_{12} 景物(树叶)的层次感	T_5, T_8, T_9, T_{14}, T_{15}
C_{13} 地面明暗对比度	T_7, T_{10}, T_{13}
C_{14} 地面粗糙、平滑程度	T_5, T_8, T_9, T_{14}, T_{15}
C_{15} 草地的信息量	T_6, T_{12}
C_{16} 树影明暗对比度	T_4, T_7, T_{10}, T_{13}
C_{21} 目标(建筑物、屋顶、汽车、轮胎、飞机、玻璃窗、地雷等)边缘	T_2, T_3, T_{11}, T_{13}
C_{22} 目标(建筑物、屋顶烟囱、车顶、玻璃、地雷等)亮度	T_6, T_{12}
C_{23} 目标(建筑物、屋顶、汽车、飞机等)局部细节	T_1, T_{10}, T_{11}
C_{24} 目标(车灯、路灯、屋里照明灯等)亮度	T_2, T_3, T_{11}, T_{13}
C_{25} 目标(汽车、汽车等)局部明暗对比度	T_4, T_7, T_{10}, T_{13}
C_{26} 目标(窗帘、衣服等)线条、纹理	T_5, T_8, T_9, T_{14}, T_{15}
C_{31} 人体边缘	T_2, T_3, T_{11}, T_{13}
C_{32} 人体亮度	T_6, T_{12}

依据上述分类结果, 可将特征分为 5 大类, 5 个集合分别为{ T_1, T_{10}, T_{11}}; { T_2, T_3, T_{11}, T_{13}}; { T_4, T_7, T_{10}, T_{13}}; { T_5, T_8, T_9, T_{14}, T_{15}}; { T_6, T_{12}}. 共描述 15 个差异特

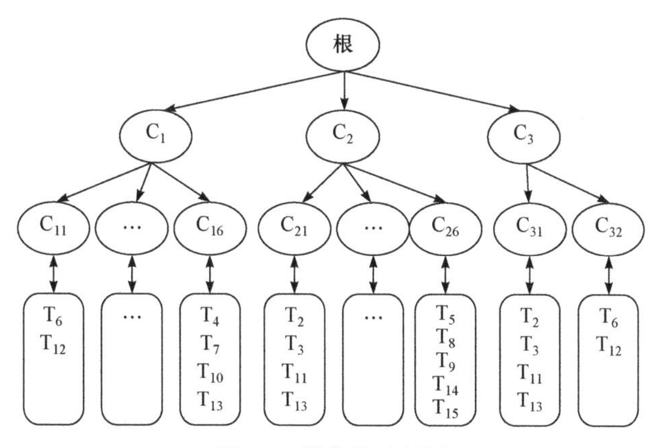

图 8.8　类集构建结果

征，那么构建的差异特征类集为$\{T_1, T_{10}, T_{11}; T_2, T_3, T_{11}, T_{13}; T_4, T_7, T_{10}, T_{13}; T_5, T_8, T_9, T_{14}, T_{15}; T_6, T_{12}\}$.

8.4.2　结果验证分析

选取两组汽车、金属板的红外偏振和光强图像为验证图像[8,9].

1. 汽车图像组

如图 8.9 所示，提取差异特征，汽车图像组选取出差异显著的差异特征为$\{T_3, T_{10}, T_{11}, T_{15}\}$，如图 8.10 所示.

由差异特征分类可知，T_3与T_{11}反映了汽车边缘差异、汽车轮胎边缘差异、汽车玻璃边缘差异；T_{10}与T_{11}反映了汽车局部细节差异；T_{10}反映了汽车局部明暗对比度差异；T_{15}反映了地面和栅栏粗糙差异. 该分类结果与验证图(图 8.9)中的实际差异信息一致.

(a) 红外偏振

(b) 红外光强

图 8.9　汽车的红外偏振和光强图像

2. 金属板图像组

如图 8.11 所示，提取差异特征，金属板图像组选取出差异显著的差异特征为

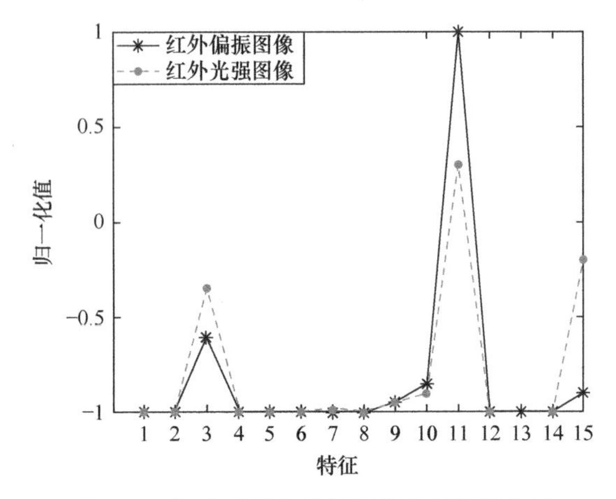

图 8.10　红外偏振和光强图像差异特征比较

$\{T_3, T_9, T_{15}\}$，如图 8.12 所示.

由差异特征分类可知, T_3 反映了金属板的边缘差异、金属板的亮度差异; T_9 与 T_{15} 反映了地面的粗糙和纹理差异. 该分类结果与验证图(图 8.11)中的实际差异信息一致.

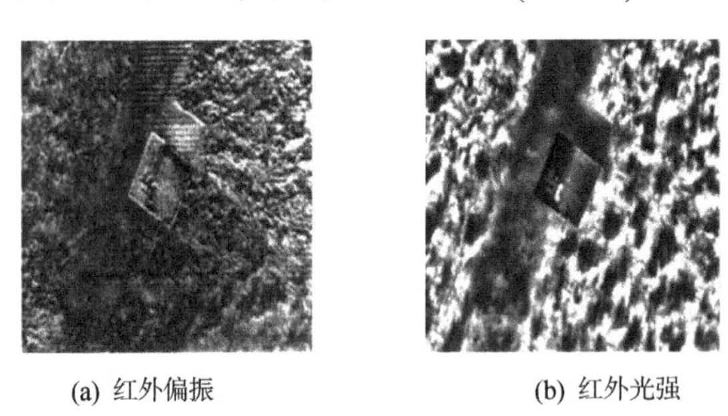

(a) 红外偏振　　(b) 红外光强

图 8.11　金属板的红外偏振和光强图像

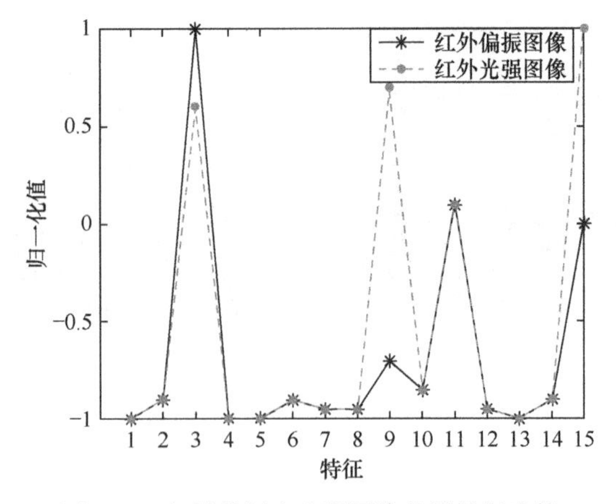

图 8.12　红外偏振和光强图像差异特征比较

实验结果表明，自顶向下的差异信息层次分类法适用于红外偏振和光强图像的差异特征分类，分类结果较好，且与真实情况一致.

参考文献

[1] 牛涛, 杨风暴, 王肖霞, 等. 差异特征与融合算法的集值映射关系的建立[J]. 红外与激光工程, 2015, 44(3): 1073-1079.

[2] 安富, 杨风暴, 蔺素珍, 等. 特征差异驱动的红外偏振与光强图像融合[J]. 中国科技论文, 2014, 9(1): 96-102.

[3] 邹晓风, 王霞, 金伟其, 等. 大气对红外偏振成像系统的影响[J]. 红外与激光工程, 2012, 41(2): 304-308.

[4] Tamura H, Mori S, Yamawaki T. Textural features corresponding to visual perception[J]. IEEE Transactions on Systems, Man and Cybernetics, 1978, 8(6): 460-473.

[5] 周萧, 杨风暴, 蔺素珍, 等. 双色中波红外图像差异统计特征的选择与提取[J]. 应用光学. 2012, 33(4): 721-726.

[6] 陆彦婷, 陆建峰, 杨静宇. 层次分类法综述[J]. 模式识别与人工智能, 2013, 26(12): 1130-1137.

[7] 安富. 基于差异特征的红外偏振与光强图像融合方法研究[D]. 太原: 中北大学, 2014: 18-26.

[8] Lavigne Daniel A, Breton M. A new fusion algorithm for shadow penetration using visible and midwave infrared polarimetric images[C]. 13th Conference on Information Fusion, Edinburgh, UK, 2010: 1-7.

[9] Daniel A L, Melanie B, Georges F, et al. A new passive polarimetric imaging system collecting polarization signatures in the visible and infrared bands[C]. Infrared Imaging Systems: Design, Analysis, Modeling, and Testing XX. 2009: 1-10.

第 9 章 结构化融合算法类集构建

将常用的融合算法进行分类并建立算法类集, 根据不同类型、数量的差异特征融合需求构建结构化融合算法类集, 从中选择有效的融合算法. 构建的结构化融合算法类集具有开放性, 能够随时将融合算法最新研究成果纳入类集中.

9.1 典型融合算法的比较与特点分析

为了使所构建的结构化融合算法类集更具合理性, 需要选择具有代表性的融合算法进行分析, 如多尺度融合算法、塔形分解融合算法、时域融合算法和变换域融合算法等. 从多尺度变换中选择离散小波变换、小波包变换、DTCWT、NSCT、NSST; 从金字塔分解中选择拉普拉斯金字塔、对比度金字塔、比率金字塔和梯度金字塔; 从形态学分解中选择将金字塔分解与形态学滤波结合的形态学金字塔; 在其他的融合算法中选择顶帽变换、引导滤波、多尺度奇异值分解、PCA 等. 下面简要介绍构建类集所选择的融合算法原理及其优缺点.

(1) 离散小波变换: 与傅里叶变换相比, 小波具有良好的时频局部分析特性. 小波变换的分解过程与人类视觉系统分层次理解的过程非常类似, 能够对图像进行多分辨率、多尺度分解, 获取不同尺度层的高频和低频子带图像. 将小波变换与多分辨率分析之间结合起来产生了离散小波变换, 能对图像从水平和垂直两个方向进行分解, 可以分离出低频和高频分量. 小波变换不具有平移不变性, 导致重构图像时出现相位失真而产生振铃效应, 并且仅能捕获有限的方向信息, 导致融合图像的细节丢失[1].

(2) 小波包变换: 小波包变换能够为信号提供一种更加精细的分析方法, 能根据被分析信号的特征, 自适应地选择相应频带, 使之与信号频谱相匹配, 从而提高时频分辨率. 小波包变换不仅对低频分量进行分解, 每一个高频分量也像低频部分一样被继续分解, 从而能够充分挖掘源图像中的冗余和互补信息. 小波包对图像第一层分解后, 将图像分解为低频 C_1、水平高频 D_1^h、垂直高频 D_1^v 和对角高频 D_1^d 四幅子图像, 再逐层对 4 幅子图像继续进行分解. 当分解层数为 J 时, 最终得到一个低频分量和 4^J-1 个高频分量, 克服了小波变换可能丢失部分高频细节信息的缺陷和不足.

(3) 双树复小波变换: DTCWT 是离散小波变换的相对增强, 采用了二叉树结构的两路离散小波变换, 一树生成变换的实部, 一树生成变换的虚部, 所有变换均是近似解析, 可以提供 6 个方向信息, 具有更好表示图像边缘、纹理等信息的能力. 复小波变换减小了离散小波变换的平移敏感性, 改善了离散小波变换的方向选择性. 但使用复小波变换处理图像时, 大多只处理系数的幅值信息, 容易忽略相位信息[2].

(4) 非下采样轮廓波变换: 非下采样轮廓波变换改进了传统的轮廓波变换, 包含非下采样金字塔分解和非下采样方向滤波器组两部分. 用于图像融合时, 首先将源图像使用非下采样金字塔进行多尺度分解, 得到了低通和高通子带图像 L1 和 P1; 其次将带通图像利用非下采样滤波器组分解为多个方向的带通子带图像, 实现对图像的多方向分解[4]; 最后以同样的方式对其他层进行分解. 在图像融合分解、选取融合规则和重构的整个过程中, NSCT 没有进行采样的操作, 所产生的子带图像尺寸与源图像一样, 该融合算法的平移不变性克服了吉布斯现象.

(5) 非下采样剪切波变换: NSST 以剪切波变换理论为基础, 其分解过程由多尺度剖分和方向局部化两部分操作来实现[3]. 多尺度剖分由非下采样金字塔滤波器完成, 非下采样金字塔滤波器使平移不变剪切波变换具备了多尺度性, 对源图像进行第一层分解后得到低频系数和高频系数, 之后在每层获得的低频分量进行同样的操作. 因为非下采样剪切波变换不存在下采样的过程, 所获得的子带图像与源图像具有同样尺寸大小, 具有平移不变性.

(6) 拉普拉斯金字塔分解: 图像的金字塔从底到顶进行计算, 被分解成不同尺度的图像序列, 其中高斯金字塔是最基本的塔形分解, 先对图像进行滤波, 再下采样, 逐层重复操作, 最终得到金字塔形状的图像数据结构. 把高斯金字塔分解后的图像进行插值与原来被分解层图像相减可以获得高斯金字塔分解过程中丢失的高频信息. 拉普拉斯金字塔分解过程是图像分辨率逐层递减的过程, 本质相当于带通滤波, 融合过程是在分解后的不同层次上进行的, 采用不同融合算子可以突出不同频带特征与细节.

(7) 对比度金字塔分解: 对比度金字塔分解是一种多尺度、多分辨率金字塔分解, 它的各个分解层反映了图像在相应尺度、相应分辨率上的对比度信息, 能突出特定频带上的特征与细节, 由对比度金字塔分解图像可以精确地重构原被分解图像.

(8) 比率金字塔分解: 比率金字塔分解以高斯金字塔分解为基础, 其中的比率表示为某层像素值与该层经过滤波、采样和插值后所得层的像素值之比, 同拉普拉斯金字塔一样, 比率金字塔分解可以被精确地重构出来, 但其不具有梯度金字塔的方向性, 对源图像中结构信息提取能力较弱.

(9) 梯度金字塔分解: 使用高斯金字塔对图像进行分解后, 梯度金字塔分解在各个分解层进行四个方向的梯度滤波, 其滤波方向为水平、垂直和两个对角线, 每一分解层上可以获得四张分解图像. 不同于拉普拉斯金字塔分解、比率金字塔分解和对比度金字塔分解, 梯度金字塔分解除了提供多尺度、多分辨率分解, 还在每一分解层提供方向边缘和细节信息，但梯度金字塔无法完全重构图像，对图像的信息有一定损失.

(10) 形态学金字塔分解：形态学是利用一个结构元素去获得关于图像的结构信息，基本的运算包含膨胀和腐蚀运算、开运算和闭运算. 形态学金字塔分解是将形态学与金字塔分解相结合的一种方法. 和其他金字塔分解一样，需要进行分解、滤波、下采样；但不同之处在于滤波步骤，形态学金字塔采用的是形态学滤波. 因滤波过程使用形态学的开运算和闭运算，可以有效减少噪声对图像的影响.

(11) 顶帽变换融合[4]：顶帽变换是一种经典的数学形态学图像处理方法，为原始图像与其开、闭运算之间的差值运算，可以分为白、黑顶帽运算. 白顶帽为图像 f 与其开运算结果之间的差值；黑顶帽变换是图像闭运算结果与图像 f 之间的差值. 顶帽变换对结构元素小的亮暗特征表现较好，由于形态学平滑作用的影响，对细节的表征能力较弱. 如公式(9.1)～(9.3)所示：

$$\begin{cases} f \oplus B(x,y) = \max\limits_{u,v}(f(x-u,y-v)+B(u,v)) \\ f \Theta B(x,y) = \min\limits_{u,v}(f(x+u,y+v)-B(u,v)) \end{cases} \tag{9.1}$$

$$\begin{cases} f \circ B = (f \Theta B) \oplus B \\ f \bullet B = (f \oplus B) \Theta B \end{cases} \tag{9.2}$$

$$\begin{cases} \mathrm{WTH}(x,y) = f(x,y) - f \circ B(x,y) \\ \mathrm{BTH}(x,y) = f \bullet B(x,y) - f(x,y) \end{cases} \tag{9.3}$$

其中，B 为结构元素，$f \oplus B(x,y)$ 和 $f \Theta B(x,y)$ 分别为膨胀和腐蚀因子，$f \circ B$ 和 $f \bullet B$ 分别为开运算和闭运算，$\mathrm{WTH}(x,y)$ 和 $\mathrm{BTH}(x,y)$ 分别为白顶帽和黑顶帽变换.

(12) 引导滤波融合：引导滤波器是基于局部线性模型的局部线性平移变量滤波器. 不同于高斯滤波，引导滤波对图像滤波的同时也对边缘起到了一定的保留效果；相比于双边滤波，它具备保护边缘的优点，同时克服了双边滤波在主要边缘附近梯度变形的不足.

(13) 多尺度奇异值分解：奇异值分解是一种正交变换，具有最佳去相关性，对于任意行列线性相关的矩阵，通过左右各乘一个正交矩阵，得到一个对角矩阵，其奇异值个数就能反映原矩阵的行(列)不相关矢量的个数. 奇异值分解能去除图像中的冗余信息，保留重要的信息，且具有能量重新分配与集中、正交性、不需要进行傅里叶变换、速度快等优点. 将多尺度分析与奇异值分解相结合更能体现目标融合的特点，更好地保留出现在不同尺度上的边缘和细节信息，具有更好的方向性，与人眼视觉特性保持一致.

(14) 主成分分析法：PCA 又被称作 KL(Karhunen-Loeve Transform)变换，将高

维空间投影到能充分表示高维空间数据的低维空间，能够保留图像数据的主要信息，突出主要成分，在图像特征降维和去相关方面得到广泛应用. 在图像融合中，以图像数据间协方差矩阵的特征值衡量不同图像的重要性，适合处理低频信息.

9.2　融合算法的分类

对融合算法进行分类是构建结构化融合算法类集的基础. 研究表明，根据算法对差异特征的融合效果进行算法分类是一种行之有效的分类依据. 各种融合算法原理不同，无法对所有差异特征都有较好的融合效果，因此需要研究融合算法与差异特征之间的关系类型，进而确立算法分类的依据.

9.2.1　融合算法的分类依据

红外偏振与光强图像融合算法分类可以依据融合算法的特点进行分类，如融合算法原理、结构和所处理图像类型等，将特点相似的算法放在一起，得到如多尺度、时域和空间域融合算法分类结果. 但这种直接提取算法的特征进行分类的结果没有揭示融合算法的融合实践中的表现差异，无法根据差异特征动态变化选择合适的融合算法.

融合算法能够将待融合图像中的互补性信息迁移到融合图像中，所以融合算法的特性信息能够在融合图像中体现出来[5]. 由于无法直接提取算法的特征，所以需要依靠融合图像的特征间接地对融合算法进行分类.

融合算法提取的“特征”与图像的类型有关，对红外偏振与光强图像融合算法分类，需要对各类融合算法所得融合结果的差异特征进行度量，其度量值大小体现融合算法对差异特征的融合质量，因此可以依据融合算法对差异特征的融合效果进行分类.

9.2.2　融合算法的分类基础

人眼可以感知目标的各种特征，如颜色、对比度、亮度和深度等信息，利用这些人眼接收到的信息可以很好地辨别物体，进行决策. 计算机视觉中，目标检测与识别任务需要设计不同的特征来实现. 分析红外偏振与光强图像时发现，图像中存在的差异特征类型可以分为亮度差异特征、对比度差异特征、边缘轮廓差异特征和纹理细节差异特征. 双模式红外图像的 4 类差异特征，其差反映了图像间的差异性.

在双模式红外图像融合中，图像融合与差异特征存在紧密的联系. 把握每种融合算法的特点需要分析其数学性质和结构特性，以一种典型的多尺度融合算法 NSST 为例，其融合步骤包括分解、融合规则和重构三个部分；与其他多尺度融合算法相比，它在融合的过程中没有进行下采样，具有平移不变性；它还具有丰富的滤波器组和滤波方向. 这些描述都是由其数学性质直接或间接地得到的，但这样获得的信息仍是不完整的，要掌握该融合算法的特点，还需要从融合算法对各类差异特征的融合效果考虑. 选择可以反映出融合图像中所含亮度、对比度、边缘轮廓和纹理细节差异特征的评价指标，来判断融合算法对差异特征的融合效果.

根据融合算法对差异特征的融合效果进行分类，就需要研究融合算法与差异特征之间的关系，将研究的融合算法和差异特征分别构建融合算法集合和差异特征集合. 融合算法集合和差异特征集合可以派生出各种子集合，派生过程如图 9.1 所示，图 9.1(a)中将融合算法集合派生为 n 个融合算法子集合，图 9.1(b)中将差异特征集合派生为 m 个差异特征子集合. 因此存在四种关系类型，分别是融合算法集合元素与差异特征集合元素的关系、融合算法子集合与差异特征集合元素的关系、融合算法集合元素与差异特征子集合的关系和融合算法子集合与差异特征子集合的关系.

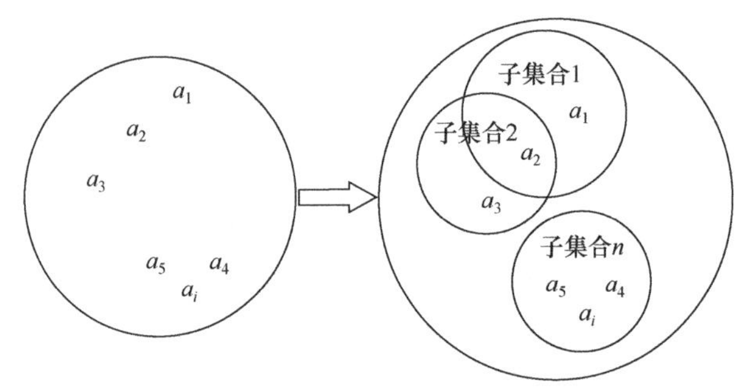

(a) 融合算法集合派生子集合

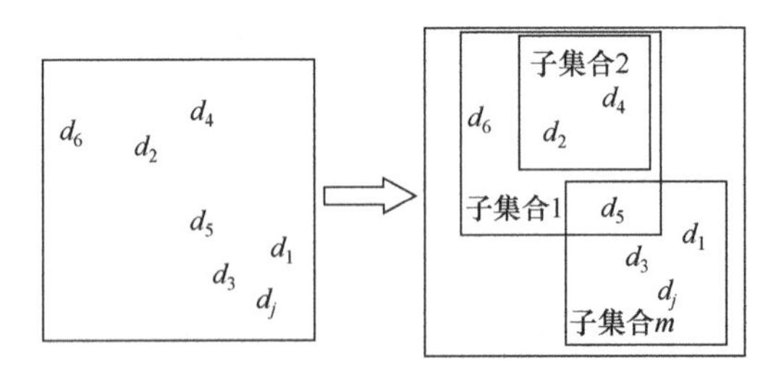

(b) 差异特征集合派生子集合

图 9.1　融合算法和差异特征集合派生子集合

1. 融合算法集合元素与差异特征集合元素关系

融合算法集合用 A 表示，集合元素为融合算法，用 a_i 表示；差异特征集合用 D 表示，集合元素为差异特征，用 d_j 表示. 每种融合算法原理不同，对各类差异特征的融合效果有一定差别，它们的关系如图 9.2 所示，这类关系对应的研究内容为：以融合算法对各类差异特征的融合效果进行分类.

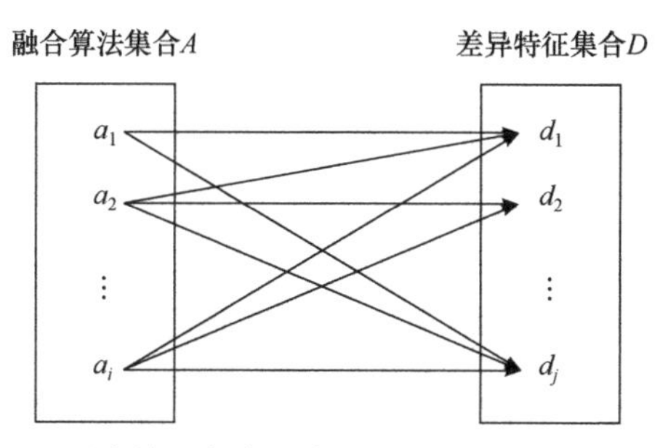

图 9.2　融合算法集合元素与差异特征集合元素关系

2. 融合算法子集合与差异特征集合元素关系

当单个融合算法对某类差异特征的融合效果有限时，考虑融合算法组合增强融合效果. 从融合算法集合 A 中选择不同融合算法进行组合，包括两种融合算法组合、三种算法组合等. 集合 A 派生出不同的子集合 Sub_A^n，每个子集合是一种融合算法组合形式，共有 $\sum_{i=2}^{n}\mathrm{C}_n^i$ 种组合形式，融合算法子集合与差异特征之间存在对应关系，如图 9.3 所示.

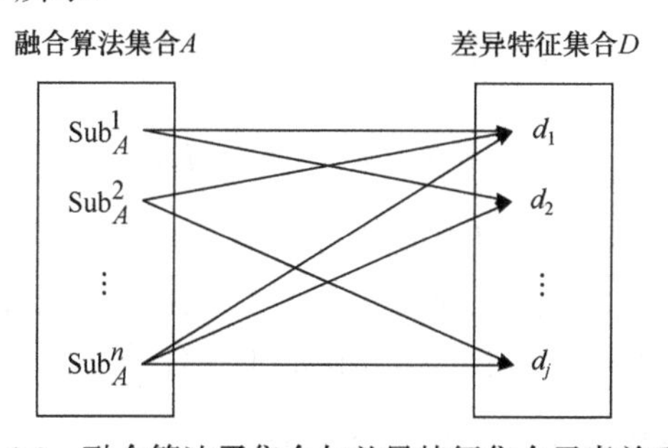

图 9.3　融合算法子集合与差异特征集合元素关系

3. 融合算法集合元素与差异特征子集合关系

通过分析融合算法对不同差异特征的表现，可以看出一些融合算法不仅对某类差异特征有较好的融合效果，对多类差异特征组合也有较好的表现. 从差异特征集合 D 中派生出子集合 Sub_D^m，每个子集合即一种差异特征组合形式，共有 $\sum_{j=2}^{m}\mathrm{C}_m^j$ 种组合形式，它们的关系如图 9.4 所示.

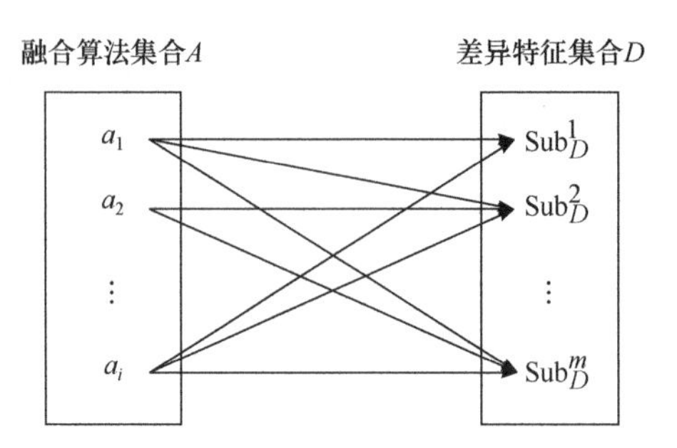

图 9.4　融合算法集合元素与差异特征子集合关系

4. 融合算法子集合与差异特征子集合关系

综合不同融合算法的优势可以实现对多类差异特征组合均有较好的融合效果，这种情况可以视为研究融合算法组合与差异特征组合之间的关系问题，即研究融合算法子集合 Sub_A^n 与差异特征子集合 Sub_D^m 之间的关系，如图 9.5 所示.

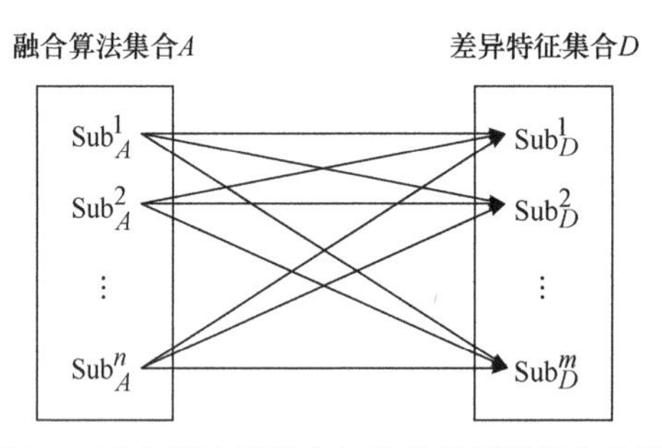

图 9.5　融合算法子集合与差异特征子集合关系

构建结构化融合算法类集主要研究融合算法与差异特征之间的关系和融合算法与差异特征组合之间的关系，所属关系类型为融合算法集合元素与差异特征集合元素关系，融合算法集合元素与差异特征子集合关系.

9.2.3　基于弗里德曼检验的融合算法分类方法

本小节在前面确立融合算法与差异特征之间关系的基础上对融合算法进行分类，提出了基于弗里德曼检验的融合算法分类方法来构建基于图像差异特征的融合算法类集.

1. 非参数检验

在科学研究中，常用统计检验来对新提出的算法与已有的算法进行比较，判断算法在具体任务上的表现. 统计检验依照其处理的具体数据类型将其分为参数检验和非参数检验，参数检验对样本的要求比较严格，假设样本数据满足独立、正态和同方差性，但在科研实践中并不总是满足这个假设；非参数检验不要求样本服从正态分布，因此在非结构化数据中得到了广泛的应用.

检验需要定义一对假设，即原假设(H_0)和备择假设(H_1)，H_0 表示没有影响和差异，而 H_1 表示存在影响和差异，通常是存在显著性差异. 当使用统计检验对 H_0 做出接受或拒绝的判断时，需要定义一个显著性水平 α 决定在何种水平时拒绝 H_0. 一般情况下，可以用导致 H_0 拒绝的最小显著性水平来替代依靠先验知识规定的显著性水平 α. p 值的定义为：假设 H_0 为真的情况下，获得的结果至少与实际观察到的结果一样极端的概率[6]. p 值还提供关于统计假设检验是否显著性的信息，并且表明统计结果的显著程度：p 值越小，H_0 被拒绝的证据越强；p 值并不固定在特殊的显著性水平上.

参数检验通常应用于实验分析中，检验两种算法结果之间的差异是否非随机的常规做法是计算配对 t 检验，来检查它们在不同问题表现上的平均差异是否显著不同于 0. 当比较一组多个算法时，用于检验两个以上相关样本均值之间差异的常用统计方法是重复测量方差分析.

非参数检验除了处理名目数据或序数数据外，还可以应用于连续数据，这种数据特性在融合算法评价指标值上得到充分体现，一般做法是进行秩转换将输入数据调整并达到检验要求. 非参数检验有两种分析方式：成对比较和多重比较. 成对比较是在两个算法之间进行单独比较，计算它们的 p 值. 对两种以上算法进行比较时，使用 $1\times N$ 和 $N\times N$ 多重比较. 在 $1\times N$ 比较中，使用检验得出表现最优的算法，应用一系列后续步骤检验最优算法与其他算法之间的假设；使用 $N\times N$ 多重比较与相关的后续步骤来检验对算法做出的一组假设[7].

2. 弗里德曼检验

弗里德曼检验是非参数检验的一种，通常用于比较双因素不同水平间是否存在显著性差异，在本研究中是指比较多个融合算法在实验数据上是否具有显著性差异. 使用弗里德曼检验对多个算法进行比较时，通常需要定义一对假设：即 H_0 和 H_1. H_0 表示所有融合算法在实验数据上的表现没有显著性差异，而 H_1 表示所有融合算法在实验数据上的表现存在显著性差异，即 H_0 是错误的. 弗里德曼检验针对每类差异特征均作出一个假设，假设如下：

H_0：在对差异特征(亮度、对比度、边缘轮廓和纹理细节)的融合效果上，融合算法间不存在显著性差异；

H_1：在对差异特征(亮度、对比度、边缘轮廓和纹理细节)的融合效果上，融合算法间存在显著性差异.

弗里德曼检验的步骤如下：

步骤 1：计算每种融合算法对差异特征(亮度、对比度、边缘轮廓和纹理细节)

的融合结果.

步骤 2: 在每个评价指标值表中, 对评价指标值进行比较并标记秩, 从 1(最好的表现)标记到 k(最差的表现); 当组内存在相同的数据时, 取相同数据秩的平均值作为它们的秩.

步骤 3: 计算每种融合算法在所有图像数据上秩的平均值, 即平均秩.

计算出统计量 F_f, 通过正态分布表得出 p 值, 然后将 p 值与显著性水平($\alpha = 0.05$)进行比较来判断显著性差异. 弗里德曼统计量 F_f 如式(9.4):

$$F_f = \frac{12n}{k(k+1)}\left[\sum_i R_i^2 - \frac{k(k+1)^2}{4}\right] \tag{9.4}$$

式中, F_f 服从自由度为 $k-1$ 的 χ^2 分布, R_i 是融合算法 i 的平均秩; k 是融合算法的数量; n 是图像的数量.

使用弗里德曼检验对区组中的数据进行检验时, 如果 p 值小于显著性水平, 则拒绝原假设, 即融合算法间存在显著性差异; 但是不确定哪对融合算法间存在显著性差异, 需要进行后续检验来确认哪对融合算法存在差异. 后续检验包括 $N \times N$ 多重比较和 p 值校正. 在多重比较中, 有 k 个融合算法参与比较, 需要做 $k(k-1)/2$ 对假设. 该多重比较针对每类差异特征均做出如下一组假设:

H_0: 对差异特征(亮度、对比度、边缘轮廓和纹理细节)的融合效果上, 融合算法 i 和融合算法 j 的表现不存在显著性差异($i \neq j$; $i,j \leqslant k$);

H_1: 对差异特征(亮度、对比度、边缘轮廓和纹理细节)的融合效果上, 融合算法 i 和融合算法 j 的表现存在显著性差异($i \neq j$; $i,j \leqslant k$).

在多重比较时, 使用统计量 z 计算每个检验的值, 并由正态近似从正态分布表中获得每个检验的 p 值, 如果 p 值小于显著性水平 α, 则拒绝 H_0, 即融合算法 i 和融合算法 j 之间存在显著性差异. 统计量 z 如公式(9.5)所示:

$$z = \left(R_i - R_j\right) \Big/ \sqrt{\frac{k(k+1)}{6n}} \tag{9.5}$$

式中, R_i 和 R_j 分别为融合算法 i 和 j 的平均秩; k 为融合算法的数量; n 为融合图像组的数量.

但是通过正态近似得出的 p 值不能直接判断接受或拒绝 H_0, 它只反映一组假设中单个检验的概率错误, 没有考虑到同组假设中的其他检验的影响. 在 $N \times N$ 多重比较中, 有 k 个算法参与比较, 对于每类差异特征共有 $k(k-1)/2$ 对假设和比较.

在统计检验中, 限于样本信息, 通常会产生错误, 主要有Ⅰ类错误和Ⅱ类错误, Ⅰ类错误是原假设是正确的, 但是却做出了拒绝原假设的决定, Ⅱ类假设定义与之相反, 即接受了不正确的原假设. 在单个检验中, 不发生 I 类错误的概率是 $1-\alpha$; 而在多个检验中, 不发生 I 类错误的概率是 $(1-\alpha)^{k(k-1)/2}$. 因此, 需要对计算出来的 p 值进行校正, 能有效降低其发生 I 类错误的概率.

对于 $N\times N$ 多重比较, 为了降低发生 I 类错误的概率, 经常使用 Nemenyi, Holm, Shaffer 和 Bergmann-Hommel 方法对 p 值进行校正. 当比较的融合算法较少时, 这里以 9 作为判断标准, 使用 Bergmann-Hommel 方法校正, 当比较的融合算法较多时, 使用 Nemenyi, Holm 和 Shaffer 方法.

Nemenyi 校正 p 值最简单, p_i 乘以 $k(k-1)/2$, 对 p 值校正后判断假设的表现也最差, 公式如(9.6):

$$\min\{v,1\}\text{, 其中 } v=m\cdot p_i \tag{9.6}$$

$$m=\frac{k(k-1)}{2} \tag{9.7}$$

而 Bergmann-Hommel 校正 p 值,

$$\min\{v,1\} \tag{9.8}$$

$$v=\max\left\{\|I\|\cdot\min\left\{p_j, j\in I\right\}: i\in I\right\} \tag{9.9}$$

如果所有的原假设 H_j, $j\in I$ 是正确的, 那么含有所有假设标记的集合 $I\subseteq\{1,\cdots,m\}$ 被定义为完备集合(I exhaustive); Bergmann 步骤拒绝所有 $H_j, j\notin A$, 其中 A 为接受集合, 是原假设被保留的集合, 即

$$A=\bigcup\left\{I:\min\left\{P_i: i\in I\right\}>\alpha/|I|\right\} \tag{9.10}$$

对于 Holm 校正 p 值方法, 如果 i 是满足 $p_i>\alpha/(k(k-1)/2-i+1)$ 的最小值, 那么拒绝假设 H_1 到 H_{i-1}, 公式如(9.11):

$$\min\{v,1\}\text{, 其中 } v=\max\left\{\left(k(k-1)/2-j+1\right)p_j: 1\leqslant j\leqslant i\right\} \tag{9.11}$$

Nemenyi 校正方法实现简单, 但其校正能力较差; Bergmann-Hommel 校正方法表现较好, 但建立算法类集涉及众多融合算法, 该校正方法不满足条件; 而 Holm 校正方法较其他几种校正方法表现较好, 因此选择 Holm 方法对弗里德曼检验中产生的 p 值和显著性水平 α 进行校正.

3. 融合算法类集构建过程

弗里德曼检验的平均秩在一定程度下可以直接用于比较算法的性能, 但是仅依靠平均秩进行比较具有较大的偏差, 没有充分结合统计特性. 使用平均秩作为比较因素的时候, 需要考虑到不同融合算法在统计上的显著性差异, 可以将弗里德曼检验产生的平均秩和后续检验中多重比较产生的 p 值数据结合进行分类处

理. 具体分类步骤如下:

步骤 1: 按集合元素数值对集合Set_m中的元素R^i进行升序排列, 找出数值最小的元素$R_m^{\min}$, 将元素$R_m^{\min}$移入子集合Sub_m, RM_m中, 剩下的元素构成Res_m.

步骤 2: 获取元素$R_m^{\min}$与元素Res_m^i间校正后的p值, 如果$p>\alpha$, 将元素Res_m^i从集合Res_m移动到集合RM_m.

步骤 3: 遍历完集合Res_m中所有的元素, 计算集合RM_m中元素数值的平均值$\mathrm{mean}(\mathrm{RM}_m)$, 将集合$\mathrm{RM}_m$中小于平均值$\mathrm{mean}(\mathrm{RM}_m)$的元素$\mathrm{Res}_m^i$移入集合$\mathrm{Sub}_m$中.

步骤 4: 循环更新集合, 即Set_{m+1}=$\mathrm{Set}_m-\mathrm{Sub}_m$; 返回步骤 1, 建立新的子集合$\mathrm{Sub}_{m+1}$, 循环到$M-1$次, 更新的集合$\mathrm{Set}_{m+1}$最后作为新的子集合$\mathrm{Sub}_{m+1}$.

$$\mathrm{mean}(\mathrm{RM}_m)=\frac{\mathrm{sum}(\mathrm{Res}_m^i)}{n} \tag{9.12}$$

公式(9.12)中, $\mathrm{sum}(\mathrm{Res}_m^i)$为求集合$\mathrm{RM}_m$中元素值的和, n为集合RM_m中元素个数.

以上步骤中, “集合”是融合算法集合, “子集合”是融合算法子集合, “集合元素”是融合算法, “集合元素值”是融合算法平均秩, 下标m表示第m次迭代, 取值范围从 1 到 M; Set_m, Set_{m+1}表示融合算法集合, R^i表示融合算法集合Set_i中的融合算法, $i=1,2,\cdots,14$, $R_m^{\min}$表示集合Set_m中平均秩最小的融合算法; Res_m表示每次从集合Set_m选取$R_m^{\min}$后剩下的融合算法, Res_m^i为Res_m中的融合算法; Sub_m, Sub_{m+1}表示子集合, $\mathrm{Sub}_m,\mathrm{Res}_m\in\mathrm{Set}_m$且$\mathrm{Sub}_m+\mathrm{Res}_m=\mathrm{Set}_m$.

分类方法循环示意图如图 9.6 所示(可参考后面表 9.1 了解各缩写含义), 结合平均秩和p值特性将融合算法分成四类, 即融合效果很好、较好、一般和较差的类, 每个类下面有不同的融合算法并按平均秩大小进行升序排列.

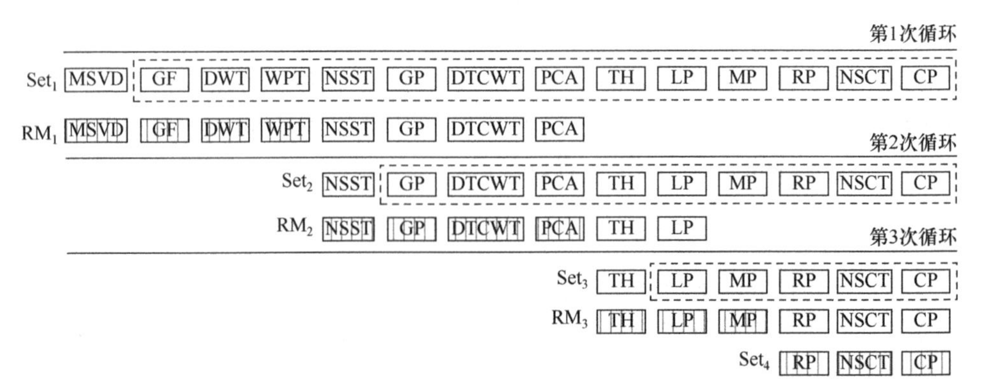

图 9.6　分类方法循环示意图

首先对融合算法集合中的融合算法进行排序，按照平均秩从小到大排序，最小秩表示对该类型特征融合效果最好，最大秩表示对该类型特征融合效果最差；其次，获取平均秩最小的融合算法并与集合中剩下的融合算法进行比较，将它们之间的 p 值与显著性水平 α 进行比较，按步骤 2 和步骤 3 将满足条件的融合算法纳入子集合，按照平均秩大小对子集合融合算法进行排序；最后更新融合算法集合，同样按平均秩对更新后的融合算法集合从小到大进行排序，重复以上步骤，直到循环条件不满足，将所有融合算法划入相应的集合中.

9.2.4　融合算法的分类结果

构建结构化融合算法类集的整体流程如图 9.7 所示，首先选择算法分类所需要的实验图像、融合算法和评价指标，用融合算法对实验图像进行融合，使用评价指标评价融合图像；然后，将评价指标数据设计成四张区组表，使用弗里德曼检验对四张区组表进行检验，包括将评价指标值转换成秩、计算平均秩、计算弗里德曼统计量并由正态分布表得出 $p_1 \sim p_4$ 四个 p 值、将得出的 p 值分别与显著性水平相比，判断融合算法对不同差异特征的融合表现是否具有显著性差异，如果融合算法间具有显著性差异则进行后续检验.

后续检验由多重比较和 p 值校正两部分，首先进行多重比较，并做出一组假设，包括原假设集和备择假设集，得出 p 值；然后进行 p 值校正，因为有 14 种融合算法参与比较，使用 Holm 校正方法校正 p 值，比较得出的 p 值与修正后的显著性水平 α，对做出的一组假设做出接受或者拒绝决定.

在最后的分类步骤中，将融合算法平均秩与一组假设中的 p 值数据结合并对融合算法进行分类，将融合算法分成四类. 根据分类结果初步构建基于图像差异特征的融合算法类集，包括面向亮度差异特征、对比度差异特征、边缘轮廓差异特征和纹理细节特征的融合算法类集.

使用弗里德曼检验进行融合算法对图像差异特征融合效果的检验，需要设计合理的区组，才能构建基于图像差异特征的融合算法类集. 建立算法类集需要准备研究对象、实验图像等. 以 9.1 节融合算法分析中介绍的 14 种融合算法为研究对象，用到的缩写如表 9.1 所示. 以 15 组红外偏振与光强图像作为实验图像，如图 9.8 所示，每组图像场景不同，主要有车辆、装甲车、人、建筑物、窗户、楼梯、树木和大桥等，其中三组图像的融合结果如图 9.9 所示. 选取图像中的亮度、对比度、边缘轮廓和纹理细节差异特征，分别使用 MEAN(灰度均值)、STD(标准差)、边缘强度和 SF(空间频率)来衡量对这 4 类差异特征的融合效果.

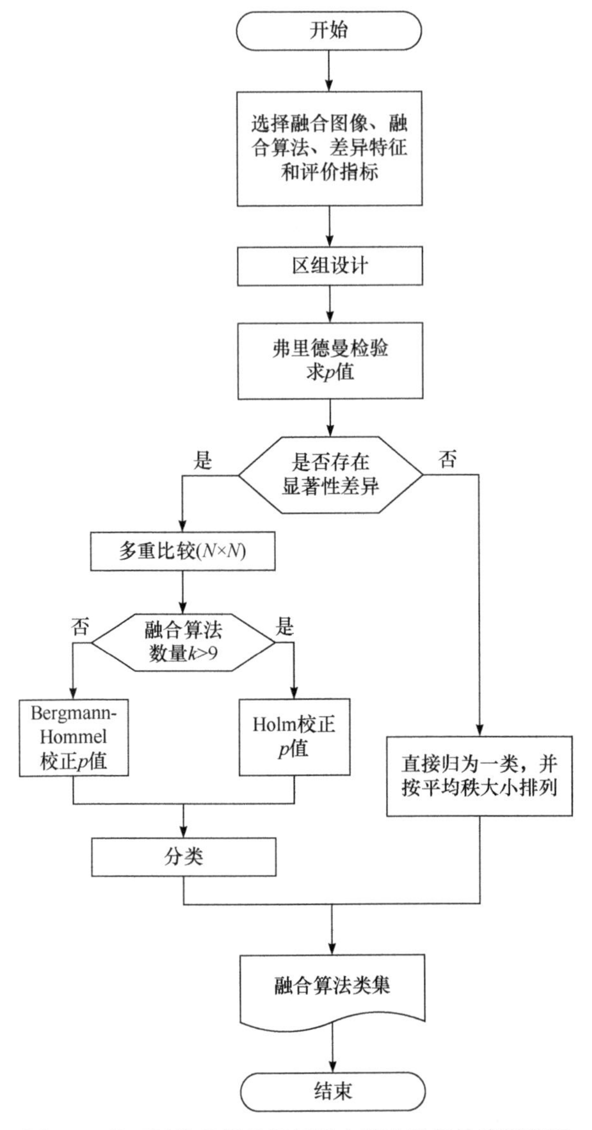

图 9.7　基于图像差异特征的融合算法类集构建流程图

表 9.1　图像融合算法表

融合算法	缩写	融合算法	缩写
离散小波变换	DWT	比率金字塔	RP
双树复小波变换	DTCWT	梯度金字塔	GP
小波包变换	WPT	形态学金字塔	MP
非下采样轮廓波变换	NSCT	顶帽变换(Top Hat)	TH

续表

融合算法	缩写	融合算法	缩写
非下采样剪切波变换	NSST	引导滤波	GF
拉普拉斯金字塔	LP	多尺度奇异值分解	MSVD
对比度金字塔	CP	主成分分析	PCA

(a) 红外偏振图像

(b) 红外光强图像

图 9.8　15 组红外偏振与光强图像

(a) 第 4 组图像融合结果

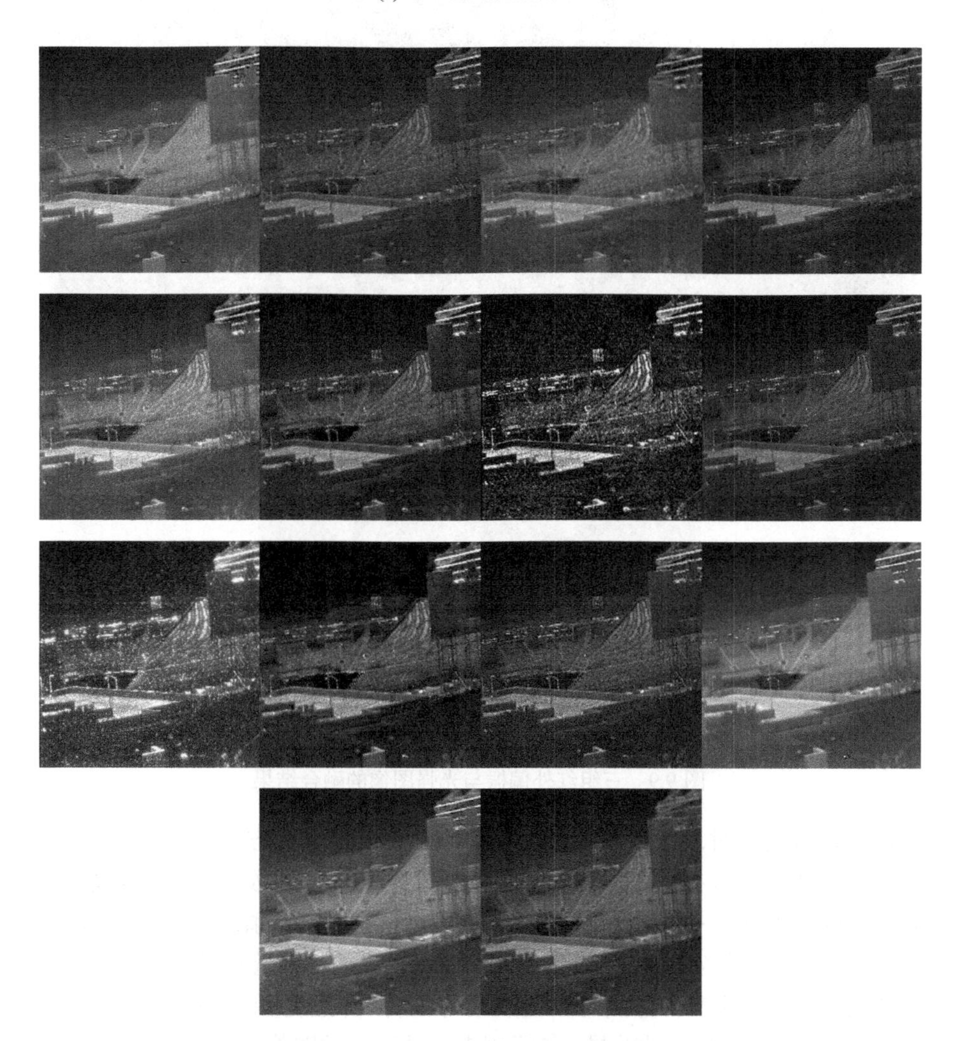

(b) 第 10 组图像融合结果

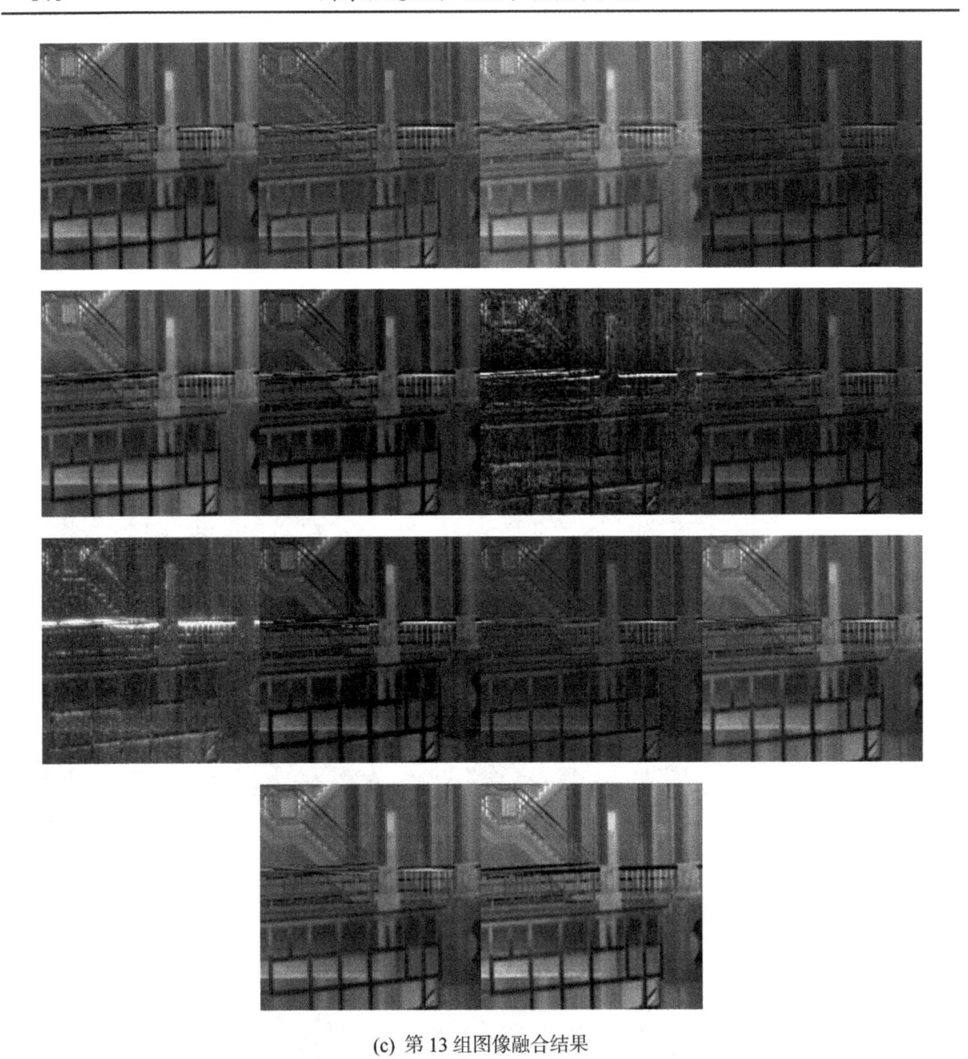

(c) 第 13 组图像融合结果

图 9.9　三组红外偏振与光强图像的融合结果

在设计区组表时，由于弗里德曼检验是对双因素进行方差分析，使用一个因素来比较对待处理数据的影响，另外一个因素来区分区组数据；而差异特征区组表采用的两个因素，一个是融合算法，具有 14 种不同的取值，即 14 种融合算法，另外一个是融合图像实验数据，即 15 组图像．弗里德曼检验比较注重其中一个因素对数据的影响，即融合算法对实验数据的影响．弗里德曼检验考察表中的各列(融合算法)之间有无显著性差异，各行用来区分不同的图像数据，总共设计了 4 张差异特征区组表，表中分别是 MEAN、STD、边缘强度和 SF 差异特征的结果，四张差异特征区组表如表 9.2～表 9.5 所示．

表 9.2　融合算法对融合图像的 MEAN

数据	DWT	DTCWT	WPT	NSCT	NSST	LP	CP	RP	GP	MP	TH	GF	MSVD	PCA
Img1	73.7	64.7	95.2	52.9	72.2	53.6	52.1	52.9	65.9	54.2	53.7	73.9	74.0	50.2
Img2	147.6	130.4	128.7	103.4	146.0	105.6	94.5	104.5	124.2	99.9	104.6	147.9	147.8	48.1
Img3	84.5	100.9	94.1	52.9	83.2	54.9	47.7	53.6	69.9	53.1	55.1	84.8	84.9	85.8
Img4	114.0	85.8	106.5	69.9	113.4	72.2	66.7	71.0	96.4	73.1	71.0	114.3	114.3	102.2
Img5	139.7	100.5	117.1	91.3	137.7	93.4	84.8	91.9	125.9	95.5	93.2	140.1	140.0	65.1
Img6	80.1	98.8	93.4	55.8	80.1	56.9	49.2	56.3	74.3	56.3	56.7	80.9	80.6	87.4
Img7	129.3	99.6	123.1	85.7	127.8	86.4	81.2	85.8	114.6	88.4	86.8	129.5	129.6	11.4
Img8	126.5	78.2	85.1	72.0	126.4	73.2	68.5	72.5	108.4	74.8	74.6	126.8	126.6	105.8
Img9	83.8	71.4	81.7	49.5	83.3	52.2	42.6	50.8	88.3	56.8	51.3	84.2	84.1	65.3
Img10	104.8	71.2	90.4	64.1	104.4	64.3	61.6	64.0	90.3	65.1	64.6	105.0	105.0	77.9
Img11	131.0	111.8	105.4	101.4	129.8	103.0	101.0	102.1	118.6	101.8	102.5	131.3	131.3	58.7
Img12	154.4	108.8	147.5	85.9	154.2	86.7	78.4	86.2	120.3	82.6	86.8	154.6	154.6	175.8
Img13	93.6	87.6	128.4	53.5	93.0	54.9	49.4	53.7	76.6	53.2	55.9	93.8	94.0	107.6
Img14	67.6	83.1	73.3	43.6	67.1	46.2	39.8	44.6	69.5	51.2	45.4	67.9	68.1	105.6
Img15	107.1	73.0	86.4	68.9	104.9	69.6	53.9	69.0	100.6	56.5	69.9	107.6	107.4	109.3

表 9.3　融合算法对融合图像的 STD

数据	DWT	DTCWT	WPT	NSCT	NSST	LP	CP	RP	GP	MP	TH	GF	MSVD	PCA
Img1	29.4	19.1	19.4	23.4	30.8	31.5	34.6	23.4	33.1	34.1	25.5	29.5	29.1	23.5
Img2	41.6	20.8	29.0	25.2	42.0	38.8	37.8	28.9	36.6	47.5	27.6	41.4	41.4	86.2
Img3	53.3	33.1	40.0	27.9	53.9	37.7	32.9	30.7	33.7	38.3	29.4	52.9	52.9	60.8
Img4	45.7	27.3	36.0	28.8	46.1	39.3	47.0	29.9	44.6	44.3	31.0	45.3	45.6	39.8
Img5	58.9	38.1	39.2	45.6	58.6	59.3	62.1	46.3	57.8	66.0	48.2	58.3	58.4	59.6
Img6	54.4	22.6	40.3	23.3	54.3	37.7	28.8	28.1	41.5	38.0	24.7	53.9	54.2	62.3
Img7	31.5	21.5	25.2	21.3	34.4	31.7	41.9	24.2	37.2	36.7	25.0	30.4	30.3	44.0
Img8	48.5	23.3	34.3	31.8	48.3	39.5	59.4	33.4	55.9	42.9	34.8	48.4	48.4	41.4
Img9	40.8	23.4	29.2	28.1	42.2	38.6	62.9	30.3	60.9	42.9	33.1	40.6	40.4	32.0
Img10	40.8	26.1	31.7	29.8	42.3	35.1	52.0	29.2	49.9	41.4	33.6	39.9	40.1	31.4
Img11	35.7	24.3	32.2	23.9	36.9	33.2	32.4	26.5	32.8	36.4	25.9	35.4	35.7	47.9

续表

数据	DWT	DTCWT	WPT	NSCT	NSST	LP	CP	RP	GP	MP	TH	GF	MSVD	PCA
Img12	43.6	23.8	38.2	21.9	44.3	27.2	51.5	23.4	45.6	29.9	23.6	43.0	43.3	50.7
Img13	31.9	21.2	28.5	15.8	32.3	27.2	28.7	19.9	31.2	29.0	17.7	31.4	31.0	38.7
Img14	48.6	27.3	34.1	27.5	48.7	41.6	40.8	31.4	47.5	47.8	34.2	48.4	47.2	91.6
Img15	45.0	25.4	33.0	33.5	46.6	41.9	58.6	34.9	53.2	46.9	37.3	44.4	44.8	102.4

表 9.4　融合算法对融合图像的边缘强度值

数据	DWT	DTCWT	WPT	NSCT	NSST	LP	CP	RP	GP	MP	TH	GF	MSVD	PCA
Img1	38.3	31.8	29.8	30.8	44.4	44.7	52.5	34.4	43.1	47.3	37.8	36.0	35.6	29.7
Img2	61.0	45.2	43.9	42.8	65.8	68.4	73.9	50.7	55.7	77.9	58.2	57.0	60.7	61.8
Img3	68.8	67.6	49.7	38.1	68.7	66.3	58.3	50.0	49.6	67.3	47.8	65.9	64.3	71.4
Img4	56.2	54.6	51.3	42.3	66.0	65.6	142.3	48.7	98.4	75.3	59.4	50.1	56.4	42.6
Img5	92.5	75.2	67.0	65.3	99.6	102.7	164.9	77.4	125.2	110.1	87.4	84.8	91.6	68.5
Img6	40.4	36.6	31.6	27.3	44.0	44.0	66.5	34.0	48.8	45.9	37.7	33.7	39.1	36.0
Img7	69.9	72.3	63.9	60.6	86.4	87.3	150.2	70.1	102.8	100.7	83.6	54.2	57.5	60.7
Img8	70.8	48.1	48.7	51.1	71.8	75.6	193.5	58.4	148.2	82.9	64.3	68.2	70.7	57.1
Img9	65.5	55.1	54.8	52.5	77.5	79.7	178.1	60.6	156.6	89.0	72.8	58.1	57.5	46.3
Img10	60.2	58.9	49.8	56.6	73.4	74.6	172.6	59.5	127.3	81.9	81.6	42.9	48.7	37.8
Img11	63.0	66.1	61.4	51.4	75.4	75.7	86.7	59.8	58.8	80.4	68.7	54.2	63.7	87.9
Img12	35.3	45.5	40.4	31.2	46.5	47.0	170.3	36.9	112.6	56.2	42.5	28.8	34.9	33.4
Img13	70.9	66.1	61.9	39.4	71.8	69.7	97.8	52.0	75.1	71.2	49.1	68.3	64.8	83.5
Img14	106.4	83.2	74.4	71.8	109.9	107.0	120.0	82.8	107.9	117.0	102.1	100.2	94.9	113.4
Img15	64.9	56.0	56.2	56.8	80.9	83.9	127.4	66.1	99.9	86.7	79.8	52.7	65.8	74.5

表 9.5　融合算法对融合图像的 SF

数据	DWT	DTCWT	WPT	NSCT	NSST	LP	CP	RP	GP	MP	TH	GF	MSVD	PCA
Img1	14.3	10.7	8.9	10.6	14.3	15.2	17.2	11.6	13.6	15.4	15.3	13.6	14.1	9.8
Img2	18.0	12.6	10.8	13.2	17.6	18.6	19.8	14.8	16.2	22.0	19.0	16.9	18.5	27.5
Img3	17.2	16.6	11.5	10.1	16.7	16.3	15.1	12.7	13.3	17.1	12.9	16.5	18.2	17.7
Img4	17.3	15.3	12.7	13.7	18.0	19.0	36.7	15.3	26.4	24.9	18.4	14.7	18.5	10.0
Img5	25.6	19.4	15.5	18.5	25.2	27.2	44.2	21.6	35.9	31.1	26.1	22.0	25.8	18.6

续表

数据	DWT	DTCWT	WPT	NSCT	NSST	LP	CP	RP	GP	MP	TH	GF	MSVD	PCA
Img6	15.1	12.1	9.2	10.8	14.4	14.9	27.5	12.4	21.4	16.4	13.4	12.8	15.1	13.7
Img7	21.4	20.2	16.1	18.9	22.9	23.4	40.4	20.4	29.2	28.9	25.9	15.5	17.2	39.9
Img8	25.7	16.7	14.6	20.6	24.2	26.8	57.9	22.8	45.9	30.5	23.4	23.4	25.8	19.6
Img9	22.4	16.5	14.8	17.7	22.8	24.3	50.5	19.9	42.2	27.9	25.1	18.9	23.6	14.6
Img10	22.4	19.3	14.3	21.1	24.1	24.6	56.9	21.5	43.2	26.7	29.5	15.7	17.4	10.7
Img11	17.1	16.9	13.8	14.7	18.6	18.8	21.5	16.1	15.1	19.9	18.9	14.1	17.5	21.9
Img12	14.0	14.8	11.9	11.8	14.9	15.7	43.5	13.1	28.9	20.5	15.1	10.3	14.7	10.1
Img13	16.3	15.2	13.2	9.6	16.0	16.5	27.8	12.4	19.2	18.6	12.5	15.5	16.1	18.2
Img14	32.8	25.0	19.3	25.3	32.8	31.9	35.8	27.2	30.4	35.2	37.1	31.8	31.1	33.8
Img15	21.5	16.4	14.8	20.0	22.5	24.8	39.0	21.8	30.9	27.6	27.3	17.2	23.4	27.4

如图 9.10 所示，根据上面分类方法得到如下 4 个基于图像差异特征的融合算法类集，每种类集下面将图像融合算法分为很好、较好、一般和较差四类. 每个子类中按照平均秩大小进行排列，平均秩越小融合算法表现越好.

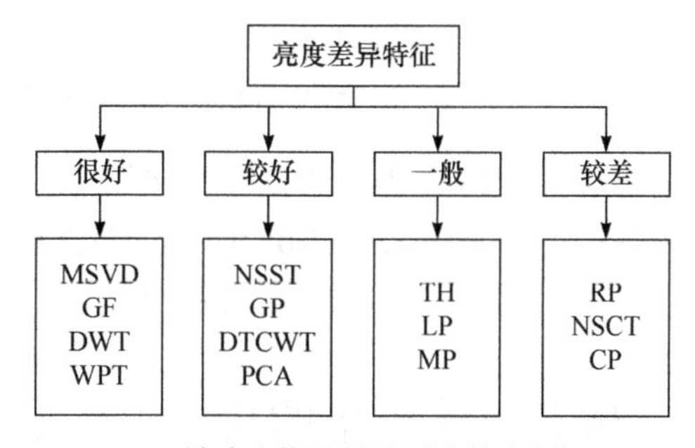

(a) 面向亮度差异特征的融合算法类集

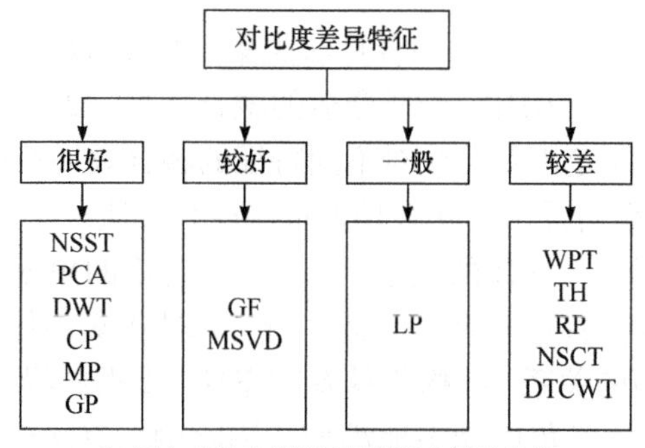

(b) 面向对比度差异特征的融合算法类集

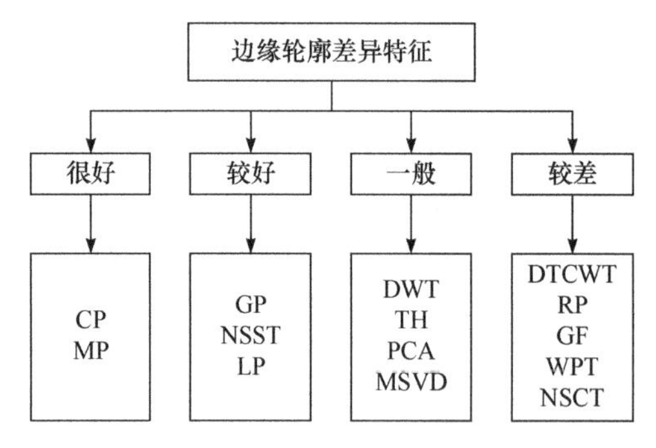

(c) 面向边缘轮廓差异特征的融合算法类集

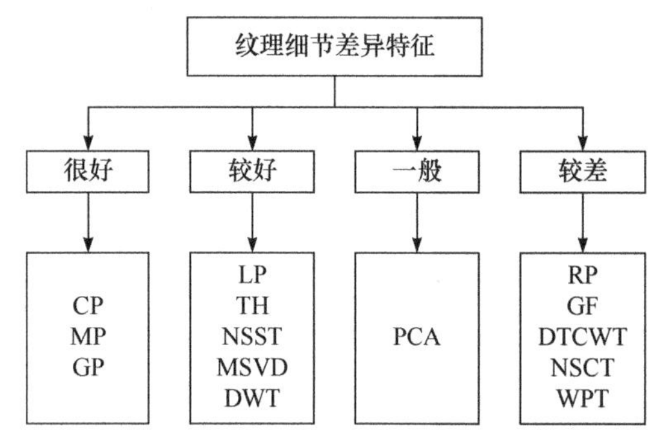

(d) 面向纹理细节差异特征的融合算法类集

图 9.10 面向亮度、对比度、边缘轮廓和纹理细节的融合算法类集

对亮度差异特征, 融合效果最好的是 MSVD, GF, DWT 和 WPT; 对对比度差异特征, 融合效果最好的是 NSST, PCA, DWT, CP, MP 和 GP; 对边缘轮廓差异特征, 表现最好的是 CP 和 MP; 对纹理细节差异特征, 表现最好的是 CP, MP 和 GP.

9.3 融合算法类集的功能需求分析

构建的基于图像差异特征的融合算法类集, 无法满足差异特征融合需求, 需要研究融合算法类集的结构化, 选择合适的融合结构. 结构化融合算法类集是算法按照融合需求、适用范围及算法对不同特征的融合效果等进行归类后形成的集合, 能根据差异特征融合需求变化合理地选择融合算法.

结构化是研究部分与整体的关系, 从数学集合论的角度来看, 结构化是元素与集合、集合与集合的关系, 这些关系能在融合算法类集中体现出来, 表现为融合算法与差异特征之间的关系. 结构化具有动态性, 根据差异特征变化动态选择融合算法, 能在融合算法类集中动态地添加或删除融合算法; 还具有层次性, 分类结果能够以层次化、树状形式表示出来, 且同一层次元素之间存在关系. 算法类集的结构化主要通过差异特征融合需求选择融合算法来体现，因此需要明确差异特征融合需求的属性.

因融合算法原理不同，对各差异特征的融合效果差异较大，不同算法融合相同图像得到不同的结果. 针对具体任务，一般获取有针对性的融合图像，以便于决策者做出判断，如在红外伪装探测方面，通过突出边缘特征来判断车辆类别，由此可以看出融合需求影响图像特征融合质量.

融合需求对选择融合算法至关重要，只有确定融合需求，才能更具有针对性地选择融合算法，并在融合图像中突出差异特征组合. 依据差异特征融合需求确定主要图像特征从而选择合理的融合算法及其结构，这正是结构化的内涵，且与前面介绍的可重构融合理念一致.

分析图像时，对于不同差异特征融合需求，所需要的图像特征不同. 在融合过程中突出融合需求中重点关注的特征，忽略或弱化非主要的特征. 由分析可知，差异特征融合需求具有类型、数量和组合这三种属性. 类型属性是差异特征的类型，包括亮度、对比度、边缘轮廓和纹理细节；数量属性是融合图像中存在的差异特征融合数量；组合属性是指针对一定数量的差异特征类型相对应的差异特征的组合形式，具体的组合形式如表 9.6 所示.

表 9.6　差异特征融合需求组合形式

差异特征数量	差异特征组合
1 种	亮度，对比度，边缘轮廓，纹理细节
2 种	(亮度、对比度)，(亮度、边缘轮廓)，(亮度、纹理细节)，(对比度、边缘轮廓)，(对比度、纹理细节)，(边缘轮廓、纹理细节)
3 种	(亮度、对比度、边缘轮廓)，(亮度、对比度、纹理细节)，(亮度、边缘轮廓、纹理细节)，(对比度、边缘轮廓、纹理细节)
4 种	(亮度、对比度、边缘轮廓、纹理细节)

9.4　多形态子结构化融合算法的派生

9.4.1　基于粗糙集和聚类的融合算法类集派生法

以粗糙集相关概念对融合算法进行知识表达，利用差异特征和融合算法对差异特征表现建立知识库，由等价类划分计算属性重要度，即差异特征重要度，对差异特征融合需求中涉及的差异特征按照特征权重进行计算，以加权平均秩进行聚类分析，能够根据差异特征融合需求将结果分为很好、较好、一般和较差的类别.

粗糙集是一种处理不完整、不确定知识的研究方法，还可用于数据的处理、表达和归纳. 粗糙集使用自身的数据进行决策推理，无需所处理的数据集合之外的任何先验信息，充分体现了数据的客观性，可以对数据进行知识约简.

在粗糙集中，知识表达系统主要由四个要素组成，$S=\{U,Q,V,f\}$，其中 $U\neq\varnothing$ 是我们感兴趣的对象组成的有限集合 $\{x_1,x_2,\cdots,x_n\}$，通常被称为论域；Q 是描述我们感兴趣对象属性的一个有限集合 $\{q_1,q_2,\cdots,q_n\}$；V 是属性集 Q 中每一个属性的值域；f 是 $U\times Q$ 到 V 的一个映射关系，即 $f:U\times Q\rightarrow V$.

在知识表达系统中，不同的属性可能具有不同的重要性，为了找出某些属性(或属性集)的重要性，通常的方案是从属性集 Q 中去掉一些属性，观察没有该属性后分类会怎样变化. 如果删除该属性后，有较大的分类变化，那么说明该属性具有较大的重要性；反之，说明该属性的重要性较低.

属性集一般由条件属性和决策属性组成，根据属性集中是否存在决策属性，将知识表达系统分成决策系统和信息系统两类. 求知识表达系统的属性权重时，使用正域法求解决策系统属性权重，使用知识粒度方法求解信息系统属性权重.

在决策系统中，如 $S=\{U,Q,V,f\}$ 所示，$Q=C\cup D$，C 为条件属性，D 为决策属性；$A\subseteq Q$ 是 Q 的子集，$\mathrm{IND}(A)=\{(x_i,x_j)\in U\times U: f(x_i,q)=f(x_j,q),\ \ q\in A\}$ 为论域 U 上的一个等价关系，记为 R_A.

设 $X\subseteq U$ 是任一子集，R 是 U 上的等价关系，$K=(U,R)$ 一个近似空间，则称 $R\_X=\bigcup\{Y\in U/R: Y\in X\}$ 为 X 的正域，记为 $\mathrm{pos}_R(X)$. 实际上，$\mathrm{pos}_R(X)$ 是 K 中含在 X 中的最大可定义集.

$$k=\gamma_P(Q)=|\mathrm{pos}_P(Q)|/|U| \tag{9.13}$$

$$k_{Q-\{q_i\}}=\gamma_{Q-\{q_i\}}(Q)=\mathrm{pos}_{Q-\{q_i\}}/U \tag{9.14}$$

$$\sigma_i=\gamma_Q(Q)-\gamma_{Q-\{q_i\}}(Q) \tag{9.15}$$

令 $K=(U,R)$ 为一知识库，且 $P,Q\subseteq R$，如公式(9.13)所示，称知识 Q 是 k 度依赖于知识 P 的. 当 k=1 时称 Q 完全依赖于 P；当 $0<k<1$ 时称 Q 粗糙依赖于 P；当 k=0 时称 Q 完全独立于 P，$\gamma_P(Q)$ 表示 P 和 Q 间的依赖度. 如公式(9.15)所示，对依赖度进行相减可以得出 q_i 的属性重要度，经归一化可得各属性 q_i 的权重.

当知识表达系统为信息系统时，使用知识粒度方法计算属性权重. 这里需要简单介绍知识粒度、分辨度和重要度的概念. 设 $K=(U,R)$ 为一个知识库，$r\in R$ 为等价关系，称 $GD(r)$ 为知识 $r\in R$ 的粒度，称 $\mathrm{Dis}(r)$ 为知识 $r\in R$ 的分辨度[8]，计算如公式(9.16)和(9.17)所示:

$$GD(r)=\frac{|r|}{|U^2|} \tag{9.16}$$

$$\mathrm{Dis}(r)=1-GD(r) \tag{9.17}$$

正确理解知识的粒度概念和分辨度内涵以及它们之间的关系是计算属性重要度的前提，公式(9.17)可以反映出知识粒度与分辨度之间的关系，知识粒度越大，分辨度越小.

因为信息系统中只有条件属性集 C，没有决策属性集 D，将上面提到的知识表达系统更改为 $S=(U,C,V,f)$，$X\subseteq C$ 是属性集 C 的一个属性子集，$x\in C$ 是属性集 C 中的一个属性. 计算属性 x 对于属性集 X 的重要度，即在属性 X 中增加属性 x 后分辨度的提高程度，提高程度越大，可以视为 x 对于 X 越重要. 计算 x 对于 X 的重要度公式如(9.18)所示：

$$\mathrm{Sig}_X(x)=1-\frac{|X\cup\{x\}|}{|X|} \tag{9.18}$$

式中 $X=\{X_1,X_2,\cdots,X_n\}$，$|X|=\sum_{i=1}^{n}|X_i|^2$，$\mathrm{Sig}_X(x)$ 越大, x 对于 X 越重要.

$$\omega_i=\frac{\mathrm{Sig}_Q(q_i)}{\sum_{i}^{m}\mathrm{Sig}_Q(q_i)} \tag{9.19}$$

对融合算法进行知识表达所得的是信息系统，差异特征为属性，分类结果相当于对差异特征进行离散化，差异特征权重计算步骤如下所示：

步骤 1：划分等价类 $U/((Q-\{q_i\})\cup\{q_i\})$，$U/(Q-\{q_i\})$；

步骤 2：计算 $|(Q-\{q_i\})\cup\{q_i\}|$ 和 $|Q-\{q_i\}|$；

步骤 3：由公式(9.18)计算属性 q_i 的重要性，即 $\mathrm{Sig}_Q(q_i)$；

步骤 4：使用公式(9.19)对属性的重要性进行归一化处理.

采用以上步骤计算属性权重的过程中时常发生权重为零或权重相等的现象，在结构化方法流程中，计算边缘轮廓差异特征重要性时出现了重要性为 0 的现象. 文献[9]中的校正方法是将其他属性对每一单属性重要度的影响纳入考虑范围，使得所计算的单属性重要性结果更加精确，可以解决权重为 0 和权重相等的问题.

在计算差异特征权重过程中，将 $\mathrm{Sig}_Q(q_i,q_j)-\mathrm{Sig}_Q(q_i)$ 之间的值纳入考虑范围，如果 $\mathrm{Sig}_Q(q_i,q_j)-\mathrm{Sig}_Q(q_i)$ 大于零，表明特征 q_i 重要性因特征 q_j 增大，特征 q_i 的重要性就要减掉 $(\mathrm{Sig}_Q(q_i,q_j)-\mathrm{Sig}_Q(q_i))/2$；如果 $\mathrm{Sig}_Q(q_i,q_j)-\mathrm{Sig}_Q(q_i)$ 小于零，表明特征 q_i 重要性因特征 q_j 减小，特征 q_i 的重要性就要增加 $(\mathrm{Sig}_Q(q_i)-\mathrm{Sig}_Q(q_i,q_j))/2$.

$$\mathrm{Sig}'_Q(q_i)=\left|\mathrm{Sig}_Q(q_i)-\frac{1}{n-1}\sum_{j=1(j\neq i)}^{m}\left[\frac{(\mathrm{Sig}_Q(q_i,q_j)-\mathrm{Sig}_Q(q_i))}{2}\right]\right| \tag{9.20}$$

$$\omega'_i=\frac{\mathrm{Sig}'_Q(q_i)}{\sum_{i}^{m}\mathrm{Sig}'_Q(q_i)} \tag{9.21}$$

上式中, m 表示差异特征个数, 应用于计算差异特征权重.

修正 $\mathrm{Sig}_Q(q_i)$ 的步骤如下所示:

步骤 1: 确定属性集, 结合融合算法知识表达, 也可以表示差异特征, $Q=\{q_1,q_2,\cdots,q_n\}$, 等价类划分 $U/(Q-\{q_i\})$, $U/(Q-\{q_i,q_j\})$, $U/((Q-\{q_i\})\cup\{q_i\})$ 和 $U/((Q-\{q_i,q_j\})\cup\{q_i,q_j\})$;

步骤 2: 计算 $|Q-\{q_i\}|$, $|Q-\{q_i,q_j\}|$, $|(Q-\{q_i\})\cup\{q_i\}|$ 和 $|(Q-\{q_i,q_j\})\cup\{q_i,q_j\}|$;

步骤 3: 计算属性重要性 $\mathrm{Sig}_Q(q_i)$ 和 $\mathrm{Sig}_Q(q_i,q_j)$, 并对各属性重要性进行校正, 使用公式(9.20)计算出 $\mathrm{Sig}'_Q(q_i)$;

步骤 4: 使用公式(9.21)对计算出来的 $\mathrm{Sig}'_Q(q_i)$ 进行归一化得出 ω'_i.

聚类分析需要准备聚类数据和选择特征, 选择融合算法的平均秩作为聚类数据, 根据差异特征融合需求选择具体的特征[10]. 差异特征融合需求具有多种组合, 综合考虑融合算法对不同差异特征的融合效果需要对融合算法的平均秩进行加权处理. 差异特征权重由粗糙集等价类划分及相关计算得出, 融合算法平均秩加权处理如公式(9.22)所示:

$$R_i=\sum_{j=1}^{k}R_{ij}\cdot w_j \tag{9.22}$$

式中, R_i 是融合算法 i 对不同差异特征加权后的平均秩, R_{ij} 是融合算法 i 对差异特征 j 的平均秩. 对融合算法平均秩进行加权处理后, 使用聚类进行处理, 将算法划分成融合有效性不同的簇. 将样本 $D=\{x_1,x_2,\cdots,x_m\}$ 划分到不同的簇中 $C=\{C_1,C_2,\cdots,C_k\}$, 最小化平方误差:

$$E=\sum_{i=1}^{k}\sum_{x\in C_i}\|x-\mu_i\|_2^2 \tag{9.23}$$

$$\mu_i=\frac{1}{|C_i|}\sum_{x\in C_i}x \tag{9.24}$$

在 K 均值聚类分析中, 需要根据数据特性和聚类目标选择距离度量方法和聚类簇数. 常用的距离度量方法有欧氏距离和余弦相似度, 它们都用于评价个体间差异大小，其他的距离测量和相似度度量方法都作为它们的衍生. 欧氏距离反映空间不同点的距离，而余弦相似度反映的是空间向量间的夹角. 用于聚类的数据是加权处理后的平均秩，因此各算法之间的差异能有效通过欧氏距离度量出来，欧氏距离如公式(9.25)所示. 聚类簇数与具体实践任务目标有关，例如对融合算法进行分类结果要使算法在不同层次上体现出差异.

$$\mathrm{dis}_{ED}=\left\|x_i-x_j\right\|=\sqrt{\sum_{u=1}^{n}\left|x_{iu}-x_{ju}\right|^2} \tag{9.25}$$

从融合算法集 $D=\{x_1,x_2,\cdots,x_m\}$ 中随机选择 k 个融合算法作为初始的聚类中心 $C_1,C_2,\cdots,C_k$；然后计算数据集中的每种融合算法 x_i 与各个聚类中心 C_j 的距离，以距离最小值确定 x_i 的簇标记；然后更新每个簇的中心 μ_i，重新进行上面的步骤，直到达到最大迭代次数和聚类目标函数达到最优值.

9.4.2　融合算法类集结构化的实现

基于弗里德曼检验将融合算法分类是一个从定量到定性的过程，分类结果为很好、较好、一般和较差四类，相当于对融合算法融合效果指标取值的离散化. 融合算法类集的结构化体现形式也与之类似，可以根据差异特征组合需求，同样将融合算法分成四个层次.

由于此结构化方法需要综合融合算法定量数据与定性数据，即平均秩和分类结果. 平均秩表示每种算法在所有图像组上的平均表现，选取表 9.2～表 9.5 中的评价指标数据，每张表格中有 15 行 14 列，表示 15 组图像和 14 种融合算法. 按照弗里德曼检验中的步骤进行秩转换，秩越小表现越好. 秩转换完成后，在每列数据上取平均值得出算法平均秩. 融合算法平均秩如表 9.7 所示. 融合算法分类结果如表 9.8 所示.

表 9.7　融合算法平均秩

融合算法	亮度	对比度	边缘轮廓	纹理细节
DWT	4.13	4.33	7	6.93
DTCWT	6	13.2	9.53	10.6
WPT	4.6	10.2	11.53	13.27
NSCT	12.3	13	13	11.93
NSST	5	3.6	4.53	6.67
LP	9.73	7.73	4.53	5.2
CP	13.67	4.47	1.67	1.79

续表

融合算法	亮度	对比度	边缘轮廓	纹理细节
RP	11.33	11.73	10	10.2
GP	5.93	5.07	4.33	4.67
MP	10.26	4.87	3	3.07
TH	9.67	10.87	7.67	5.73
GF	2.59	5.8	10.53	10.27
MSVD	2.53	6.13	9	6.73
PCA	7.2	4	8.67	7.93

表 9.8　融合算法分类结果

融合算法	亮度	对比度	边缘轮廓	纹理细节
DWT	1	1	3	2
DTCWT	2	4	4	4
WPT	1	4	4	4
NSCT	4	4	4	4
NSST	2	1	2	2
LP	3	3	2	2
CP	4	1	1	1
RP	4	4	4	4
GP	2	1	2	1
MP	3	1	1	1
TH	3	4	3	2
GF	1	2	4	4
MSVD	1	2	3	2
PCA	2	1	3	3

根据表 9.8 中定性数据，即基于图像差异特征的融合算法类集，构建融合算法的知识库，14 种融合算法构成论域，亮度、对比度、边缘轮廓和纹理细节差异特征构成属性 Q，属性值 V 的取值为很好、较好、一般和较差，使用数字 1,2,3 和 4

来表示. 以全部差异特征对算法进行划分结果 $U/\text{ind}(1,2,3,4)$ 为

{DWT}，{DTCWT}，{WPT}，{NSCT,RP}，{NSST}，{LP}，{CP}，{GP}，{MP}，{TH}，{GF}，{MSVD}，{PCA}.

差异特征集 Q 去除亮度差异特征的划分结果 $U/\text{ind}(2,3,4)$ 为

{DWT}，{DTCWT,WPT,NSCT,RP}，{NSST}，{LP}，{CP,MP}，{GP}，{TH}，{GF}，{MSVD}，{PCA}.

由公式(9.18)计算差异特征 q_1 的权重，计算得 $|(Q-\{q_1\})\cup\{q_1\}|=16$，又 $|Q-\{q_1\}|=28$，所以亮度差异特征重要性 $\text{Sig}_Q(q_1)=1-|(Q-\{q_1\})\cup\{q_1\}|/|Q-\{q_1\}|=1-16/28=0.429$. 采取同样步骤计算其他差异特征的等价类划分结果，得出知识粒度和分辨度，最后求出属性重要度. 基于粗糙集的差异特征权重计算方法得出的重要度为

$$\begin{cases}\text{Sig}_Q(q_1)=0.428\\ \text{Sig}_Q(q_2)=0.2\\ \text{Sig}_Q(q_3)=0\\ \text{Sig}_Q(q_4)=0.111\end{cases}$$

因为 $\text{Sig}_Q(q_3)=0$，进行归一化后 ω_3 仍为 0，对差异特征权重的校正方法如下所示:

去除差异特征 q_1，q_2 两列，同样获得 $Q-\{q_1,q_2\}$ 和 $(Q-\{q_1,q_2\})\cup\{q_1,q_2\}$ 等价类划分结果，由公式(9.18)计算出属性重要度:

$$\begin{cases}\text{Sig}_Q(q_1,q_2)=0.636\\ \text{Sig}_Q(q_1,q_3)=0.529\\ \text{Sig}_Q(q_1,q_4)=0.5\end{cases}$$

将这些值代入公式(9.20)中:

$$\text{Sig}'_Q(q_1)=\left|\text{Sig}_Q(q_1)-\frac{1}{3}\left[\frac{(\text{Sig}_Q(q_1,q_2)-\text{Sig}_Q(q_1))+(\text{Sig}_Q(q_1,q_3)-\text{Sig}_Q(q_1))+(\text{Sig}_Q(q_1,q_4)-\text{Sig}_Q(q_1))}{2}\right]\right|$$

得出校正值 $\text{Sig}'_Q(q_1)=0.3645$，由同样校正方法得出全部属性重要度:

$$\begin{cases}\text{Sig}'_Q(q_1)=0.3645\\ \text{Sig}'_Q(q_2)=0.103\\ \text{Sig}'_Q(q_3)=0.189\\ \text{Sig}'_Q(q_4)=0.018\end{cases}$$

使用公式(9.21)归一化后，得出

$$\begin{cases}\omega_1' = 0.54 \\ \omega_2' = 0.153 \\ \omega_3' = 0.28 \\ \omega_4' = 0.027\end{cases}$$

以上过程可获得不同差异特征权重，根据差异特征融合需求将平均秩加权处理，获得加权平均秩. 根据平均秩进行 K 均值聚类分析，获得很好、较好、一般和较差四类融合算法集合. 以亮度和对比度差异特征为例，聚类后的结果如表 9.9 所示.

表 9.9　亮度和对比度差异特征聚类结果

等级	融合算法
很好	DWT, NSST, GF, MSVD
较好	WPT, GP, PCA
一般	DTCWT, LP, MP, TH
较差	NSCT, CP, RP

算法类集的结构化可以扩展到其他差异特征数量和差异特征组合形式，融合算法归类流程与上述步骤一样. 对于单类差异特征融合需求，直接将基于图像差异特征的融合算法类集进行整理，如图 9.11 所示；其他差异特征组合形式分类结果如图 9.12 所示.

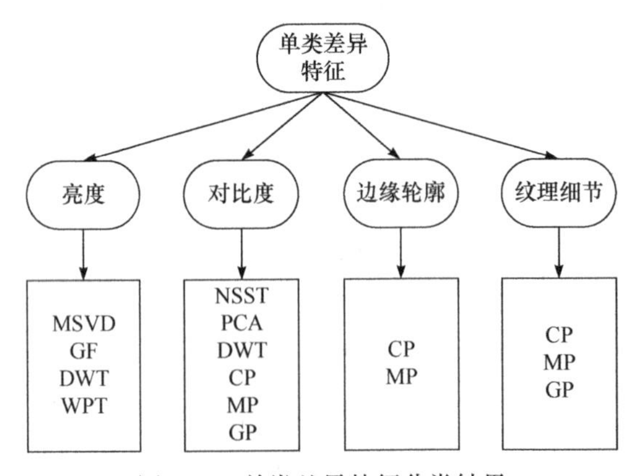

图 9.11　单类差异特征分类结果

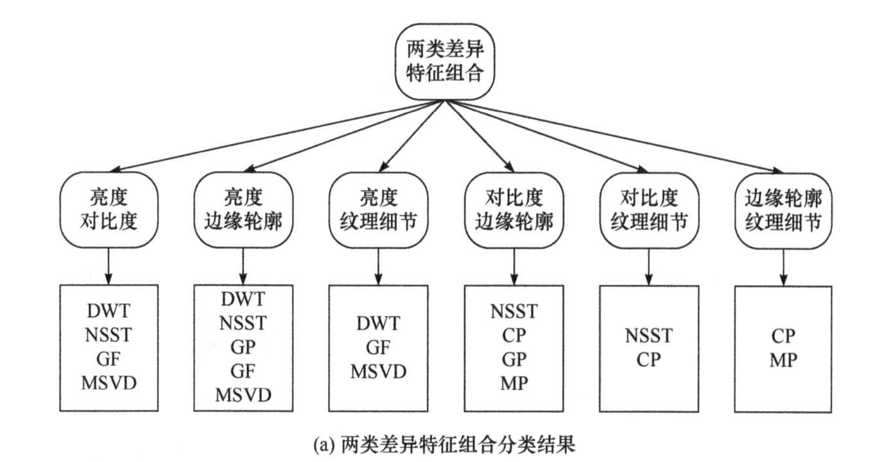

(a) 两类差异特征组合分类结果

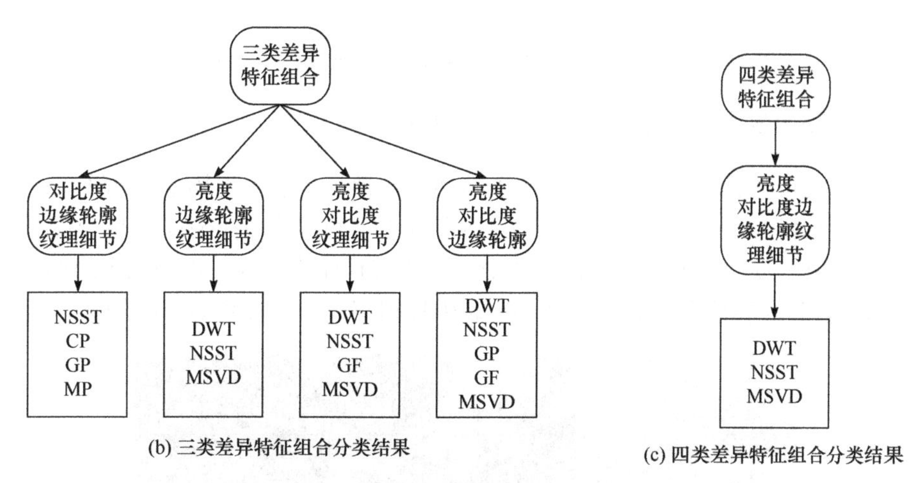

(b) 三类差异特征组合分类结果　　(c) 四类差异特征组合分类结果

图 9.12　两类、三类和四类差异特征组合形式分类结果

将单类、两类、三类和四类差异特征组合形式分类结果整理成如图 9.13 所示的结构化算法类集，以层次化的形式表示，各层分别为差异特征融合需求、差异特征数量、差异特征组合形式和融合算法.

9.4.3　融合算法结构化的验证分析

通过实验来验证基于图像差异特征的融合算法类集和结构化融合算法类集. 将客观评价与主观评价相结合，判断表现效果好的融合算法是否与所构建的融合算法类集一致，所建立的融合算法类集和结构化融合算法类集的有效性.

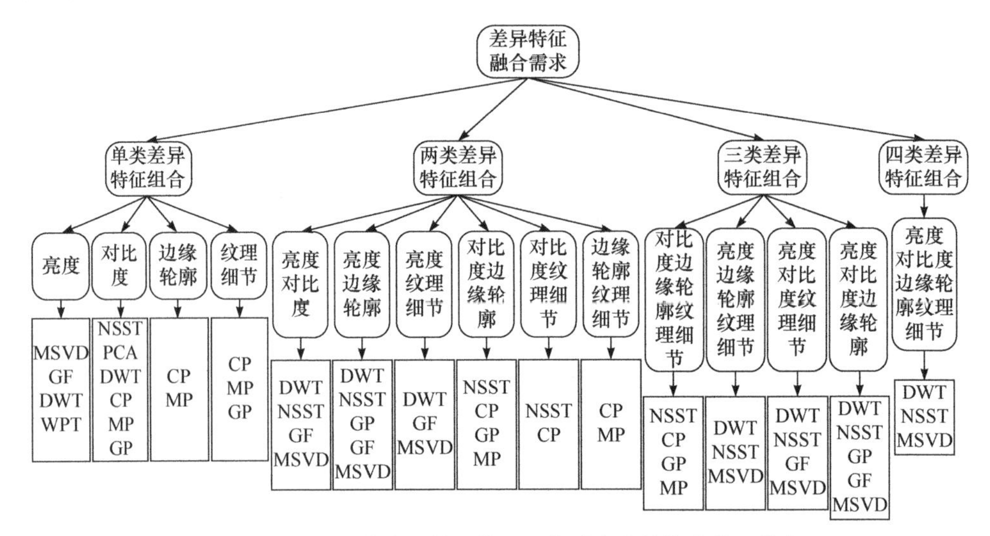

图 9.13　面向双模式红外图像可重构融合的结构化算法类集

1. 基于图像差异特征的融合算法类集验证分析

重新选取三组验证图片, 分别包含高楼、楼梯与车辆三类场景, 如图 9.14 所示. 同样使用 14 种融合算法对三组红外偏振与光强图像进行融合, 融合图像如图 9.15 所示, 使用 MEAN、STD、边缘强度和 SF 评价指标评价图像中的四类差异特征, 整理实验数据如表 9.10 所示, 表中加粗字体为当前列对应的较优值.

(a) 红外偏振图像

(b) 红外光强图像

图 9.14　红外偏振与光强验证图像

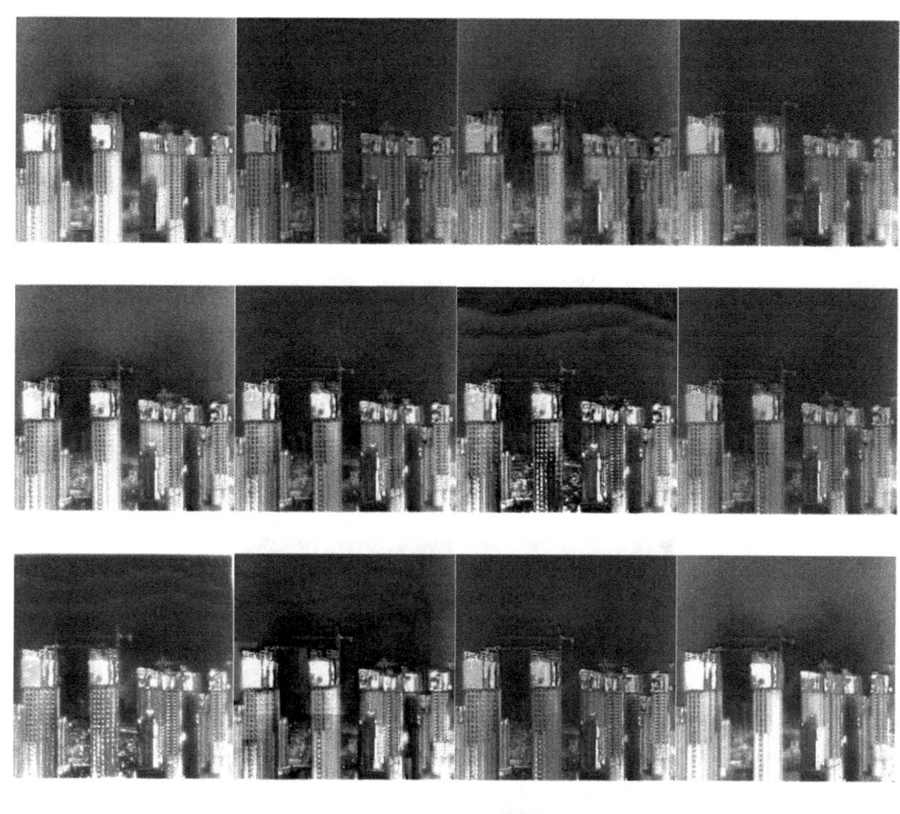

(a) 第一组验证图像融合结果

(b) 第二组验证图像融合结果

(c) 第三组验证图像融合结果

图 9.15　红外偏振与光强融合图像

表 9.10　三组验证图像的实验数据

融合算法	亮度			对比度			边缘轮廓			纹理细节		
	Img1	Img2	Img3	Img1	Img2	Img3	Img1	Img2	Img3	Img1	Img2	Img3
DWT	**128.23**	**98.885**	**120.9**	57.653	44.935	**56.522**	77.571	35.504	31.363	22.565	11.1	10.801
DTCWT	74.756	71.702	98.264	39.554	27.693	29.624	69.135	35.382	35.474	18.941	10.214	10.666
WPT	94.122	89.56	113.79	42.634	38.21	53.978	62.593	36.246	34.597	15.706	9.3865	9.0886
NSCT	89.618	63.654	69.23	47.42	31.796	31.135	59.512	29.537	26.481	18.125	9.6077	9.403
NSST	126.64	98.501	120.78	58.182	**45.976**	**56.883**	84.972	45.021	39.23	23.261	12.792	11.766
LP	91.387	64.388	70.037	57.621	37.626	34.103	88.609	45.452	39.217	25.067	13.149	12.303
CP	85.291	60.242	64.561	62.376	**45.573**	47.181	**126.23**	**106.64**	**122.01**	**39.247**	**36.189**	**38.564**
RP	89.99	63.957	69.503	47.227	32.418	31.652	68.228	33.978	30.596	20.065	10.563	10.373
GP	114.05	84.584	92.448	63.162	44.621	48.006	88.25	76.909	86.592	26.355	**27.884**	**28.429**
MP	91.557	61.389	67.134	**68.096**	39.076	35.491	96.411	50.757	46.19	**28.737**	14.596	15.27
TH	90.91	64.078	69.761	50.6	32.633	32.077	83.224	39.372	38.259	27.168	12.769	13.189
GF	**128.79**	**99.337**	**120.93**	57.764	45.165	56.331	70.652	30.723	23.499	19.813	9.2318	7.4808
MSVD	**128.66**	**99.008**	**120.96**	57.7	45.027	56.493	76.632	36.455	32.313	23.037	11.879	11.751
PCA	88.976	76.567	115.55	**77.846**	34.688	54.813	57.948	24.58	20.085	15.531	6.668	5.2434

由 9.2 节建立的基于图像差异特征的融合算法类集得出对各差异特征融合效

果最好的算法分别为

亮度: MSVD, GF, DWT;

对比度: NSST, PCA, DWT, CP, MP, GP;

边缘轮廓: CP, MP;

纹理细节: CP, MP, GP. 对于基于图像差异特征的融合算法类集验证, 验证方法为: 对于单个图像差异特征, 视觉效果和评价指标值上表现好的算法与分类结果相符合.

直接分析融合图像可以看出, DWT, GF 和 MSVD 融合图像相比于其他算法的融合图像, 在亮度方面表现良好; 对于对比度, DTCWT 和 MSVD 整体偏暗和偏亮, 第一组图像中 PCA 和 MP 的视觉效果较好, 第二组和第三组图像, 在视觉上, NSST 表现良好; 对于边缘轮廓和纹理细节差异特征的表征方面, CP 均有较好的表现, 能有效突出建筑物的轮廓和远处的塔吊, 第二组图像中的楼梯和门均清晰可见, 第三组图像中容易分辨出汽车和背景, 汽车的前窗和轮毂也较为明显.

如表 9.10 和图 9.16 所示, 对于亮度差异特征, 三组图像评价指标值最高的是 DWT, GF 和 MSVD, 都在类集集合中; 对于对比度差异特征, 第一组图像最好的是 MP 和 PCA, 第二组图像最好的是 NSST 和 CP, 第三组图像最好的是 DWT 和 NSST, 与对比度的分类集合结果相符合; 对于边缘轮廓差异特征, 三组图像评价指标值最好的均是 CP, 与边缘轮廓分类结果一致; 对于纹理细节差异特征, 第一组图像最好的是 CP 和 MP, 第二组和第三组图像, 评价指标值最高的是 CP 和 GP, 这结果与弗里德曼检验分类结果是一致的.

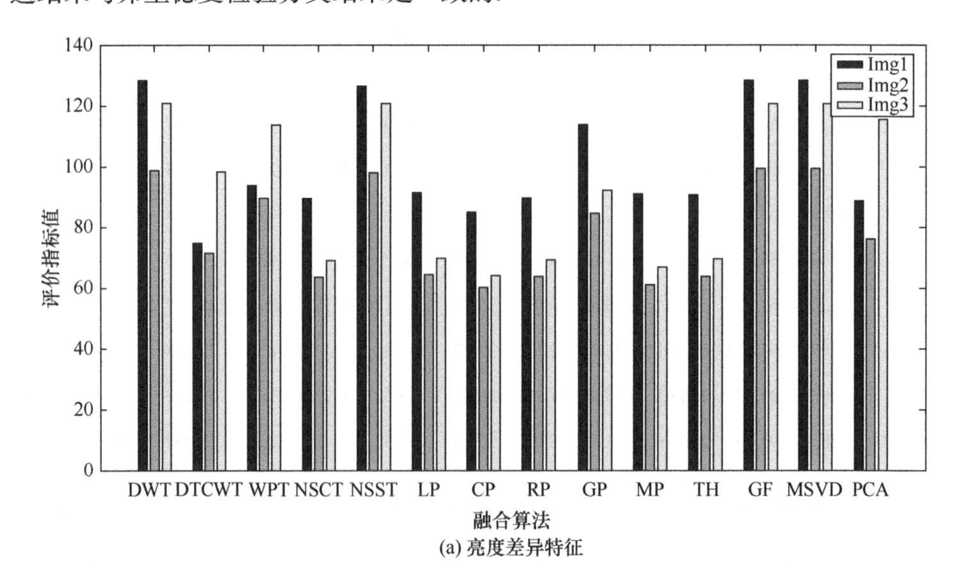

(a) 亮度差异特征

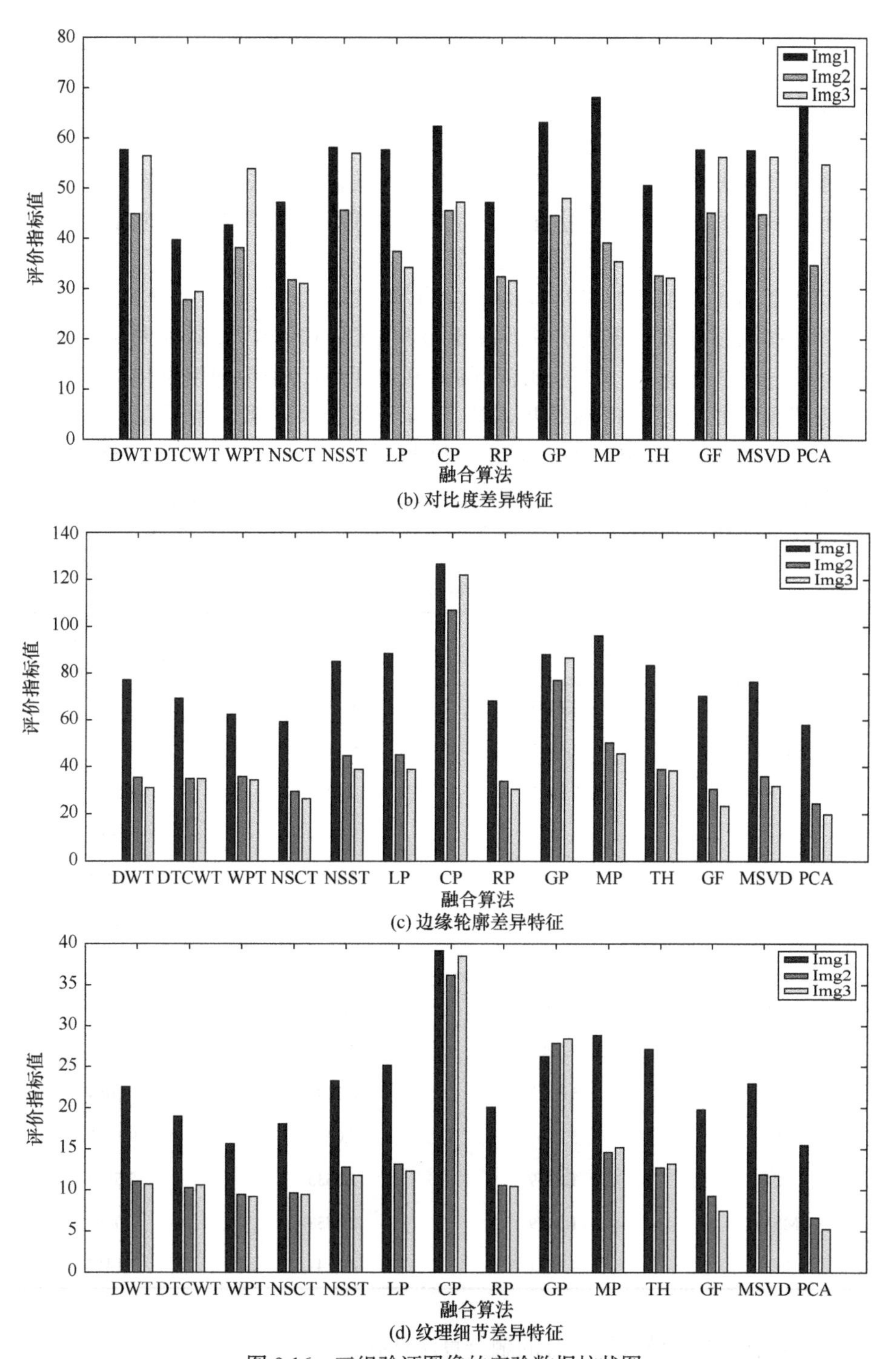

(b) 对比度差异特征

(c) 边缘轮廓差异特征

(d) 纹理细节差异特征

图 9.16　三组验证图像的实验数据柱状图

2. 融合算法类集的结构化验证分析

由场景目标决定融合需求，根据融合需求选择合理融合算法，利用算法的合理性来验证结构化融合算法类集结构化的有效性. 单类差异特征融合算法的选择以弗里德曼检验获得的融合算法类集为标准来验证融合算法类集的结构化，多类差异特征选择的融合算法可以利用特征组合形式来验证融合算法类集的结构化.

(1) 关于两类差异特征组合的融合算法选择.

以亮度和纹理细节差异特征的组合为例，其权重分别为 0.54 和 0.027，由此对平均秩加权处理、聚类分析，得知 DWT, GF 和 MSVD 对这两种差异特征组合有较好的表征能力，如图 9.17 和表 9.11 所示，表中加粗字体为当前列对应的较优值. 加权评价指标结果基本上与分类结果一致，除了在第三组图像中, NSST 数值略高于 GF，如图 9.18(a)和表 9.12 所示. DWT, GF 和 MSVD 整体看起来较亮，其他融合算法所得融合图像较暗，在保证亮度的同时，也能清晰可见建筑物楼层、楼梯扶手、车辆车窗和轮毂.

表 9.11　不同差异特征组合平均秩加权值

差异特征组合	亮度、纹理细节	亮度、对比度、纹理细节	亮度、对比度、边缘轮廓、纹理细节
DWT	**2.4173**	**3.0798**	**5.0398**
DTCWT	3.5262	5.5458	8.2142
WPT	2.8423	4.4029	7.6313
NSCT	6.9641	8.9531	12.5931
NSST	2.8801	**3.4309**	**4.6993**
LP	5.3946	6.5773	7.8457
CP	7.4301	8.1140	8.5816
RP	6.3936	8.1883	10.9883
GP	3.3283	4.1040	5.3164
MP	5.6233	6.3684	7.2084
TH	5.3765	7.0396	9.1872
GF	**1.6759**	**2.5633**	5.5117
MSVD	**1.5479**	**2.4858**	**5.0058**
PCA	4.1021	4.7141	7.1417

(2) 关于三类差异特征组合的融合算法选择.

对于差异特征数量为 3 的组合验证以亮度、对比度和纹理细节为例，其权重

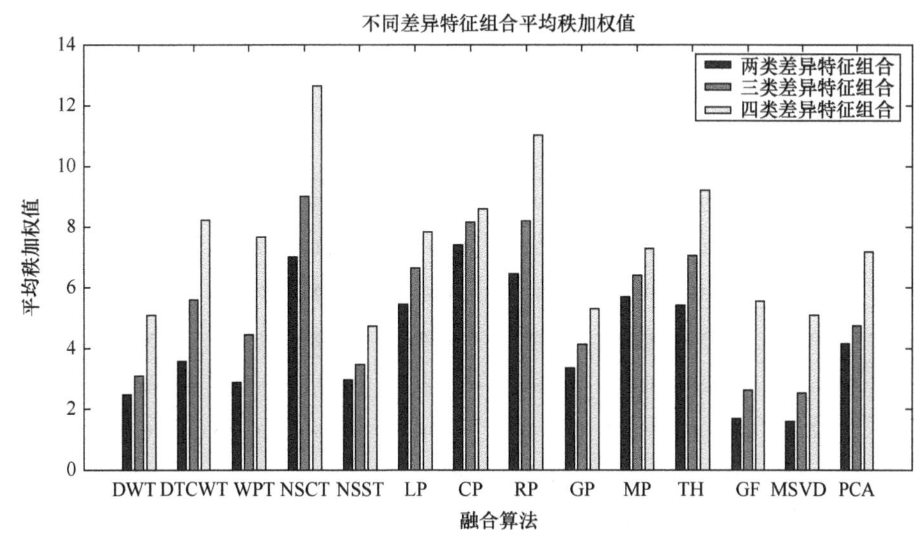

图 9.17　不同差异特征组合平均秩加权值柱状图

分别为 0.54, 0.153 和 0.027. 对这种差异特征组合形式, 融合效果最好的融合算法是 DWT, NSST, GF 和 MSVD 等四种融合算法, 如图 9.17 和表 9.11 所示. 加权评价指标结果与分类结果一致, 如图 9.18(b)和表 9.12 所示. 对此三类差异特征组合, 相比于亮度与纹理差异特征组合不同的是增加了 NSST, NSST 在对亮度上的表现也较好, 但在明暗反差的表现上有了提升, 建筑物所处背景更暗, 建筑物主体却更亮, 没有影响对楼层的识别.

(3) 关于四类差异特征组合的融合算法选择.

基于融合算法对四类差异特征的融合效果, 从综合的角度选择对源图像整体融合效果好的融合算法, 其中表现最好的是 DWT, NSST 和 MSVD 三种融合算法, 如图 9.17 和表 9.11 所示. 加权评价指标结果基本上与分类结果一致, 除却第二组图像中, GP 表现最优, 如图 9.18(c)和表 9.12 所示, 表中加粗字体为当前列对应的较优值. 总的来说, DWT, NSST 和 MSVD 对第一组图像融合效果最好, 其他融合算法如 DTCWT, WPT 和 NSCT 几乎将塔吊淹没于背景中; 对于第二组和第三组图像, DWT, NSST 和 MSVD 整体表现较优, 在第二组图像中, GP 表现较优, 虽然不如 DWT, NSST 和 MSVD 亮, 但是对纹理细节的表征较好.

表 9.12　加权评价指标值

差异特征组合	亮度、纹理细节			亮度、对比度、纹理细节			亮度、对比度、边缘轮廓、纹理细节		
图像	Img1	Img2	Img3	Img1	Img2	Img3	Img1	Img2	Img3
DWT	**69.853**	**53.698**	**65.578**	**78.674**	**60.573**	**74.225**	**100.39**	70.514	**83.007**

续表

差异特征组合	亮度、纹理细节			亮度、对比度、纹理细节			亮度、对比度、边缘轮廓、纹理细节		
图像	Img1	Img2	Img3	Img1	Img2	Img3	Img1	Img2	Img3
DTCWT	40.88	38.995	53.351	46.931	43.232	57.883	66.289	53.139	67.816
WPT	51.25	48.616	61.692	57.773	54.462	69.951	75.299	64.611	79.638
NSCT	48.883	34.633	37.638	56.138	39.497	42.402	72.802	47.768	49.816
NSST	69.014	53.536	**65.539**	**77.915**	**60.57**	**74.242**	**101.71**	**73.176**	**85.226**
LP	50.026	35.125	38.152	58.842	40.881	43.37	83.652	53.608	54.351
CP	47.117	33.508	35.904	56.66	40.48	43.123	92.005	70.34	77.286
RP	49.136	34.822	37.812	56.362	39.782	42.654	75.466	49.296	51.221
GP	62.299	46.428	50.69	71.962	53.255	58.034	96.672	**74.79**	82.28
MP	50.217	33.544	36.665	60.635	39.523	42.095	87.63	53.735	55.028
TH	49.825	34.947	38.027	57.567	39.94	42.935	80.869	50.964	53.647
GF	**70.082**	**53.891**	65.504	**78.919**	**60.801**	**74.123**	98.702	69.404	80.703
MSVD	**70.098**	**53.785**	**65.636**	**78.926**	**60.674**	**74.279**	**100.38**	**70.882**	**83.327**
PCA	48.466	41.526	62.539	60.377	46.833	70.925	76.602	53.716	76.549

对于不同差异特征融合需求，视觉效果和加权评价指标值表现好的融合算法与从结构化算法类集选择的算法大体上一致，可以说明融合算法类集结构化方法具有可行性，所构建的结构化融合算法类集具有合理性.

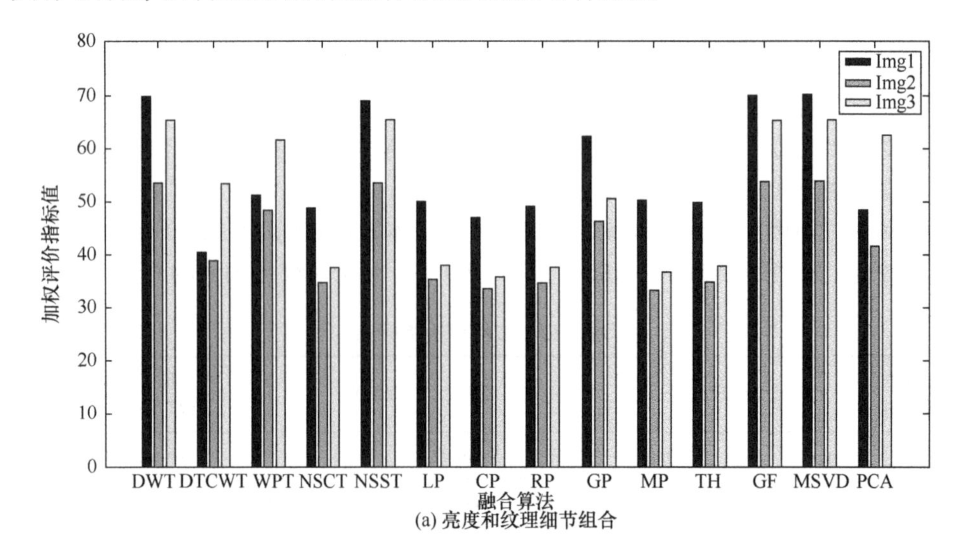

(a) 亮度和纹理细节组合

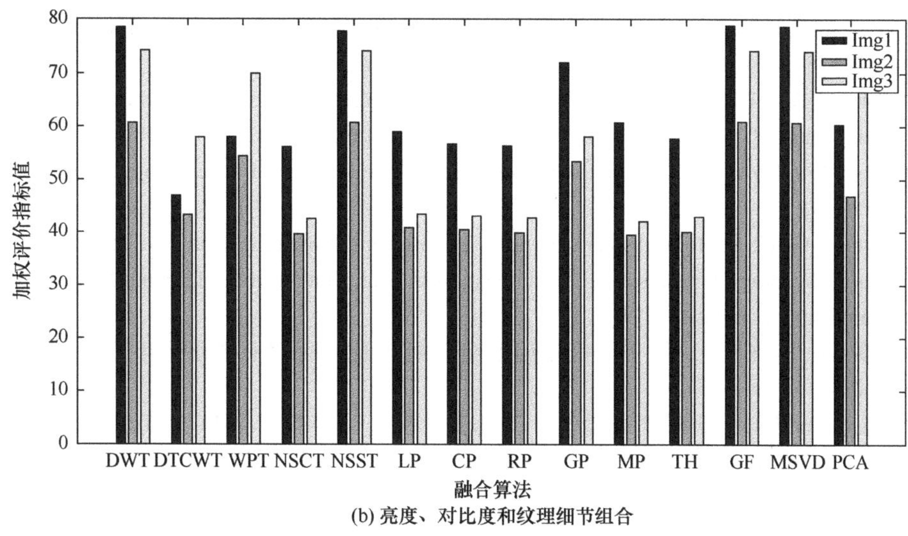

(b) 亮度、对比度和纹理细节组合

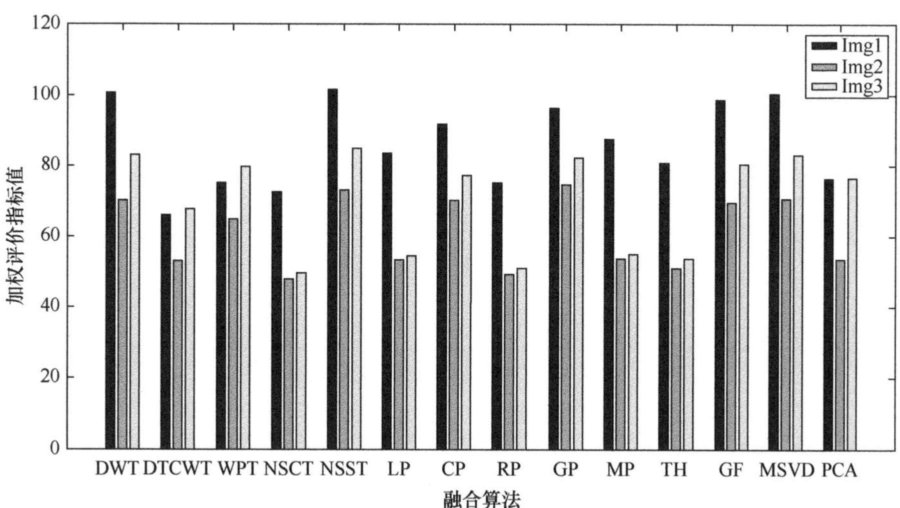

(c) 亮度、对比度、边缘轮廓和纹理细节组合

图 9.18　不同差异特征组合加权评价指标值

参考文献

[1] Sappa A D, Carvajal J A, Aguilera C A, et al. Wavelet-based visible and infrared image fusion: A comparative study[J]. Sensors, 2016, 16(6): 861.

[2] 杜进楷, 陈世国. 基于双树复小波变换的自适应 PCNN 图像融合算法[J]. 红外技术, 2018, 40(10): 1002-1007.

[3] 杨利素, 王雷, 郭全. 基于 NSST 与自适应 PCNN 的多聚焦图像融合方法[J]. 计算机科学, 2018, 45(12): 217-222, 250.

[4] Wang Z S, Yang F B, Peng Z H, et al. Multi-sensor image enhanced fusion algorithm based on

NSST and top-hat transformation[J]. Optik - International Journal for Light and Electron Optics, 2015, 126(23): 4184-4190.

[5] Zhang L, Yang F B, Ji L N. Infrared polarization and intensity image fusion algorithm based on the feature transfer[J]. Automatic Control & Computer Sciences, 2018, 52(2): 135-145.

[6] Noble W S. How does multiple testing correction work?[J]. Nature Biotechnology, 2009, 27(12): 1135-1137.

[7] Derrac J, García S, Molina D, et al. A practical tutorial on the use of nonparametric statistical tests as a methodology for comparing evolutionary and swarm intelligence algorithms[J]. Swarm & Evolutionary Computation, 2011, 1(1): 3-18.

[8] 吴森, 王平, 许梦国, 等. 基于粗糙集理论的采场地压显现因素权重分析[J]. 化工矿物与加工, 2019, 48(2): 1-4.

[9] 孙立民. 改进的粗糙集属性权重确定方法[J]. 计算机工程与应用, 2014, 50(5): 43-45.

[10] 王向东. 面向双模式红外图像可重构融合的结构化算法类集构建研究[D]. 太原: 中北大学, 2019.

第 10 章　类集间的多集值映射

类集间的多集值映射的建立不仅通过可能性分布描述了差异特征的类型、幅值、频次等属性的动态变化过程，还确定了差异特征各属性的多层结构及其对融合算法的影响规律. 本章首先对不同融合算法下图像特征的融合有效程度进行度量，并对融合有效度进行函数化描述；选择基于距离测度的最佳融合有效度函数化描述方式；分别基于可能性理论构造差异特征不同属性的融合有效度分布，从而建立差异特征与融合算法的可能性集值映射；构造同类、异类差异特征多属性的融合有效度的分布合成从而构建差异特征与融合算法的多集值映射.

10.1　算法的融合有效度

10.1.1　融合有效度及其函数化描述

融合有效度是在特定的融合算法下，比较融合后的图像特征与融合前两种图像特征有效融合的程度. 融合有效度 $V \in (0,1]$，可以通过距离测度进行描述，如欧氏距离、余弦相似性以及兰氏距离[1,2]. 这三种描述方式中，欧氏距离指的是数值间的绝对差异值，重点丈量两两向量在维度间的差距；余弦相似性通过两个向量夹角余弦值衡量个体间差异，余弦数值越接近 1，亦即两个向量间相似度越高；兰氏距离由 Lance 和 Williams 提出，主要用于聚类分析中确定样本距离的方法，对量纲的敏感性不强，且变量间独立性较高，受奇异值的干扰较小，适宜高度偏倚的数据分析. 分别见式(10.1)～(10.3).

$$V_1^{ri} = |Q_{ri}^{\mathrm{F}} - \min(Q_{ri}^{\mathrm{P}}, Q_{ri}^{\mathrm{I}})| \tag{10.1}$$

$$V_2^{ri} = \frac{Q_{ri}^{\mathrm{F}} \max(Q_{ri}^{\mathrm{P}}, Q_{ri}^{\mathrm{I}})}{\sqrt{(Q_{ri}^{\mathrm{F}})^2 + \max(Q_{ri}^{\mathrm{P}}, Q_{ri}^{\mathrm{I}})^2}} \tag{10.2}$$

$$V_3^{ri} = \frac{|Q_{ri}^{\mathrm{F}} - \max(Q_{ri}^{\mathrm{P}}, Q_{ri}^{\mathrm{I}})|}{Q_{ri}^{\mathrm{F}} + \max(Q_{ri}^{\mathrm{P}}, Q_{ri}^{\mathrm{I}})} \tag{10.3}$$

其中，V_1^{ri}，V_2^{ri}，V_3^{ri} 分别表示基于欧氏距离、余弦相似性、兰氏距离度量得到的融合有效度离散点，Q_{ri}^{F} 表示基于融合算法 A_i 得到融合图像的特征值的强度，Q_{ri}^{P}，Q_{ri}^{I} 分别表示红外偏振图像、光强图像的特征值的强度.

10.1.2 融合有效度的度量方式稳定性评价

在空间域算法中选择 PCA; 在金字塔变换中选择 LP; 在小波变换中选择 DWT, WPT, DTCWT, 四元数小波变换法(Quaternion Wavelet Transform, QWT)等; 在多尺度几何变换中选择 NSCT, NSST, CVT; 从其他融合算法中选择 TH, GF, MSVD.

将 10 组红外光强与偏振图像(见图 10.1)利用所选取的 12 种融合算法进行融合, 将变换域分解算法中的低频融合规则与高频融合规则两两组合, 形成如下的低频与高频规则组合方式(c_L, c_H): ①简单平均, 绝对值取大; ②简单平均, 局部能量取大; ③简单平均, 改进的拉普拉斯能量和取大; ④绝对值加权, 绝对值取大; ⑤绝对值加权, 局部能量取大; ⑥绝对值加权, 改进的拉普拉斯能量和取大. 利用 16×16 的滑动窗口对源图像进行不重叠分块处理, 分别用欧氏距离、余弦相似度和兰氏距离度量融合有效度, 以源图组 I 为例, 融合算法与不同的高低频融合规则协同组合融合源图像, 得到该组图像中差异特征的融合有效度散点分布图. 以源图组 I 为例, 以 DWT 融合算法与三种融合规则依次协同组合为例得到融合图像, 如图 10.2 所示, 其中每个融合图像采用的融合规则从左向右依次为简单平均与绝对值取大、简单平均与局部能量取大、简单平均与改进的拉普拉斯能量和取大. 基于欧氏距离(ED)、余弦相似度(CS)和兰氏距离(LAWD)度量得到融合有效度散点分布, 如图 10.3 所示.

(a) 红外光强图像

(b) 红外偏振图像

图 10.1　10 组红外光强和红外偏振图像

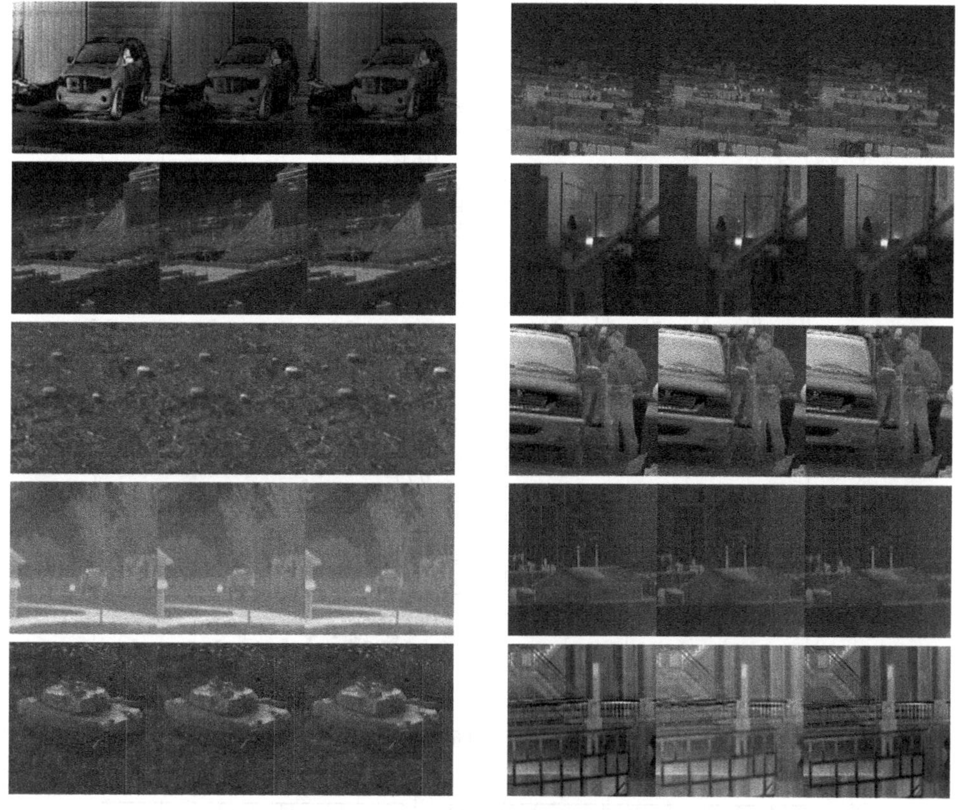

图 10.2　基于 DWT 的不同融合规则下的融合图像

同一融合算法在不同规则组合下得到的融合图像不同，不同的融合有效度描述方式、不同的融合策略对差异特征幅值的融合有效度分布影响较大[3]，所以要确保上述三种度量方式对融合算法或规则具有鲁棒性，需要量化分析度量方式对描述融合算法性能的稳定性，达到融合有效度受度量方式本身误差的影响最小的目的.

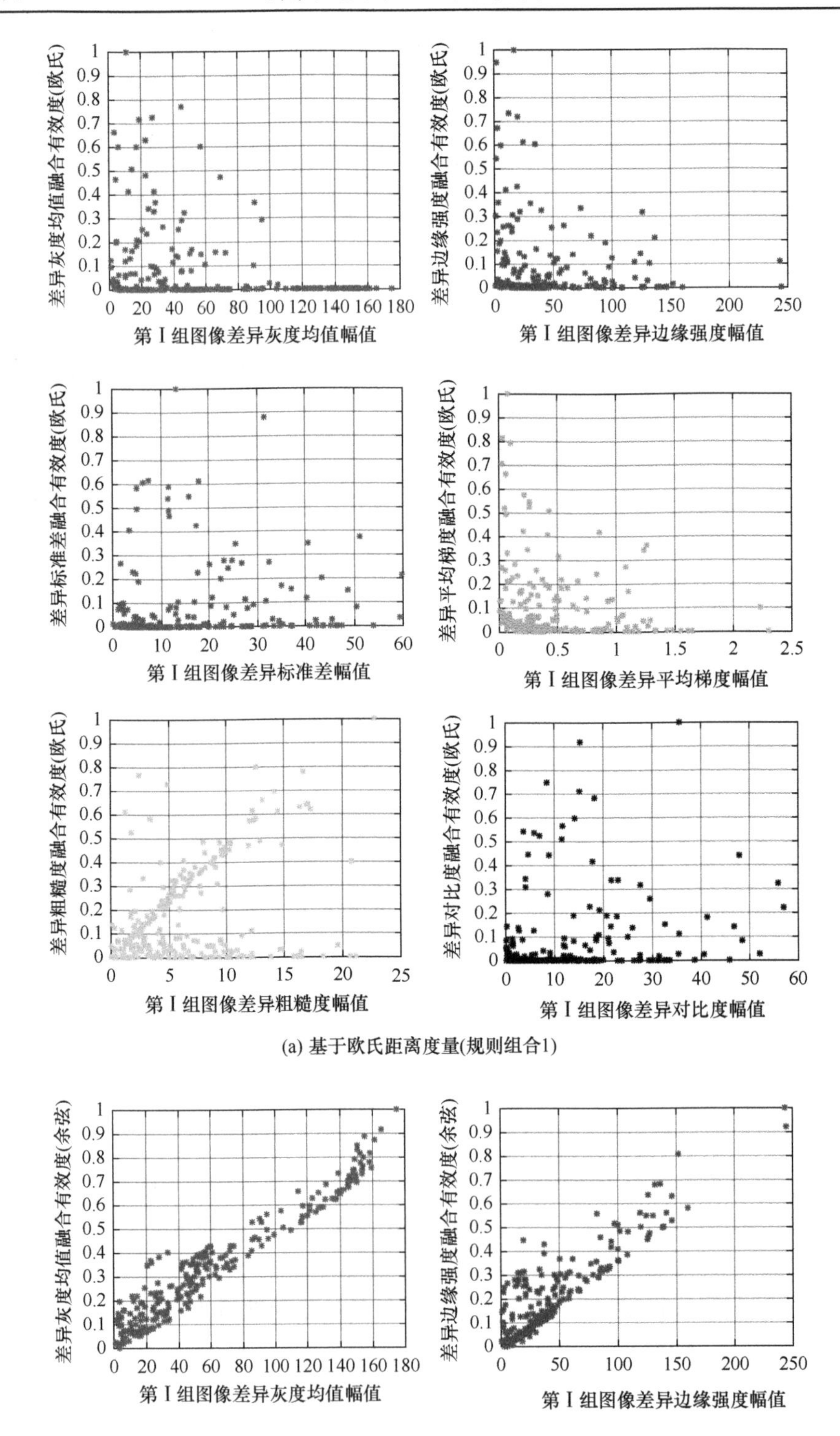

差异灰度均值融合有效度(欧氏)
第Ⅰ组图像差异灰度均值幅值
差异边缘强度融合有效度(欧氏)
第Ⅰ组图像差异边缘强度幅值
差异标准差融合有效度(欧氏)
第Ⅰ组图像差异标准差幅值
差异平均梯度融合有效度(欧氏)
第Ⅰ组图像差异平均梯度幅值
差异粗糙度融合有效度(欧氏)
第Ⅰ组图像差异粗糙度幅值
差异对比度融合有效度(欧氏)
第Ⅰ组图像差异对比度幅值
(a) 基于欧氏距离度量(规则组合1)
差异灰度均值融合有效度(余弦)
第Ⅰ组图像差异灰度均值幅值
差异边缘强度融合有效度(余弦)
第Ⅰ组图像差异边缘强度幅值

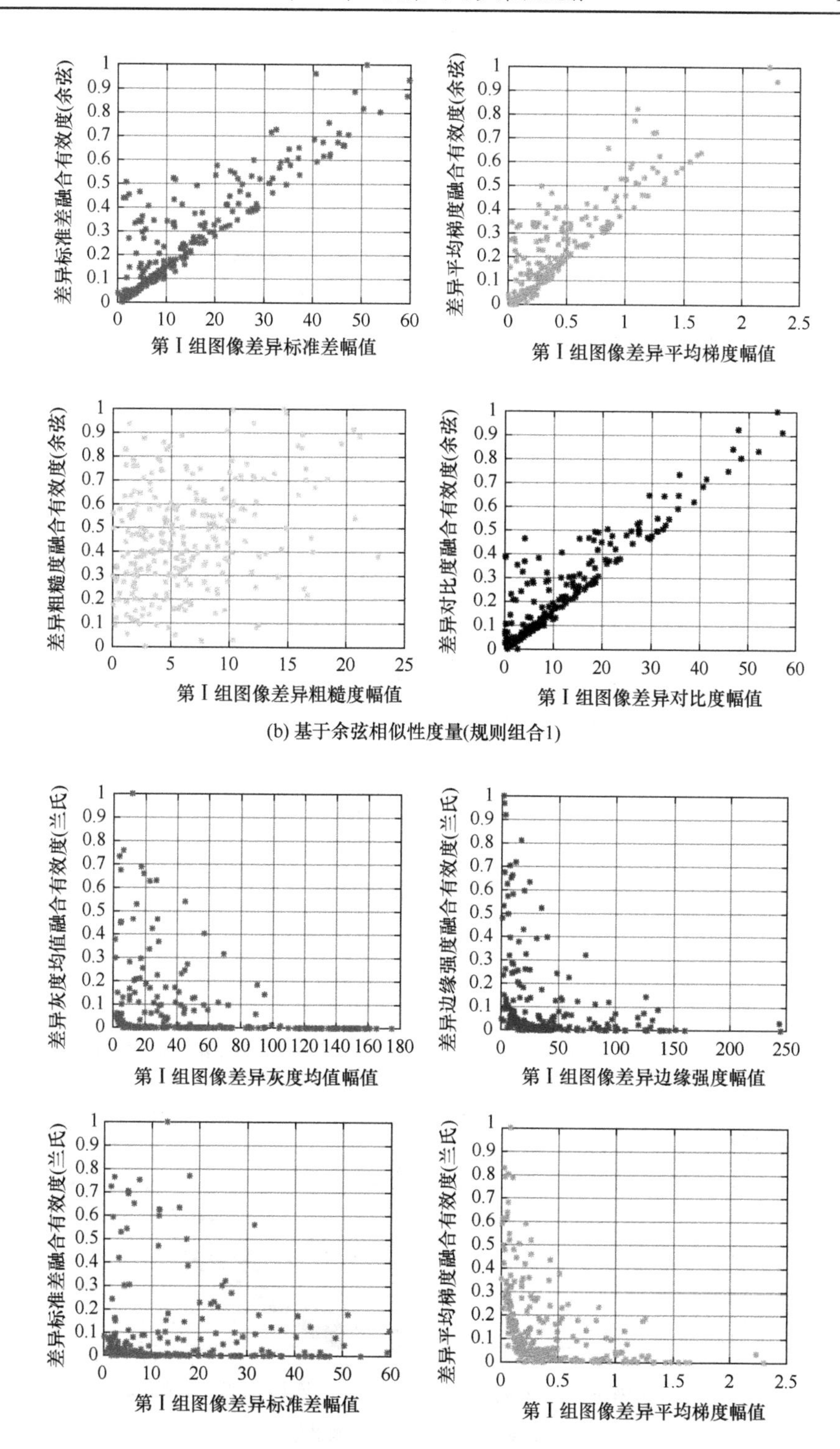

(b) 基于余弦相似性度量(规则组合1)

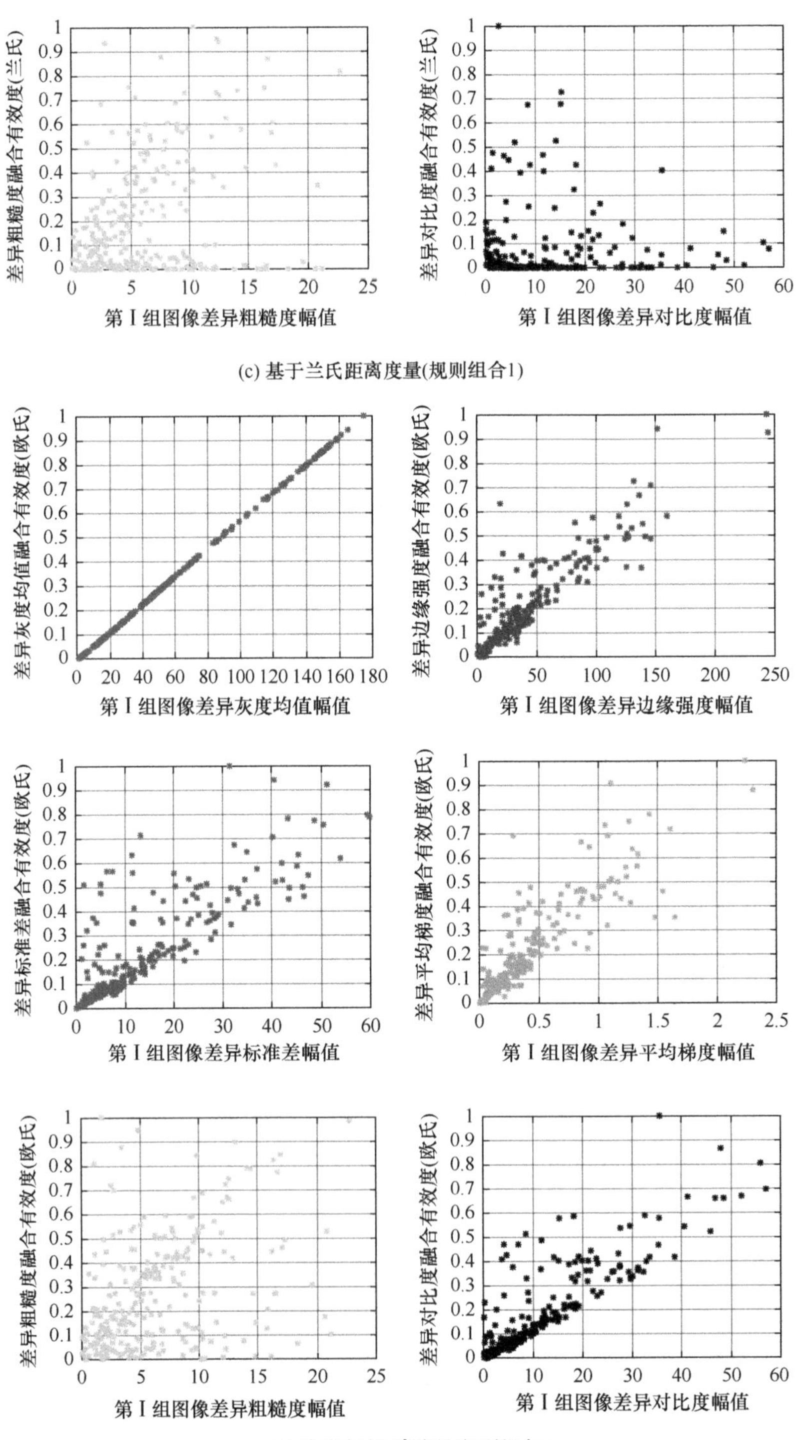

(c) 基于兰氏距离度量(规则组合1)

(d) 基于欧氏距离度量(规则组合2)

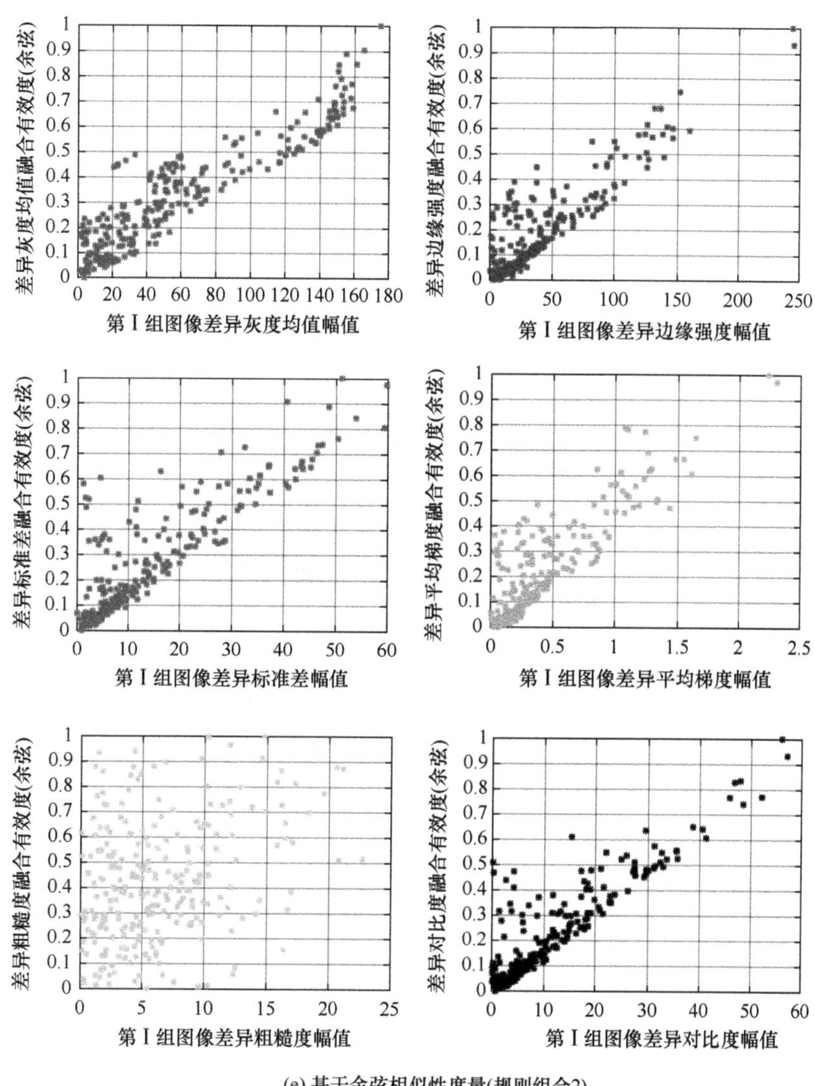

(e) 基于余弦相似性度量(规则组合2)

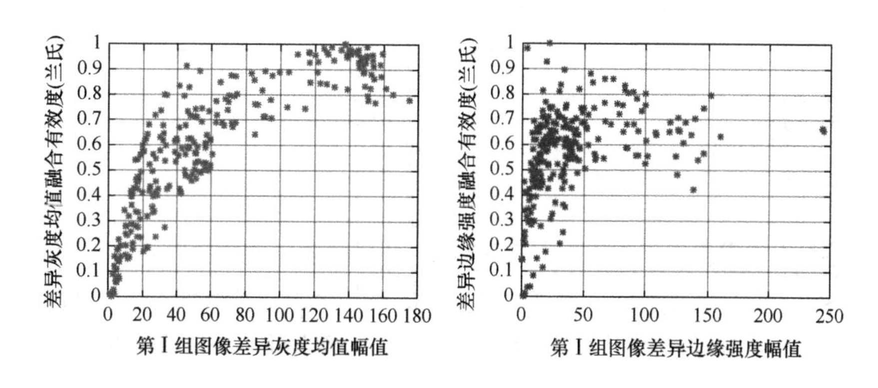

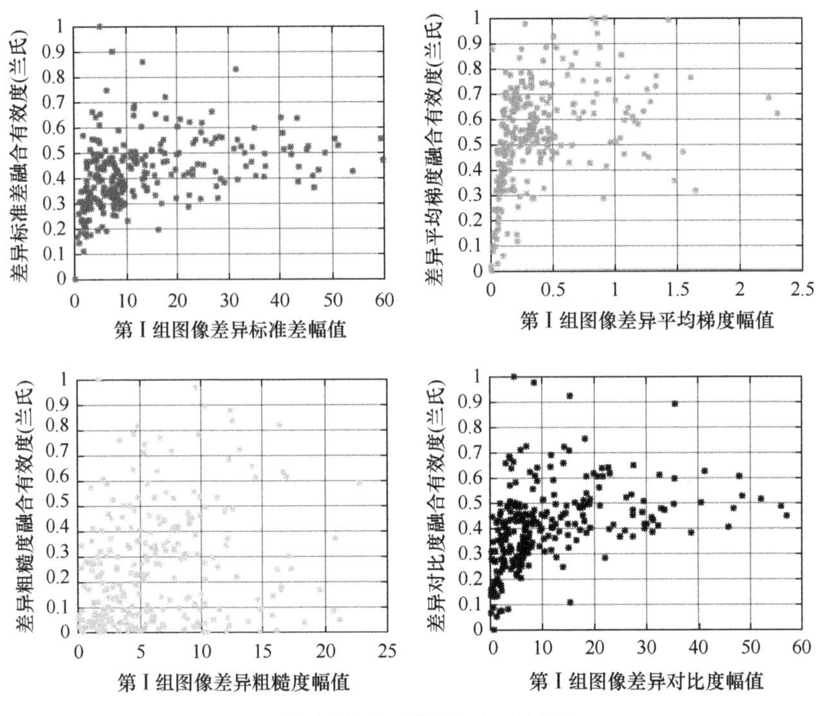

(f) 基于兰氏距离度量(规则组合2)

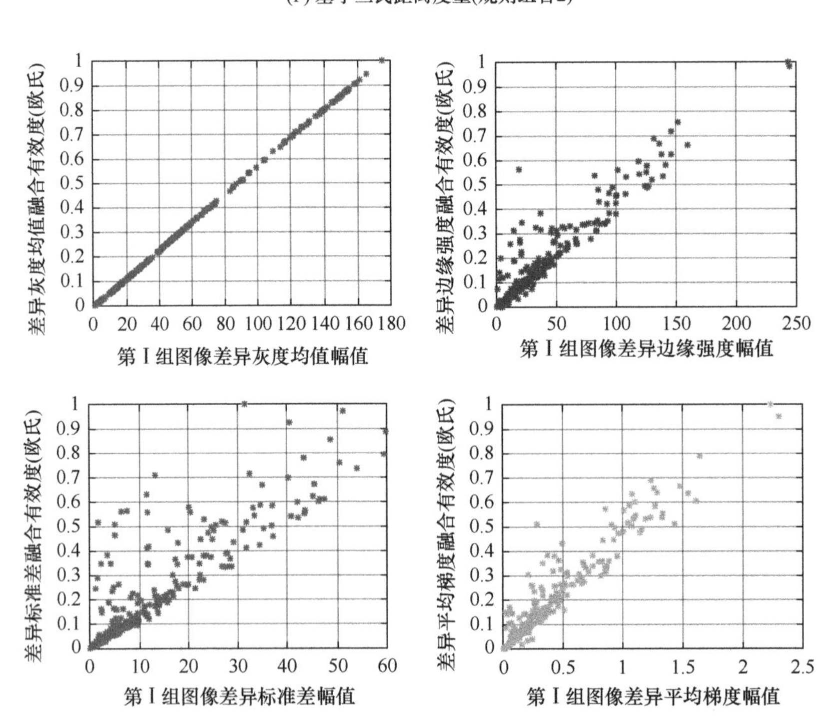

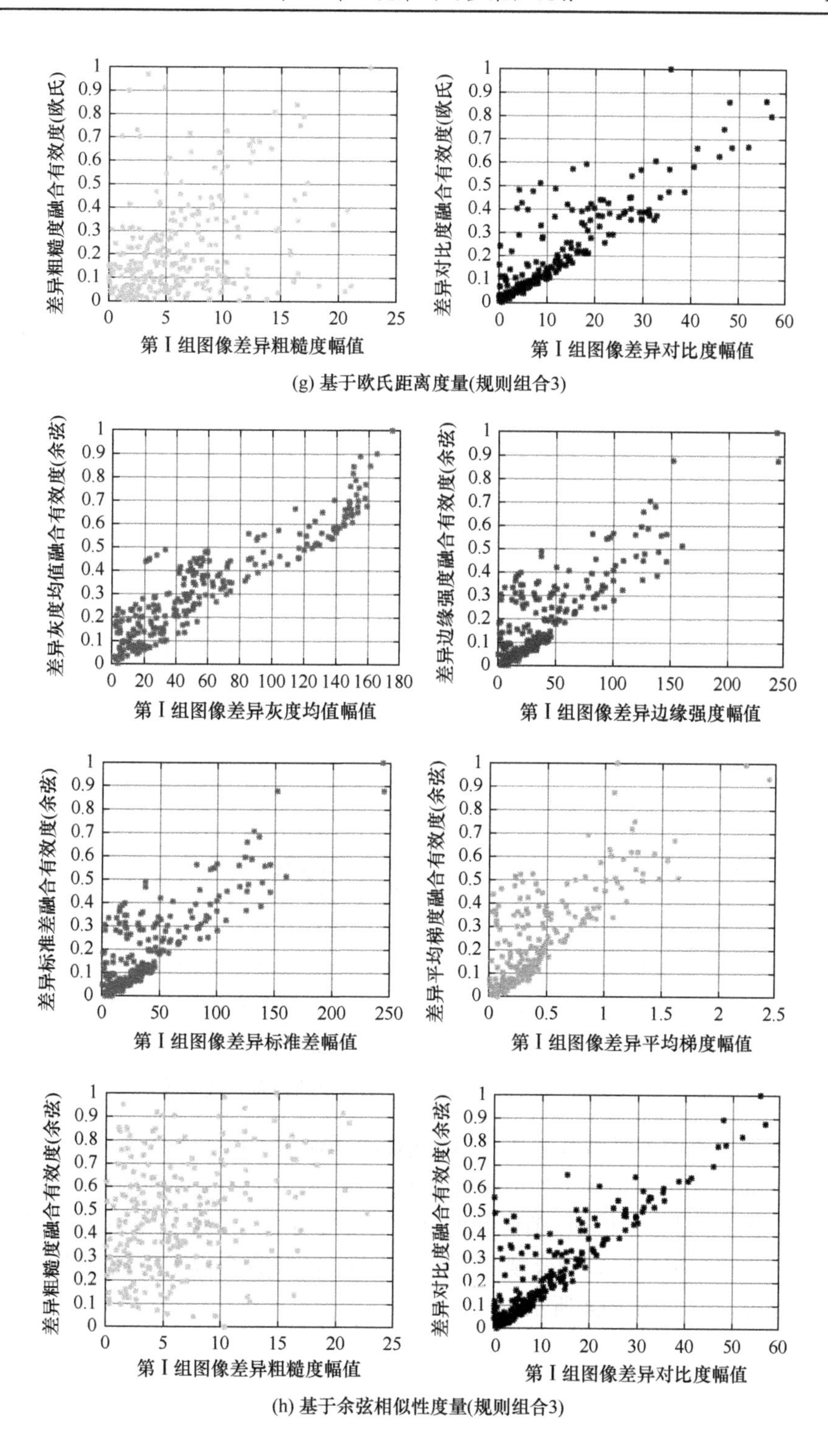

(g) 基于欧氏距离度量(规则组合3)

(h) 基于余弦相似性度量(规则组合3)

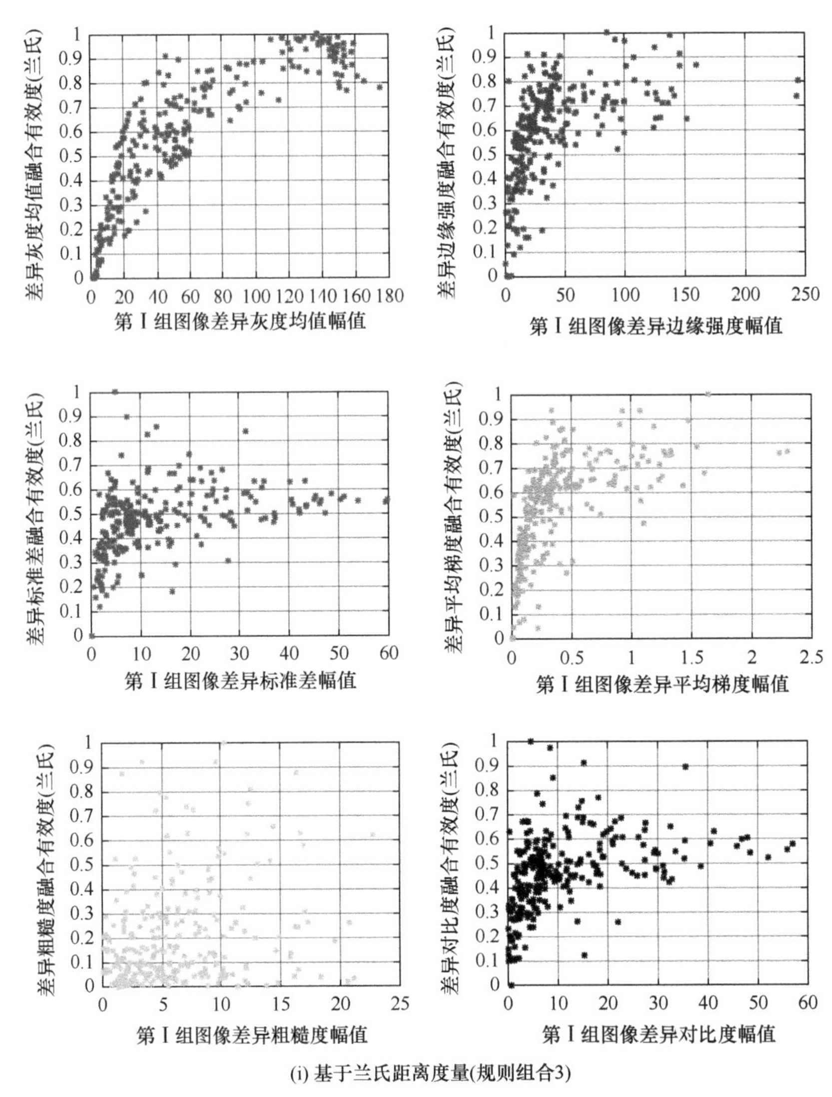

(i) 基于兰氏距离度量(规则组合3)

图 10.3　基于 DWT 算法与不同融合规则组合的融合有效度散点分布图

依据源图组中差异特征幅值极值大小将差异特征幅值区间化为 20 组, 在每个幅值区间中利用平均算子处理融合有效度值, 求得子幅值区间的差异特征融合有效度, 最终构建 20 个子幅值区间的融合有效度分布. 以源图组 I 的差异灰度均值为例, 此时采用的低频融合规则为简单平均, 高频融合规则为绝对值取大, 融合有效度曲线图如图 10.4 所示.

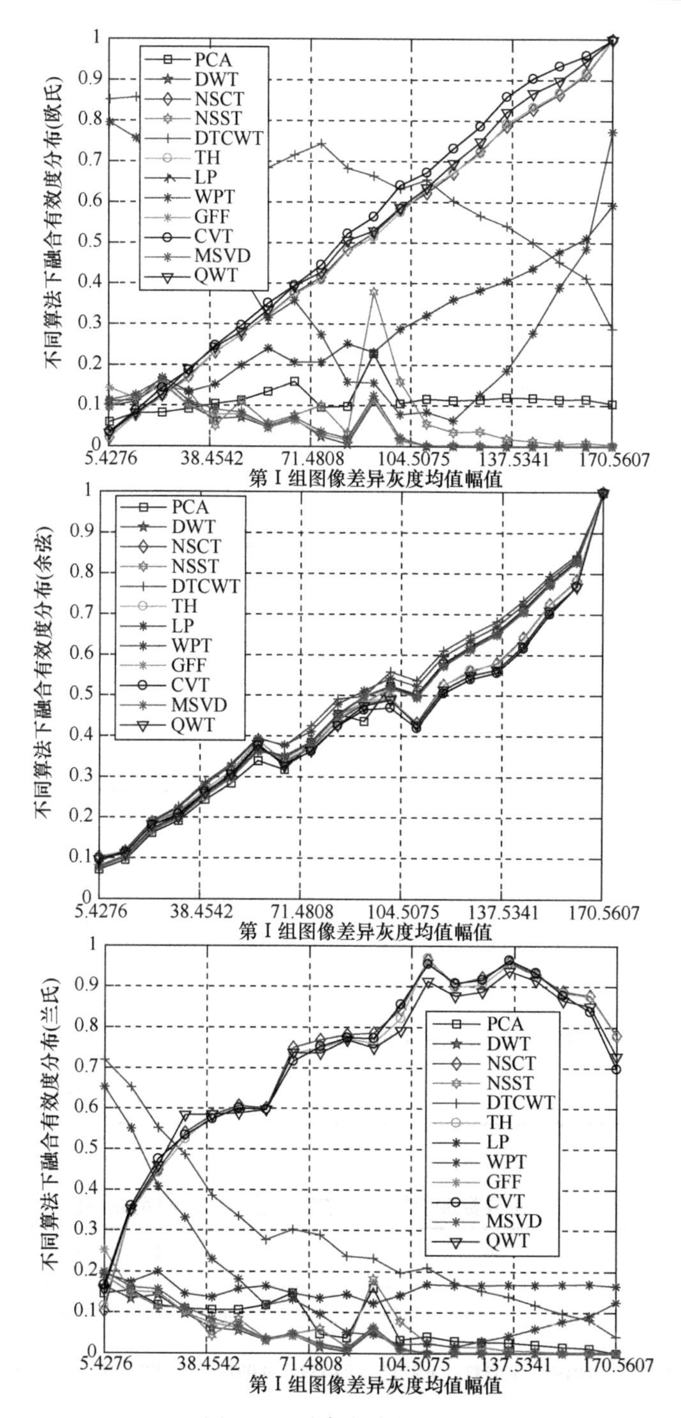

图 10.4　融合有效度曲线图

因此，构建差异特征稳定度σ评价度量方式稳定性，如式(10.4)所示.

$$\sigma=\frac{1}{\lambda}\sum_{j=1}^{\lambda}\sqrt{\frac{1}{\text{num}}\sum_{i=1}^{\text{num}}(V_q^{ri}-\overline{V_q^r})^2} \tag{10.4}$$

其中 num=12. λ表示差异特征幅值离散点存在的区间个数，$\lambda=20$. $q\in[1,\lambda]$，V_q^{ri}表示第 A_i 种融合算法在第 q 个差异特征幅值区间内，得到的差异特征幅值点的融合有效度；$\overline{V_q^r}$指的是第 q 个差异特征幅值区间中，融合算法表征的差异特征幅值点的均值融合有效度，σ的大小与融合有效度描述性能的稳定性密切相关，$\sigma\in[0,1]$，σ越小，则该种融合有效度描述方式越好.

对图 10.1 中不同场景双模态红外图像分别采用三种度量方式得到的稳定度σ，如表 10.1～表 10.6 所示，表中加粗字体为当前列对应的最优值.

表 10.1　差异灰度均值融合有效度度量方式的稳定度评价

方式(GM)	Ⅰ	Ⅱ	Ⅲ	Ⅳ	Ⅴ	Ⅵ	Ⅶ	Ⅷ	Ⅸ	Ⅹ
ED	0.2749	0.2434	0.2969	0.2470	0.2586	0.2203	0.2720	0.2733	0.2418	0.2776
CS	**0.0211**	**0.0236**	**0.0338**	**0.0311**	**0.0732**	**0.1115**	**0.0498**	**0.0043**	**0.1070**	**0.0220**
LAWD	0.3140	0.3218	0.3323	0.3180	0.2713	0.2757	0.2822	0.3352	0.2952	0.3371

表 10.2　差异边缘强度融合有效度度量方式的稳定度评价

方式(EI)	Ⅰ	Ⅱ	Ⅲ	Ⅳ	Ⅴ	Ⅵ	Ⅶ	Ⅷ	Ⅸ	Ⅹ
ED	0.1734	0.1647	0.1812	0.1464	0.1593	0.1397	0.1475	0.1518	0.1552	0.1337
CS	**0.0205**	**0.0219**	**0.0659**	**0.0439**	**0.0421**	**0.0308**	**0.0406**	**0.0133**	**0.0444**	**0.0246**
LAWD	0.2741	0.2416	0.2599	0.1786	0.2146	0.1810	0.1791	0.2183	0.1917	0.1129

表 10.3　差异标准差融合有效度度量方式的稳定度评价

方式(SD)	Ⅰ	Ⅱ	Ⅲ	Ⅳ	Ⅴ	Ⅵ	Ⅶ	Ⅷ	Ⅸ	Ⅹ
ED	0.1526	0.1875	0.1316	0.1479	0.0754	0.1546	0.1525	0.1866	0.1024	0.1332
CS	**0.0343**	**0.0194**	**0.0547**	**0.0737**	**0.0459**	**0.0873**	**0.0372**	**0.0180**	**0.0672**	**0.0534**
LAWD	0.1877	0.1817	0.1767	0.1365	0.1932	0.1821	0.1621	0.2520	0.1570	0.1405

表 10.4　差异平均梯度融合有效度度量方式的稳定度评价

方式(AG)	Ⅰ	Ⅱ	Ⅲ	Ⅳ	Ⅴ	Ⅵ	Ⅶ	Ⅷ	Ⅸ	Ⅹ
ED	0.1725	0.1477	0.1785	0.1584	0.1416	0.1552	0.1488	0.1952	0.1996	0.1642
CS	**0.0137**	**0.0222**	**0.0550**	**0.0395**	**0.0488**	**0.0311**	**0.0291**	**0.0258**	**0.0225**	**0.0237**
LAWD	0.2684	0.2450	0.2597	0.2023	0.2013	0.2013	0.1527	0.2984	0.2062	0.2433

表 10.5　差异粗糙度融合有效度度量方式的稳定度评价

方式(CA)	Ⅰ	Ⅱ	Ⅲ	Ⅳ	Ⅴ	Ⅵ	Ⅶ	Ⅷ	Ⅸ	Ⅹ
ED	0.0911	0.0695	0.1154	0.0876	0.1249	0.0951	0.0679	0.1154	**0.1176**	0.0697
CS	**0.0478**	**0.0461**	**0.1041**	**0.0651**	**0.0678**	**0.0839**	**0.0625**	**0.0674**	0.1205	**0.0330**
LAWD	0.0774	0.0826	0.1443	0.0981	0.1286	0.1047	0.0753	0.1342	0.1710	0.0728

表 10.6　差异对比度融合有效度度量方式的稳定度评价

方式(CN)	Ⅰ	Ⅱ	Ⅲ	Ⅳ	Ⅴ	Ⅵ	Ⅶ	Ⅷ	Ⅸ	Ⅹ
ED	0.1343	0.2063	0.1600	0.1438	0.0661	0.1476	0.1529	0.1783	0.0955	0.1709
CS	**0.0322**	**0.0185**	**0.0578**	**0.0739**	**0.0514**	**0.0985**	**0.0385**	**0.0185**	**0.0733**	**0.0294**
LAWD	0.1837	0.1884	0.1817	0.1271	0.1968	0.1785	0.1541	0.2684	0.1590	0.1478

显然余弦相似性在三种融合有效度度量方式中为稳定性最好的度量方式，受度量方式本身的影响较小.

10.2　可能性分布及其合成

10.2.1　可能性分布

可能性理论是由 Zadeh 在模糊集理论的基础上结合可能性的概念提出的，它是处理不确定信息的有效方法[4]. 可能性分布作为可能性理论的重要内容之一，它能够有效表征和量化信息的不确定性[5]，能够对事物发生结果的可能性进行预测.

可能性分布的构造方法包括：利用隶属函数的可能性分布构造方法(如模糊统计法、插值法和线性回归法等)、根据专家经验构造的可能性分布(如依据梯形分布、正态分布和岭型分布等进行构造)和概率分布转化可能性分布的方法等等. 其中, 常用的方法是采用基于概率分布转化可能性分布的方法构造可能性分布, 具体包括离散情况下的有限可数集合分布转化方法、连续情况下的无限可数集合分布转化方法.

(1) 有限可数集合下的概率分布转化可能性分布的方法, 主要有 T 转化法、比较转化法和比例转化法.

(a) T 转化法:

$$\pi(x)=T(p_1,p_2,\cdots,p_n) \tag{10.5}$$

其中, $p_i>a$, a 的取值决定了这种转化方法的结果.

(b) 比较转化法:

$$\pi_i=\sum_{j=1}^{n}\min(p_i,p_j) \tag{10.6}$$

其中, p_i 表示事件 i 发生的概率, π_i 表示事件 i 发生的可能性.

(c) 比例转化法: 假设 π_i 是关于 p_i/p_1 的函数, 则

$$\pi_i=(p_i/p_1)^{\alpha} \tag{10.7}$$

其中, $\alpha\in[0,1]$, $p_i\geqslant p_{i+1}$, $\pi_i\geqslant\pi_{i+1}$, $\pi_1=1$.

(2) 无限可数集合下的概率分布转化可能性分布[6]的方法, 常用的是截性三角形近似法: 当一个支撑集 $[\alpha,\beta]$ 上的单峰概率密度函数 p 在 $[\alpha,x_0]$ 上单调递增, 而在 $[x_0,\beta]$ 上单调递减时, x_0 为概率密度函数 p 的单峰值点, 即

$$p(x_0)>p(x),\quad x\neq x_0 \tag{10.8}$$

$$\pi_{\text{optional}}(x)=\pi_{\text{optional}}(f(x))=\int_{\alpha}^{x}p(y)dy+\int_{f(x)}^{\beta}p(y)dy \tag{10.9}$$

其中, $f(x)$ 定义为 $f:[\alpha,x_0]\to[x_0,\beta]$,

$$f(x)=\max\{y\mid p(y)\geqslant p(x)\} \tag{10.10}$$

截性三角形转换定义为

$$\pi(x)=\begin{cases}\varepsilon, & x_m\leqslant x<x_{\varepsilon_1}\\ 1-\dfrac{1-\varepsilon}{x_{\varepsilon_1}-x_0}(x-x_0), & x_{\varepsilon_1}\leqslant x<x_0\\ 1-\dfrac{1-\varepsilon}{x_{\varepsilon_2}-x_0}(x-x_0), & x_0\leqslant x<x_{\varepsilon_2}\\ \varepsilon, & x_{\varepsilon_2}\leqslant x\leqslant x_n\end{cases} \tag{10.11}$$

其中，x_m，x_n，x_{ε_1} 和 x_{ε_2} 满足 $p(x_m)=p(x_n)$，$p(x_{\varepsilon_1})=p(x_{\varepsilon_2})$. 基于正态分布的截性三角形近似转化参数如表 10.7 所示，其中 μ 与 σ 分别为分布的均值与方差.

表 10.7　正态分布的截性三角形近似转换参数

参数	正态分布
x_m	$\mu-2.58\sigma$
x_n	$\mu+2.58\sigma$
x_{ε_1}	$\mu-1.54\sigma$
x_{ε_2}	$\mu+1.54\sigma$
ε	0.12

10.2.2　可能性分布合成

可能性分布合成在可能性分布的基础上，包含了可能性分布的多种运算，综合了不同分布之间的差异性与相关性[7]. 归纳不同运算的算子类型和运算规则，分析不同算子的优势，同时表征同一事物的不同属性. 又由于每一种分布所占比重的不同，根据不同分布各自的数字特征对分布进行合成，有效度量分布的差异提高了多源信息的互补性、预测性以及风险决策的可靠度. 可能性分布合成依据一定规则将多源异类信息的可能性分布进行综合准确的描述，获得比单一事件更准确的信息描述，即针对不同的可能性分布，根据不同分布之间的周长、面积等数字统计特征衡量不同分布之间的差异，通过不同分布之间的协同嵌接得到最终的合成分布. 假设存在 n 个可能性分布分别表征为 $\pi_1,\pi_2,\cdots,\pi_n$，多个分布合成以后的总分布为 $\prod(\pi_1,\pi_2,\cdots,\pi_n)$，则可能性分布合成有如下性质:

(1) (有界性) $0\leqslant\prod(\pi_1,\pi_2,\cdots,\pi_n)\leqslant 1$；

(2) (单调性) 当 $\pi_i\leqslant\pi_j$ 时，$\prod(\pi_1,\pi_i)\leqslant\prod(\pi_1,\pi_j)$；

(3) (交换律) $\prod(\pi_1,\pi_i)=\prod(\pi_i,\pi_1)$.

通过不同的运算算子将不同分布结合在一起，最终得到合成分布. 设 $\tilde{A}$ 和 $\tilde{B}$ 分别为论域 U 上的模糊集合，$\tilde{A}\cup\tilde{B}$，$\tilde{A}\cap\tilde{B}$，$\tilde{A}^C$ 分别表示并算子、交算子和补算子，对于集合 X 中的一个变量元素 x，上述算子的运算规则如式(10.12)～(10.14)所示:

$$\pi_{\tilde{A}\cup\tilde{B}}(x)\triangleq\pi_{\tilde{A}}(x)\vee\pi_{\tilde{B}}(x)=\max[\pi_{\tilde{A}}(x),\pi_{\tilde{B}}(x)] \tag{10.12}$$

$$\pi_{\tilde{A}\cap\tilde{B}}(x)\triangleq\pi_{\tilde{A}}(x)\wedge\pi_{\tilde{B}}(x)=\min[\pi_{\tilde{A}}(x),\pi_{\tilde{B}}(x)] \tag{10.13}$$

$$\pi_{\tilde{A}^C}(x)\triangleq 1-\pi_{\tilde{A}}(x) \tag{10.14}$$

交算子、并算子、补算子运算中存在信息丢失，所以引入 T-模算子、S-模算子、平均算子、环合乘积算子以及有界算子等. T-模算子称为合取算子，即取小算子，适用于异类信息源之间存在较多重叠信息的情况，有效处理信息冗余性. S-模算子又称为析取算子，即取大算子，适用于异类信息源之间存在较多冲突信息的情况，T-模算子与 S-模算子有如下关系：$S(x,y)=1-T(1-x,1-y)$. 而平均算子介于 T-模算子与 S-模算子之间，包括算术平均算子、几何平均算子以及调和平均算子. 环合乘积算子包括环合算子和乘积算子，有界算子包括有界和算子、有界积算子、取大乘积算子、有界和取小算子以及 Einstain 算子.

(1) T-模糊算子.

设 $T:[0,1]^2\to[0,1]$ 是$[0,1]$上的二元函数，对于任意变量 $x,y,z\in[0,1]$，T-模算子均满足以下条件：

(a) 有界性：$T(0,0)=0, T(x,1)=T(1,x)=x$；

(b) 单调性：当 $x\leqslant y$ 时，$T(x,z)\leqslant T(y,z)$；

(c) 交换律：$T(x,y)=\mathrm{T}(y,x)$；

(d) 结合律：$T(x,T(y,z))=T(T(x,y),z)$.

其中 T-模算子具体运算规则如表 10.8 所示：

表 10.8　T-模算子不同表现形式

T-模算子	x 和 y 的相关类型	算子跨度
$T_1(x,y)=\max(0,x+y-1)$	极度负相关	$-1\leqslant r<-0.5$
$T_2(x,y)=\max(0,(x^{0.5}+y^{0.5}-1))^2$	局部负相关	$-0.5\leqslant r<0$
$T_3(x,y)=xy$	不相关	$0\leqslant r<0.2$
$T_4(x,y)=(x^{-0.5}+y^{-0.5}-1)^{-0.5}$	轻度正相关	$0.2\leqslant r<0.4$
$T_5(x,y)=(x^{-1}+y^{-1}-1)^{-1}$	局部相关	$0.4\leqslant x<0.6$
$T_6(x,y)=\min(x,y)$	极度正相关	$0.6\leqslant r<1$

可能性分布通过相应运算规则合成以后可得到分为点状式、不增式、不减式和增减式等合成形式. 点状式分布结果类似于“先取小，再取大”算子，不增式的分布结果类似于“取小”算子，合成分布与原分布相比一致区间结果不变，非一致区间结果没有增加；不减式类似于“取大”算子，合成分布与原分布相比一致区间的结果增加，非一致区间的结果没有减少；增减式类似于“平均”算子，其一致区间的最终结果增加，非一致区间的结果却减小了.

(2) 环合乘积算子：

(a) 环合$(\hat{+})$

$$\pi_{\tilde{A}\hat{+}\tilde{B}}(\alpha)=\pi_{\tilde{A}}(\alpha)+\pi_{\tilde{B}}(\alpha)-\pi_{\tilde{A}}(\alpha)\cdot\pi_{\tilde{B}}(\alpha) \tag{10.15}$$

(b) 乘积($*$)

$$\pi_{\tilde{A}*\tilde{B}}(\alpha)=\pi_{\tilde{A}}(\alpha)*\pi_{\tilde{B}}(\alpha) \tag{10.16}$$

(3) 有界算子.

(a) 有界和($\oplus$)

$$\pi_{\tilde{A}\oplus\tilde{B}}(\alpha)=1\wedge\pi_{\tilde{A}}(\alpha)+\pi_{\tilde{B}}(\alpha) \tag{10.17}$$

(b) 有界积($\otimes$)

$$\pi_{\tilde{A}\otimes\tilde{B}}(\alpha)=0\vee(\pi_{\tilde{A}}(\alpha)+\pi_{\tilde{B}}(\alpha)-1) \tag{10.18}$$

(4) 最大乘积算子($\vee,\cdot$)

$$a\vee b=\max\{a,b\},\quad a\cdot b=ab \tag{10.19}$$

其中，$a=\pi_{\tilde{A}}(\alpha)$，$b=\pi_{\tilde{B}}(\beta)$.

(5) 有界和最小乘积算子($\oplus,\wedge$)

$$a\oplus b=1\wedge(a+b),\quad a\wedge b=\min\{a,b\} \tag{10.20}$$

(6) Einstein 算子($\overset{+}{\varepsilon},\overset{-}{\varepsilon}$)

$$a\overset{+}{\varepsilon}b=\frac{a+b}{1+ab},\quad a\overset{-}{\varepsilon}b=\frac{ab}{1+(1-a)(1-b)} \tag{10.21}$$

10.3　可能性集值映射

可能性分布作为可能性理论的重要内容之一，它能够有效表征和量化信息的不确定性，并对事物发生结果的可能性进行预测. 在真实的目标探测中，受到场景内目标的材质、运动状态以及气候环境等因素的影响，图像的差异特征幅值是随机变化的，尤其是动态探测场景，图像间差异特征的幅值变化更为复杂，预先选择的融合算法不可能始终保持较好的融合效果，融合有效度也会随着差异特征幅值变化而动态变化，因而需要采用分布函数来描述这种融合有效度变化过程，如概率分布、模糊分布、可能性分布等等[8].

在融合算法对差异特征幅值的融合有效度分布建立过程中，融合有效度描述的是差异特征不同幅值下的融合效果优劣程度，而不是某一融合结果的发生概率，不满足概率分布中概率和为 1 的性质，具有非概率性；对于实际探测图像，融合有效度大多是根据已有的、有限且相近场景图像的融合结果进行预测和估计，融合算法对差异特征幅值融合有效程度的度量是具有小样本性和可能性. 考虑到某一差异特征幅值下，当判定融合算法对差异特征是否融合有效时，由于有效融合阈值的确定存在模糊性，融合有效的判定也是具有模糊性的, 这也给融合有效度的计算带来了不确定影响.

考虑到可能性分布作为一种量化不确定信息的有效手段, 它能够对多种不确定信息进行有效表征. 因此, 通过利用可能性分布函数来构造融合有效度分布, 能更准确地描述算法有效融合程度的变化趋势, 以建立差异特征与融合算法间的不确定关系.

构造差异特征对不同融合算法的融合有效度分布是建立类集间集值映射关系的前提和基础[9], 通过构造融合有效度分布, 融合模型可以根据感知到的差异特征有效选择相应的融合算法.

10.3.1 差异特征幅值集值映射构造

通常情况下提取的差异特征幅值是离散的, 适用于有限可数集合下概率分布转化可能性分布的方法, 因此采用其中的比较转化法来构造可能性分布. 融合有效度分布具体构造步骤如下.

第一步: 为了建立更为可靠的融合有效度分布, 需要尽可能地得到更多的小样本数据[8], 以图 10.1 的五组尺寸为 256×256 红外偏振图像与红外光强图像作为训练图像, 按照 16×16 的窗口同时对其进行不重叠分块处理, 得到一系列图像块 $\{\text{Patch}_{\text{P}}^{i}\}_{i=1}^{k}$, $\{\text{Patch}_{\text{I}}^{i}\}_{i=1}^{k}$ (k=1280), 即 1280 组图像块对. 接着, 分别提取红外偏振图像块 $\{\text{Patch}_{\text{P}}^{i}\}_{i=1}^{k}$ 的四类差异值 gm_{P}^{i} , ei_{P}^{i} , sf_{P}^{i} , sd_{P}^{i} , 以及红外光强图像块 $\{\text{Patch}_{\text{I}}^{i}\}_{i=1}^{k}$ 的四类特征值 gm_{I}^{i} , ei_{I}^{i} , sf_{I}^{i} , sd_{I}^{i} , 根据公式(8.1)分别计算每一组图像块对的四类差异特征值 GM^{i} , EI^{i} , SF^{i} , SD^{i} , 并分别统计全部 k 个 GM^{i} , EI^{i} , SF^{i} , SD^{i} , 得到差异特征幅值 GM, EI, SF, SD.

第二步: 利用 12 种融合算法对这五组训练图像进行融合处理, 然后按照与第一步的步骤相同的分块方法进行处理, 得到融合图像块 $\{\text{Patch}_{\text{F}}^{i}\}_{i=1}^{k}$, 接着提取每个融合图像块 $\text{Patch}_{\text{F}}^{i}$ 的四类差异特征的特征值 gm_{F}^{i} , ei_{F}^{i} , sf_{F}^{i} , sd_{F}^{i} . 利用公式(10.22)至(10.25), 计算每个 i 位置对应图像块间的 V_{Light} , V_{Edge} , V_{Detail} 和 V_{Contrast} . 因此, 针对每组对应图像块, 以差异特征幅值作为自变量, 其表示源图像与融合图像特征幅值间的接近程度 V_{Light} , V_{Edge} , V_{Detail} 和 V_{Contrast} 作为因变量. 以 LP 算法为例, 构造散点图如图 10.5 所示.

$$V_{\text{Light}} = \left|\text{gm}_{\text{F}} - \max(\text{gm}_{\text{P}}, \text{gm}_{\text{I}})\right| \tag{10.22}$$

$$V_{\text{Edge}} = \left|\text{ei}_{\text{F}} - \max(\text{es}_{\text{P}}, \text{es}_{\text{I}})\right| \tag{10.23}$$

$$V_{\text{Detail}} = \left|\text{sf}_{\text{F}} - \max(\text{sf}_{\text{P}}, \text{sf}_{\text{I}})\right| \tag{10.24}$$

$$V_{\text{Contrast}} = \left|\text{sd}_{\text{F}} - \max(\text{sd}_{\text{P}}, \text{sd}_{\text{I}})\right| \tag{10.25}$$

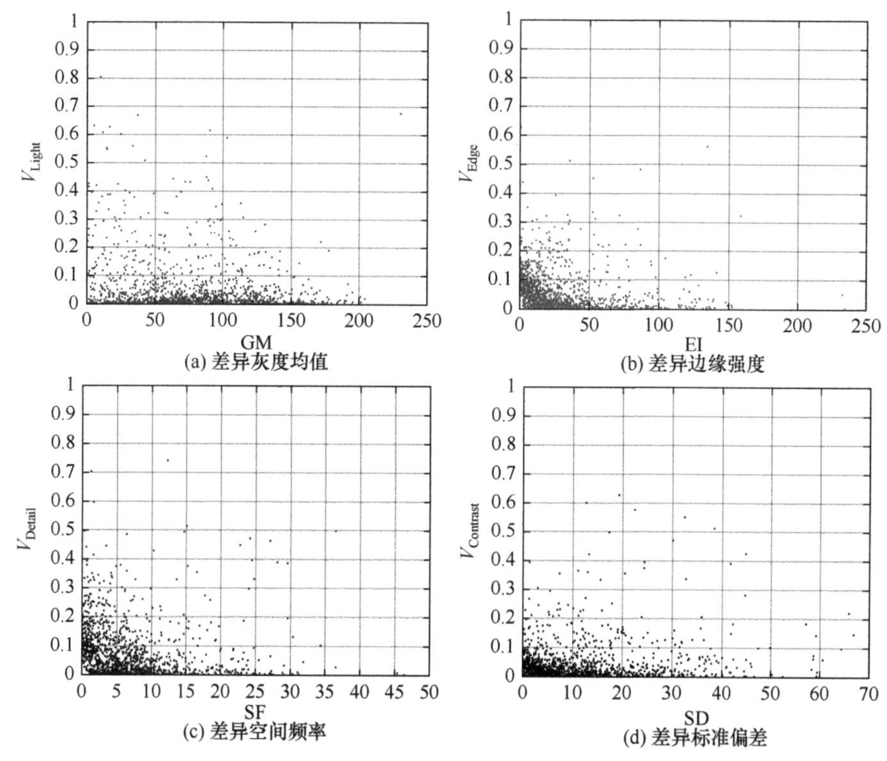

图 10.5　不同差异特征幅值下的源图像与融合图像特征值接近程度的离散点图

第三步: 由于受到实验样本的限制, 导致得到的差异特征幅值是不连续的, 因此以差异特征最大幅值 max(T)(T={GM, EI, SF, SD})作为标准, 对整体差异特征幅值范围[0,max(T)]等量划分为 L 份, 得到连续的 L 个差异特征幅值区间, 分别记作差异特征幅值的第 R_L 幅值区间($R_T \in [1,2,\cdots,L]$), 从而能够以连续的差异特征幅值区间来表示差异特征幅值的连续性, max(GM)=230, max(EI)=235, max(SF)=46, max(SD)=67, L=20(特别地, 当 L= max(T)时, 每个幅值区间就表示每个幅值点).

第四步: 统计不同幅值区间 R_T 内包含图像块总数目 Q_{R_T} , 以及 $V_T \leqslant \theta$ 的图像块数目 q_{R_T} , 利用公式(10.26)计算它们的概率比值 $v_T^{R_T}$, 可以得到每个幅值区间内有效融合的图像块所占的比例.

$$v_T^{R_T} = \frac{q_{R_T}}{Q_{R_T}} \tag{10.26}$$

根据之前分析, 考虑到样本整体数量较少, 并且有效融合阈值的确定受到人为选取的限制等不确定因素, 导致 $v_T^{R_T}$ 很难有效地反映融合算法在某一幅值(或幅值区间)下的融合有效程度.

以差异特征灰度均值为例, 图 10.6 为 DWT, QWT, DTCWT, WPT, NSST, LP, 梯度金字塔(Gradient Pyramid, GP), MSVD, 加权平均(Weighted Average, WA), PCA, TH 和 GF 12 种融合算法对差异特征幅值的融合有效度分布, 其中横轴表示差异特征幅值区间 R_M, 纵轴表示融合有效度 π_M.

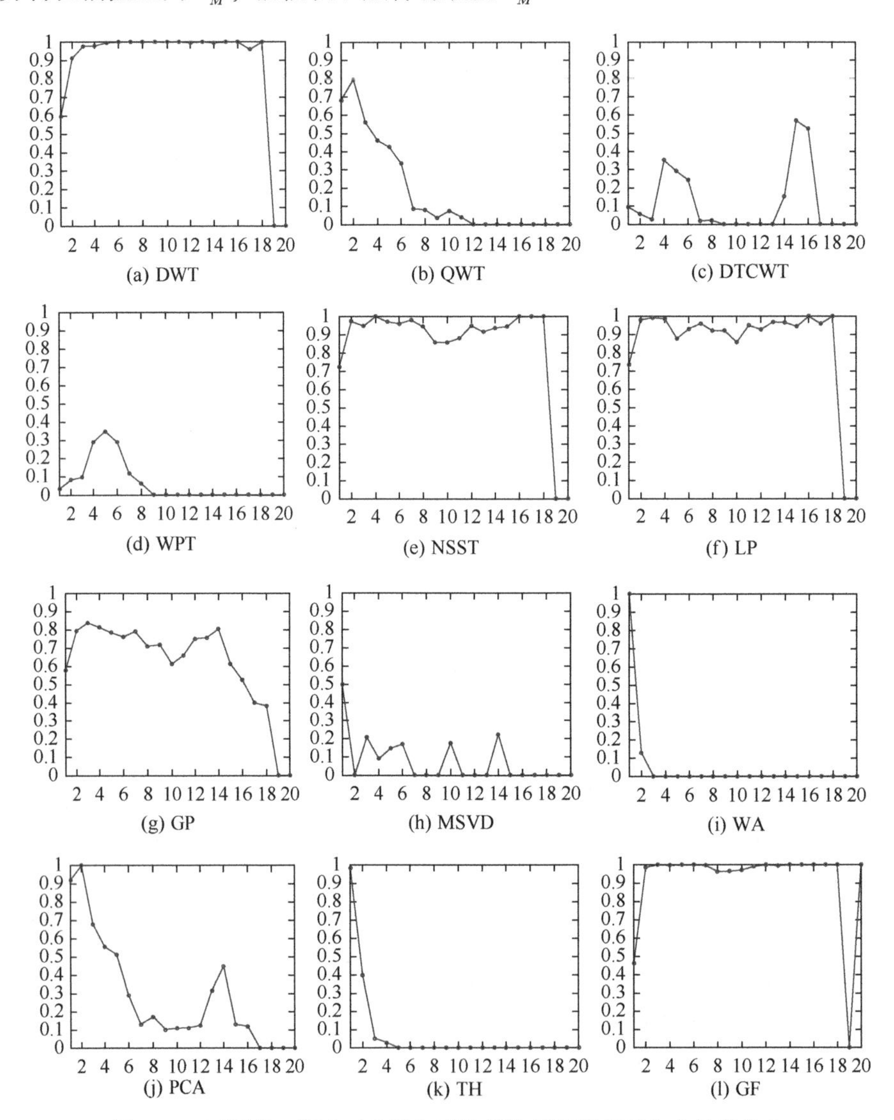

图 10.6　不同单一算法对差异灰度均值特征幅值的融合有效度分布

按照之前的步骤, 可以得到 12 种算法其他三类差异特征幅值的融合有效度分布, 见图 10.7～图 10.9.

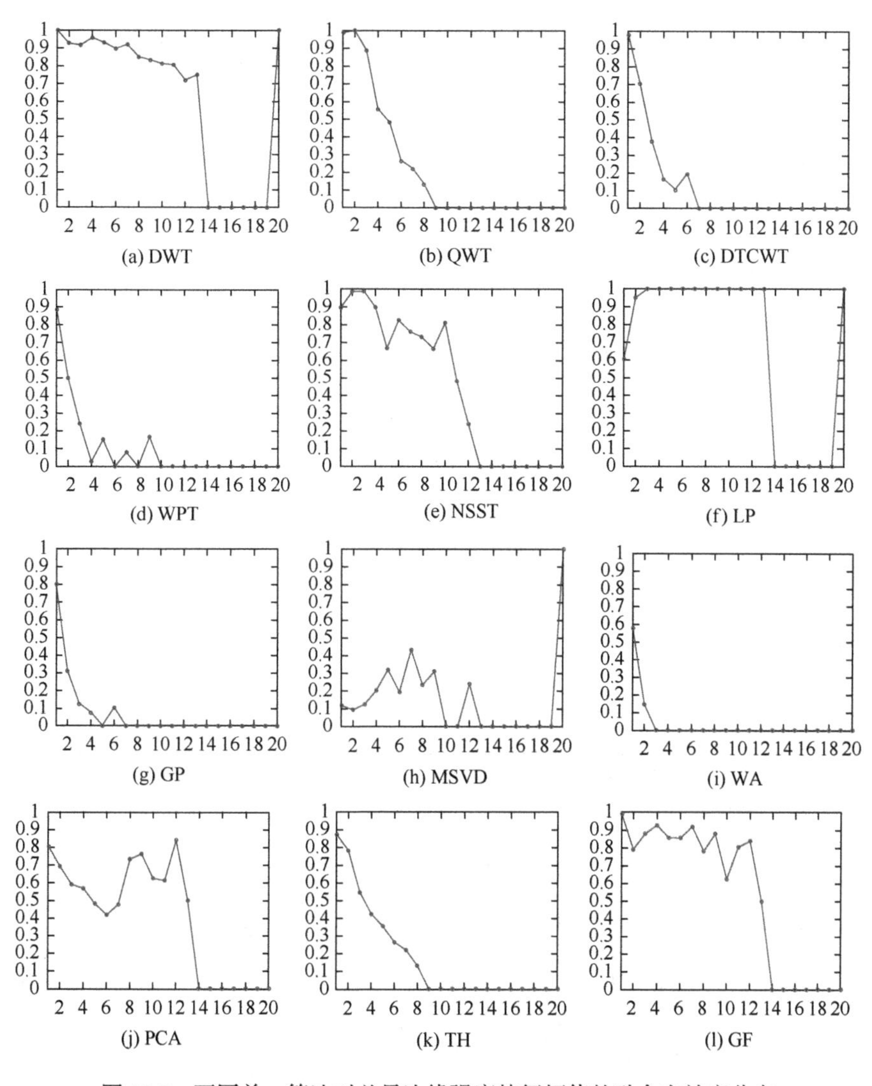

(a) DWT　(b) QWT　(c) DTCWT

(d) WPT　(e) NSST　(f) LP

(g) GP　(h) MSVD　(i) WA

(j) PCA　(k) TH　(l) GF

图 10.7　不同单一算法对差异边缘强度特征幅值的融合有效度分布

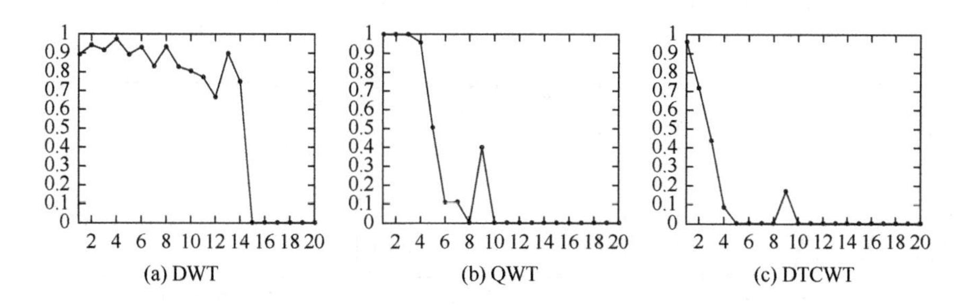

(a) DWT　(b) QWT　(c) DTCWT

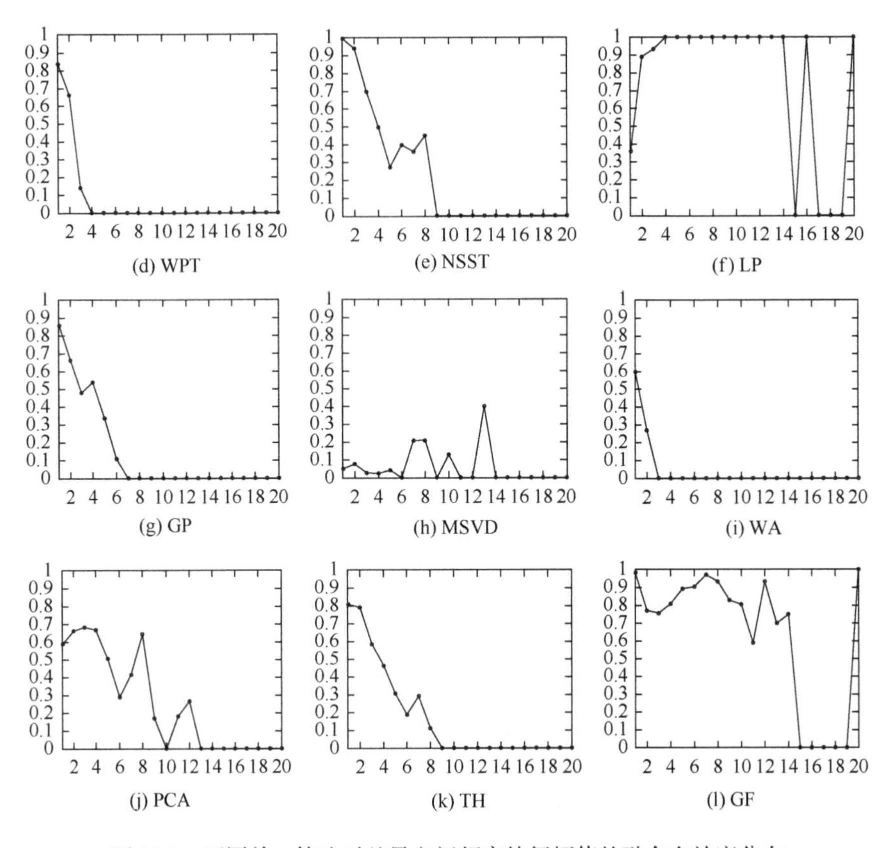

图 10.8　不同单一算法对差异空间频率特征幅值的融合有效度分布

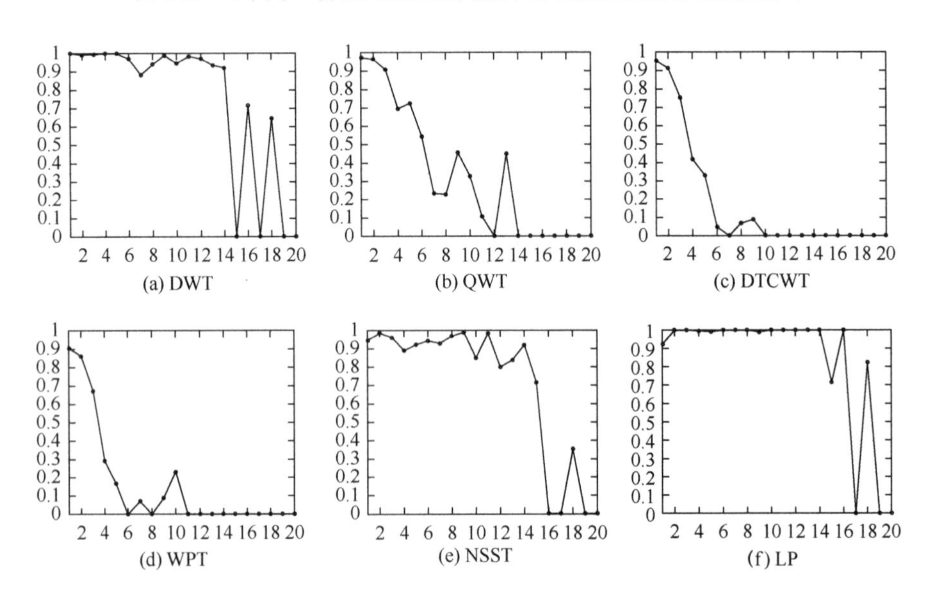

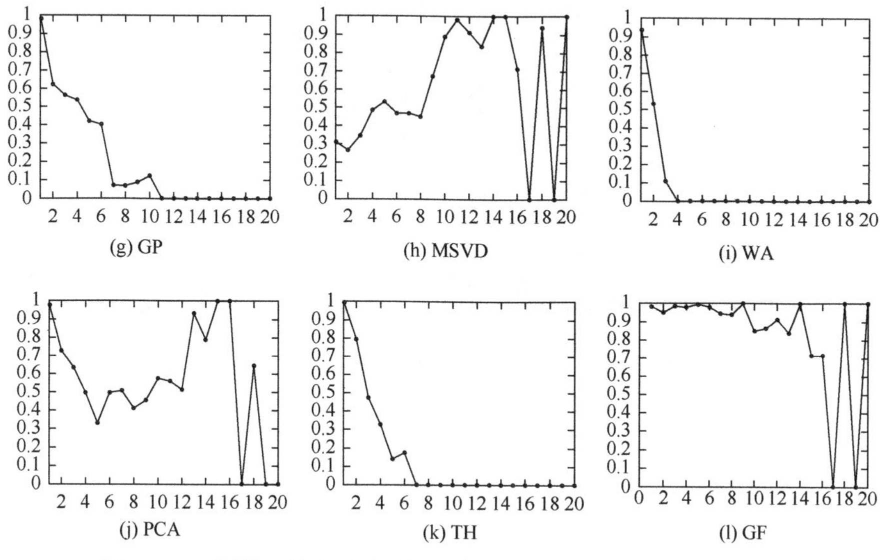

图 10.9 不同单一算法对差异标准偏差特征幅值的融合有效度分布

由图 10.9 可以看出，随着差异特征幅值的变化，算法的融合效果会发生不确定的变化，不同算法融合效果变化趋势也各不相同. 其中，随着差异灰度均值特征幅值区间的改变，DWT, GF, LP, NSST 算法基本保持着较高并且稳定的融合质量；随着差异边缘强度特征幅值区间的改变，LP, DWT, GF 算法基本保持着较高并且稳定的融合质量；随着差异空间频率特征幅值区间的改变，LP, DWT, GF 算法基本保持着较高并且稳定的融合质量；随着差异标准偏差特征幅值区间的改变，LP, DWT, GF, NSST 算法基本保持着较高并且稳定的融合质量.

10.3.2 差异特征频次集值映射构造

差异特征频次可能性分布反映了不同幅值大小的差异特征在成像场景中出现的频数，同时，差异特征频次作为差异特征的一种固有属性，会随着差异特征幅值的变化而变化，并不随着融合算法和融合规则变化而变化. 当然，差异特征融合有效度会随着差异特征频次的变化而不同，构造差异特征频次属性与融合有效度之间的分布，对于两者之间关系的建立也是至关重要的. 本节通过不同差异特征幅值出现的频数不同，统计相同幅值大小的差异特征的融合有效度的和，并利用平均算子处理，得到该幅值大小的差异特征频次融合有效度值，最终构建差异特征频次融合有效度的可能性分布. 以 MSVD 算法分别和 6 种融合规则的协同组合融合源图组Ⅳ为例，得到融合图像以及差异特征频次融合有效度分布，如图 10.10 所示.

(a) 源图组Ⅳ及 MSVD 算法分别和 6 种融合规则的协同组合融合结果图

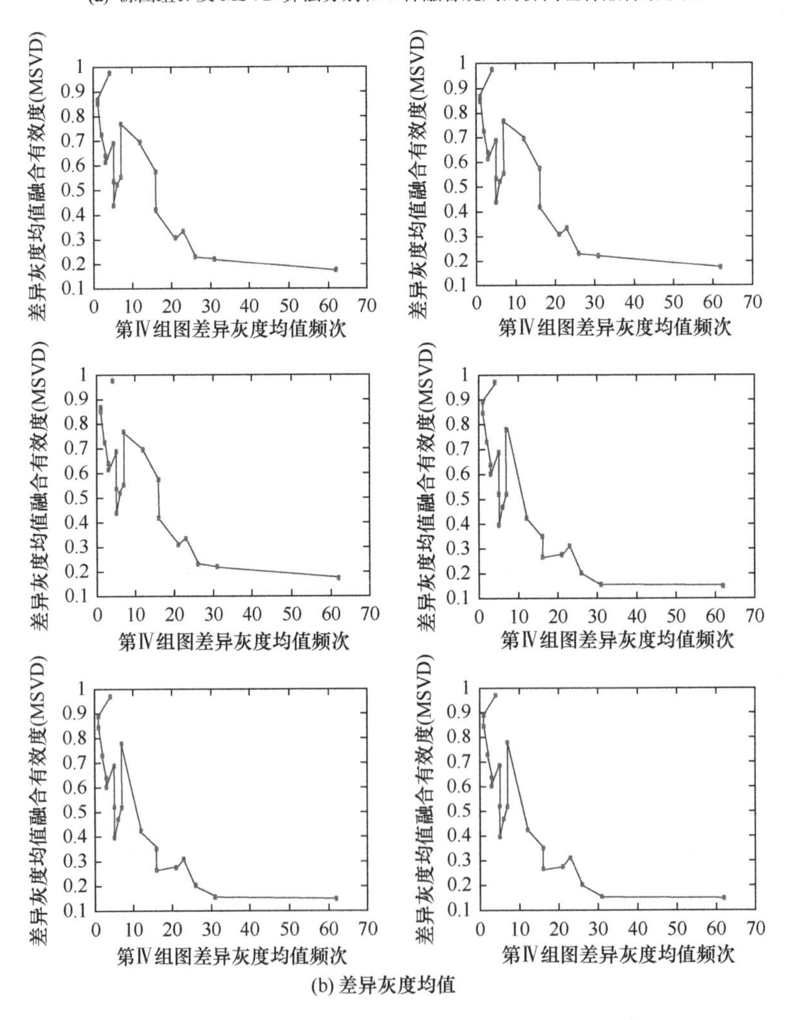

(b) 差异灰度均值

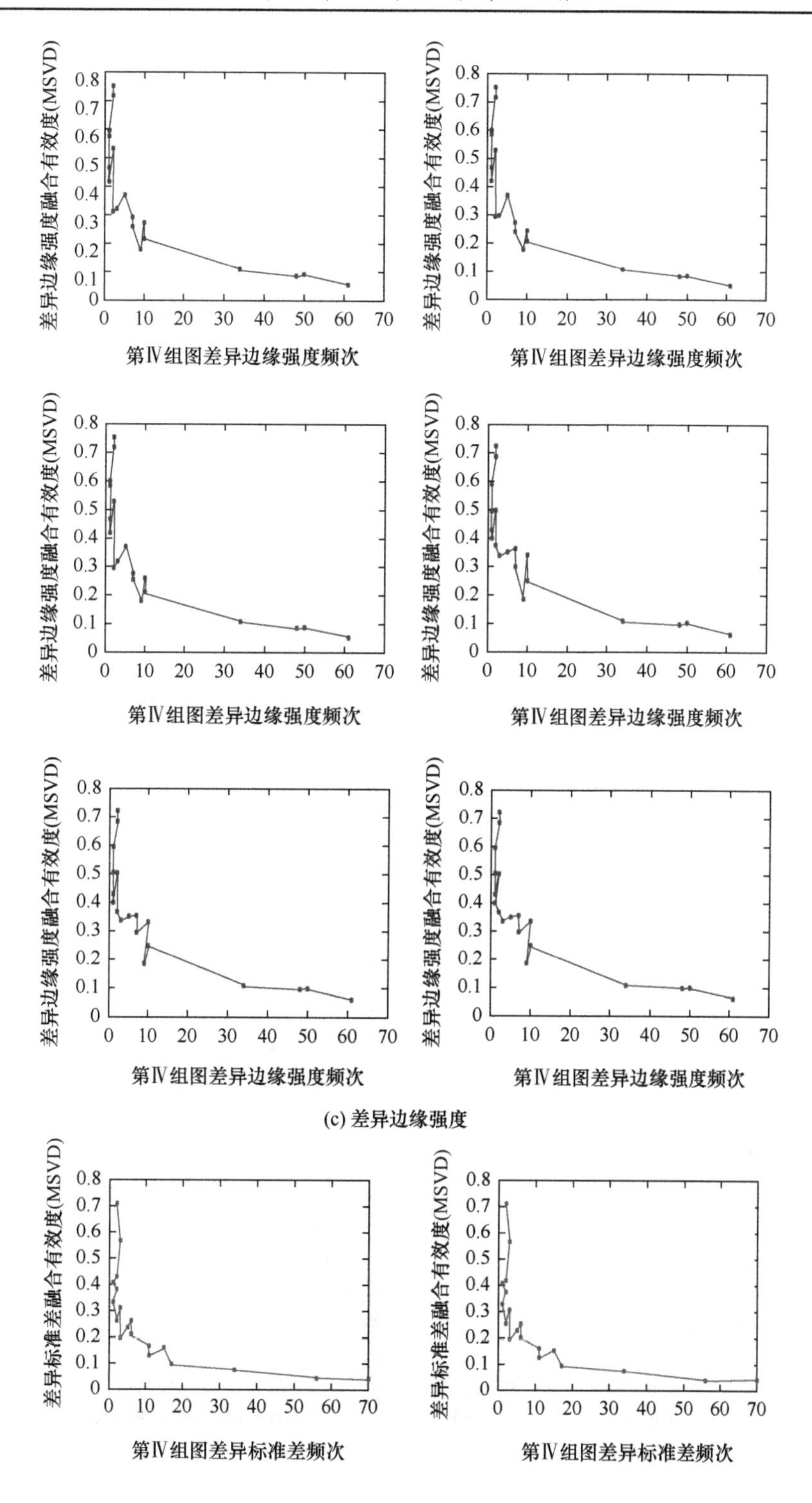
差异边缘强度融合有效度(MSVD)
第Ⅳ组图差异边缘强度频次
差异边缘强度融合有效度(MSVD)
第Ⅳ组图差异边缘强度频次
差异边缘强度融合有效度(MSVD)
第Ⅳ组图差异边缘强度频次
差异边缘强度融合有效度(MSVD)
第Ⅳ组图差异边缘强度频次
差异边缘强度融合有效度(MSVD)
第Ⅳ组图差异边缘强度频次
差异边缘强度融合有效度(MSVD)
第Ⅳ组图差异边缘强度频次

(c) 差异边缘强度

差异标准差融合有效度(MSVD)
第Ⅳ组图差异标准差频次
差异标准差融合有效度(MSVD)
第Ⅳ组图差异标准差频次

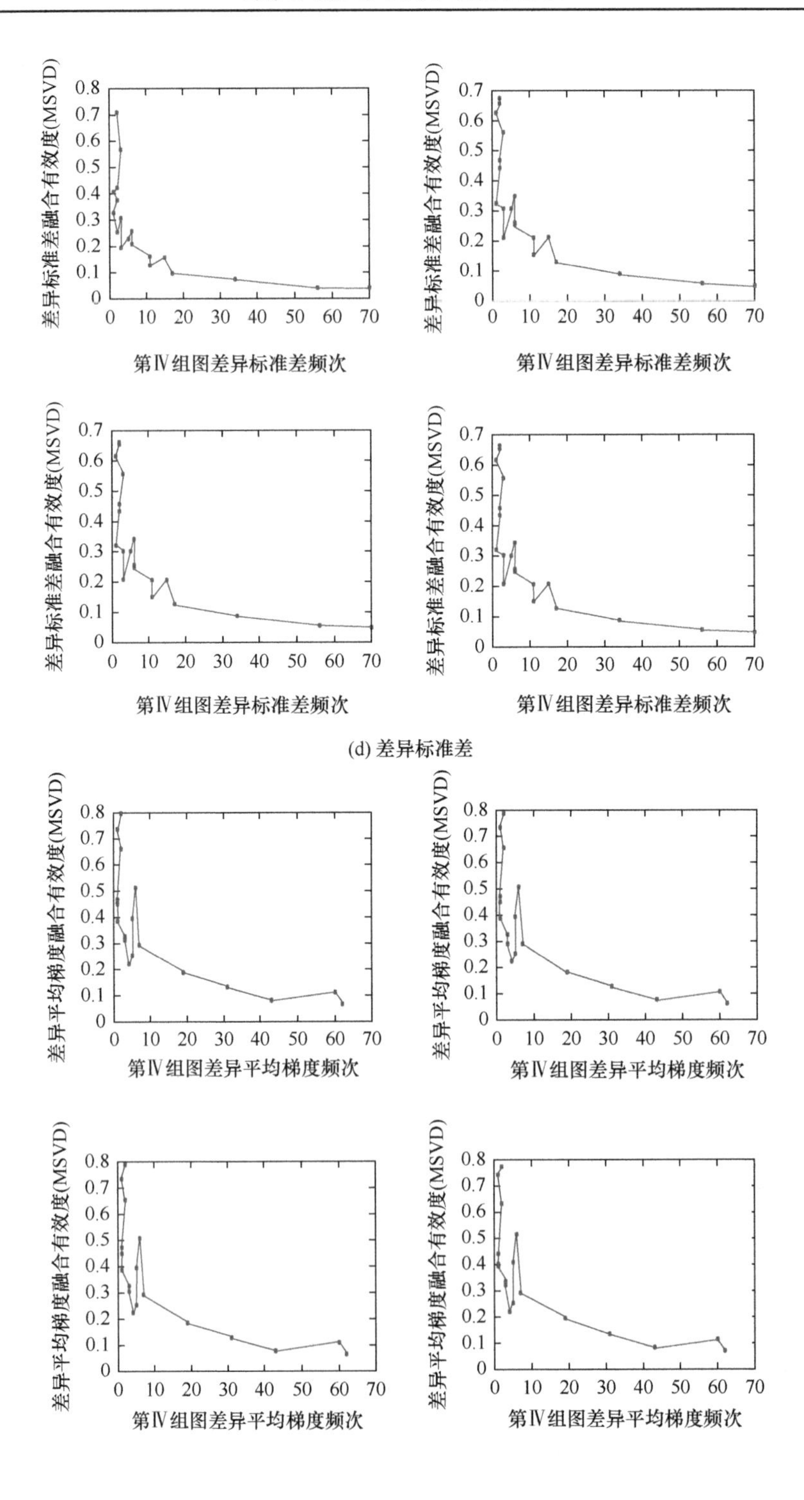
差异标准差融合有效度(MSVD)
第Ⅳ组图差异标准差频次
差异标准差融合有效度(MSVD)
第Ⅳ组图差异标准差频次
差异标准差融合有效度(MSVD)
第Ⅳ组图差异标准差频次
差异标准差融合有效度(MSVD)
第Ⅳ组图差异标准差频次
差异平均梯度融合有效度(MSVD)
第Ⅳ组图差异平均梯度频次
差异平均梯度融合有效度(MSVD)
第Ⅳ组图差异平均梯度频次
差异平均梯度融合有效度(MSVD)
第Ⅳ组图差异平均梯度频次
差异平均梯度融合有效度(MSVD)
第Ⅳ组图差异平均梯度频次

(d) 差异标准差

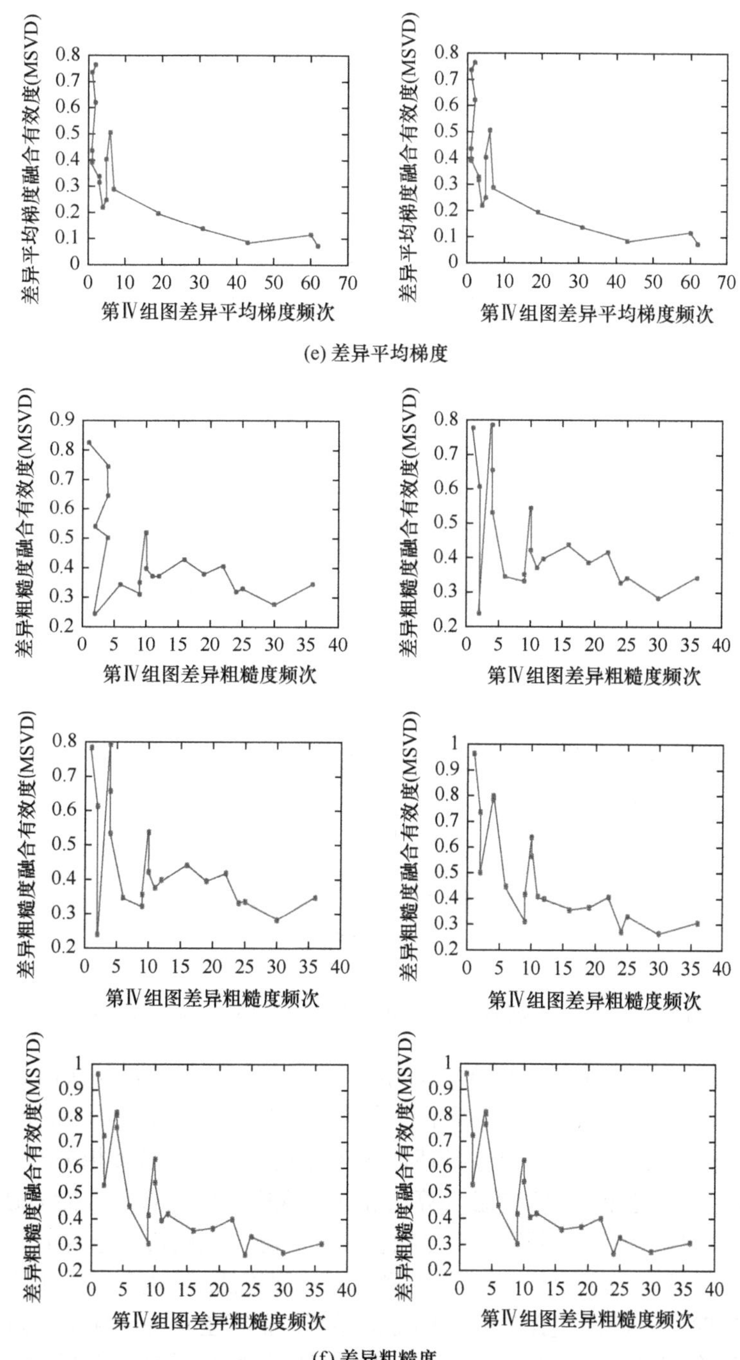

(e) 差异平均梯度

(f) 差异粗糙度

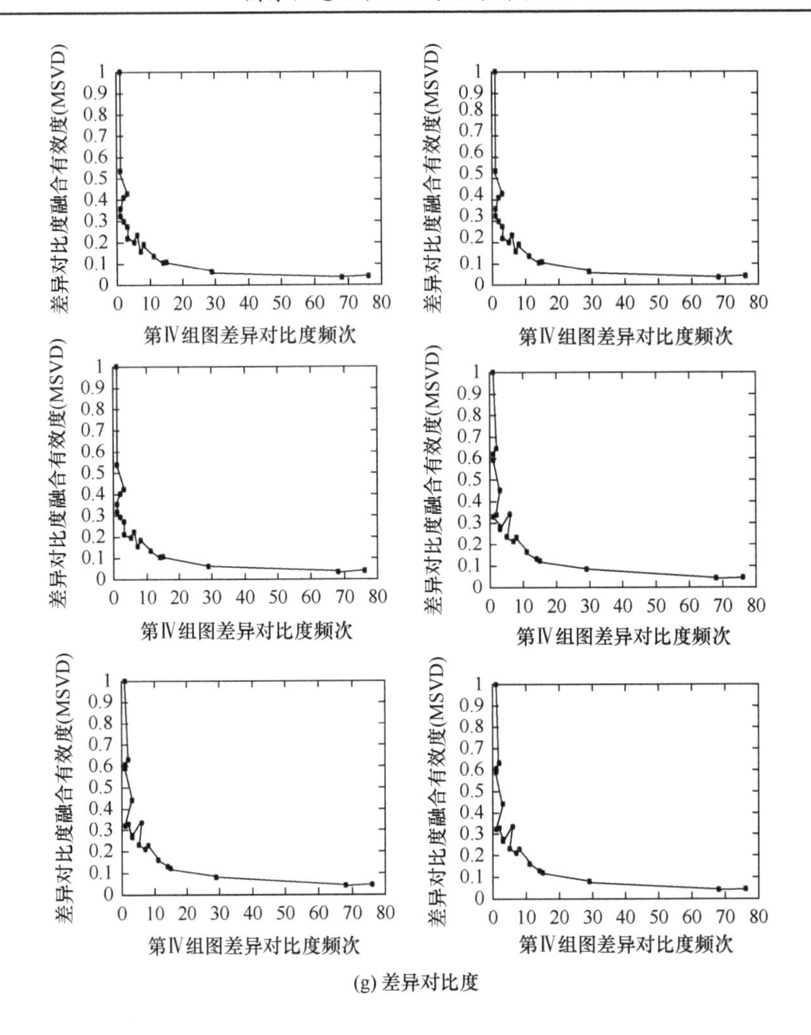

(g) 差异对比度

图 10.10　基于 MSVD 的融合图像及差异特征频次融合有效度分布

在同种融合算法下，随着融合规则的变化，相同差异特征频次的融合有效度分布的整体走势基本一致. 差异特征频次的融合有效度随着差异特征频次的增大，融合有效度呈降低趋势，所以差异特征频次与融合有效度呈负相关，即某种差异特征幅值的频次越小，特定的融合算法和融合规则协同组合融合能力越强，融合效率越高，即融合有效度越高；反之融合算法和融合规则协同组合的融合能力有限，融合能力越弱，融合效率越低，即融合有效度越低，这也与日常生活的认知规律相符，同时结合源图组Ⅳ的融合图像的结果，显然差异特征频次较高的差异特征幅值，融合图像中的效果较为一般，而差异特征频次较低的差异特征幅值，融合图像中的质量较好.

10.4 多集值映射的构建

10.4.1 同类差异特征多集值映射构建及评价分析

为了综合考虑差异特征多个属性对融合效果的影响[10]，需要构造不同算法对差异特征各属性的融合有效度分布进行合成，而差异特征与融合算法类集间多集值映射的构建是差异特征多属性分布的合成的前提，只有明确差异特征多属性与融合算法间的对应关系，才能准确分析融合算法对差异特征多属性的融合效果.

同类差异特征间的类型、幅值和频次属性均属于小样本不确定信息，差异特征幅值和频次属性的分布均属于可能性分布[11]. 与此同时，差异特征频次属性是通过差异特征幅值属性的概率密度估计得到的，差异特征幅值和频次属性信息间具有较高的冗余性和相关性，且这两种差异特征属性均包含了差异特征类型属性信息，所以基于同类差异特征多属性融合有效度的分布合成选取 T-模算子作为合成规则. 对源图组采用 12 种融合算法融合，变换域中的融合规则均使用低频子带信息取简单平均，高频子带信息绝对值取大，得到基于 12 种融合算法的融合图像，如图 10.11 所示，图中从第 1 行到第 12 行融合算法依次为 PCA, DWT, NSCT, NSST, DTCWT, TH, LP, WPT, GF, CVT, MSVD, QWT. 差异特征幅值和频次属性信息分别进行归一化处理，针对每种差异特征的两种属性信息，选取融合有效度最高的融合算法构造合成分布，得到如图 10.12～图 10.17 所示 6 组源图像同类差异特征的幅值和频次属性的融合有效度分布合成结果.

将相应的分布合成结果映射到同类差异特征多属性组合平面上(即差异特征幅值和差异特征频次属性组合平面)，以前 3 组源图像为例进行说明，如图 10.18～图 10.20 所示.

图 10.11　融合结果图

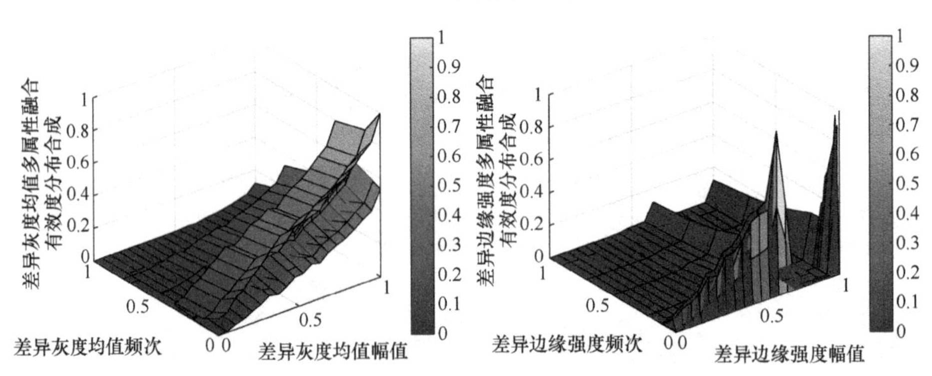
差异灰度均值多属性融合有效度分布合成
差异灰度均值频次
差异灰度均值幅值
差异边缘强度多属性融合有效度分布合成
差异边缘强度频次
差异边缘强度幅值

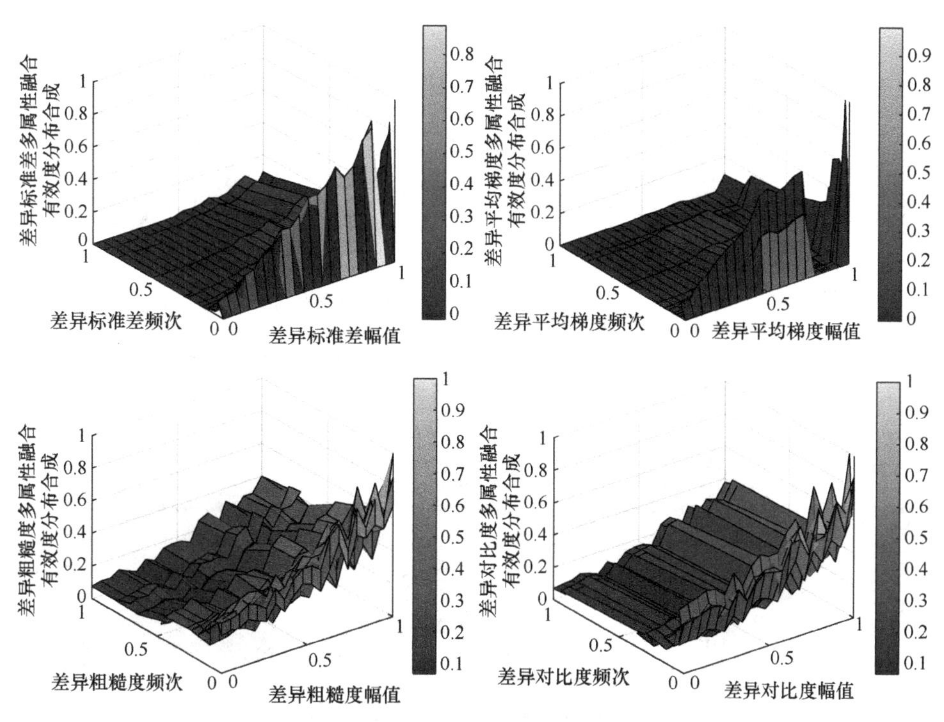

图 10.12 源图组 I 同类差异特征多属性融合有效度分布合成

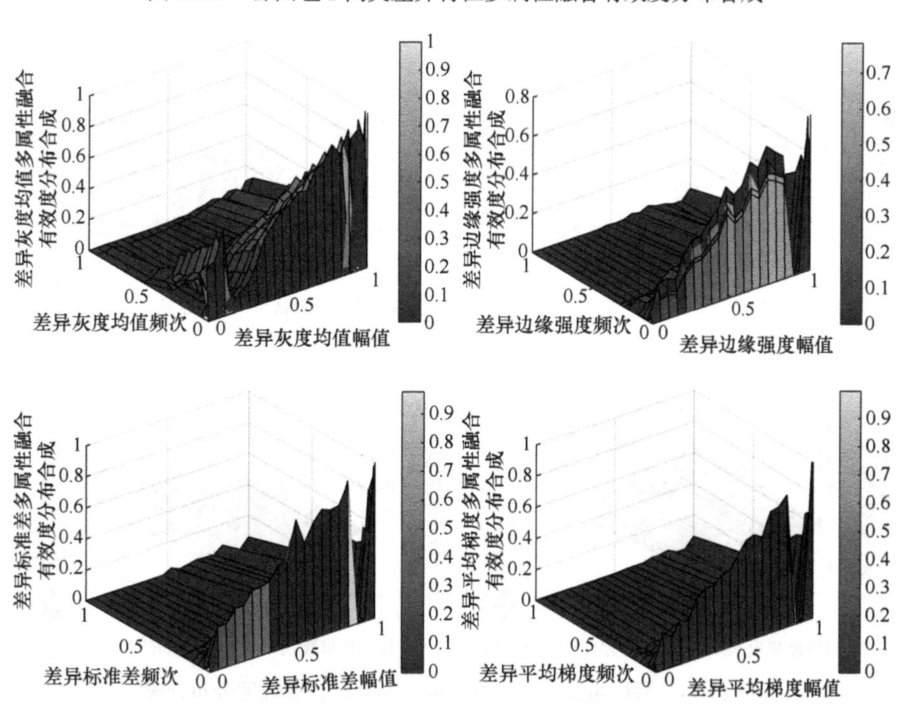

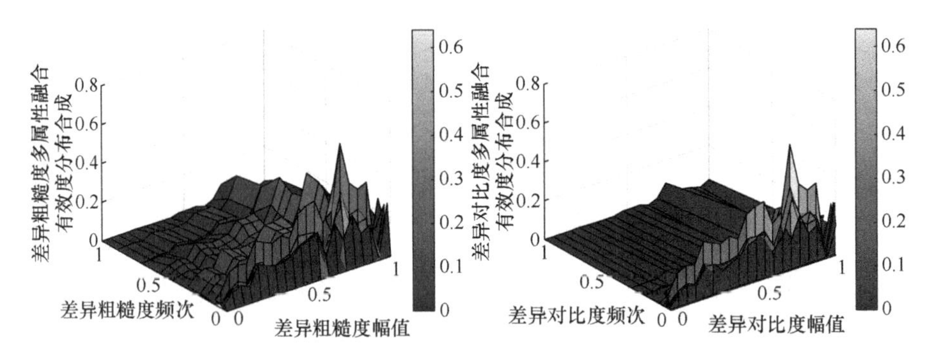

图 10.13　源图组Ⅱ同类差异特征多属性融合有效度分布合成

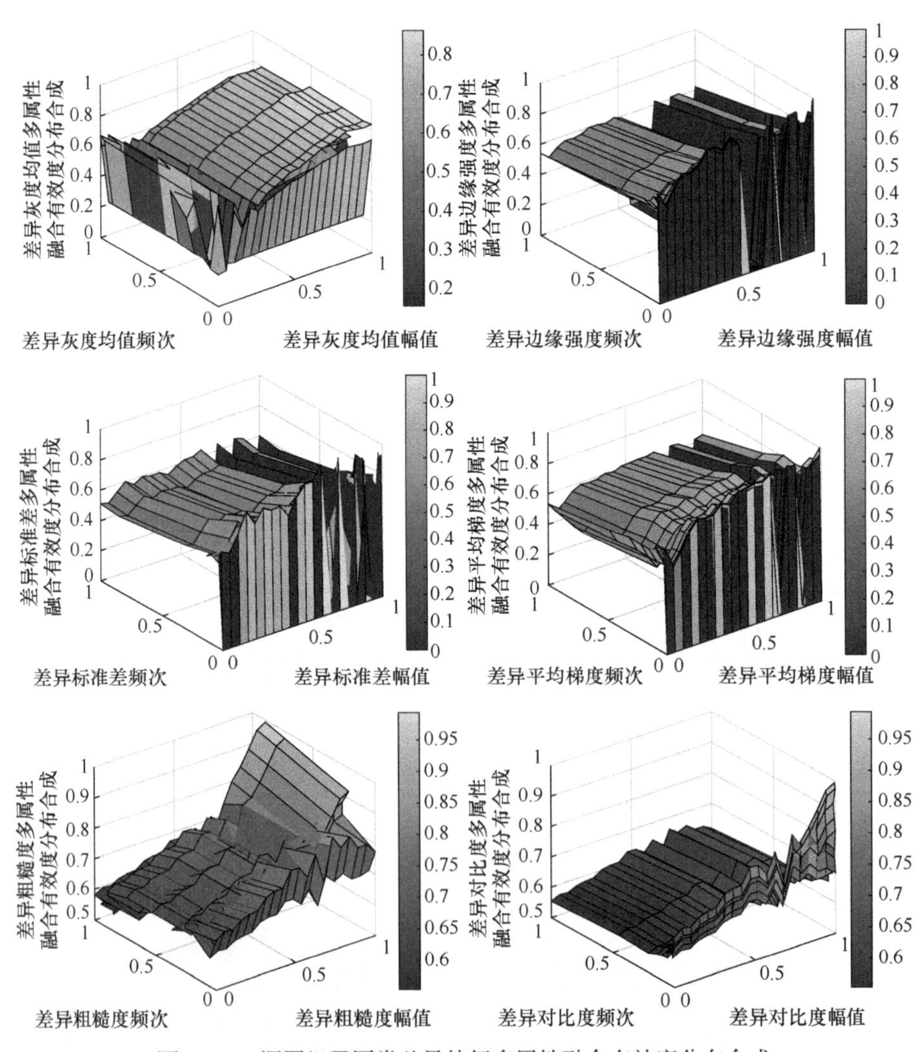

图 10.14　源图组Ⅲ同类差异特征多属性融合有效度分布合成

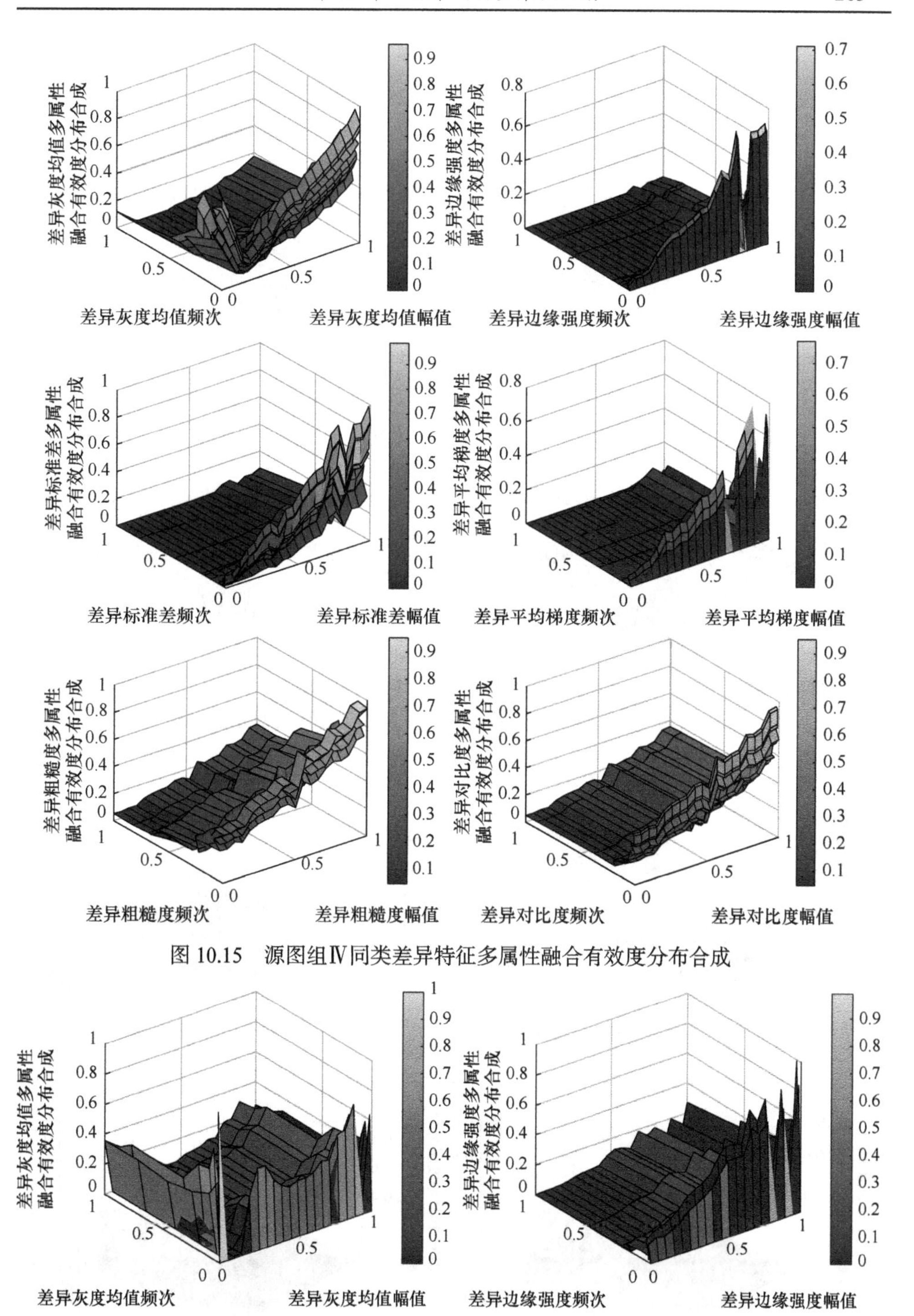

图 10.15　源图组Ⅳ同类差异特征多属性融合有效度分布合成

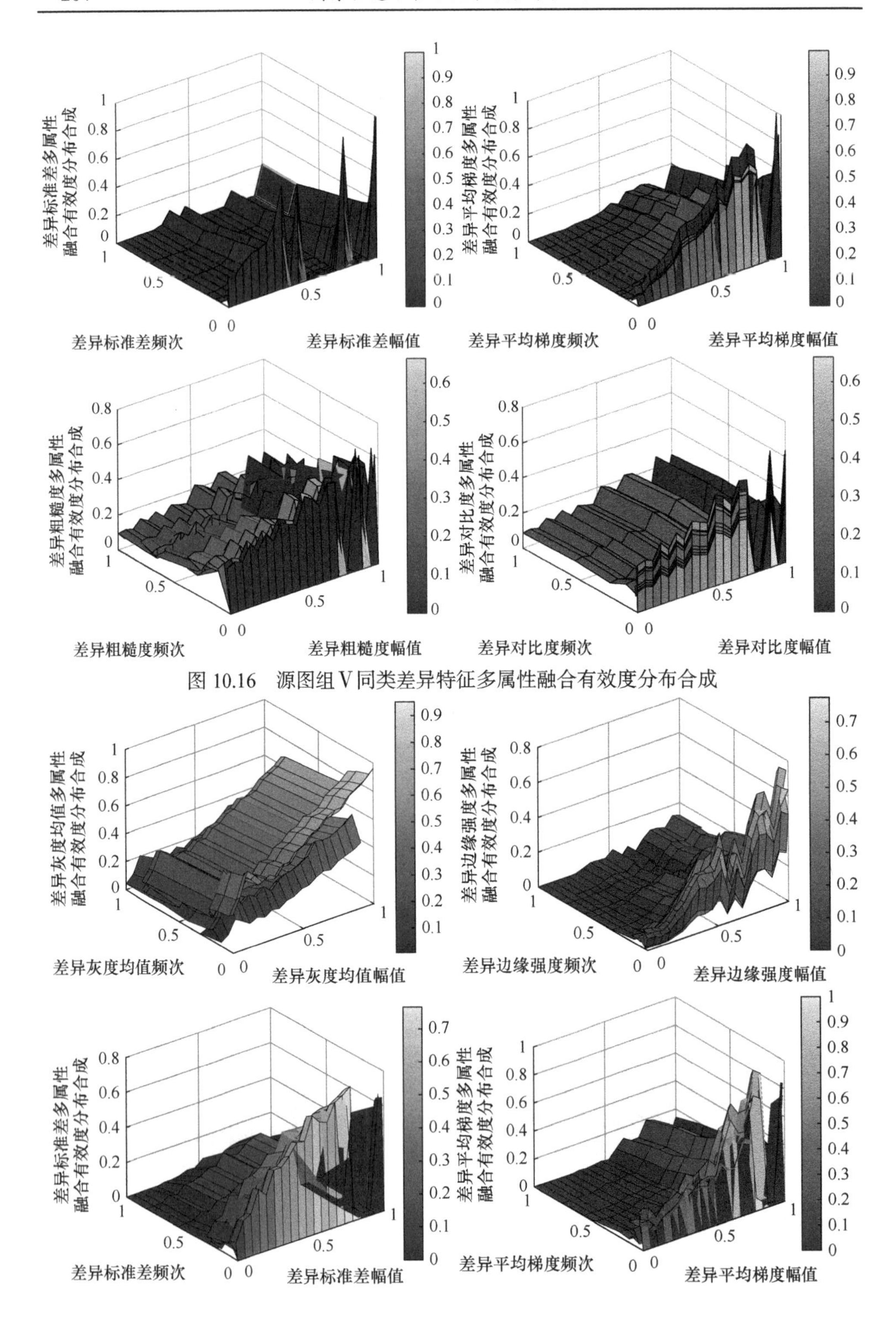

图 10.16　源图组V同类差异特征多属性融合有效度分布合成

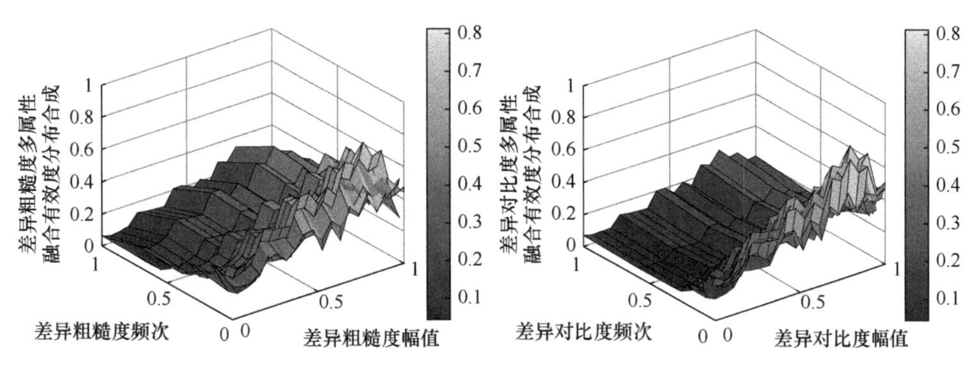

图 10.17　源图组Ⅵ同类差异特征多属性融合有效度分布合成

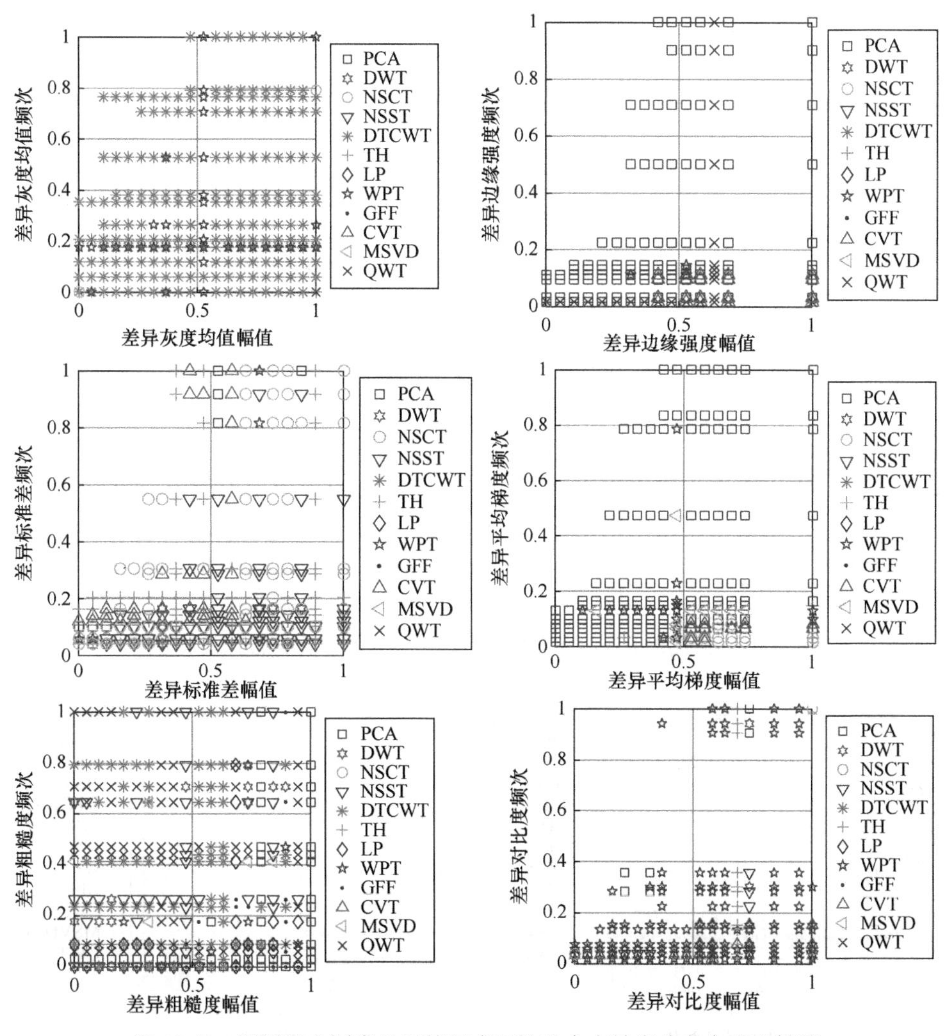

图 10.18　源图组Ⅰ同类差异特征多属性融合有效度分布合成映射图

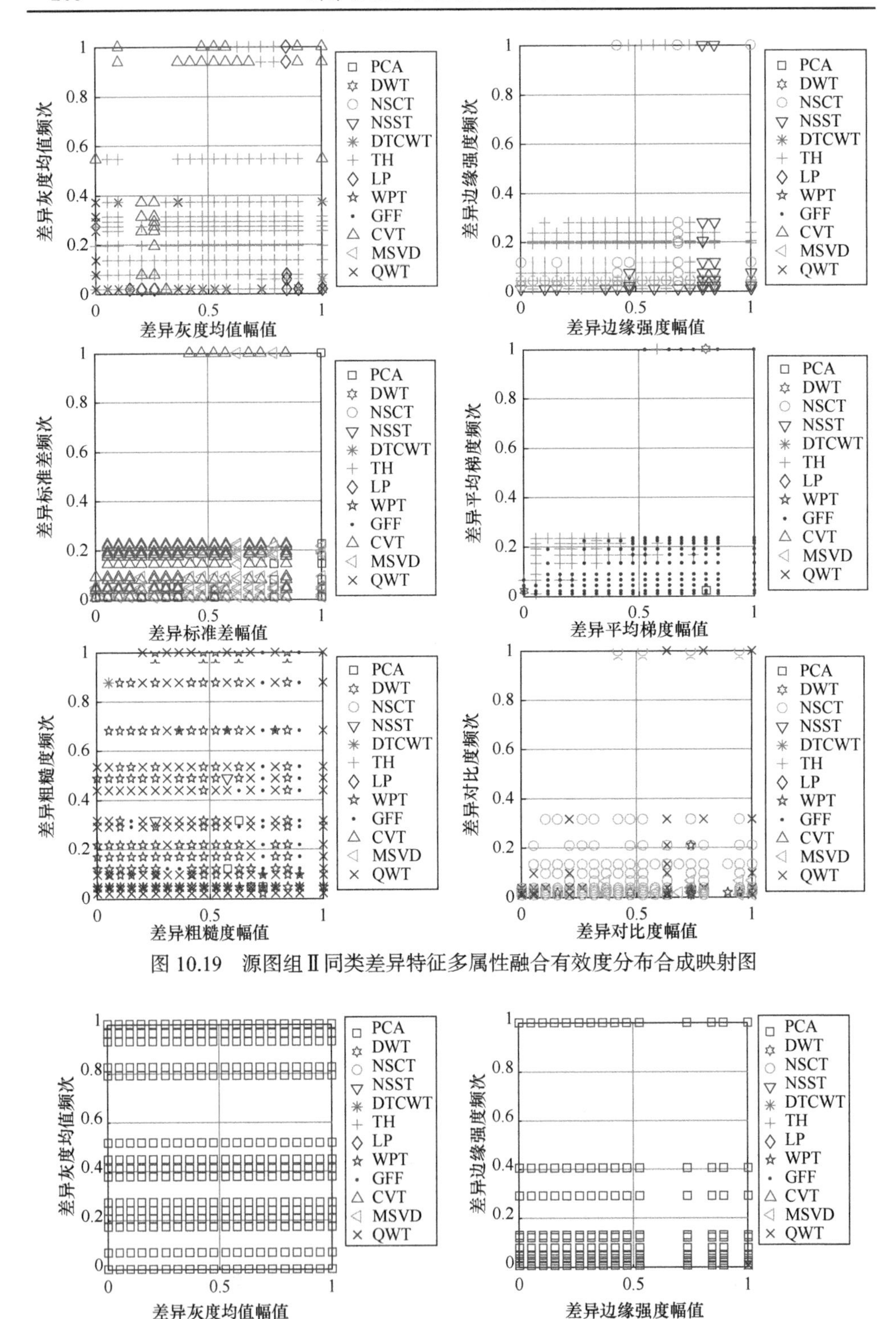

图 10.19　源图组Ⅱ同类差异特征多属性融合有效度分布合成映射图

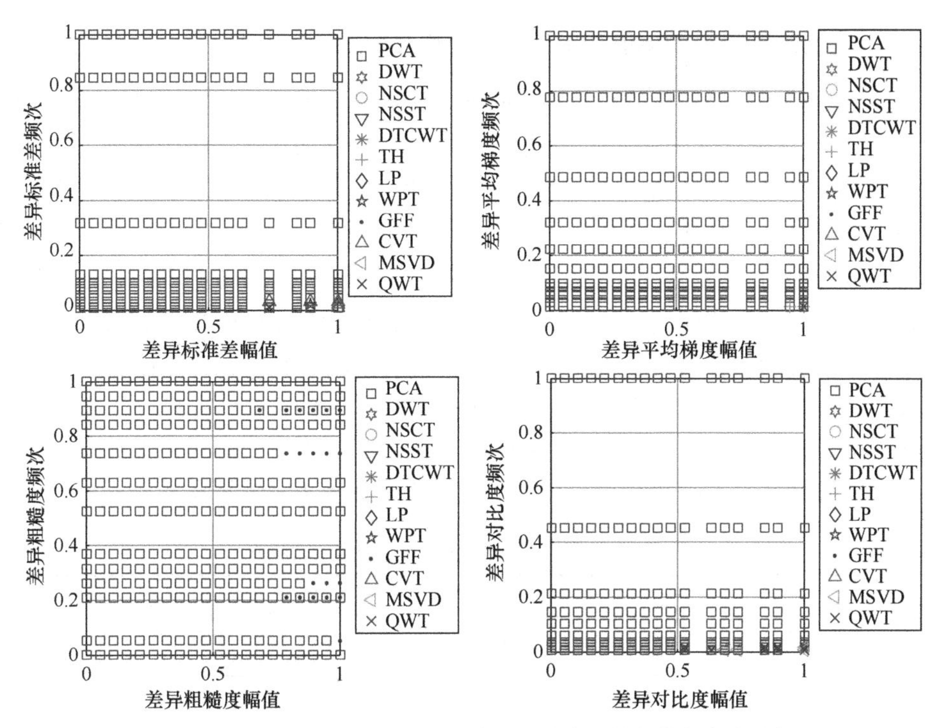

图 10.20　源图组Ⅲ同类差异特征多属性融合有效度分布合成映射图

在同类差异特征幅值的融合有效度分布合成映射结果中，选取出现频次最多的最优算法，通过频次最多的最优融合算法确定该成像场景下的同类差异特征多属性的最优融合算法，如表 10.9 所示．结合图 10.11 的主观评价以及表 10.9 的客观评价，显然这种同类差异特征多属性最优融合有效度选取方法是可行的．

表 10.9　同类差异特征多属性最优融合算法选取

同类差异特征多属性	Ⅰ	Ⅱ	Ⅲ	Ⅳ	Ⅴ	Ⅵ	Ⅶ	Ⅷ	Ⅸ	Ⅹ
GM	DTCWT	TH	PCA	QWT	NSST	DTCWT	PCA	NSCT	MSVD	WPT
EI	PCA	TH	PCA	DTCWT	DWT	NSST	TH	DTCWT	DWT	MSVD
SD	NSCT	CVT	PCA	NSST	DWT	WPT	NSCT	NSST	LP	DWT
AG	PCA	GFF	PCA	DTCWT	NSCT	WPT	WPT	DTCWT	GFF	NSST
CA	NSST	QWT	PCA	GFF	GFF	GFF	WPT	PCA	GFF	CVT
CN	WPT	NSCT	PCA	DTCWT	MSVD	WPT	DWT	MSVD	DWT	NSST

10.4.2　异类差异特征多集值映射构建及评价分析

异类差异特征的多集值映射是在同类差异特征幅值属性和频次属性相关性研究的基础上，将差异特征多属性量化为差异特征权重函数这一综合指标，构建异类差异特征多属性之间的融合有效度分布合成，首先将异类差异特征多属性之间的相关性问题，转为研究异类差异特征权重函数之间的相关性；然后利用可能性分布合成的理论，设 $\tilde{A}$ 和 $\tilde{B}$ 均为论域 U 的异类差异特征权重函数集合，$\pi_{\tilde{A}}$ 和 $\pi_{\tilde{B}}$ 分别表示异类差异特征权重函数的融合有效度分布，使用 T-模算子得到异类差异特征权重函数的融合有效度分布合成规则；最后得到异类差异特征权重函数多融合算法合成规则的协调组合，建立基于多规则协同组合的差异特征权重函数分布合成. 异类差异特征权重函数的相关性的量化标准选用皮尔逊相关系数[12]，实验中 6 种差异特征权重函数基于 T-模算子合成规则如表 10.10 所示.

表 10.10　异类差异特征权重函数合成规则

权重函数	GM, EI	GM, SD	GM, AG	GM, CA	GM, CN	EI, SD	EI, AG	EI, CA	EI, CN	SD, AG	SD, CA	SD, CN	AG, CA	AG, CN	CA, CN
Ⅰ	T_6	T_6	T_6	T_6	T_6	T_6	T_6	T_6	T_6	T_6	T_6	T_6	T_6	T_6	T_6
Ⅱ	T_3	T_6	T_2	T_2	T_6	T_3	T_2	T_6	T_6	T_6	T_6	T_6	T_6	T_6	T_6
Ⅲ	T_2	T_6	T_2	T_2	T_6	T_2	T_2	T_5	T_6	T_5	T_5	T_6	T_5	T_4	T_4
Ⅳ	T_4	T_6	T_4	T_4	T_6	T_5	T_4	T_6	T_6	T_6	T_6	T_6	T_6	T_6	T_6
Ⅴ	T_2	T_6	T_2	T_2	T_5	T_2	T_2	T_6	T_4	T_5	T_6	T_4	T_6	T_6	T_6
Ⅵ	T_2	T_6	T_2	T_2	T_6	T_3	T_2	T_6	T_6	T_6	T_6	T_6	T_6	T_5	T_6
Ⅶ	T_6	T_6	T_6	T_6	T_6	T_6	T_6	T_6	T_6	T_6	T_6	T_6	T_6	T_6	T_6
Ⅷ	T_6	T_6	T_5	T_5	T_6	T_6	T_4	T_6	T_6	T_6	T_6	T_6	T_6	T_6	T_6
Ⅸ	T_2	T_5	T_2	T_3	T_6	T_5	T_2	T_4	T_4	T_5	T_2	T_6	T_4	T_4	T_2
Ⅹ	T_3	T_6	T_4	T_2	T_6	T_3	T_2	T_6	T_6	T_5	T_6	T_6	T_5	T_5	T_6

提取 10 组源图像的差异特征多属性信息，在此所选取的 6 种差异特征权重函数，构建异类差异特征权重函数融合有效度的分布合成，以源图像 I 为例，如图 10.21 所示，融合规则为低频子带信息取简单平均，高频子带信息绝对值取大.

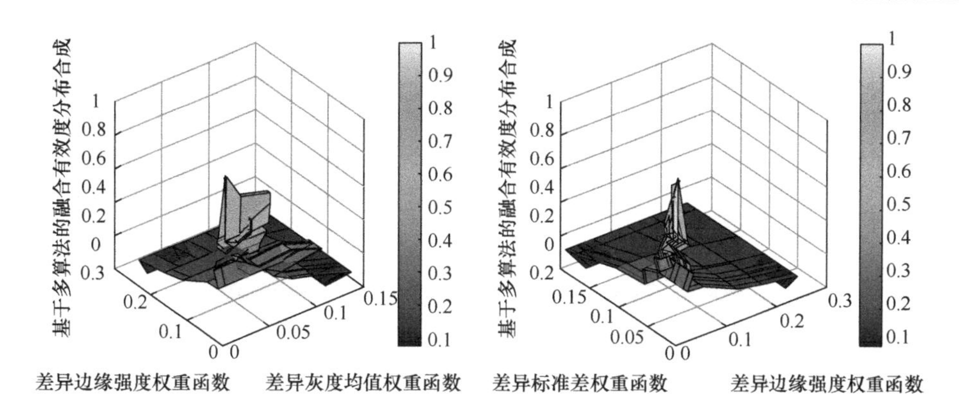
基于多算法的融合有效度分布合成
差异边缘强度权重函数
差异灰度均值权重函数
基于多算法的融合有效度分布合成
差异标准差权重函数
差异边缘强度权重函数

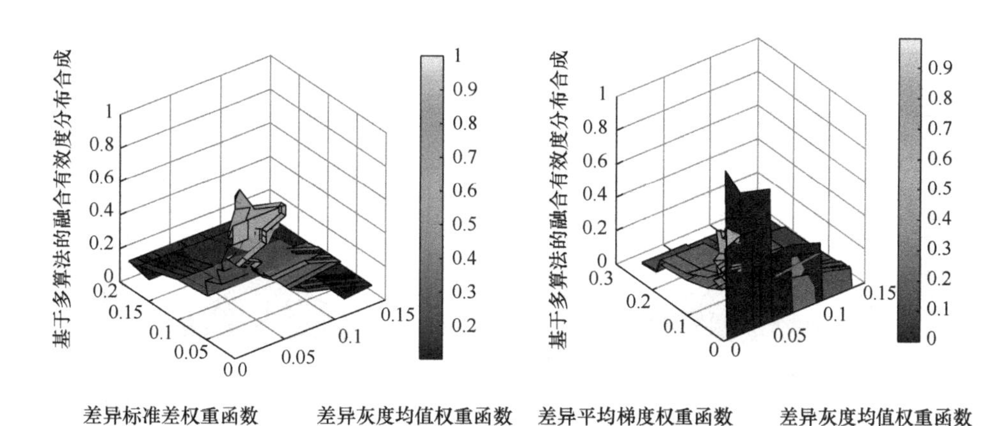
基于多算法的融合有效度分布合成
差异标准差权重函数
差异灰度均值权重函数
基于多算法的融合有效度分布合成
差异平均梯度权重函数
差异灰度均值权重函数

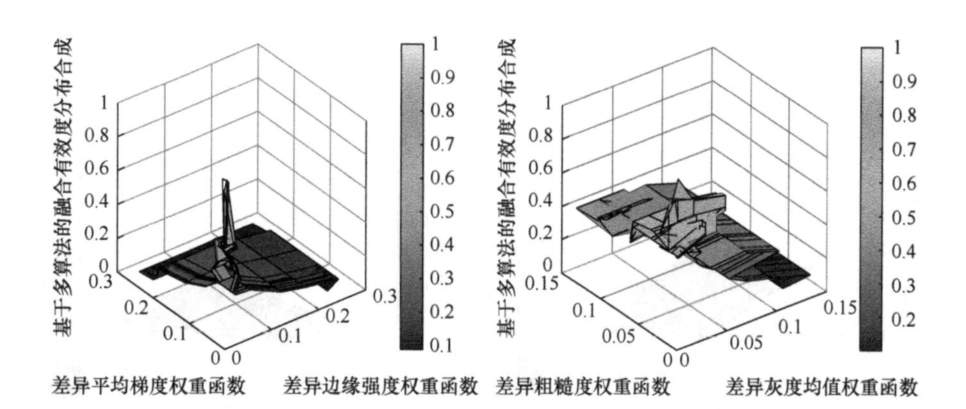
基于多算法的融合有效度分布合成
差异平均梯度权重函数
差异边缘强度权重函数
基于多算法的融合有效度分布合成
差异粗糙度权重函数
差异灰度均值权重函数

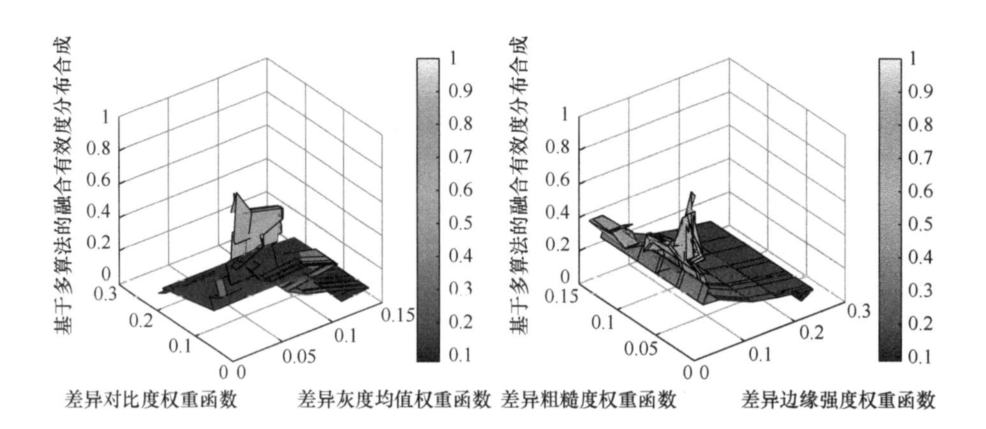
基于多算法的融合有效度分布合成
差异对比度权重函数
差异灰度均值权重函数
差异粗糙度权重函数
差异边缘强度权重函数

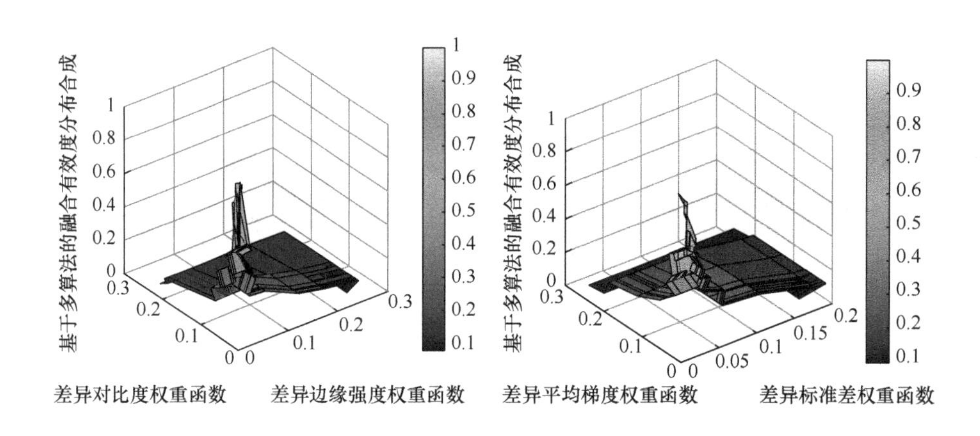
基于多算法的融合有效度分布合成
差异对比度权重函数
差异边缘强度权重函数
差异平均梯度权重函数
差异标准差权重函数

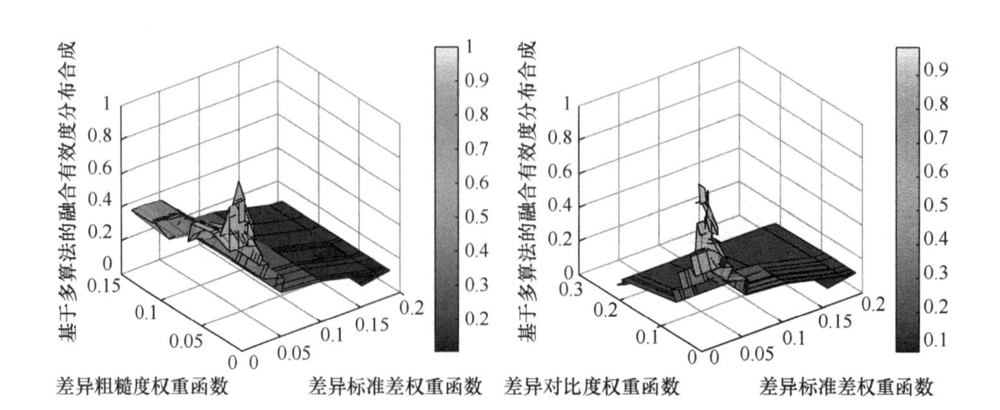
基于多算法的融合有效度分布合成
差异粗糙度权重函数
差异标准差权重函数
差异对比度权重函数
差异标准差权重函数

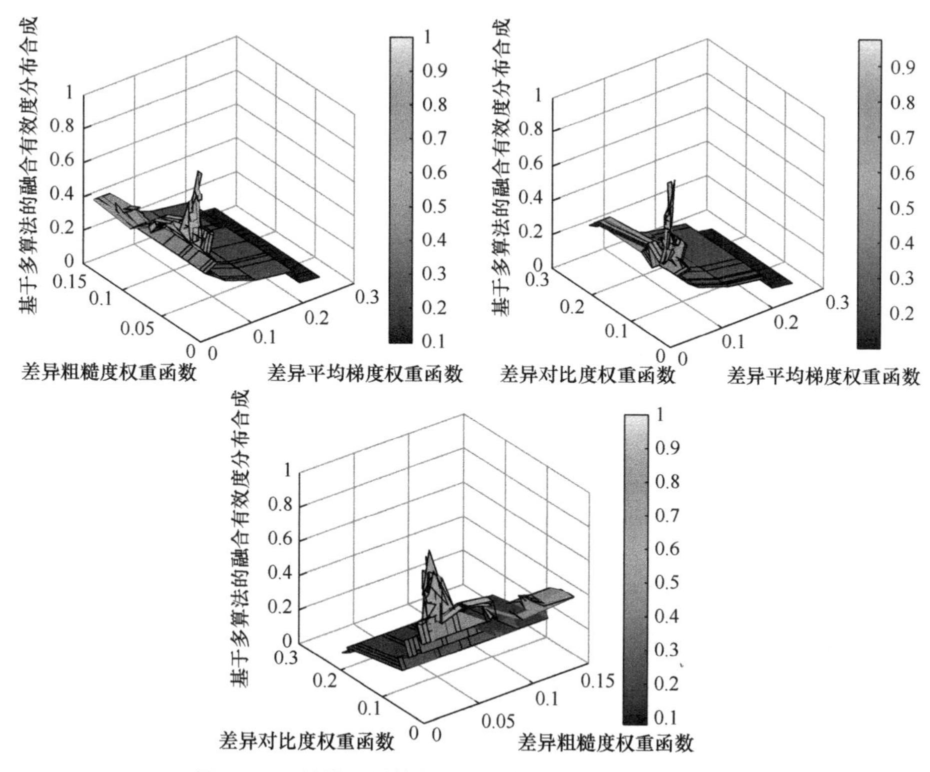

图 10.21　异类差异特征权重函数融合有效度分布合成

将融合有效度分布合成结果的联合落影映射到异类差异特征权重函数组合平面上，如图 10.22 所示，在异类差异特征权重函数值均较小时，融合有效度分布较为密集，反之，融合有效度分布较为稀疏．结合融合有效度合成分布映射图的结果，显然异类差异特征权重函数较小时，分布合成后的融合有效度值较大，反之，融合有效度的值较小，接近于 0．所以双模态红外图像融合信息主要集中在较小的异类差异特征权重函数联合落影部分，即主要融合信息集中在映射图的左下角．

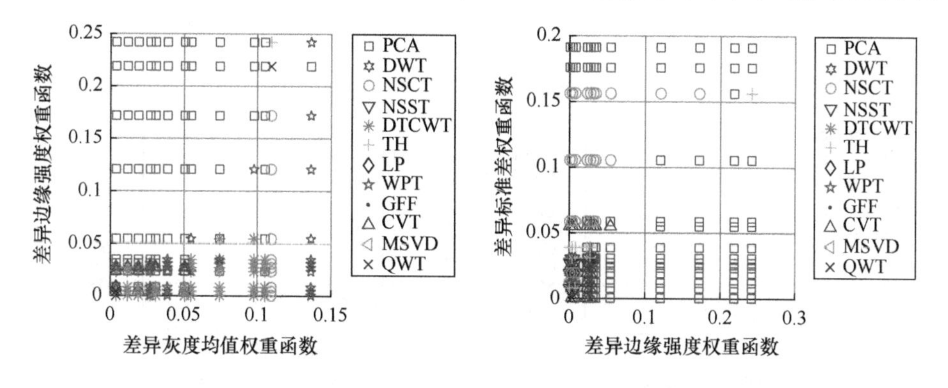

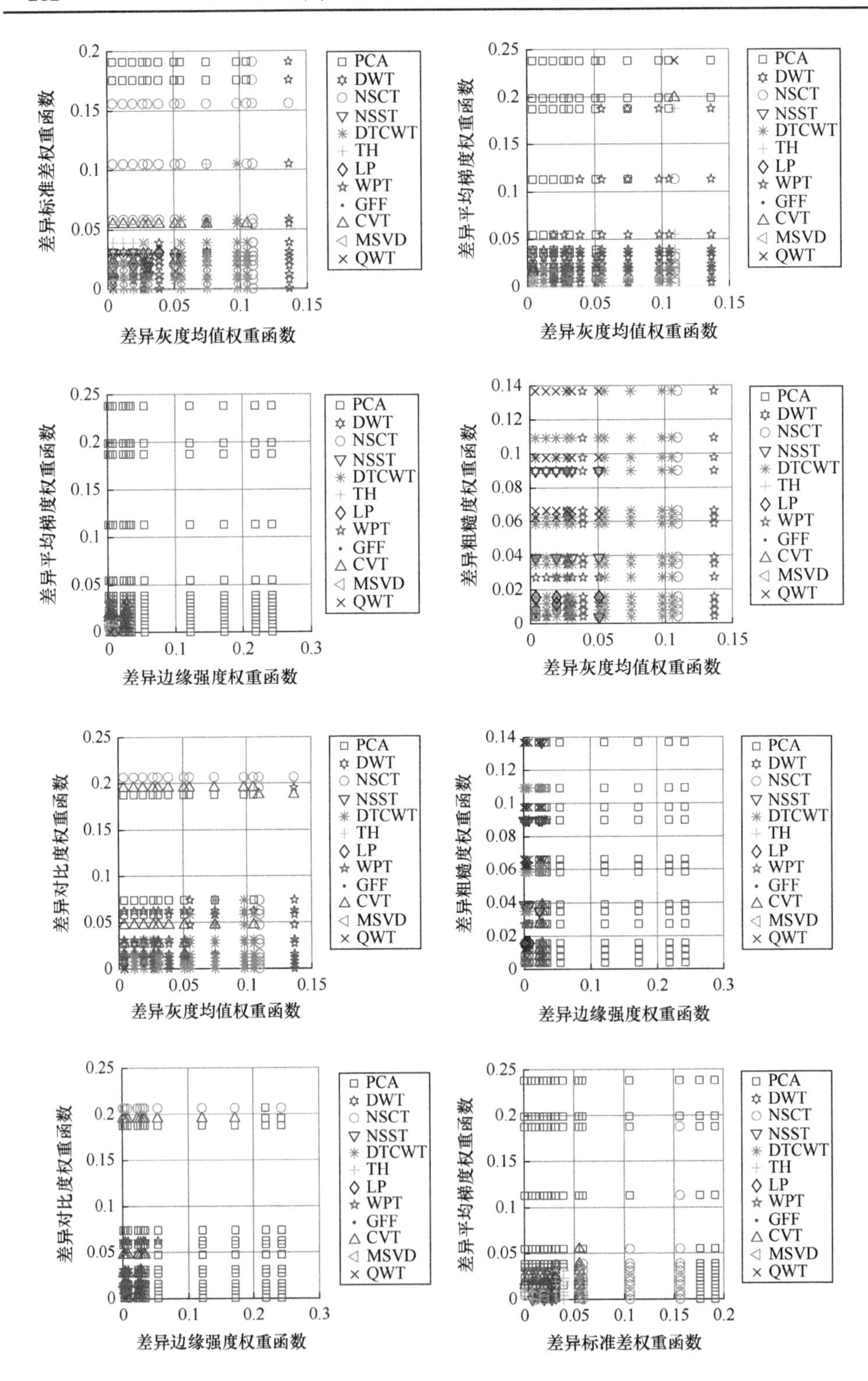
差异标准差权重函数
差异灰度均值权重函数
差异平均梯度权重函数
差异灰度均值权重函数
差异平均梯度权重函数
差异边缘强度权重函数
差异粗糙度权重函数
差异灰度均值权重函数
差异对比度权重函数
差异灰度均值权重函数
差异粗糙度权重函数
差异边缘强度权重函数
差异对比度权重函数
差异边缘强度权重函数
差异平均梯度权重函数
差异标准差权重函数
PCA
DWT
NSCT
NSST
DTCWT
TH
LP
WPT
GFF
CVT
MSVD
QWT

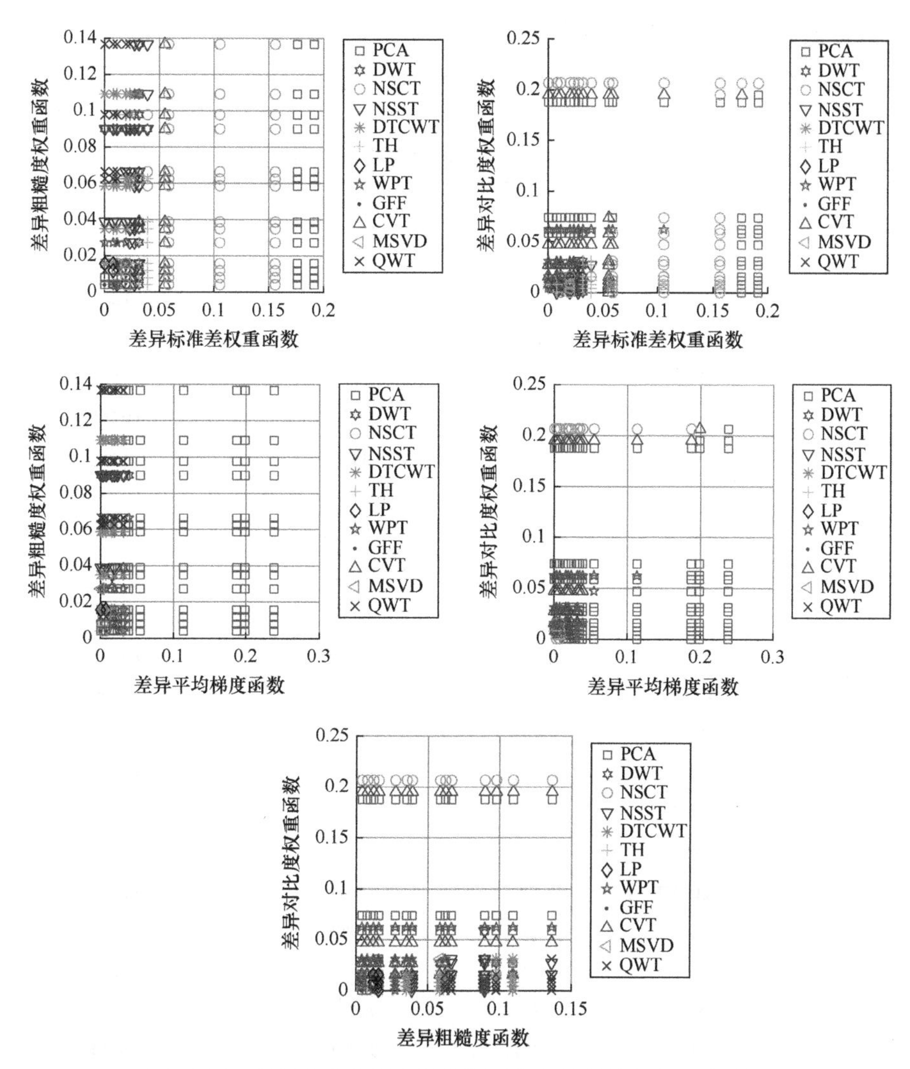

图 10.22　异类差异特征权重函数融合有效度分布合成映射图

将联合落影图左下角中融合有效度在 0.1 以上的点圈出，剔除融合有效度小于 0.1 的异类差异特征权重函数点，达到有效驱动融合的目的，所以将该融合有效度的集群划分为主要融合信息集中区域. 在主要融合信息集中区域中，融合算法对于差异特征权重函数融合性能与第 i 种融合算法的占比 e_i 成正比，与该融合算法的平均融合有效度 $\sum\bar{V}_j$ 成正比，统计不同融合算法在该区域内出现的频次，计算不同融合算法的融合占比以及该区域中不同融合算法的平均融合有效度，构建综合融合性能评价指标 E_i . E_i 越大证明该种算法 i 对异类差异特征权重函数的融合性能越好，如式(10.27)所示，最终结果如表 10.11 所示，表中加粗字体代表融合性能最好的算法及对应的评价指标值.

$$E_i = e_i \sum \bar{V}_j \tag{10.27}$$

表 10.11　异类差异特征权重函数融合算法选取

异类差异特征	不同融合算法的融合占比 e_i		平均融合有效度 $\sum \bar{V}_j$	综合融合性能评价指标 E_i
GM 和 EI	**PCA**	28.57%	0.44895	**0.1283**
	DTCWT	28.57%	0.44830	0.1281
	WPT	25.00%	0.42095	0.1052
	CVT	15.48%	0.71710	0.1110
	QWT	2.38%	1.00000	0.0238
EI 和 SD	PCA	28.30%	0.44165	0.1250
	DWT	6.60%	0.44135	0.0291
	NSCT	12.26%	0.53925	0.0661
	NSST	9.43%	0.69715	0.0657
	TH	11.32%	0.68595	0.0776
	WPT	8.49%	0.70460	0.0598
	CVT	22.64%	0.6208	**0.1405**
	QWT	0.96%	1	0.0960
GM 和 SD	DWT	5.66%	0.4947	0.0280
	NSCT	12.27%	0.5393	0.0662
	NSST	13.21%	0.6972	0.0921
	DTCWT	26.43%	0.5418	**0.1432**
	TH	12.26%	0.6898	0.0846
	LP	0.94%	0.3986	0.0375
	WPT	16.99%	0.5718	0.0971
	CVT	10.38%	0.4239	0.0440
	MSVD	0.94%	0.6592	0.0620
	QWT	0.94%	0.9038	0.0850
GM 和 AG	PCA	21.43%	0.5243	0.1124
	NSCT	2.04%	0.9981	0.0204
	DTCWT	25.51%	0.4341	0.1107
	TH	1.02%	0.9981	0.0102
	WPT	47.96%	0.4788	**0.2296**
	CVT	2.04%	0.6016	0.0123

续表

异类差异特征	不同融合算法的融合占比 e_i		平均融合有效度 $\sum\bar{V}_j$	综合融合性能评价指标 E_i
EI 和 AG	PCA	46.16%	0.3834	0.1770
	NSCT	6.41%	0.8291	0.0531
	TH	1.02%	0.9981	0.0102
	WPT	14.14%	0.5840	0.0826
	GFF	1.02%	0.5786	0.0059
	CVT	28.21%	0.7396	**0.2086**
	MSVD	1.02%	0.6021	0.0061
	QWT	1.02%	1	0.0102
GM 和 CA	PCA	3.75%	0.5779	0.0217
	NSST	6.25%	0.6537	0.0409
	DTCWT	51.25%	0.6432	**0.3377**
	TH	1.25%	1	0.0125
	LP	6.25%	0.7710	0.0482
	WPT	28.75%	0.4885	0.1404
	GFF	1.25%	0.7337	0.0092
	QWT	1.25%	0.8320	0.0104
GM 和 CN	PCA	10.92%	0.3201	0.0350
	DWT	3.36%	0.7374	0.0248
	NSCT	0.84%	0.7337	0.0062
	DTCWT	31.93%	0.5101	0.1629
	WPT	37.82%	0.4718	**0.1784**
	CVT	14.29%	0.4540	0.0649
	QWT	0.84%	0.5363	0.0045
EI 和 CA	**PCA**	46.05%	0.6439	**0.2965**
	DTCWT	13.16%	0.5515	0.0726
	TH	2.63%	0.7781	0.0202
	LP	3.95%	0.8033	0.0317
	WPT	11.84%	0.7115	0.0842
	CVT	18.42%	0.7038	0.1296
	QWT	3.95%	0.8320	0.0329
EI 和 CN	**PCA**	37.93%	0.6188	**0.2347**
	DWT	2.59%	0.9196	0.0238
	TH	2.59%	0.5611	0.0145
	WPT	31.03%	0.5347	0.1659

续表

异类差异特征	不同融合算法的融合占比 e_i		平均融合有效度 $\sum \bar{V}_j$	综合融合性能评价指标 E_i
EI 和 CN	CVT	25.00%	0.6489	0.1622
	QWT	0.86%	1	0.0086
SD 和 AG	**PCA**	28.83%	0.3836	**0.1110**
	DWT	7.20%	0.4954	0.0357
	NSCT	12.61%	0.6604	0.0833
	NSST	8.11%	0.6972	0.0565
	TH	15.32%	0.7175	0.1099
	WPT	5.41%	0.6791	0.0367
	CVT	21.62%	0.4318	0.0934
	MSVD	0.90%	0.6024	0.0054
SD 和 CA	PCA	4.44%	0.8506	0.0378
	DWT	8.89%	0.4942	0.0439
	NSCT	13.33%	0.4910	0.0655
	NSST	20.00%	0.6037	**0.1207**
	DTCWT	7.78%	0.6879	0.0535
	TH	13.34%	0.7184	0.0958
	LP	3.34%	0.8046	0.0268
	WPT	8.89%	0.6776	0.0602
	GFF	4.44%	0.7997	0.0355
	CVT	14.44%	0.4239	0.0612
	QWT	1.11%	0.8320	0.0092
SD 和 CN	PCA	11.14%	0.3201	0.0356
	DWT	6.43%	0.7396	0.0476
	NSCT	11.00%	0.5393	0.0593
	NSST	10.00%	0.6898	0.0690
	TH	10.43%	0.7101	0.0741
	WPT	22.29%	0.4777	**0.1065**
	CVT	21.57%	0.4239	0.0914
	MSVD	7.14%	0.6592	0.0471
AG 和 CA	**PCA**	44.94%	0.6440	**0.2894**
	DWT	1.12%	0.5798	0.0065
	NSCT	4.49%	0.6601	0.0296
	NSST	5.62%	0.5705	0.0321
	DTCWT	13.48%	0.6909	0.0931

续表

异类差异特征	不同融合算法的融合占比 e_i		平均融合有效度 $\sum \bar{V}_j$	综合融合性能评价指标 E_i
AG 和 CA	TH	2.25%	0.7545	0.0170
	LP	2.25%	0.8083	0.0182
	WPT	11.24%	0.6297	0.0708
	GFF	2.25%	0.8179	0.0184
	CVT	7.86%	0.6012	0.0473
	MSVD	2.25%	0.5825	0.0131
	QWT	2.25%	0.8320	0.0187
AG 和 CN	**PCA**	41.91%	0.3686	**0.1545**
	DWT	1.47%	0.9834	0.0145
	NSCT	4.41%	0.8286	0.0365
	TH	2.94%	0.8411	0.0247
	WPT	27.94%	0.3857	0.1078
	CVT	20.59%	0.4599	0.0947
	MSVD	0.74%	0.6601	0.0049
CA 和 CN	**PCA**	20.18%	0.6290	**0.1269**
	NSST	5.26%	0.5902	0.0310
	DTCWT	8.77%	0.6994	0.0613
	TH	5.26%	0.8999	0.0473
	LP	6.14%	0.8046	0.0494
	WPT	28.07%	0.3995	0.1121
	GFF	7.89%	0.7631	0.0602
	CVT	17.54%	0.4442	0.0779
	QWT	8.77%	0.8320	0.0730

如表 10.11 所示，异类差异特征多属性的两两分布合成结果所选融合性能较优的算法与图 10.10 中的主观评价结果保持一致.

参 考 文 献

[1] 张雅玲，吉琳娜，杨风暴，等. 基于余弦相似性的双模态红外图像融合性能表征[J]. 光电工程, 2019, 46(10): 82-92.

[2] Jun Y. Cosine similarity measures for intuitionistic fuzzy sets and their applications[J]. Mathematical and Computer Modelling, 2011, 53: 91-97.

[3] 杨风暴，李伟伟，蔺素珍，等. 红外偏振与红外光强图像的融合研究[J]. 红外技术, 2011, 33(5): 262-266.

[4] 张玉敏. 基于不同核函数的概率密度函数估计比较研究[D]. 保定: 河北大学, 2010.
[5] 徐玉琴, 张扬, 戴志辉. 基于非参数核密度估计和Copula函数的配电网供电可靠性预测[J]. 华北电力大学学报, 2017, 44(6): 14-19.
[6] 吉琳娜. 可能性分布合成理论及其工程应用研究[D]. 太原: 中北大学, 2015.
[7] Guo X M, Yang F B, Ji L N. A mimic fusion method based on difference feature association falling shadow for infrared and visible video[J]. Infrared Physics &Technology, 2023, 132: 104721.
[8] 吉琳娜, 郭小铭, 杨风暴, 等. 基于可能性分布联合落影的红外图像融合算法选取[J]. 光子学报, 2021, 50(4): 236-248.
[9] 杨风暴, 吉琳娜. 双模态红外图像差异特征多属性与融合算法间的深度集值映射研究[J]. 指挥控制与仿真, 2021, 43(2): 1-8.
[10] 郭喆. 双模态红外图像融合有效度分布的合成研究[D]. 太原: 中北大学, 2018.
[11] 牛涛. 红外偏振探测图像差异特征类集与融合算法集的集值映射研究[D]. 太原: 中北大学, 2015.
[12] 张雷, 杨风暴, 吉琳娜. 差异特征指数测度的红外偏振与光强图像多算法融合[J]. 火力与指挥控制, 2018, 43(2): 49-54, 59.

第 11 章　融合算法的协同嵌接方法

对拟态融合中协同嵌接方法进行研究，实现拟态变元的有效组合. 首先从可逆变元间协同组合和合适协同关系选择两方面对算法间协同嵌接进行展开；其次介绍了四种协同关系的类型，分析协同关系对融合效果的影响，明确对融合算法协同关系的选择；然后对各类型的嵌接方式进行描述，分析影响嵌接方式融合效果的关键因素；最后将协同关系与嵌接方式组合，形成基于并行/内嵌协同的异类红外图像融合算法.

11.1　算法间的协同嵌接在拟态融合中的作用

按照融合的需求，经拟态变换确定变元后，需要实现可逆变元间的协同组合以及派生出不同融合算法的更优组合.

拟态变换的目的是根据图像间差异特征融合需求，将可逆变元变换成需要的形态，不同变元协同组合派生出满足不同差异特征融合要求的算法，将各算法融合结果合成获得最终融合结果. 在拟态变换中涉及两个方面需要研究融合算法间协同嵌接.

(1) 可逆变元间协同组合：可逆变元是拟态融合中的最基本元素，不同的可逆变元包含了构成融合算法的不同元素，可逆变元的形态变换实际上是可逆变元以融合算法类集中某一元素形式出现. 当不同可逆变元都完成形态变换后，接下来的关键就是如何将各变元组合. 不同变体间同样存在不同关系及不同的组合形式，如高层变元与低层变元之间存在强一致性、弱一致性或差一致性关系. 当高层变元与低层变元间是强一致性关系且组合形式最优时，融合算法能够较好地实现融合. 融合算法间协同嵌接方法研究能够为变元间组合形式与协同关系间的优化组合提供依据.

(2) 合适协同关系的选择：拟态变换后派生出不同融合算法，在合适协同关系基础上，发挥融合算法间优势，避免融合算法间相互抑制，使融合算法能够相互协同，有效地融合图像间复杂多变的差异特征，需要将融合算法间协同关系与嵌接方式优化组合. 融合算法间协同嵌接的目的就是将两者按照图像间差异特征融合需求，选择适合差异特征融合的协同关系，设计满足融合要求的嵌接方式，并实现两者间较好的匹配，是拟态融合最后环节，是关系到拟态变换中多融合算法组合融合效果的关键, 决定了拟态融合图像的质量. 如果两者匹配不好, 将限制多融合算法组合优势的发挥, 造成多算法融合效率低, 融合图像质量提升不大, 不利于拟态融合的实现.

在拟态变换中, 融合算法间协同嵌接是指根据图像间差异特征的类型、幅值等属性, 在算法融合有效度、融合算法协同关系及不同嵌接方式特点研究基础上, 选择融合算法, 确定适合图像间差异特征融合的算法间协同关系, 通过协同关系确定参与组合的融合算法, 然后设计适应图像间差异特征融合的嵌接方式, 使各融合算法相互协调, 充分发挥各融合算法优势, 实现图像间复杂多变的差异特征的有效融合, 大幅提高融合图像质量, 提高融合模型对差异特征融合的适应性, 获得满足拟态融合要求的融合图像.

根据融合算法间协同嵌接的基本概念, 其具有如下特点.

(1) 协同关系与差异特征的对应性: 通过 11.2 节分析, 融合算法间协同关系有 4 种, 选择何种类型, 需要根据图像间主要差异特征来确定. 通过融合算法间协同程度, 选择协同程度大、能够满足图像间不同融合需求的协同关系.

(2) 嵌接方式与差异特征的适应性: 通过 11.3 节分析, 融合算法间不同的嵌接方式各具特点, 需要将嵌接方式特点与差异特征相联系, 通过图像间差异特征构建嵌接方式, 满足差异特征的融合需求.

(3) 协同关系与嵌接方式设计的匹配性: 基于某种协同关系的不同融合算法, 选择能够较好结合各算法优势的嵌接方式来实现图像融合, 才能够满足不同差异特征的融合需求, 显著提高融合模型对差异特征融合的适应性, 预防差异特征融合失效.

(4) 融合结果稳定性: 基于融合算法间协同嵌接的融合, 能够满足图像间多种主要差异特征的融合需求, 融合图像较好地保留异类红外图像的主要特征.

11.2　融合算法间的协同关系

融合算法相互组合时, 由于不同图像间差异特征是复杂多变的, 不同算法对差异特征的融合效果存在差异, 导致融合算法间协同关系是动态变化的, 通过分析融合算法间协同关系类型和协同程度能够为融合算法间协同关系确定提供依据.

11.2.1　协同关系的类型

根据融合算法间协同关系的定义, 将融合算法间的协同关系分为以下几种类型.

(1) 随机型协同关系：主要是从融合算法组合的角度出发，随机地选择不同融合算法，将不同融合结果相结合，如文献[1]将多种融合算法相结合，不同融合结果相叠加获得最终融合结果. 这种关系下的融合算法组合不能保证不同类型的差异特征都得到较好的融合，融合图像效果不确定性较大.

(2) 增强型协同关系：主要是指融合优势相近的算法相组合，融合优势相近是指算法都对同一类型图像特征具有较好的融合效果，例如 NSST 和 NSCT 间相互组合，两者主要是对细节差异特征具有较好的融合效果，这种组合对于差异特征类型较为单一的图像具有较好的融合效果，比如多聚焦图像融合就主要关注细节差异特征的融合效果.

(3) 抵消型协同关系：主要是指融合算法间组合会造成图像间主要差异特征不能有效地融合，比如多尺度融合算法与稀疏表示融合算法相组合，容易造成异类红外图像间对比度差异特征的损失.

(4) 互补型协同关系：融合算法对不同差异特征融合效果上具有差异，不同融合算法保证不同的差异特征融合效果，防止所针对的差异特征融合失效，融合算法融合优势具有互补性，这种组合有利于图像间多种差异特征的融合，提高融合效率.

融合算法间不同类型协同关系主要是从融合对象角度来讲的，因此对于不同类型的图像来讲，融合算法间协同关系是变化的. 比如对于多聚焦图像融合来讲是互补协同关系的组合，NSCT 与脉冲耦合神经网络(Pulse Coupled Neural Network, PCNN)组合，对异类红外图像来讲可能属于抵消型. 图 11.1 为多聚焦图像融合图像和红外异类图像融合图像，如图 11.1 所示，NSCT 与 PCNN 相结合能够较好地将不同聚焦图像的聚焦区融合，而红外异类图像融合图像明显没有将红外偏振图像中对比度强的区域融合. 图像类型及拍摄环境不同，图像间差异特征不同，使得融合算法间关系不固定，需要对融合算法间协同程度度量，见式(6.11)～(6.13)，进而确定所选取的融合算法间协同关系是否有利于图像间差异特征融合.

(a1) 左聚焦图像

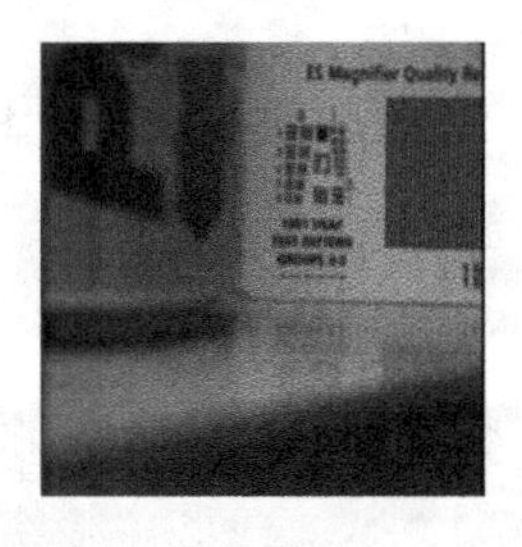

(a2) 右聚焦图像

(a3) 融合图像

(b1) 红外光强图像

(b2) 红外偏振图像

(b3) 融合图像

图 11.1　基于 NSCT 与 PCNN 的融合图像

11.2.2　协同关系对融合效果的影响

多类融合算法组合的目的是利用不同融合算法的优势将不同图像的互补信息较完整地融合到一幅图像中，对于融合算法间关系的要求是能够使算法相互增强、互为促进. 根据 11.2.1 节融合算法间协同关系，分析不同协同关系下算法组合对图像融合效果的影响，进而确定对算法组合融合效果好的协同关系. 采用增强型的组合关系 NSST 和 NSCT(HSCT)、NSST 和 DTCWT(HSWT)及互补协同关系 NSST 和多尺度引导滤波(Multiscale Steering Guided Transformation, MSGT)(HSGT)组合分别融合，抵消型实际上是相对的，当图像变化时原本是增强或互补的算法协同关系则可能转化为抵消型. 首先采用不同算法分别融合，对结果进行加权平均获得最终融合结果. 图 11.2 为 4 组红外异类图像融合结果图，(a)为红外光强图像，(b)为红外偏振图像.

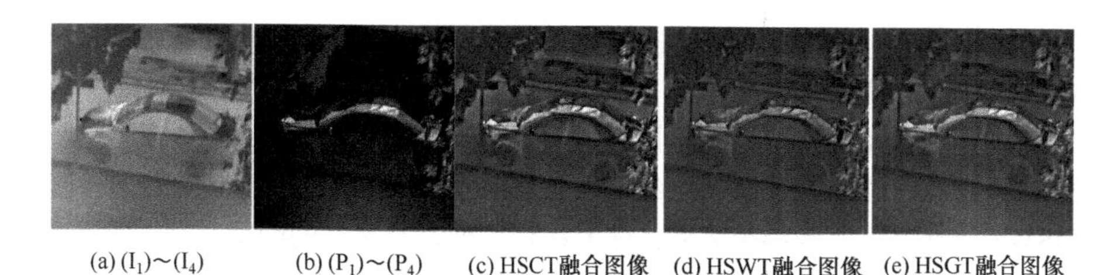

(a) $(I_1)\sim(I_4)$　(b) $(P_1)\sim(P_4)$　(c) HSCT融合图像　(d) HSWT融合图像　(e) HSGT融合图像

图 11.2　不同协同关系算法组合的融合图像

图 11.2 中可以看到, 增强型协同关系的 HSCT 组合与 HSWT 组合间具有相似的融合性能, 对细节具有较好的融合效果, 基于互补协同关系的 HSGT 组合能较好融合图像的细节和边缘特征.

图 11.3 为三种组合融合图像评价指标值图. 从图中可以看到根据算法间协同强度选择互补性强的融合算法相组合, 融合图像的 SF 值和 STD 值明显高于性能相近的算法间的组合, 融合图像具有较好的边缘特征和细节特征, 说明互补性强的融合算法相组合能够明显提高异类红外融合图像的效果, 有利于具备多种差异特征的异类红外图像融合.

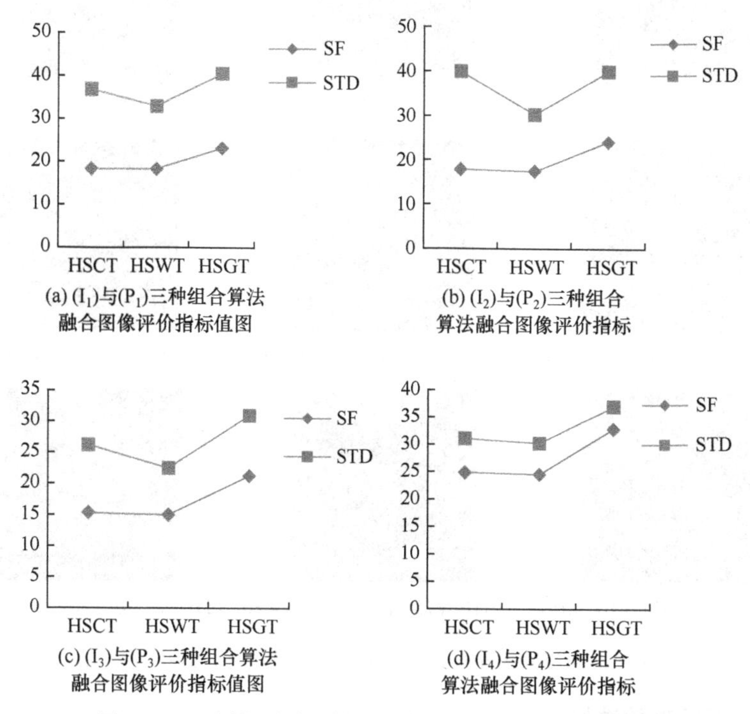

(a) (I_1)与(P_1)三种组合算法融合图像评价指标值图　(b) (I_2)与(P_2)三种组合算法融合图像评价指标

(c) (I_3)与(P_3)三种组合算法融合图像评价指标值图　(d) (I_4)与(P_4)三种组合算法融合图像评价指标

图 11.3　不同协同关系算法组合融合图像评价指标值图

图 11.4 为 HSCT, HSWT 和 HSGT 融合图像与红外光强图像差值图, 体现了

融合算法对红外偏振图像特征的迁移能力. 从图中可以看到, 融合性质相似的算法间组合(HSCT 和 HSWT)的融合效果相似, 具有互补性强的融合算法组合(HSGT)能够更好地融合图像间不同差异特征, 比如, HSGT 差值图中窗户护栏的边缘、楼的边缘、车体轮廓、植物细节及前窗和侧窗轮廓和细节, 明显优于 HSCT 和 HSWT 差值图. 实验结果表明, 对于具有多种差异特征的图像来讲, 选择互补性强的融合算法组合有利于图像不同特征的融合, 可以预防融合信息的损失.

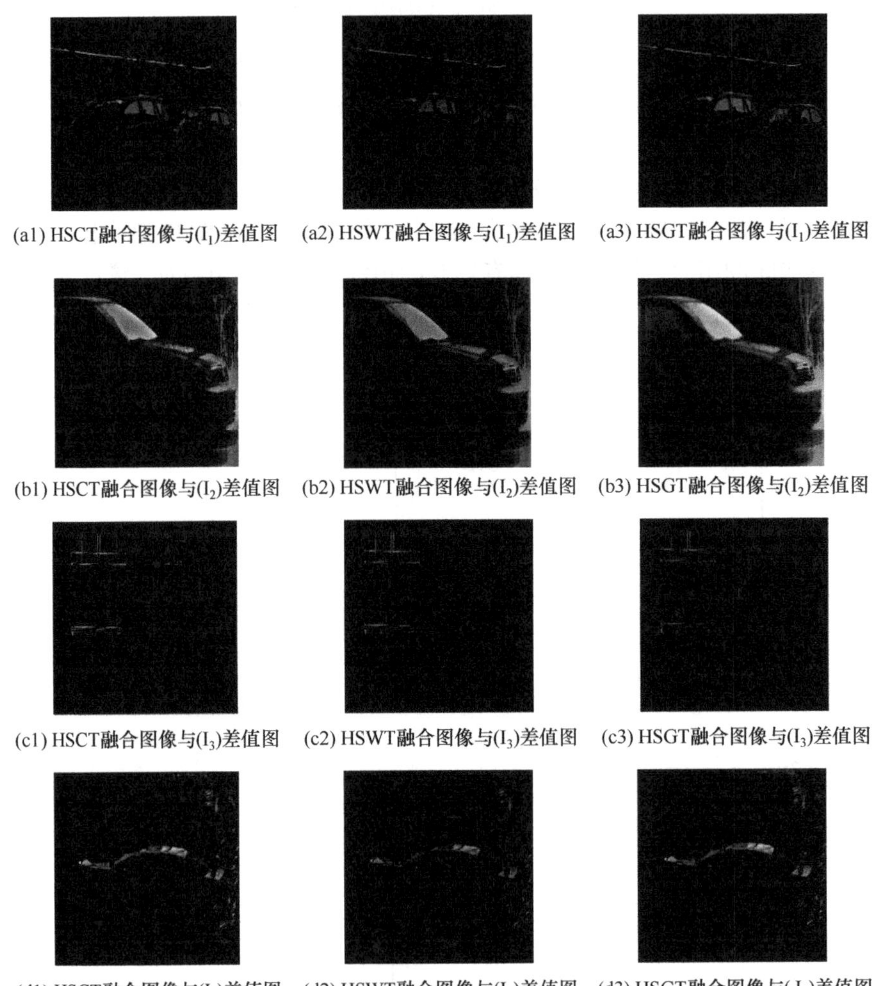

(a1) HSCT融合图像与(I_1)差值图　(a2) HSWT融合图像与(I_1)差值图　(a3) HSGT融合图像与(I_1)差值图

(b1) HSCT融合图像与(I_2)差值图　(b2) HSWT融合图像与(I_2)差值图　(b3) HSGT融合图像与(I_2)差值图

(c1) HSCT融合图像与(I_3)差值图　(c2) HSWT融合图像与(I_3)差值图　(c3) HSGT融合图像与(I_3)差值图

(d1) HSCT融合图像与(I_4)差值图　(d2) HSWT融合图像与(I_4)差值图　(d3) HSGT融合图像与(I_4)差值图

图 11.4　不同协同关系算法组合融合图像与红外光强图像差值图

11.2.3　协同关系的选择

通过 11.2.2 节中不同协同关系的算法组合对融合效果的影响分析可以看到,

虽然融合算法间协同关系的选取应该根据实际融合图像的需求确定, 但融合目的都是相同的, 既满足图像间差异特征的融合需求, 又减少对差异特征的损失. 对于多融合算法组合来讲, 融合算法组合关系与图像间差异特征的融合需求相对应. 对于差异特征较为单一的图像来讲, 可以采用增强型协同关系, 虽然具有增强型协同关系的算法融合优势上具有相似性, 但还是具有一定差异, 两者结合有利于同一类型差异特征融合.

对于异类红外图像来讲, 两类图像间主要具有亮度、轮廓、边缘和细节上的显著差异, 属于多类型差异特征图像, 选取的融合算法针对不同的差异特征, 融合算法间协同关系上需要采用互补协同, 平衡不同差异特征对融合算法的要求, 发挥融合算法优势上的互补性, 防止融合算法组合出现抵消关系或弱互补关系, 造成融合过程中差异特征的削弱或损失. 多类融合算法间的互补协同是利用算法协同程度评价指标, 通过融合算法间协同程度的判定, 明确融合算法间差异, 利用差异程度确定算法间互补性强弱, 结合图像间差异特征选择具有强互补协同关系的算法组合, 发挥各算法优势性能, 显著提高融合方法对图像的融合效果.

11.3　融合算法间的嵌接方式

融合算法的嵌接方式是实现多类融合算法的组合, 不同嵌接方式下融合的结果不同, 适用的场合也不同. 主要针对融合算法嵌接方式的类型及其对融合的影响进行研究, 为融合算法组合方式的选取和设计提供依据.

11.3.1　不同类型嵌接方式的特点

不同嵌接方式的结构具有以下特点.

(1) 串联式结构: 实现融合时前一级融合算法的结果构成后一级的输入, 由于图像融合的输入图像一般为两幅图像, 一个融合算法的结果作为另一个融合算法输入, 关键在于第二级后各融合算法的输入设计(保证两个输入)较为困难, 同时不同融合算法间的级联顺序对融合结果有较大影响.

(2) 并行式结构: 每个融合算法独立地完成一次图像融合, 将多个融合结果合成获得最终融合结果. 从图 11.5 结构图中可以看到该结构将不同融合算法作为组合的一个独立单元, 互不干扰, 从图中可以看到并行结构易于实现多种融合算法组合.

(3) 内嵌式结构: 不同融合算法互相嵌套实现算法间组合. 从图 11.6 中可以看到, 该结构一个重要特征是至少需要其中一个融合算法具有开放性, 即具备嵌入式特征. 其内部输出(如多尺度变换中的分解过程)能作为其他算法的输入, 其他融合算法能够嵌入其中, 当内部融合结束后, 该算法能将内部不同融合结果组合得到最终融合结果.

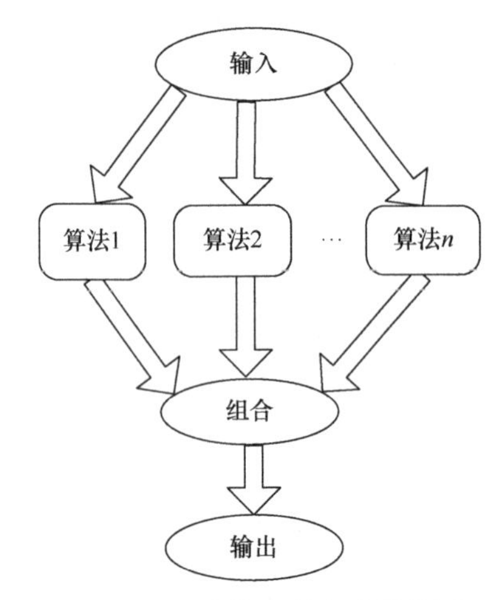

图 11.5　融合算法并行式结构图

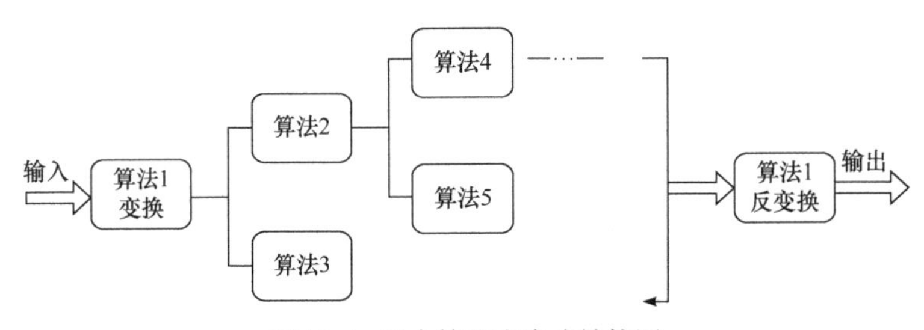

图 11.6　融合算法内嵌式结构图

(4) 混合式结构: 将不同嵌接方式相结合实现算法间组合. 该结构实现起来比较复杂, 虽然有综合不同结构的优势, 但需要优化不同结构的组合方式, 实际中应用较少, 能够用简单结构实现的功能, 一般不采用复杂结构.

11.3.2　影响嵌接方式融合效果的关键因素

分析了不同类型嵌接方式的特点后, 进一步分析影响不同类型嵌接方式融合结果的关键因素.

(1) 串联式多融合算法组合融合结果与串联顺序有重要关系, 由于融合算法特点不同, 顺序的改变直接影响融合算法输入, 如果前一个融合算法的融合结果和另一个输入与后一项融合算法的特点(特征提取等)相匹配, 那么有利于最终融合效果, 如果匹配度较差, 那么前一个融合算法的优势可能就被抵消. 因此, 串联式中各算法的串联顺序除了需要考虑互补性外, 还必须注意相容性. 图 11.7(a)是变换顺序前的融合图像, 串联顺序为: 首先采用 NSST 对源图像进行一次融合, 融合后图像与红外偏振图像采用 MSGT 进行二次融合, 接着将融合图像与红外光强图像采用局部能量融合算法(Local Energy Window, LEW)进行最终融合. 图 11.7(b)为融合顺序改变后的融合图像. 串联顺序为: 首先采用 LEW 对红外光强与偏振图像进行融合, 然后将融合结果与红外光强图像进行 NSST 融合, 最后再将融合结果与红外偏振图像进行 MSGT 融合获得最终融合结果.

(a) 变换顺序前的融合图像

(b) 变换顺序后的融合图像

图 11.7　变换顺序前后的融合图像

从图中可以看到, 当融合算法串联式组合中算法的顺序改变和输入变化后, 同样融合算法组合结果存在较大差异. 图像的视觉效果和融合效果得到明显的改善, 融合图像亮度和对比度都有较大提升. 实验表明, 融合结果受每一步的输入和顺序约束较大, 改变任意一个因素融合结果变化较大, 融合结果不确定性较大.

图 11.8 为不同串联顺序下融合图像评价指标, 从图中可以看到, 当顺序改变和输入改变时, 融合图像的客观指标出现较大改变. 因此, 采用串联式组合时融合算法间顺序、输入与图像间差异特征相匹配是关系到融合效果的关键因素.

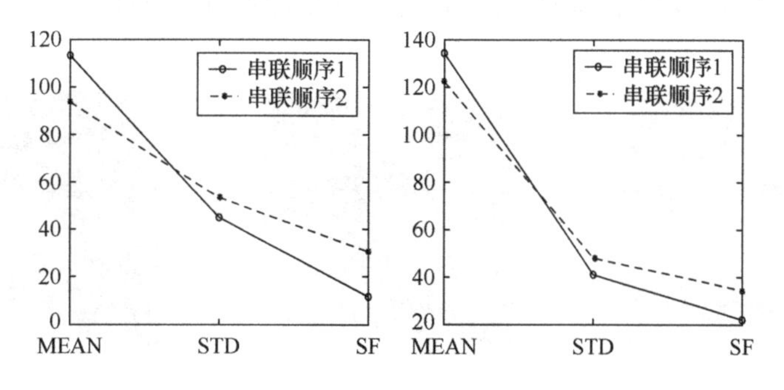

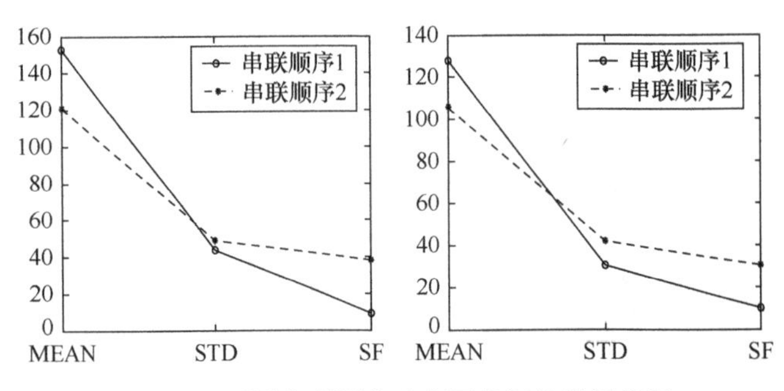

图 11.8　不同串联顺序融合图像评价指标值图

(2) 并行式多融合算法组合主要涉及不同融合算法结果是同时并行处理还是分步并行处理，以三个算法为例，其表达式如下：

$$F=\alpha_1\times A_1+\alpha_2\times A_2+\alpha_3\times A_3 \tag{11.1}$$

$$F=(\alpha_1\times A_1+\alpha_2\times A_2)\times\alpha_4+\alpha_3\times A_3 \tag{11.2}$$

$$F=\alpha_1\times A_1+(\alpha_2\times A_2+\alpha_3\times A_3)\times\alpha_4 \tag{11.3}$$

$$F=(\alpha_1\times A_1+\alpha_3\times A_3)\times\alpha_4+\alpha_2\times A_2 \tag{11.4}$$

其中，A 为不同的融合算法的结果，α 为结果的权重. 当 $\alpha_4=1$ 时，结合顺序对融合无影响；当 $\alpha_4\neq 1$ 时，式(11.2)～(11.4)变为

$$F=\alpha_1\times\alpha_4\times A_1+\alpha_2\times\alpha_4\times A_2+\alpha_3\times A_3 \tag{11.5}$$

$$F=\alpha_1\times A_1+\alpha_2\times\alpha_4\times A_2+\alpha_3\times\alpha_4\times A_3 \tag{11.6}$$

$$F=\alpha_1\times\alpha_4\times A_1+\alpha_3\times\alpha_4\times A_3+\alpha_2\times A_2 \tag{11.7}$$

从式中可以看到对于分步实现的并行融合归结到最终还是各算法权重的确定. 图 11.9 为 $\alpha_1=0.8$，$\alpha_2=0.7$，$\alpha_3=0.6$，$\alpha_4=0.5$ 时采用式(11.5)～(11.7)的并行融合效果.

图 11.9　不同组合顺序的并行融合结果

从图中可以看到，当不同算法融合结果的权重不同时，融合结果具有较大差异，图 11.9 对过饱和现象有所改善. 但是，融合图像亮度及对比度特征较差，分步式并行融合对融合结果的影响同样来自权重设置，控制各算法结果在最终融合图像中的比例是并行融合的关键，融合算法权重决定了各算法结果在融合图像中显现程度.

图 11.10 为不同并行顺序下融合图像评价指标. 从图中可以看到，当融合算法间的权重不同时，融合结果的客观指标存在较大差异，当权重设置合适时，融合结果能较好地结合各算法的融合图像，否则不同算法的融合结果在结合时可能被削弱或过度增强，无法发挥各融合算法的优势.

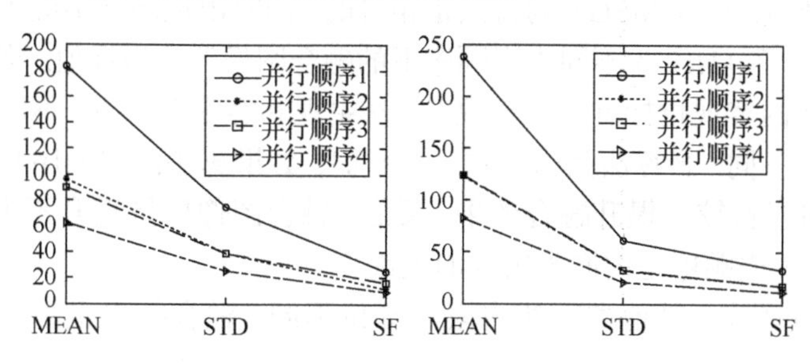

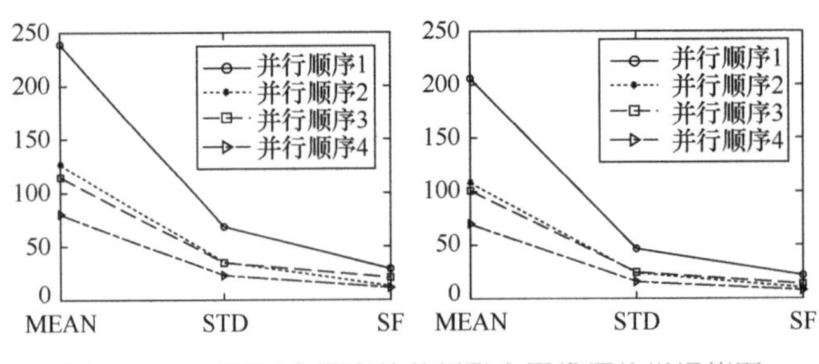

图 11.10　不同组合顺序的并行融合图像评价指标值图

(3) 内嵌式多融合算法组合时, 当存在多个具有可内嵌性的融合算法时, 具备可内嵌性融合算法内嵌顺序对融合结果有较大影响, 见式(11.8):

$$F=A_1(A_2(A_3,\cdots,A_n)) \tag{11.8}$$

以三种融合算法为例, 内嵌顺序如式(11.9)和(11.10):

$$F=\mathrm{NSST}(\mathrm{MSGT}(\mathrm{LEW})) \tag{11.9}$$

$$F=\mathrm{MSGT}(\mathrm{NSST}(\mathrm{LEW})) \tag{11.10}$$

NSST 与 MSGT 的分解和重构不同, 图像特征的描述不同, 不同融合算法只对自身敏感的特征具有较好的提取效果, 内嵌顺序不同, 融合结果存在差异, 图 11.11 是以式(11.10)为内嵌顺序的融合图像.

图 11.11　改变内嵌顺序后融合图像

图 11.11 显示当内嵌顺序改变时, 融合图像发生了显著变化, 融合图像的亮度、对比度特征和视觉效果都有较大提升. 比如, 红外偏振图像中车窗局部对比度较大, 融合后该特征得到较好的融合, 窗户护栏边缘也得到较好融合. 但是, 出现局部块效应, 这与 MSGT 的特点是相符的, 同时出现局部不应出现的亮暗区域, 如前车窗. 图 11.12 为不同内嵌顺序下的融合图像评价指标值, 当内嵌顺序改变时融合图像的客观指标有较明显提升. 从主观和客观上来看, 不同算法对图像特征描述方法不同, 当算法间内嵌顺序调整时, 如果算法内嵌顺序与图像特征匹配度较好, 则能够较大提升融合效果. 反之, 融合图像质量提升不大. 对于内嵌式组合来讲, 内嵌顺序是内嵌类组合的关键.

除了内嵌顺序, 其他类算法内嵌的部位不同, 融合结果也不同. 一般情况

下，以多尺度算法为例，融合算法内嵌时，嵌套的位置也影响融合结果，如式(11.11)～(11.13):

$$[L_k, H_k] = \mathrm{MSD}(I_k) \tag{11.11}$$

$$F = \mathrm{MSD}^{-1}(A(L_1, L_2, \cdots, L_k), H) \tag{11.12}$$

$$F = \mathrm{MSD}^{-1}(L, A(H_1, H_2, \cdots, H_k)) \tag{11.13}$$

式中 MSD 为多尺度分解，MSD^{-1} 为多尺度分解反变换，I_k 为输入图像，A 为内嵌算法，L_k 为低频子带图像，H_k 为高频子带图像，L 为低频融合图像，H 为高频融合图像.

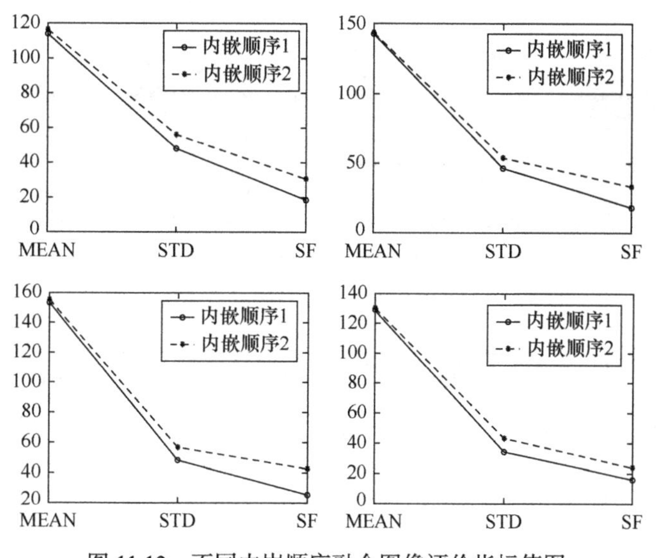

图 11.12　不同内嵌顺序融合图像评价指标值图

以 NSST 与 PCA 算法为例，如式(11.14)～(11.17)，式中 MAX 指的是高频子带采用绝对值取大的融合规则:

$$[L_{\mathrm{I}}, H_{\mathrm{I}}] = \mathrm{NSST(I)} \tag{11.14}$$

$$[L_{\mathrm{P}}, H_{\mathrm{P}}] = \mathrm{NSST(P)} \tag{11.15}$$

$$F = \mathrm{NSST}^{-1}(\mathrm{PCA}(L_{\mathrm{I}}, L_{\mathrm{P}}), \mathrm{MAX}(|H_{\mathrm{I}}|, |H_{\mathrm{P}}|)) \tag{11.16}$$

$$F = \mathrm{NSST}^{-1}((L_{\mathrm{I}} + L_{\mathrm{P}}) / 2, \mathrm{PCA}(H_{\mathrm{I}}, H_{\mathrm{P}})) \tag{11.17}$$

图 11.13 为式(11.16)和(11.17)融合图像. 从图 11.13 中可以看到, PCA 嵌套位置不同, 融合图像具有明显差异. 采用 PCA 融合低频子带图像获得最终融合图像视觉效果优于 PCA 融合高频子带图像获得的最终融合图像. 从图 11.14 融合图像

评价指标值图中可以看到, 内嵌算法嵌套位置不同, 融合图像的 MEAN, STD 和 SF 存在明显差异, 即融合图像在亮度、对比度和细节特征上存在显著差异. 因此, 通常情况下采用内嵌式组合时, 需要考虑嵌入的融合算法与嵌入部分图像特征融合要求是否相符合.

(a1) 式(11.16)融合图像　(a2) 式(11.16)融合图像　(a3) 式(11.16)融合图像　(a4) 式(11.16)融合图像

(b1) 式(11.17)融合图像　(b2) 式(11.17)融合图像　(b3) 式(11.17)融合图像　(b4) 式(11.17)融合图像

图 11.13　不同嵌套位置融合图像

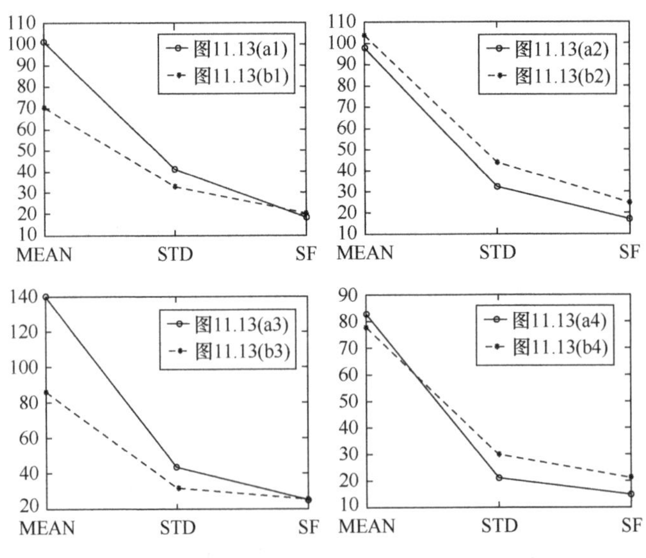

图 11.14　不同嵌套位置融合图像评价指标值图

综上所述, 采用内嵌式多融合算法组合时需要综合考虑内嵌顺序与融合算法内嵌位置, 减少信息损失和图像畸变.

(4) 混合式组合方式主要取决于不同嵌接方式的结合方式，如式(11.18)和(11.19)：

$$F=\alpha_1\times \mathrm{NSST(MSGT)}+\alpha_2\times \mathrm{LEW} \tag{11.18}$$

$$F=\mathrm{NSST}(\alpha_1\times \mathrm{MSGT}+\alpha_2\times \mathrm{LEW}) \tag{11.19}$$

从上式中可以看到混合式的融合结果受最终融合时选取的嵌接方式影响较大. 图 11.15 为改变混合顺序后的融合图像.

图 11.15 显示融合图像的过饱和程度有所降低，图 11.16 显示混合顺序变化后融合图像客观评价指标值有较大改变，主要是由于混合顺序变为采用内嵌式作为获得最终融合图像的组合，降低了图像对比度和饱和度，同时也削弱了细节量.

图 11.15　混合顺序改变后融合图像

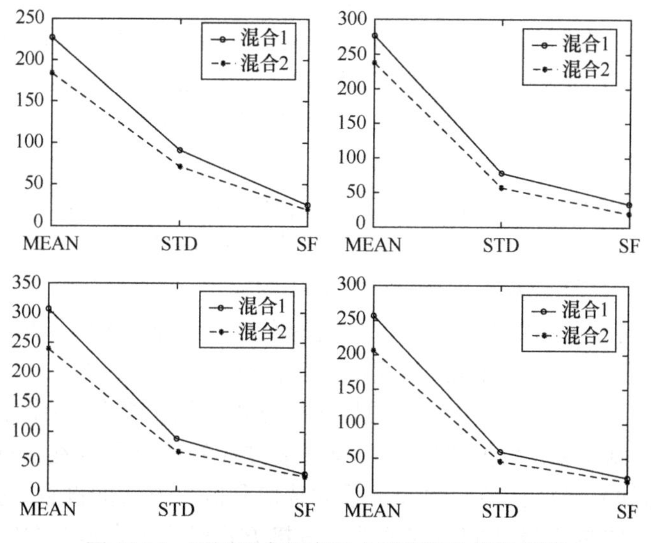

图 11.16　不同混合顺序融合图像评价指标值图

11.4　基于协同嵌接的多融合算法组合方法

融合算法类集的构建、融合算法选取、融合算法间协同关系与嵌接方式研究，目的是如何更好地发挥不同融合算法优势, 为拟态变换中算法间协同嵌接的实现奠定基础. 在前面章节研究的基础上重点开展基于协同嵌接的异类红外图像多融合算法间组合方法研究, 使多类融合算法相互促进, 显著提升对图像间复杂变化的差异特征的融合效果, 避免融合图像信息损失, 满足拟态变换对融合算法间协同嵌接的要求.

11.4.1 协同关系与嵌接方式的组合

融合算法间的协同关系与嵌接方式是相互配合的关系, 协同关系决定参与组合的融合算法, 是确保融合算法间协同嵌接方法满足差异特征融合要求的前提, 嵌接方式决定不同融合算法的组合形式, 关系到不同融合算法优势的发挥, 两者之中任意一个与图像间差异特征融合需求不适应, 融合算法间协同嵌接方法将无法满足图像融合的要求. 因此, 融合算法间协同嵌接首先需要确定算法间协同关系.

融合算法间协同关系是实现算法间协同嵌接的先决条件, 关系着选择的融合算法是否与图像间差异特征融合需求相对应. 根据 11.2 节介绍的融合算法间协同关系, 结合融合算法间协同关系的特点, 要按照图像间的差异特征融合要求对协同关系进行选择. 根据 11.2 节分析, 图像间差异特征类型只有一种时, 选择的融合算法在优势上具有相似性, 融合算法间关系以增强型比较合适. 但是, 融合算法之间仍然具有一定差异性(其可以作为融合算法类内协同程度的判断依据), 对于具有两种以上差异特征的图像来说, 一般选择互补协同关系.

在融合算法间协同关系确定的基础上, 对于嵌接方式的选择, 一般来讲根据实际的应用需求和融合算法特点. 选择适合任务需求的嵌接方式, 确定采用何种嵌接方式后, 根据 11.3.2 节中不同类型算法嵌接方式影响融合效果的关键因素, 依据图像间差异特征设置不同类型嵌接方式的权重、内嵌方式、串联顺序及组合顺序等, 在协同关系基础上利用融合算法的嵌接方式确保不同算法结果在最终融合图像中都能获得合适的体现, 防止不同融合算法优势的削减.

综上所述, 融合算法间协同关系与嵌接方式间优化组合, 关键在于以图像间差异特征为控制参量, 根据协同关系与嵌接方式的特点及其在协同嵌接中的作用, 通过图像间差异特征控制协同关系的选取和嵌接方式的设置, 获得两者优化组合. 如图 11.17 融合算法间协同关系与嵌接方式优化组合示意图所示.

异类红外图像间的主要差异特征有亮度、轮廓、边缘和细节等, 这些特征相互间具有独立性, 那么所选择的融合算法之间也相对具有独立性, 融合算法间呈现互补协同的关系, 不同融合算法针对不同的差异特征, 融合算法间协同程度越大越好. 因此, 对于具有多种差异特征的异类红外图像来讲, 主要选择互补协同关系. 在选择嵌接方式时, 一般采用并行或内嵌, 利用异类红外图像间差异特征确定算法权重或内嵌方式. 对于两幅图像融合, 串联式在级联间输入、算法顺序上设计较为复杂, 适应性较差, 结果不易控制, 融合图像稳定性较差; 混合型为不同嵌接方式间组合增加融合模型的复杂度, 需要考虑的因素较多. 因此, 主要以并行式和内嵌式融合模型为研究重点.

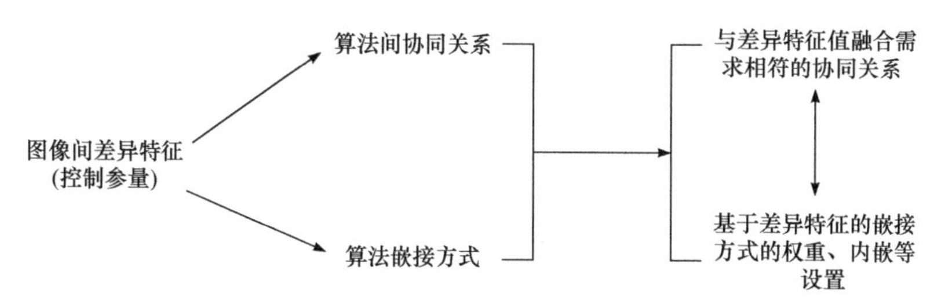

图 11.17　融合算法间协同关系与嵌接方式优化组合示意图

11.4.2　异类红外图像融合算法的并行协同

异类红外图像多融合算法并行协同融合主要是根据异类红外图像间差异特征的类型, 选取满足不同差异特征融合需求的算法, 利用协同程度评价指标度量确定算法间协同关系, 选择互补性强的融合算法, 通过图像间不同差异特征显著性程度变化, 确定不同融合算法的权重, 实现融合算法间的并行协同融合. 多融合算法并行协同融合主要涉及差异特征类型、融合算法的选取、差异特征显著性测度和融合算法协同权重等. 通过上述分析, 图像多融合算法协同组合中的相关元素可以分为四组 $\{A,D,M,W\}$, A 为不同融合算法, $A=\{A_1,A_2,\cdots,A_n\}$, D 为差异特征类型, $D=\{D_1,D_2,\cdots,D_n\}$, M 为不同图像间差异特征显著性测度, $M=\{M_1,M_2,\cdots,M_n\}$, W 为不同融合算法协同融合时权重, $W=\{W_1,W_2,\cdots,W_n\}$. 不同类型图像差异特征不同, 根据图像间差异特征类型和协同关系选择对差异特征融合效果好的融合算法. 图像变化时差异特征在图像中的显著性会发生变化, 需要度量其显著性程度, 采用不同的策略确定协同权重, 实现协同融合. 因此, 根据融合算法的协同嵌接函数化表示, 多融合算法并行协同融合的数学模型如式(11.20), 框图如图 11.18.

$$F=\sum_{i=1}^{n}W_{i,j,k}\times A_i(D_j),\quad j\subset D,K\subset M \tag{11.20}$$

1. 基于指数差异测度的多类融合算法并行协同融合

通过对异类红外图像间差异特征、融合算法的选择及协同关系分析, 选择对异类红外图像融合的亮度、轮廓、边缘和细节差异特征融合效果好的算法, 同时将融合算法间协同关系确定为互补协同关系, 通过协同关系程度评价矢量对算法间协同程度的度量，依据 11.2 节分析结果和并行协同融合模型，采用 LEW, NSST 和 MSGT 三种互补协同程度高的算法融合图像间的差异特征. 确定融合算法后，对于并行协同融合的关键是各融合算法权重的确定，平衡各算法融合结果在最终融合图像中的比重. 根据异类红外图像并行协同融合模型，图像间差异特征动态变化时，不同融合算法的权重也应该随差异特征的主次顺序的变化而改变，图像间差异特征的变化主要体现在幅值的变化，幅值越大说明该差异特征所占比重越大.

图像灰度值高低反映图像的亮度特征，式中灰度均值用 μ 表示，公式见式(4.1).

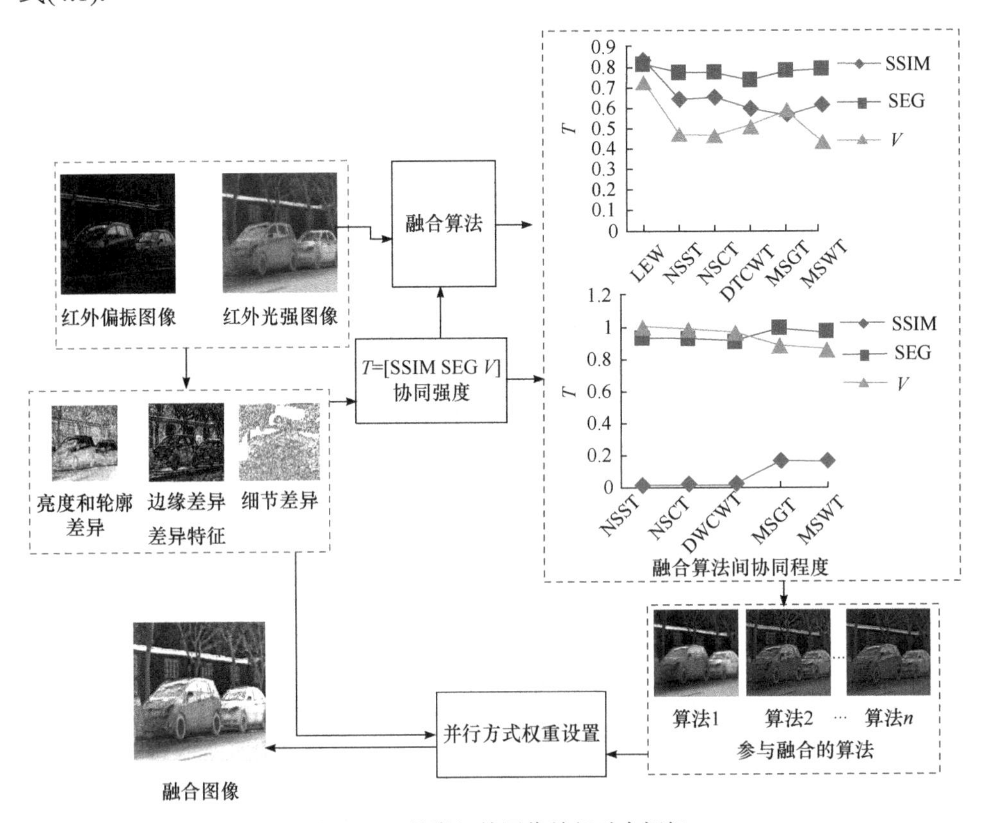

图 11.18　异类红外图像并行融合框架

轮廓和边缘特征主要是对比度特征，采用方差描述轮廓和边缘特征，如式(11.21)和(11.22):

$$\delta_X = \frac{1}{M \times N} \times \sum_{i=1}^{M} \sum_{j=1}^{N} (X(i,j) - \mu_X)^2 \tag{11.21}$$

$$\delta_{XY}=\frac{1}{M\times N}\times\sum_{i=1}^{M}\sum_{j=1}^{N}((X(i,j)-\mu_X)\times(Y(i,j)-\mu_Y)) \tag{11.22}$$

式中 δ_X 为图像方差，δ_{XY} 为图像联合方差.

图像的细节特征主要反映了像素的变化程度，采用图像局部拉普拉斯能量算子描述细节特征. 如式(11.24):

$$\omega=\begin{bmatrix}-1 & -4 & -1\\ -4 & 20 & -4\\ -1 & -4 & -1\end{bmatrix} \tag{11.23}$$

$$\mathrm{EOL}=\sum_{i=1}^{M}\sum_{j=1}^{N}(\omega\otimes X(i,j))^2 \tag{11.24}$$

式中 ω 为拉普拉斯能量模板，EOL 为图像拉普拉斯能量.

研究表明，人的视觉特征响应函数接近于指数规律[2]，利用指数函数能够比较自然地反映图像特征间的差异程度. 因此，提出指数型红外光强与偏振图像间差异特征测度[3]，差异特征指数测度越大说明该特征在图像间差异程度越大. 图像间局部的差异特征既反映了图像局部差异，同时可以反映整体上差异. 所以，采用局部亮度差异指数测度、局部标准差异指数测度和局部平均梯度差异指数测度作为亮度、轮廓、边缘和细节特征差异程度度量，亮度和纹理差异特征测度如式(11.25)，轮廓和边缘差异特征测度如式(11.26)，具体公式如下 ：

$$\Delta T_S=e^{-\frac{2\times f_{\mathrm{I}}\times f_{\mathrm{P}}}{f_{\mathrm{I}}^2+f_{\mathrm{P}}^2}} \tag{11.25}$$

$$\Delta T_D=e^{-\frac{2\times\delta_{\mathrm{PI}}}{\delta_{\mathrm{P}}+\delta_{\mathrm{I}}}} \tag{11.26}$$

式中 ΔT_S 为亮度和纹理差异特征指数测度，f 取 μ 或 EOL，局部滑动窗口为 3×3. ΔT_D 为边缘和轮廓差异特征指数测度，δ_{PI} 为局部互标准差，δ_{P} 和 δ_{I} 分别为红外偏振与红外光强图像局部标准差.

图 11.19 为红外光强与偏振图像差异特征指数测度图，图 11.19 中右下角图为框图的放大图，从图 11.19 中可以明显看到局部均值差异指数测度图反映了两类图像间在亮度特征上差异，局部标准差差异指数测度图描述了图像间边缘和轮廓特征差异，局部能量拉普拉斯指数测度图反映了细节特征差异.

当图像变化时，图像间的差异特征差异程度会发生变化，差异特征指数测度反映了图像间差异特征变化程度. 通过差异特征指数测度确定权重，能有效、客观地反映图像间特征差异性对融合结果的影响. 因此，基于差异特征指数测度的异类红外图像并行协同融合算法如式(11.27).

(a) 局部均值差异指数测度图

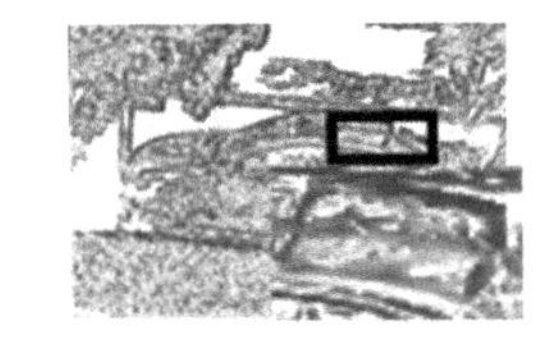

(b) 局部标准差差异指数测度图

(c) 局部能量拉普拉斯差异指数测度图

图 11.19　红外光强与偏振图像差异特征指数测度图

$$F = W_{\mathrm{LEW}} \times F_{\mathrm{LEW}} + W_{\mathrm{MSGT}} \times F_{\mathrm{MSGT}} + W_{\mathrm{NSST}} \times F_{\mathrm{NSST}} \tag{11.27}$$

式中 F 为最终融合图像, F_{LEW} 为 LEW 融合结果, W_{LEW} 为 LEW 融合结果权重, F_{MSGT} 为 MSGT 融合结果, W_{MSGT} 为 MSGT 融合结果权重, F_{NSST} 为 NSST 融合结果, W_{NSST} 为 NSST 融合结果的权重. 融合规则为常用的规则, 低频采用加权平均, 高频采用绝对值取大.

从 11.3.2 节对并行嵌接方式分析中, 可以看到当融合算法权重过大时会造成图像的过饱和现象. 且从图 11.19 中可以看到, 红外光强与偏振图像间的亮度、边缘和轮廓、纹理差异特征是两类图像间主要差异特征, 差异特征指数测度都比较大, 直接采用差异特征指数测度作为权重会造成融合图像过饱和, 主成分分析能够较好地去除数据间的相关性. 因此, 采用主成分分析的方法确定不同融合算法权重, 增加差异特征指数测度间区分度, 防止图像过饱和, 首先利用 ΔT_1, ΔT_2 和 ΔT_3 构成差异特征指数测度矢量, 如式(11.28); 然后计算协方差矩阵, 如式(11.29) ; 最后, 计算协方差矩阵的特征值和特征矢量, 如式(11.30), 取最大特征值对应的矢量作为不同融合算法权重, 最终融合如式(11.31).

$$Y = \begin{bmatrix} \Delta T_1 & \Delta T_2 & \Delta T_3 \end{bmatrix} \tag{11.28}$$

$$C = \mathrm{COV}(Y^{\mathrm{T}}, Y) \tag{11.29}$$

$$\begin{bmatrix} D & V \end{bmatrix} = \mathrm{eig}(C) \tag{11.30}$$

$$F = V_{\lambda_{\mathrm{MAX}}}(1) \times F_{\mathrm{LEW}} + V_{\lambda_{\mathrm{MAX}}}(2) \times F_{\mathrm{MSGT}} + V_{\lambda_{\mathrm{MAX}}}(3) \times F_{\mathrm{NSST}} \tag{11.31}$$

式中 Y 为差异特征指数测度矢量, ΔT_1 为亮度差异特征指数测度, ΔT_2 为边缘和轮廓差异特征指数测度, ΔT_3 为纹理差异特征指数测度, Y^{T} 为 Y 转置, C 为 Y 的协方差矩阵, COV 为协方差函数, D 为协方差矩阵特征值, V 为特征矢量, eig 为矩阵特征值和特征矢量计算函数, $V_{\lambda_{\mathrm{MAX}}}(1)$ 为最大特征值对应特征矢量的第一个矢量值, $V_{\lambda_{\mathrm{MAX}}}(2)$ 为最大特征值对应特征矢量的第二个矢量值, $V_{\lambda_{\mathrm{MAX}}}(3)$ 为最大特征值对应特征矢量的第三个矢量值.

2. 基于非负矩阵的多类融合算法并行协同融合

基于差异特征指数测度的多类融合算法并行协同融合方法实现较为方便，但受权重度量函数选择影响较大. 对于权重的设置还可以采用智能优化算法的方法，比如采用粒子群、差分进化算法等. 通过设定多目标函数的方法，优化不同融合算法的权重. 但是，目标函数的确定比较复杂，且随着目标函数的增加，算法的收敛性很难控制，权重的不稳定性增加，实际上是增加了权重设置和协同嵌接方法整体的复杂程度，不利于算法协同嵌接融合优势的发挥. 为了减少并行协同融合对权重的依赖，且不过多增加融合的复杂度，提出基于非负矩阵的并行协同融合方法[4].

非负矩阵分解(Non-negative Matrix Factorization, NMF)通过非负约束完成对原始样本数据的线性表达，相对于其他矩阵变换(PCA, 矢量量化(VQ)) 具备将矩阵中每个列向量的特征整合在一起的优势，能够在矩阵数据中获得本质联系，找到具有解释功能的内在联系和特征，其获得特征基包含了原数据的完整特性，非常适合单一特征明显的多个数据的融合，能够很好地满足多算法融合对组合方式的需求. 式(11.32)为 NMF 变换公式.

$$Q_{m\times n} = W_{m\times r} H_{r\times n} \tag{11.32}$$

式中 $Q_{m\times n}$ 为大小 $m\times n$ 的非负原始样本矩阵，$W_{m\times r}$ 为 $m\times r$ 的非负矩阵，$H_{r\times n}$ 为 $r\times n$ 的非负系数矩阵.

当 r=1 时，可以获得一个 $m\times 1$ 的唯一 W 特征基，该特征基包含了 Q 中完整的特征. 对于非负矩阵求解，这里采用交替非负最小平方投影梯度法，该方法具有更快的收敛性和较好的最优特性. 融合过程如下:

首先，利用 LEW, NSST 和 MSGT 三种融合算法的融合图像构造观测矩阵 Q，作为 NMF 的输入，如式(11.33):

$$Q = \begin{bmatrix} F_1(1) & F_2(1) & F_3(1) \\ \vdots & \vdots & \vdots \\ F_1(mn) & F_2(mn) & F_3(mn) \end{bmatrix} \tag{11.33}$$

其次，W' 和 H' 为 W 和 H 初始化值，W' 通常随机从[0,1]区间选取. 由于红外图像包含了图像的基本信息，决定融合图像的视觉效果，W' 随机地从红外光强图像中抽取. H' 是线性组合权重. 借助 DSSIM, DSEG 和 DV 评价红外异类图像间特征相似度，三个值越高图像间相似度越大，意味着图像间该特征的差异性越小，该特征对应算法在融合结果中比重就少. 因此，利用 SSIM, SEG 和 V 构建图像间差异特征评价指标，并作为 H'，相当于各算法初始权重，减少 H' 的随机性. 由于 W' 和 H' 为运算的初始值，对结果具有一定的影响，对融合结果影响最大的还是NMF自身的特征. 所以, 采用NMF实现算法并行协同融合对权重的设置要求不高, H' 如式(11.34)～(11.37):

$$\mathrm{DSSIM}=1-\frac{2\times\mu_{\mathrm{I}}\times\mu_{\mathrm{P}}}{\mu_{\mathrm{P}}^2+\mu_{\mathrm{I}}^2+c_1}\frac{2\times\sigma_{\mathrm{IP}}}{\sigma_{\mathrm{I}}^2+\sigma_{\mathrm{P}}^2+c_2} \tag{11.34}$$

$$\mathrm{DSEG}=1-\frac{2\times\sum_{i=1}^{M}\sum_{j=1}^{N}((\mathrm{EG_I}(i,j)-\overline{\mathrm{EG_I}})\times(\mathrm{EG_P}(i,j)-\overline{\mathrm{EG_P}}))}{\sum_{i=1}^{M}\sum_{j=1}^{N}(\mathrm{EG_I}(i,j)-\overline{\mathrm{EG_I}})^2+\sum_{i=1}^{M}\sum_{j=1}^{N}(\mathrm{EG_P}(i,j)-\overline{\mathrm{EG_P}})^2} \tag{11.35}$$

$$\mathrm{DV}=1-\frac{2\times\mathrm{SF_I}\times\mathrm{SF_P}}{\mathrm{SF_I^2}+\mathrm{SF_P^2}} \tag{11.36}$$

$$H'=\begin{bmatrix}\mathrm{DSSIM} & \mathrm{DSEG} & \mathrm{DV}\end{bmatrix} \tag{11.37}$$

最后, 采用非负最小平方投影梯度法求解 W, 获得最终融合结果. 非负最小平方投影梯度法基本原理如下[5,6]:

$f(W,H)$梯度函数由两部分组成:

$$\nabla_W f(W,H)=(WH-V)H^{\mathrm{T}} \tag{11.38}$$

$$\nabla_H f(W,H)=W^{\mathrm{T}}(WH-V) \tag{11.39}$$

采用乘法更新算法中每次迭代更新的非增特性, 可将式(11.32)转化为

$$W^{k+1}=\arg\min_{W\geqslant 1} f(W,H^k) \tag{11.40}$$

$$H^{k+1}=\arg\min_{H\geqslant 0} f(W^k,H) \tag{11.41}$$

上式中 $k=1,2,\cdots,n$, $W_{ia}^1\geqslant 0$, $H_{bj}^1\geqslant 0$, $\forall i,a,b,j$. 上述问题可以转化为迭代次数内, 当前函数最小值问题:

$$\min_H \text{s.t.}\ \overline{f}(H)\equiv\frac{1}{2}\left\|V_{H_{ia\geqslant 0,\forall a,i}}-WH\right\|_F^2 \tag{11.42}$$

$$\min_H \text{s.t.}\ \overline{f}(W)\equiv\frac{1}{2}\left\|V_{W_{bj\geqslant 0,\forall b,j}}-WH\right\|_F^2 \tag{11.43}$$

利用非负最小平方投影梯度法求解非负矩阵具有更快的收敛性和比较好的最优特性, 更具实现性.

同时, 由于红外光强与偏振图像间灰度差异较大, 采用前一节局部能量取大会造成图像的不连续性, 同时为了防止融合图像过饱和, 选择能量加权融合两类

图像间的亮度和轮廓差异特征，融合图像为 F_1. 由于红外偏振图像灰度值远低于红外光强图像灰度值，利用局部能量比例加权不利于局部对比度较大图像的特征融合. 因此，采用指数型能量加权(WFE)融合红外光强与偏振图像间亮度差异特征[7]，较好地保留图像间对比度特征，公式如(11.44):

$$E_k(x,y)=\sum_{m=-1}^{1}\sum_{n=-1}^{1}\omega\times X_k^2(x+m,y+n) \tag{11.44}$$

$$\omega=\frac{1}{9}\begin{vmatrix}1&1&1\\1&1&1\\1&1&1\end{vmatrix} \tag{11.45}$$

式中 $E_k(x,y)$ 为像素坐标 (x,y) 处的局部能量, k 为 I 或 P.

然后，对局部能量归一化，如式(11.46):

$$\mathrm{fuzze}_k(i,j)=\frac{E_k(i,j)-\min(E_k)}{\max(E_k)-\min(E_k)} \tag{11.46}$$

式中 $\min(E_k)$ 为 E_k 的最小值，$\max(E_k)$ 为 E_k 最大值.

最后，采用指数型函数作为融合权重，如式(11.47):

$$F_1=\sum_{i=1}^{M}\sum_{j=1}^{N}(\mathrm{fuzze}_{\mathrm{I}}^k(i,j)\times I(i,j)+\mathrm{fuzze}_{\mathrm{P}}^k(i,j)\times P(i,j)) \tag{11.47}$$

式中 k=0.5.

3. 实验结果与分析

为了验证所提出的并行协同融合算法的有效性，采用 6 种融合算法与所提算法相比较，引导滤波(GFF)，全变分融合算法(GTF)，两尺度融合算法(TSF)，文献[8]的 NSST、LEW、MSGT(PSEG)多算法融合，NSST、LEW、MSGT 加权平均(ANLM)，LEW、NSST 和 MSGT 以结构相似度作为权重[1](SLNM)，图 11.20 为不同场景红外光强与偏振图像. 图 11.21 为融合图像. 图(I_1), (I_2), (P_1)和(P_2)为课题组拍摄图像，其他图像来自文献[9].

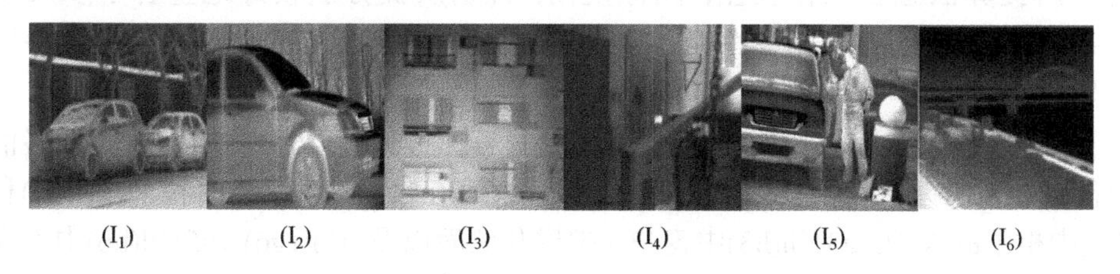

(I_1)　(I_2)　(I_3)　(I_4)　(I_5)　(I_6)

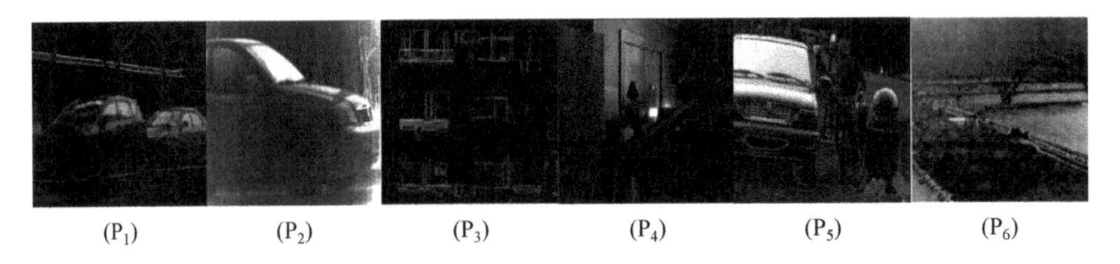

图 11.20 红外光强与偏振图像, (I1)～(I6)为红外光强图像, (P1)～(P6)为红外偏振图像

图 11.21 为 8 种算法融合图像, 从图中可以看到:

(1) 所提算法明显较好地保留了红外光强与偏振图像间的亮度和对比度差异特征, 整体视觉效果最好. 图 11.21(g1)～(g6)及(h1)～(h6)很好地迁移了红外光强图像的亮度特征, 其他算法融合图像整体偏暗. 同时所提算法融合图像很好地融合了红外偏振图像中对比度特征强的区域和图像间轮廓差异特征, 如: 图 11.21(g1), (h1), (g5)和(h5)中车的前窗和侧窗, 以及图 11.21(g6)和(h6)中水面具有最好的对比度特征, 图 11.21(g1)中车辆和树木、图 11.21(g2)和(h2)中车头、(g3)和(h3)中窗户、窗户护栏和空调和(g6)和(h6)中桥的轮廓特征最好. 由于红外光强与偏振图像间差异较大, 其他算法融合图像中的车体、建筑、桥梁和屋顶等景物的对比度和轮廓相对较差, 其中单一融合算法图像的亮度、对比度和轮廓特征相对最差, 如图 11.21 中(a1)～(a6)和(b1)～(b6)算法对两类图像融合效果最差, 主要是由于异类红外图像之间特征差异大, 反映在图像上灰度值具有显著差异, 融合时容易造成特征间相互削弱. PSEG 的融合图像相对于其他多算法融合对比度和轮廓特征保持较好, 但对比度特征有所损失, 如: 图 11.21(d2)没有很好融合偏振图像中车前窗对比度强的区域, 说明所提融合方法较好地发挥了基于能量加权融合算法的优势.

(2) 所提算法对红外光强与偏振图像的边缘特征融合效果最好, 其他融合算法结果存在不同程度的损失. 如图 11.21(g1)和(h1)中房屋、(g2)和(h2)中车头、(g3)和(h3)中窗户的护栏边缘及(g6)和(h6)中道路边缘最清晰, 而其他算法融合图像相对较为模糊, 其中 GFF 融合算法主要融合了红外偏振图像, GTF 融合算法图像中车体、人、建筑、楼体扶手及桥梁最为模糊, 主要是 GTF 融合算法淹没了红外偏振图像特征. 其他多算法融合图像相对于单算法较好, 但融合图像的边缘相对于所提算法融合图像较差, 图像模糊, 说明所提方法较好地整合了多尺度引导滤波融合算法的优势性能, 发挥了多尺度引导滤波融合算法对边缘特征的融合优势.

(3) 所提算法细节特征的融合效果最好, 其他融合算法对源图像细节迁移信息能力相对较差, 信息损失较多. 图 11.21(g1)和(h1)中树木、路面和车体, (g4)和(h4)中柜子的纹理, (g3)和(h3)中窗户、护栏和墙面以及(g5), (g6), (h5)和(h6)中人和植被的细节最为清晰，较好地迁移了红外光强与偏振图像间细节差异特征，其他算法融合图像中景物的细节信息丢失较多，说明所提算法方法较好地发挥了 NSST 算法对细节特征的融合优势.

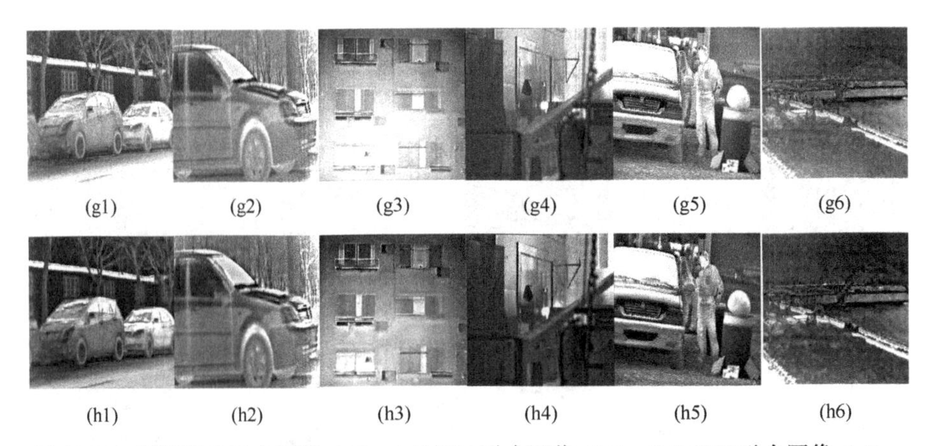

图 11.21 不同算法融合图像, (a1)~(a6)GFF 融合图像, (b1)~(b6)GTF 融合图像, (c1)~(c6)TSF 融合图像, (d1)~(d6)PSEG 融合图像, (e1)~(e6)ANLM 融合图像, (f1)~(f6)SLNM 融合图像, (g1)~(g6)所提算法 1 融合图像, (h1)~(h6)所提算法 2 融合图像

图 11.22 为(I_1)和(P_1)与(I_6)和(P_6)所提算法融合图像与源图像间的差值图. 从图 11.22 中可以看到, 所提算法较好地迁移了红外图像的低频特征轮廓、亮度和轮廓特征和红外偏振图像的边缘和纹理特征. 如图 11.22 中白色框图部分, 所提融合算法较好地保留了红外偏振图像中车窗、水面区域对比度特征、建筑物和道路边缘特征以及植被的纹理特征, 同时, 车辆和桥梁的轮廓特征也得到了较完整的保留. 其他融合算法的融合图像信息损失较多, 差值图中车辆和桥梁轮廓、建筑物边缘及植被纹理特征与源图像存在较大差异, 对亮度、边缘和细节差异特征上融合效果相对较差.

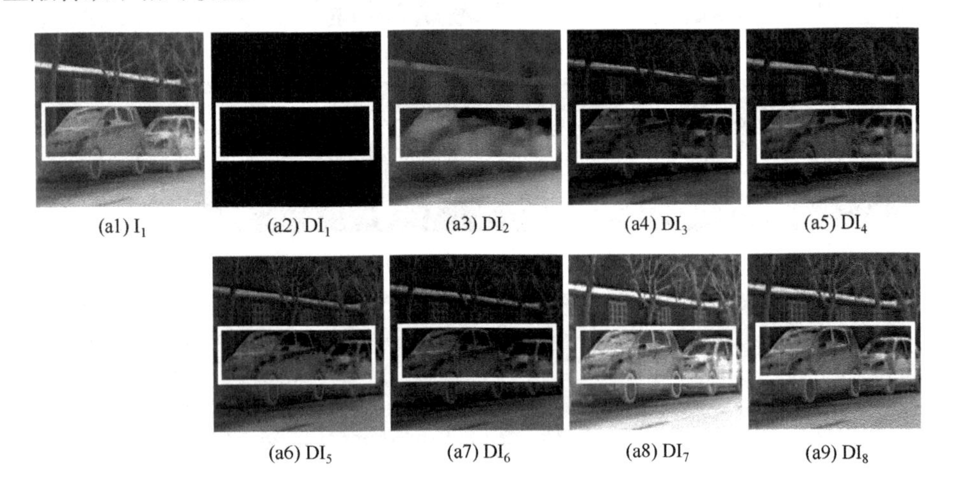

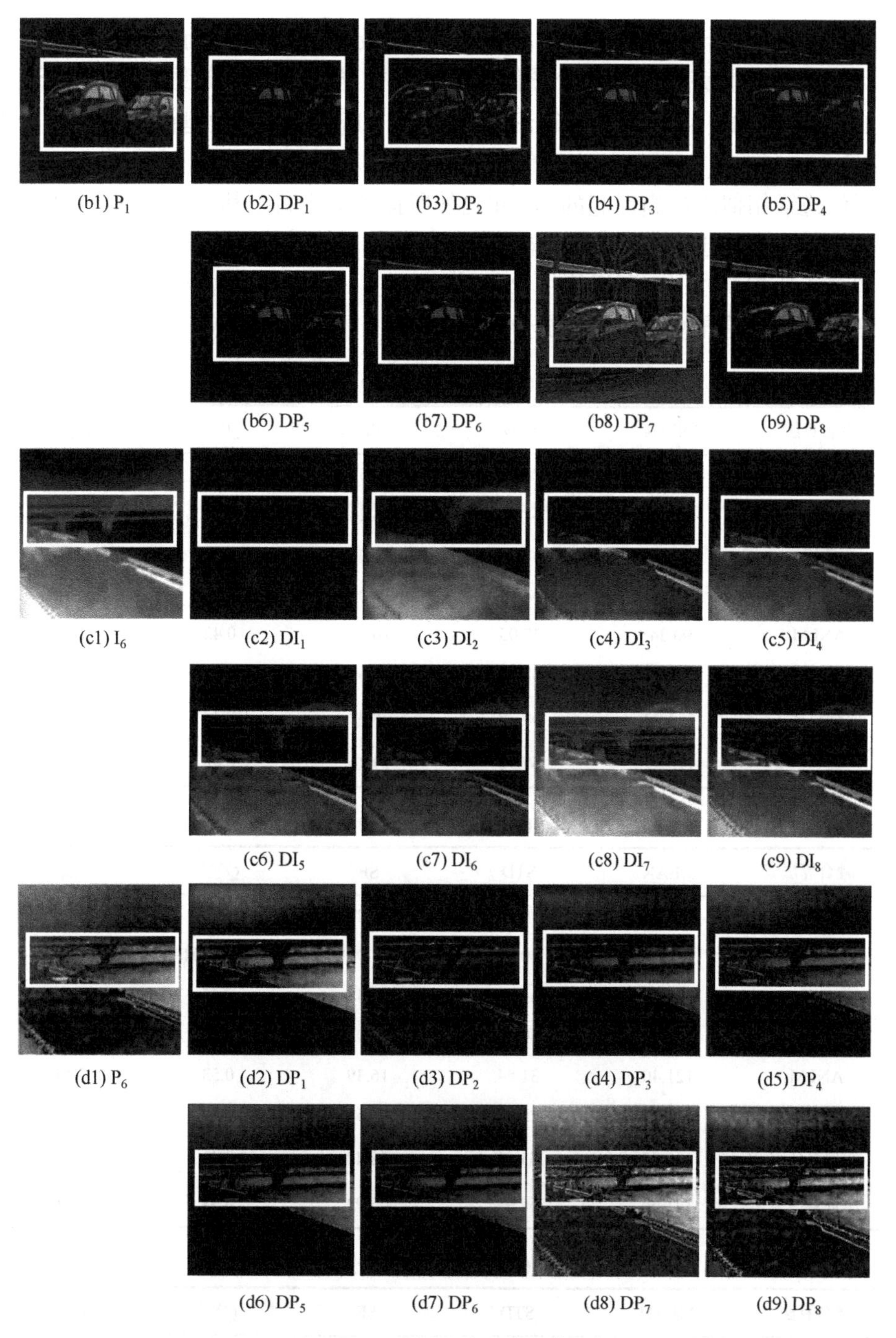

图 11.22　不同融合图像差值图

表 11.1～表 11.6 为融合算法客观评价指标值, 表中加粗字体为最优结果. 结

果显示, 所提融合算法的 MEAN, STD 和 SF 最高, 且图像没有出现过饱和现象, 说明所提算法能够较好地融合图像间的亮度差异特征、对比度和细节特征; 表 11.1, 表 11.3 和表 11.5 中 GFF 算法的 $Q^{AB/F}$ 高于所提算法主要是由于 GFF 融合图像(图 11.20(a1), (a3)和(a5))主要保留了红外偏振图像的特征, 融合图像与红外偏振图像边缘相似度过高引起的, 除此之外所提算法均高于其他融合算法, 说明所提算法能较好地迁移边缘信息到融合图像; $R_{AB/F}$ 的值除了表 11.3 中 PSEG 融合图像高于所提算法外, 所提算法 $R_{AB/F}$ 值均最高, 说明所提算法能够较好地将异类红外图像间差异特征迁移到融合图像中.

表 11.1　图 11.20 中(I_1)和(P_1)融合图像评价指标值

融合算法	MEAN	STD	SF	$Q^{AB/F}$	$R_{AB/F}$
GFF	27.47	28.77	17.51	**0.59**	0.87
GTF	113.74	42.50	16.28	3.19e–04	1.25
TSF	71.53	38.13	15.06	0.39	1.54
PSGE	77.67	44.46	18.06	0.42	1.84
ANLM	90.34	37.05	16.29	0.42	1.57
SLNM	70.65	38.84	16.65	0.41	1.66
所提算法 1	**154.92**	60.29	28.42	0.47	1.80
所提算法 2	113.49	**67.96**	**29.16**	0.48	**1.91**

表 11.2　图 11.20 中(I_2)和(P_2)融合图像评价指标值

融合算法	MEAN	STD	SF	$Q^{AB/F}$	$R_{AB/F}$
GFF	104.09	39.53	16.22	0.57	1.67
GTF	128.95	40.84	13.99	3.14e–04	0.45
TSF	104.39	35.39	16.41	0.45	1.84
PSGE	121.48	40.78	19.03	0.53	1.92
ANLM	121.40	31.54	16.39	0.53	1.81
SLNM	111.22	25.38	12.62	0.47	1.73
所提算法 1	**195.95**	**51.61**	**28.44**	0.41	1.85
所提算法 2	141.69	50.99	25.02	**0.58**	**1.96**

表 11.3　图 11.20 中(I_3)和(P_3)融合图像评价指标值

融合算法	MEAN	STD	SF	$Q^{AB/F}$	$R_{AB/F}$
GFF	20.23	25.39	24.35	**0.59**	1.13
GTF	156.04	43.06	17.74	3.83e–04	1.07

续表

融合算法	MEAN	STD	SF	$Q^{AB/F}$	$R_{AB/F}$
TSF	85.85	28.48	16.43	0.34	1.42
PSGE	104.39	38.61	22.48	0.43	**1.90**
NLM	109.85	32.57	19.58	0.41	1.72
SLNM	85.00	27.11	17.69	0.38	1.61
所提算法 1	**192.71**	56.42	34.95	0.56	1.77
所提算法 2	153.72	**60.15**	**38.90**	0.58	1.83

表 11.4　图 11.20 中(I_4)和(P_4)融合图像评价指标值

融合算法	MEAN	STD	SF	$Q^{AB/F}$	$R_{AB/F}$
GFF	43.99	34.28	11.56	0.56	1.25
GTF	99.57	44.24	10.69	3.60e−04	1.24
TSF	65.31	38.71	11.37	0.56	1.43
PSGE	69.71	45.37	12.99	0.61	1.77
ANLM	75.02	35.86	10.44	0.59	1.33
SLNM	50.37	30.59	9.67	0.55	1.08
所提算法 1	**128.16**	61.96	18.77	0.61	1.79
所提算法 2	96.0154	**63.40**	**19.96**	**0.62**	**1.89**

表 11.5　图 11.20 中(I_5)和(P_5)融合图像评价指标值

融合算法	MEAN	STD	SF	$Q^{AB/F}$	$R_{AB/F}$
GFF	56.06	68.64	27.45	**0.56**	1.22
GTF	128.27	47.17	26.09	4.04e−04	1.06
TSF	91.81	57.48	25.05	0.43	1.50
PSGE	110.69	70.47	29.81	0.48	1.85
ANLM	107.48	50.25	24.22	0.45	1.45
SLNM	88.46	41.34	18.84	0.40	1.14
所提算法 1	**182.89**	83.58	**42.88**	0.44	1.84
所提算法 2	127.46	**84.80**	37.90	0.45	**1.91**

表 11.6 图 11.20 中(I_6)和(P_6)融合图像评价指标值

融合算法	MEAN	STD	SF	$Q^{AB/F}$	$R_{AB/F}$
GFF	61.84	46.57	24.15	0.72	1.18
GTF	75.22	59.76	20.12	6.29e–04	0.73
TSF	67.60	41.05	20.11	0.47	1.69
PSGE	78.06	47.65	24.68	0.59	1.87
ANLM	86.80	36.50	19.24	0.56	1.66
SLNM	73.92	31.36	16.93	0.51	1.56
所提算法 1	**147.72**	**62.20**	**33.96**	**0.78**	1.89
所提算法 2	94.08	61.61	33.57	0.74	**1.93**

通过主观和客观分析表明，多融合算法并行组合方法整体优于单融合算法，基于互补协同关系的多融合算法组合能够较好地融合图像间差异特征. 相对于所提算法，对比方法图像的亮度、轮廓、边缘和细节差异特征不同程度地被抵消，导致融合图像不能有效融合红外光强与偏振图像间多种差异特征. 因此，所提出的基于互补协同关系多类融合算法并行协同融合方法，实现了以差异特征为依据的融合算法间协同关系确定、内嵌方式的设计及两者间的较好匹配，能够充分发挥各个融合算法的优势性能，保证融合图像质量，避免了信息损失，满足拟态变换对融合算法间协同嵌接的要求.

图 11.23 为不同算法融合图像评价指标值图，从图中可以直观地看到所提算法融合图像评价指标值明显优于其他算法融合图像，说明所提算法能够较好地融合异类红外间不同差异特征，满足拟态变换的要求.

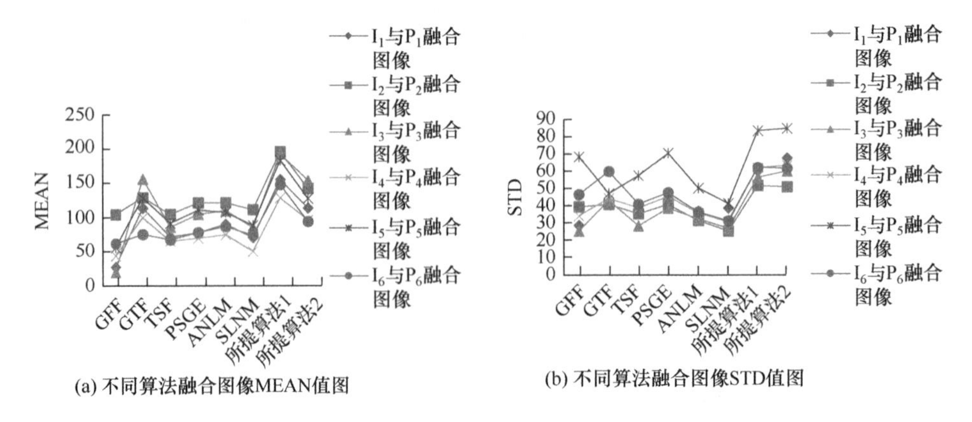

(a) 不同算法融合图像MEAN值图

(b) 不同算法融合图像STD值图

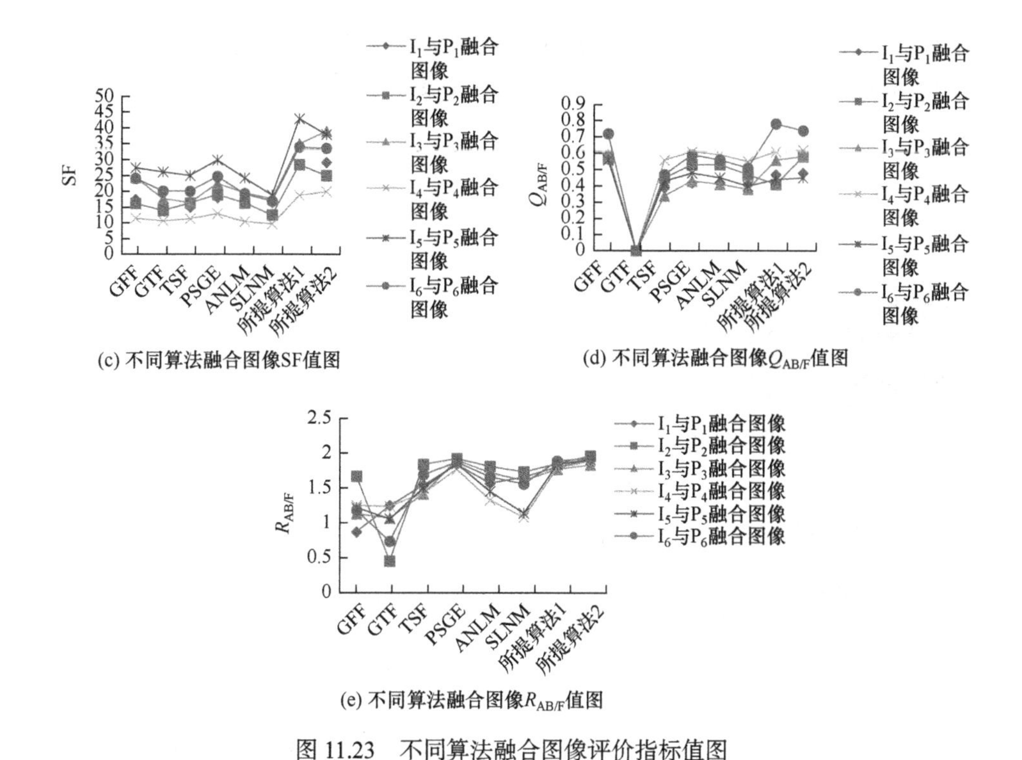

(c) 不同算法融合图像SF值图

(d) 不同算法融合图像$Q_{AB/F}$值图

(e) 不同算法融合图像$R_{AB/F}$值图

图 11.23　不同算法融合图像评价指标值图

11.4.3　异类红外图像融合算法的内嵌协同

根据融合算法协同嵌接模型，对于异类红外图像多融合算法内嵌协同融合主要是根据异类红外图像间差异特征的类型选取满足不同差异特征融合需求的算法，利用协同强度确定融合算法间协同关系. 对于异类红外图像来讲，选择互补性强的融合算法，通过图像间差异特征确定融合算法内嵌顺序，实现融合算法间的内嵌协同融合. 多融合算法内嵌协同融合主要涉及差异特征类型、融合算法的选取、协同关系判定、融合算法间内嵌顺序等. 通过上述分析，图像多融合算法内嵌协同融合框架如图 11.24.

1. 基于非下采样剪切波与多尺度引导滤波相结合的内嵌协同融合

通过对异类红外图像间差异特征、融合算法的选择、协同关系及嵌接方式与协同关系间关系的分析，对于异类红外图像融合选择对亮度、轮廓、边缘和细节差异特征融合效果好的算法，同时融合算法间协同关系为互补协同关系，通过协同关系程度评价矢量对算法间协同程度的度量. 根据 11.2 节分析结果，选取 LEW, NSST 和 MSGT 三种互补协同程度高的算法融合图像间的差异特征.

相对于并行多融合算法组合，内嵌式多融合算法组合冗余性相对较差，易造成图像主要特征的损失. 11.4.2 节能量加权算法本身减少红外光强图像和红外偏振图像对比度信息，内嵌时会进一步造成对比度信息损失，对于局部能量加权算法采用基于能量差异指数融合算法.

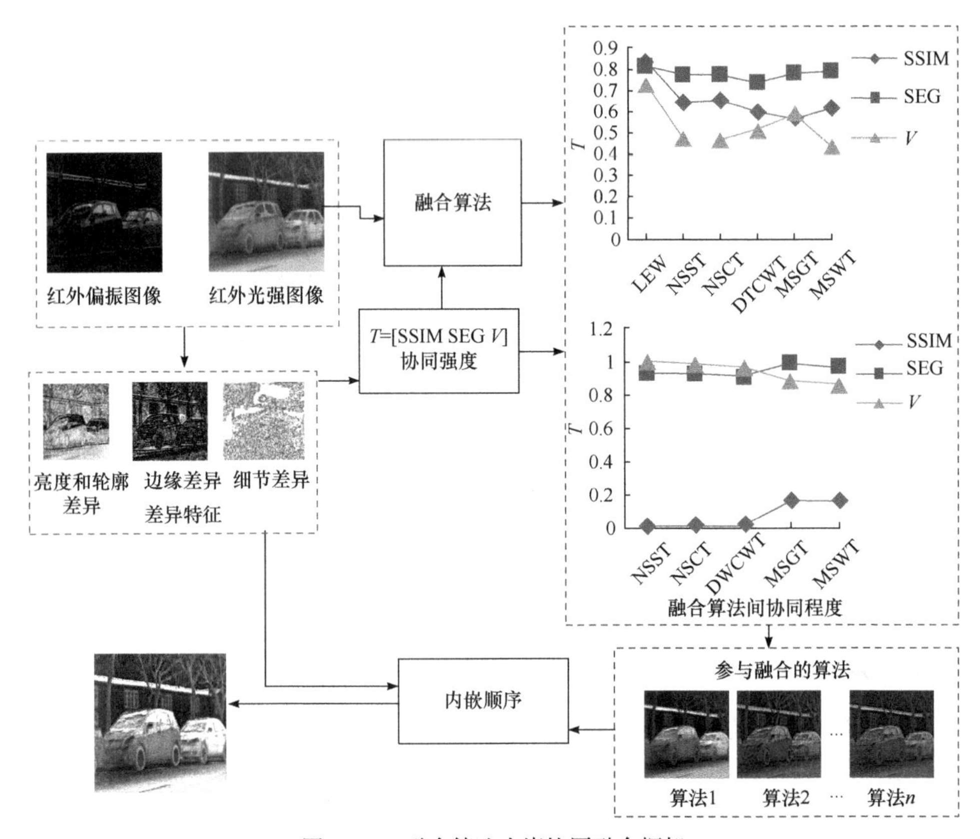

图 11.24　融合算法内嵌协同融合框架

$$
\mathrm{SE}(i,j)=\frac{2\times\sum_{s=-1}^{1}\sum_{t=-1}^{1}(E_{\mathrm{P}}(i+s,j+t)\times E_{\mathrm{I}}(i+s,j+t))}{\sum_{s=-1}^{1}\sum_{t=-1}^{1}(E_{\mathrm{P}}(i+s,j+t)^2)+\sum_{s=-1}^{1}\sum_{t=-1}^{1}(E_{\mathrm{I}}(i+s,j+t)^2)} \tag{11.48}
$$

式中 SE 为红外光强与偏振图像间能量相似度.

红外光强图像描述了景物的基本结构，决定融合图像视觉效果. 在融合过程中应该尽量完整保留红外光强图像特征，避免融合图像中景物亮度、轮廓等基本结构特征的损失，以便后续的观察和检测. 红外偏振图像对比度强的区域同样属于景物的结构特征，红外光强图像对应区域相应较暗，因此融合时应尽量保留该区域. 红外光强图像描述了景物的低频特征，能量整体远大于红外偏振图像. 因此, 式(11.48)通常主要反映红外光强图像能量, 其值接近 1, 当红外偏振图像局部对比度较大时, SE 较小, 应该赋予红外偏振图像较大权值, 基于能量差异指数融合方法如式(11.49):

$$F_1 = I + e^{-\mathrm{SE}} \times P \tag{11.49}$$

式中 F_1 为融合图像.

异类红外图像间存在显著差异, 应该根据不同变换的特点对不同特征采用不同的变换. NSST 分解将红外偏振图像中细节特征和形状特征分离, 而红外光强图像主要为目标的低频特征, 具有较好的形状特征, 采用 NSST 容易造成红外光强图像一致性区域的不连续性, 导致红外光强图像的特征被破坏, 而 MSGT 具有保持边缘特征的优势. 因此, 对于红外光强图像采用 MSGT 提取其边缘特征, 对于红外偏振图像首先采用 NSST 分解, 其低频子带图像包含低频特征, 低频子带图像特征与红外光强图像特征类型相同, 因此同样采用 MSGT 变换提取其边缘特征, 与红外光强图像融合. 融合过程如下:

(1) 首先, 利用 NSST 对红外偏振图像进行分解;

(2) 其次, 利用 MSGT 对红外偏振图像低频图像和红外光强图像进行分解;

(3) 再次, 利用 LEW 对红外偏振与光强图像进行融合, 为了更好地保留红外光强图像轮廓和红外偏振图像对比度区域强的部分, 将 LEW 融合结果(F_1)作为 MSGT 低频融合图像, 利用 MSGT 反变换实现边缘和轮廓差异特征融合(F_2);

(4) 最后, 将 MSGT 融合结果代入红外偏振图像 NSST 分解中, 重构获得最终融合图像(F). 图 11.25 为 NSST, MSGT 和 LEW 内嵌协同融合流程图.

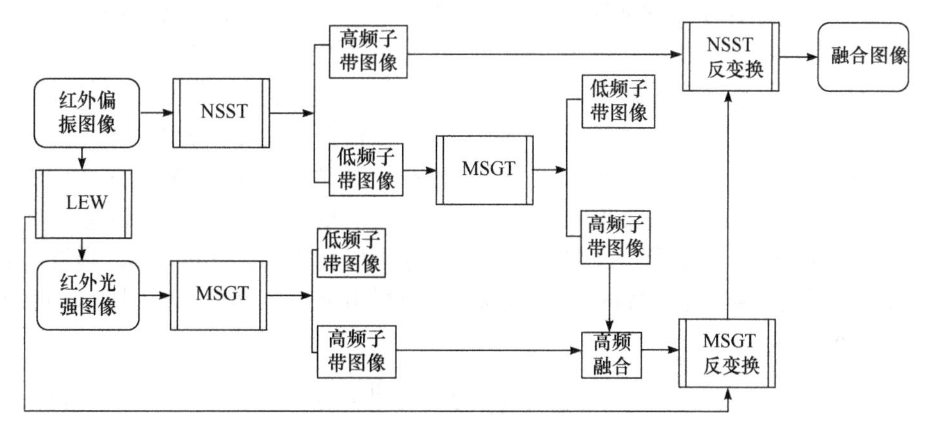

图 11.25　NSST, MSGT 和 LEW 内嵌协同融合流程图

2. 基于二维全变分分解的内嵌协同融合

11.4.2 节采用 NSST 和 MSGT 相互嵌套实现融合, 通过反变换获得最终融合

图像, 易于综合各融合算法优势, 较为容易实现. 但是, 将 LEW 内嵌入多尺度变换中, 利用 NSST 重构获得最终融合图像, LEW 取代原来系数, 受 NSST 基函数与 LEW 匹配度和 NSST 重建误差影响, 不利于红外光强与偏振图像结构差异特征融合. 因此, 提出基于二维全变分分解的内嵌协同融合.

对于内嵌顺序, 对红外偏振图像采用 NSST 分解将图像中细节特征和边缘特征分离, 而红外光强图像主要为目标的低频特征, 具有较好的形状特征, 采用 NSST 容易造成红外光强图像边缘特征平滑. 因此, 对于红外光强图像采用 MSGT 提取其边缘特征, 同时对于红外偏振图像 NSST 分解的低频子带图像采用 MSGT 变换提取其边缘特征, 与红外光强图像融合, 实现边缘差异特征融合(F_2), 并将融合结果代入红外偏振图像 NSST 分解中, 重构获得高频差异特征融合. 过程如图 11.26 所示.

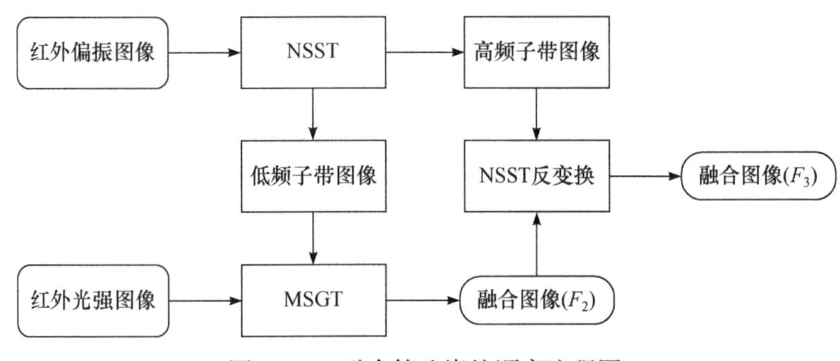

图 11.26　融合算法嵌接顺序流程图

通过上述融合算法的选择和内嵌顺序的确定, 可以获得红外光强与偏振图像低频特征融合图像和高频特征融合图像. 低频融合图像包含了两类图像间的亮度差异特征, 决定融合图像的视觉效果, 高频特征融合图像可看作对低频特征融合图像的进一步补充, 目标信息的进一步扩展, 有利于后续的识别等处理. 如果直接将低频特征融合图像直接内嵌入多尺度变换中替换低频系数, 重构过程中由于系数的改变, 与变换基函数匹配程度变差, 会造成低频特征融合图像信息的损失. 因此, 低频特征融合图像与高频特征融合图像可以转化为优化的问题, 最终融合图像应该尽可能接近低频特征融合图像, 同时尽可能保留高频融合图像特征, 如式(11.50).

$$F=\arg\min_{F^*}\left\{\sum\left|F^*-F_1\right|\right\}+\lambda F_3 \tag{11.50}$$

式中 F 为融合图像, λ 为正则化系数, 对于式(11.50) 可以采用数值计算中的优化算法进行求解. 但是, 约束条件、正则化系数和式子的收敛性较难以设置, 且 F_1 不可能完整地保留至融合图像中, 而 F_1 决定了融合图像的基本信息和视觉效果. 因此, 融合图像应该完整保留 F_1.

二维全变分模态分解(2D Variational Mode Decomposition, 2D-VMD) 是一种新的图像分解方法，能够自适应地将图像分解为独立谱的不同模态. 相对于常用的小波分解、轮廓波分解和剪切波分解，2D-VMD 具有根据图像的特征自适应地将图像分解为不同波段的特征主成分，并且在不同的波段包含图像的不同成分，能够实现图像内容的分离和方向分解且具有稀疏性，如式(11.51)：

$$\min_{u_k,w_k}\left\{\sum_k\left\|\partial_t\left[\left(\partial(t)+\frac{j}{\pi t}\right)u_k(t)e^{-jw_kt}\right]\right\|_2^2\right\}\quad \text{s.t.}\sum_k u_k=f \tag{11.51}$$

式中 u_k 为不同的本征模态函数，w_k 为中心频率，f 为输入信息号，重建约束可以用不同的方式处理，例如通过简单的二次惩罚或增广拉格朗日来使问题不受约束.

这里将一维全变分模态分解扩展到二维适合图像分解，如式(11.52)：

$$\min_{\mu_k,w_k}\left\{\sum_k\left\|\nabla\left[\mu_{\mathrm{AS},k}(x)e^{-j\langle w_k,x\rangle}\right]\right\|_2^2\right\}\quad \text{s.t.}\sum_k \mu_k=f \tag{11.52}$$

式中 w_k 为二维信号中心频率，$\mu_{\mathrm{AS},k}(x)$ 为二维信号在傅里叶变换域的析解式.

根据二维解析信号，不同模态 μ_k 可以通过增广拉格朗日函数在频域求解:

$$\hat{\mu}_k^{n+1}=\arg\min_{\hat{\mu}_k}\left\{\alpha\left\|j(w-w_k)[(1+\mathrm{sgn}(w,w_k))\hat{\mu}_k(w)]\right\|_2^2+\left\|\hat{f}(w)-\sum_k\hat{\mu}_i(w)+\frac{\hat{\lambda}(w)}{2}\right\|_2^2\right\} \tag{11.53}$$

上式可以获得维纳滤波效果:

$$\hat{\mu}_k^{n+1}(w)=\left(\hat{f}(w)-\sum_{i\neq k}\hat{\mu}_i(w)+\frac{\hat{\lambda}(w)}{2}\right)\frac{1}{(1+2\alpha|w-w_k|^2)} \tag{11.54}$$

$$\forall w\in\Omega_k:\Omega_k=\left\{w\,\middle|\,w\cdot w_k\geqslant 0\right\}$$

中心频率 w_k 更新如下:

$$w_k^{n+1}=\arg\min_{w}\left\{\sum_k\left\|\nabla[\mu_{\mathrm{AS},k}(x)e^{-j(w_k,x)}]\right\|_2^2\right\} \tag{11.55}$$

式(11.56) 的解为本征模态函数的能量谱的一阶矩在 Ω_k 半平面上:

$$w_k^{n+1}=\frac{\int_{\Omega_k}w\left|\mu^k(w)\right|^2dw}{\int_{\Omega_k}\left|\mu^k(w)\right|^2dw} \tag{11.56}$$

图 11.27 为 2D-VMD 分解示意图像，从图 11.27 中可以看到 2D-VMD 能够将

图像分解为成分独立的高频子图(IMF 分量)和频率一致性的基图. 不同高频子图具有方向性和周期变化性, 各高频图像间冗余较少, 图像中不同特征能够很好地被分离出来, 如图 11.27(c)～(e)中各高频图像只包含源图像中方向和频率不同的部分椭圆部分, 基本图像较好地包含了图像中频率一致的成分.

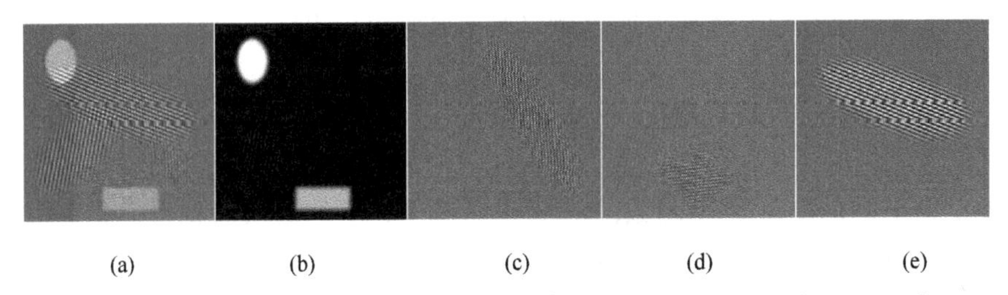

(a)　(b)　(c)　(d)　(e)

图 11.27　2D-VMD 分解示意图. 其中(a)为输入图像, (b)为 2D-VMD 基图, (c)～(e)为 2D-VMD 分解的不同方向高频子图

高频特征融合图像主要保留了图像间的边缘和细节特征, 还保留有部分低频特征. 根据 2D-VMD 对图像较好的频谱分解特性, 可以将式(11.50)的低频特征融合图像与高频特征融合图像组合转化为频谱替代问题, 将高频特征融合图像进行 2D-VMD 分解, 分离出高频特征融合图像中残留的低频成分, 用低频特征融合图像取代 2D-VMD 分解的基图, 然后利用 2D-VMD 反变换(各独立部分累加和)重构获得最终融合图像, 完整地保留图像间低频差异特征和较好地迁移图像间的高频差异特征. 如式(11.57):

$$[B,\mathrm{Mod}_1,\mathrm{Mod}_2,\cdots,\mathrm{Mod}_N]=2D-\mathrm{VMD}(F_3) \tag{11.57}$$

$$B=F_1$$

$$F{=}F_1{+}\mathrm{Mod}_1{+}\mathrm{Mod}_2{+}\cdots{+}\mathrm{Mod}_M$$

3. 实验结果与分析

为了说明融合方法的有效性, 所提算法同内嵌式算法 SVT-TH[10], NSST-PCA, NSCT-PCNN[11], NSCT-SR 和 DTCWT-SR[12]相比较, 图 11.28 为不同算法融合图像.

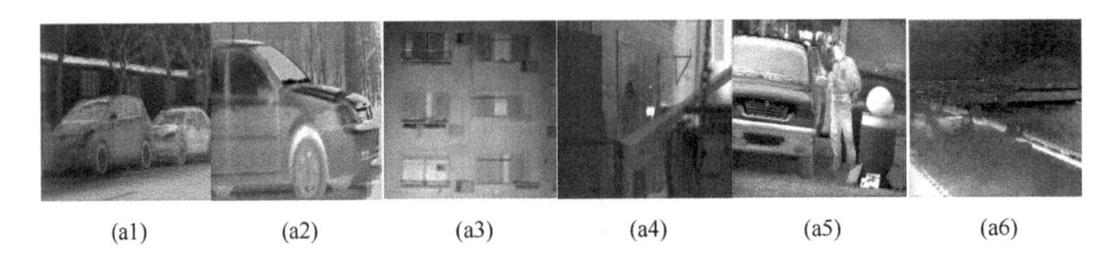

(a1)　(a2)　(a3)　(a4)　(a5)　(a6)

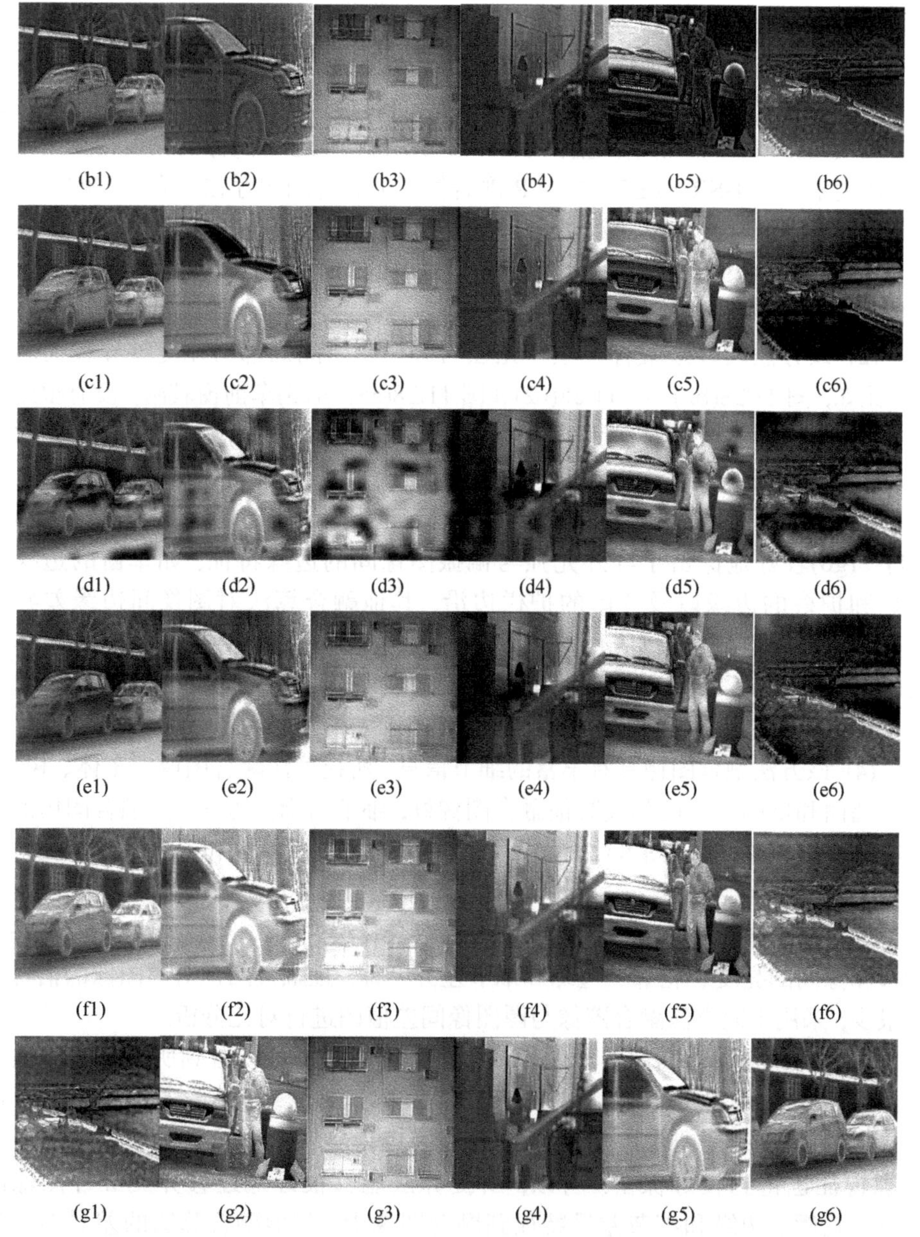

图 11.28　不同融合算法融图像, (a1)～(a6) SVT-TH 融合图像, (b1)～(b6) NSST-PCA 融合图像, (c1)～(c6) NSST-PCNN 融合图像, (d1)～(d6) NSCT-SR 融合图像, (e1)～(e6) DTCWT-SR 融合图像, (f1)～(f6) 所提算法 1 融合图像, (g1)～(g6) 所提算法 2 融合图像

从图 11.28 可以看到所提算法融合图像具有较好的视觉效果和清晰度, 相对

于其他多算法嵌入式融合方法:

(1) 该方法较完整地保留了红外光强图像的亮度特征. 其他算法融合图像迁移图像间亮度差异特征能力相对较差, 特别是图像变化时表现更明显, 如: 图 11.28(b5), (b6)～(d6)图像整体偏暗, 与同一行其他融合图像的亮度特征差异较大. 特别是 NSCT-SR 和 DTCWT-SR 融合算法的融合图像存在较为严重的亮度特征畸变的状况, 存在明显的错误亮暗对比度区域, 主要是红外光强与偏振图像间差异大, 经过多尺度分解后采用稀疏表示提取低频子带图像细节特征, 忽略了两类图像的区域一致性特征.

(2) 该方法较好地融合了红外光强与偏振图像间局部对比度差异较大的区域. 比如, 图 11.28(b2), 图 11.28(c2)和图 11.28(a5)～(e5)车前窗较暗, 没有很好地迁移红外偏图像中对比度较大的特征, 图 11.28 中(b6)和(e6)没有很好地保留水面和屋顶在红外偏振图像中对比度较强的特征.

(3) 该方法得到的融合图像的边缘特征保持最好. 图 11.28(f1)～(f6)和(g1)～(g6)较好地保留了红外光强与偏振图像间的边缘特征, 如车窗的边缘、窗户和护栏的边缘以及江岸的护栏边沿, 其他融合算法对图像间边缘差异特征融合能力相对较差, 如: 图 11.28(b3) 的护栏边缘, 图 11.28(c2)～(e2)中车侧窗的边缘, 图 11.28(a6) 中路面亮度过大造成两侧护栏的边缘和路面物体的边缘不清晰.

(4) 该方法融合图像具有丰富的细节信息. 所提算法融合图像中车体、树木、门、墙面和桥的清晰度都较其他融合图像好, 细节清晰, 其他算法融合图像的细节特征相对较差, 如: 图 11.28(a6)～(e6)中树林的纹理特征和天空细节特征融合效果相对较差.

为了进一步说明该方法相对于其他多融合算法嵌入式融合方法, 能够更好地迁移图像间的亮度、轮廓、边缘和细节差异特征, 且融合图像对源图像的信息损失最少, 采用不同方法融合图像与源图像间差值图进行对比分析.

图 11.29 为融合图像与源图像的差值图. 从图中可以看到所提融合算法的差异图与源图像最为相似. 图中白色框图部分显示, 所提算法差值图中车窗和屋顶在红外偏振图像中对比度较大的区域得到较好融合, 楼体边缘和桥梁轮廓特征也得到较好保留. 所以, 所提算法能够很好地迁移异类红外图像间亮度、轮廓、边缘和细节差异特征到融合图像中. 其他融合算法的差异图与源图像差异较大, 不能很好地迁移异类红外图像间差异特征到融合图像中. 实际中, 多尺度变换与稀疏表示相内嵌的融合算法容易引起异类红外图像畸变, 主要是由于红外异类图像间差异大, 采用同一变换与同一字典很难适应不同图像特征的表达, 造成重构后出现畸变, 在差值图上表现为出现错误的不连续亮暗区域.

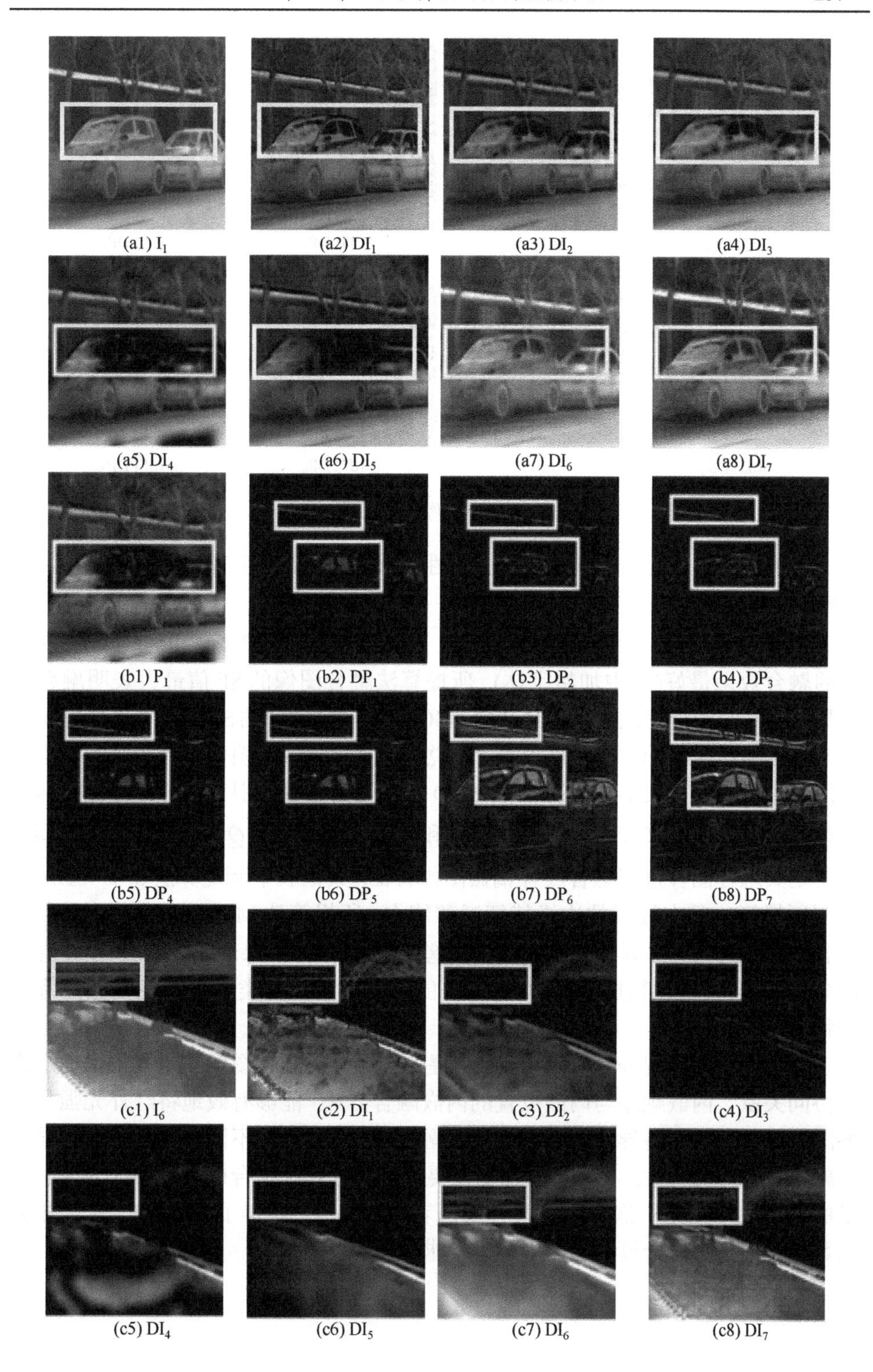

(a1) I_1 (a2) DI_1 (a3) DI_2 (a4) DI_3

(a5) DI_4 (a6) DI_5 (a7) DI_6 (a8) DI_7

(b1) P_1 (b2) DP_1 (b3) DP_2 (b4) DP_3

(b5) DP_4 (b6) DP_5 (b7) DP_6 (b8) DP_7

(c1) I_6 (c2) DI_1 (c3) DI_2 (c4) DI_3

(c5) DI_4 (c6) DI_5 (c7) DI_6 (c8) DI_7

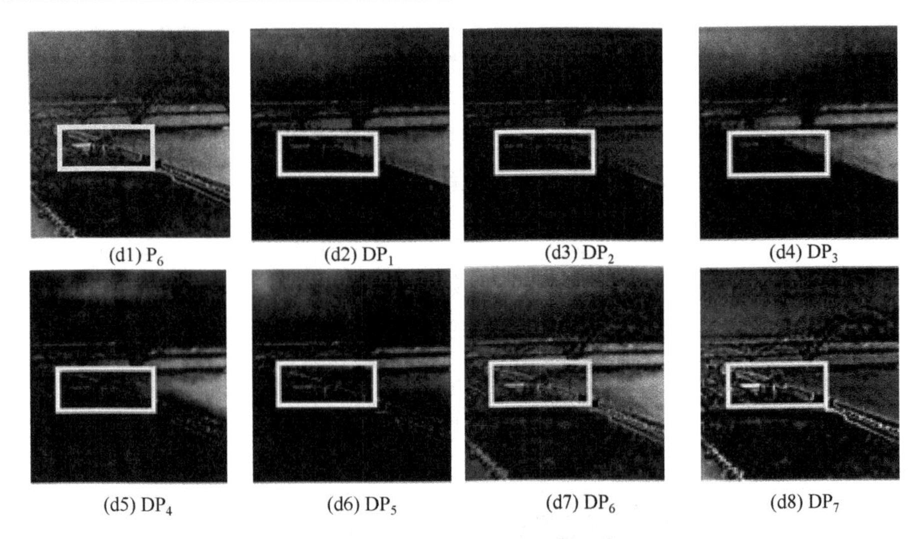

图 11.29　融合图像与源图像差值图

为了从客观上说明所提算法的有效性，采用融合图像客观评价指标对不同算法融合图像进行评价.

表 11.7 到表 11.12 中从SF，STD，$Q^{AB/F}$，MEAN 和 $R_{AB/F}$ 值上显示所提算法的融合效果最好(表中加粗字体). 所提算法融合图像的 SF 值最大表明融合图像具有很好的清晰度；除了表 11.9 中 NSCT-SR 融合图像的 STD 值大于所提算法外，所提算法融合图像的 STD 值最大，说明所提算法融合图像具有较好的对比度特征，表 11.9 中 NSCT-SR 融合图像 STD 值大是由于算法引起融合图像亮暗畸变导致的；表 11.7 和表 11.12 中 SVT-TH 和 NSST-PCNN 的 $Q^{AB/F}$ 值高于所提算法，主要是其融合图像过多融合红外偏振图像特征，其他表中所提算法 $Q^{AB/F}$ 值最大，表明所提算法具有较好的边缘特征迁移能力；所提算法 MEAN 值最大，且无过饱和现象，说明所提算法具有较好亮度差异特征融合效果；所提算法 $R_{AB/F}$ 值大部分高于其他融合算法，表明所提算法能够完整地将异类红外图像间差异特征迁移到融合图像.

通过主观和客观分析可以看到，所提的依据异类红外图像间差异特征确定算法协同关系、内嵌顺序与内嵌位置的内嵌融合方法，能够有效地将红外光强与偏振图像间不同类型差异特征迁移到最终融合图像中，发挥不同融合算法对差异特征融合效果好的特性，实现了拟态变换要求多融合算法组合以差异特征为控制参量的协同关系确定、嵌接方式设计及两者优化组合，获得了高质量的融合图像，满足拟态变换对融合算法协同嵌接的要求.

表 11.7　图 11.20 中(I_1)和(P_1)不同融合图像评价指标值

融合算法	MEAN	STD	SF	$Q^{AB/F}$	$R_{AB/F}$
SVT-TH	107.06	42.47	13.29	**0.50**	1.55
NSST-PCA	101.18	42.05	18.60	0.41	1.46
NSST-PCNN	113.23	45.89	18.41	0.41	1.37
NSCT-SR	97.05	45.81	17.90	0.43	0.77
DTCWT-SR	97.84	47.79	17.88	0.43	1.03
所提算法 1	**142.85**	52.96	18.88	0.44	**1.86**
所提算法 2	128.69	**62.69**	**26.23**	0.46	1.83

表 11.8　图 11.20 中(I_2)和(P_2)不同融合图像评价指标值

融合算法	MEAN	STD	SF	$Q^{AB/F}$	$R_{AB/F}$
SVT-TH	140.02	35.22	15.21	0.56	1.71
NSST-PCA	97.78	33.25	17.51	0.51	**1.81**
NSST-PCNN	128.73	45.58	17.59	0.44	1.12
NSCT-SR	127.18	47.37	17.89	0.53	1.53
DTCWT-SR	117.52	46.67	17.12	0.53	1.49
所提算法 1	**184.65**	42.78	18.08	0.54	1.76
所提算法 2	171.00	**48.70**	**26.35**	**0.58**	1.74

表 11.9　图 11.20 中(I_3)和(P_3)不同融合图像评价指标值

融合算法	MEAN	STD	SF	$Q^{AB/F}$	$R_{AB/F}$
SVT-TH	143.27	40.19	14.22	0.45	1.72
NSST-PCA	139.90	43.51	24.88	0.41	1.80
NSST-PCNN	152.87	47.16	24.80	0.41	1.76
NSCT-SR	120.85	**59.07**	25.03	0.37	1.02
DTCWT-SR	148.86	46.79	24.53	0.37	1.75
所提算法 1	**174.50**	48.08	25.03	0.45	**1.95**
所提算法 2	165.11	53.07	**37.00**	**0.47**	1.89

表 11.10　图 11.20 中(I_4)和(P_4)不同融合图像评价指标值

融合算法	MEAN	STD	SF	$Q^{AB/F}$	$R_{AB/F}$
SVT-TH	102.56	46.22	8.96	0.53	1.10
NSST-PCA	79.44	37.29	12.42	0.58	1.31
NSST-PCNN	99.36	45.26	12.30	0.57	1.04
NSCT-SR	77.28	54.06	13.49	0.60	0.77
DTCWT-SR	79.50	52.28	13.41	0.60	0.86

续表

融合算法	MEAN	STD	SF	$Q^{AB/F}$	$R_{AB/F}$
所提算法 1	**123.23**	54.58	12.84	0.60	1.70
所提算法 2	114.27	**57.00**	**18.24**	**0.61**	**1.71**

表 11.11 图 11.20 中(I_5)和(P_5)不同融合图像评价指标值

融合算法	MEAN	STD	SF	$Q^{AB/F}$	$R_{AB/F}$
SVT-TH	139.96	57.72	23.84	0.49	1.49
NSST-PCA	64.21	64.03	30.40	0.45	1.41
NSST-PCNN	128.39	55.17	30.58	0.44	0.86
NSCT-SR	126.02	58.31	29.60	0.49	1.13
DTCWT-SR	124.45	61.47	29.36	0.49	1.23
所提算法 1	**175.98**	69.59	31.14	0.51	1.65
所提算法 2	151.80	**72.85**	**44.51**	**0.52**	**1.66**

表 11.12 图 11.20 中(I_6)和(P_6)不同融合图像评价指标标值

融合算法	MEAN	STD	SF	$Q^{AB/F}$	$R_{AB/F}$
SVT-TH	100.83	46.03	16.49	0.44	1.61
NSST-PCA	70.91	43.68	25.44	0.54	1.70
NSST-PCNN	62.51	50.29	25.39	**0.63**	1.03
NSCT-SR	70.44	49.68	25.14	0.54	1.36
DTCWT-SR	70.45	45.81	25.45	0.54	1.32
所提算法 1	**127.21**	60.51	25.90	0.58	**1.86**
所提算法 2	116.56	**66.95**	**39.29**	0.59	1.85

图 11.30 为不同算法融合图像指标值图，从图中可以看到所提算法融合图像评价指标值明显高于其他算法融合图像，因此，所提算法能够较好地满足异类红外图像融合需求，满足拟态变换的要求.

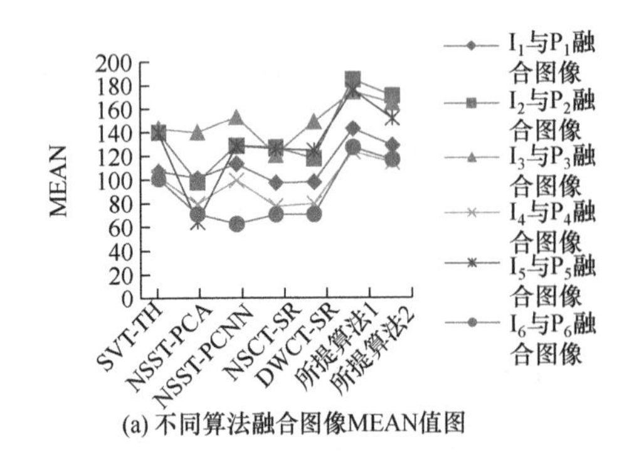

(a) 不同算法融合图像MEAN值图

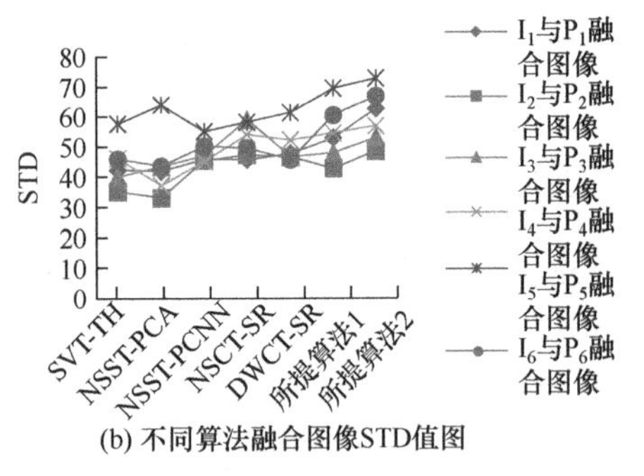

(b) 不同算法融合图像STD值图

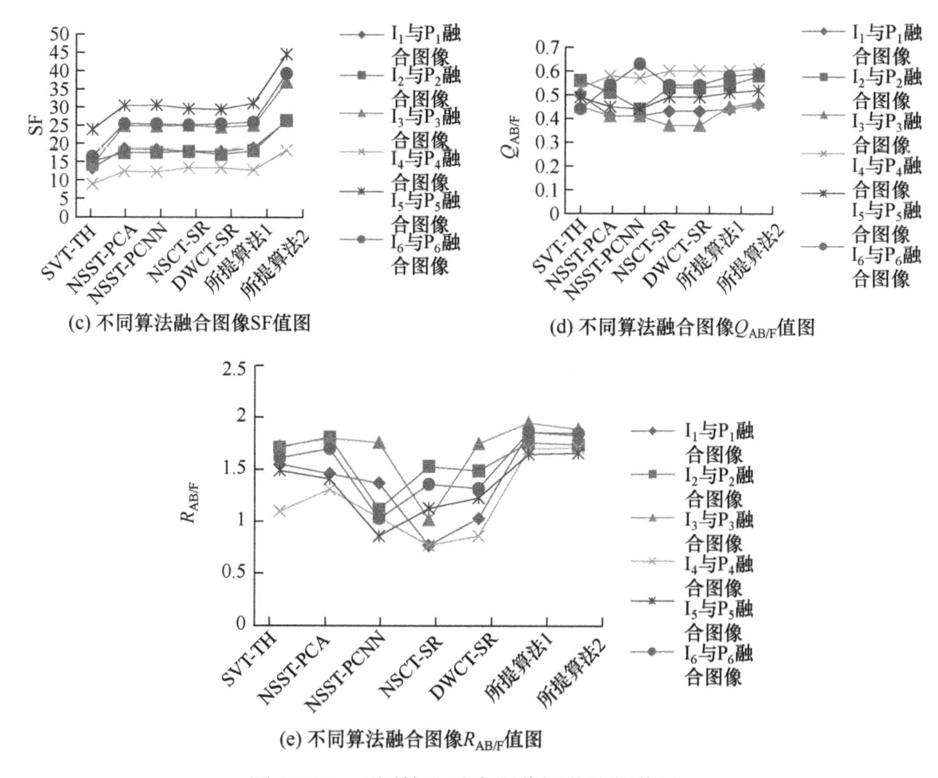

图 11.30　不同算法融合图像评价指标值图

参考文献

[1] Afzal S, Majid A, Kausar N. A novel medical image fusion scheme using weighted sum of multi-scale fusion results[C]. 11th International Conference on Frontiers of Information Technology, 2013: 113-118.

[2] Adu J, Gan J, Wang Y, et al. Image fusion based on nonsubsampled contourlet transform for infrared and visible light image[J]. Infrared Physics & Technology, 2013, 61(5): 94-100.

[3] 张雷, 杨风暴, 吉琳娜. 差异特征指数测度的红外偏振与光强图像多算法融合[J]. 火力与指挥控制, 2018, 43(2): 49-54.

[4] Zhang L, Yang F B, Ji L N. Multiple-algorithm parallel fusion of infrared polarization and intensity images based on algorithmic complementarity and synergy[J]. Journal of Electronic Imaging, 2018, 27(1): 013029-1-013029-12.

[5] Lin C J. Projected gradient methods for nonnegative matrix factorization[J]. Neural Computation, 2007, 19(10): 2756-2779.

[6] 陈广秋, 才华, 段锦, 等. 基于交替非负最小平方投影梯度 NMF 的 TINST 域图像融合[J]. 光电子·激光, 2016, 27(8): 893-902.

[7] Zhang L, Yang F B, Ji L N, et al. Infrared polarization and intensity image fusion algorithm based on visual brightness and contrast response function[C]. International Conference on Applied

Mechanics and Mechanical Automation, 2017: 227-237.

[8] Naidu V P S. Hybrid DDCT-PCA based multi sensor image fusion[J]. Journal of Optics, 2014, 43(1): 48-61.

[9] Zhou Q, Zhao J F, Feng H J, et al. Infrared polarization image fusion with non-sampling Shearlets[J]. Journal of Zhejiang University, 2014, 48(8): 1508-1516.

[10] Lin S Z, Wang D J, Zhu X H, et al. Fusion of infrared intensity and polarization images using embedded multi-scale transform[J]. Optik - International Journal for Light and Electron Optics, 2015, 126(24): 5127-5133.

[11] 屈小波, 闫敬文, 肖弘智, 等. 非降采样 Contourlet 域内空间频率激励的 PCNN 图像融合算法[J]. 自动化学报, 2008, 34(12): 1508-1514.

第三篇　图像拟态融合应用

第 12 章　红外光强与偏振图像的拟态融合

以红外光强与偏振图像为例，分析两类图像的特点，构建拟态融合模型. 首先根据两类图像的差异特点，确定描述两类图像差异性的差异特征，构建面向图像差异的拟态融合模型；其次从图像内不同局部区域分析，构建面向图像区域变化的拟态融合模型；然后从不同图像的多场景角度考虑，构建面向场景变化的拟态融合模型；最后将多场景多区域结合形成面向场景与图像区域变化的拟态融合模型.

12.1　红外光强与偏振图像的特点

12.1.1　红外光强图像的特点

红外图像是红外成像设备采集目标在红外波段的辐射形成的影像[1]，属于单通道的灰度图像. 在野火探测、电气面板和电子设备监控、冠状病毒温度访客监测控制、行人车辆检测等方面都有着广泛的应用，如图 12.1 所示.

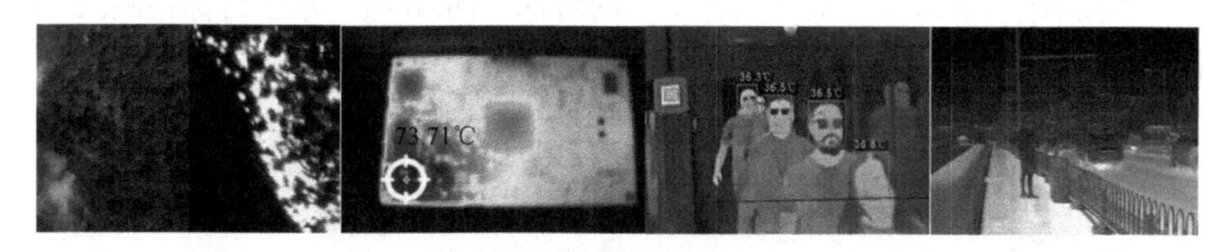

图 12.1　红外图像的应用

相比于可见光图像，红外光强图像有以下特点：

(1) 利用红外波段实现全天候观测. 大气对 3～5μm 和 8～14μm 两个波段下的红外线是透明的，利用这两个窗口，可以在无光、强光，或是在雨、雪、烟雾等恶劣环境中，清晰地观察到所需监控的目标.

(2) 有利于观测目标. 物体一般不发出人眼可观测的可见光，但零度以上的物体，都会不停地发出热红外光线. 物体的热辐射能量多少，与物体的表面温度有关，通过红外图像，可将人眼原来观测不到的物体显现出来.

(3) 红外图像具有非均匀性. 由于红外探测器中的各像素响应特性不一致、光机扫描系统存在缺陷等，造成红外图像具有非均匀性，体现为图像具有固定空间噪声、串扰、畸变等.

(4) 红外图像局部特征稳定. 诸如角点特征、边缘特征、直线特征、纹理特征以及基于以上特征构建的特征.

(5) 灰度分布与目标反射特征无线性关系, 红外图像不受外部光线变化和不同颜色的差异影响.

(6) 红外热成像系统的探测能力和空间分辨率低于可见光CCD阵列, 使得红外图像的清晰度低于可见光图像.

(7) 外界环境的随机干扰和红外热成像系统的不完善, 给红外图像带来多种多样的噪声, 如热噪声、散粒噪声、1/f 噪声、光子电子涨落噪声等.

(8) 表征景物的温度分布, 没有立体感, 对人眼而言, 分辨率低.

(9) 受景物热平衡、波长、传输距离、大气衰减等因素的影响, 红外图像的空间相关性强、对比度低、视觉效果模糊.

12.1.2　红外偏振图像的特点

作为一种新型光电探测技术, 红外偏振成像探测在军事和民用领域展现出的广阔应用前景. 目标与背景红外辐射强度存在相似性, 并且随着红外伪装技术的发展, 红外图像更难以探测到目标, 红外偏振图像中引入了偏振维, 可以去除物体表面的强反光、检测物体表面缺陷、检测不同材质物体等, 形成目标较明显的图像[2]. 目前红外偏振图像应用于多个领域, 比如目标探测和道路检测等. 图 12.2 中(a1), (b1)和(c1)对应的图像为红外光强图像, (a2), (b2)和(c2)对应的图像为红外偏振图像, a 组为杂乱自然背景下的目标检测, b 组为水中目标检测, c 组为道路检测.

(a1)　(a2)　(b1)　(b2)　(c1)　(c2)

图 12.2　偏振图像的应用

红外偏振图像具有以下特点:

(1) 可以有效免除红外干扰. 军事上红外防护的主要方法是制造复杂背景, 在背景中杂乱无序地放置各种红外点热源和面热源, 使背景不均匀, 造成红外图像无法从背景中区分目标, 但是这种杂乱的热源和目标的偏振特性通常也存在不同, 因此这种形式的红外干扰对红外偏振图像的影响十分有限.

(2) 红外偏振图像可以很好地区分自然物与人造物. 因为自然物在长波红外波段一般不表现出偏振性(水除外), 而人造物由于其材料及表面具有光滑性, 因此大多有不同程度的部分偏振. 人造物与背景自然物偏振特性的不同, 可以很容易将其区分开来.

(3) 提高目标与背景对比度，增强目标识别效果. 由于物体反射和电磁辐射的过程中都会产生由自身性质决定的偏振特性，不同物体或同一物体的不同状态(如粗糙度、含水量、材料理化特性等)在热红外波段往往具有不同的偏振状态，利用目标表面辐射或反射偏振信息获得偏振图像，能较好地抑制背景噪声，有效提高目标与背景的对比度，突出目标边缘、表面纹理等信息，增强目标识别效果，更全面、深入地了解目标的属性和行为.

(4) 偏振图像与红外偏振成像系统观测角度有关. 观测角越大，物体的偏振度增加，红外偏振图像中物体越明显，不同物体的偏振度随观测角变化增加的幅度不同.

(5) 红外偏振图像与探测的角度、物质理化特性等有关，能用于对物体的三维重构. 三维重建不依赖于物体表面的纹理特征信息，对光照条件无要求且一幅红外偏振图像可重构出目标表面的三维形态.

12.1.3　红外光强与偏振图像的差异

红外波段由于其非接触、被动式、全天候等优点成为除可见光外的主要成像波段之一. 该波段光的信息量非常丰富，既包括振幅(光强)、频率(波长)和相位，又包括偏振态，因此，红外图像既有红外光强图像，又有红外偏振图像，二者图像各具特点，如表 12.1 所示.

表 12.1　两类图像的特点差异

	红外光强图像	红外偏振图像
成像影响因素	由物体的红外辐射强度形成	通过获得物体多方向的偏振量得到
物体辐射特性	物体辐射强度低，视觉效果差	能够抑制辐射传输过程中的影响，视觉效果较好
目标探测效果	目标与背景辐射强度与纹理差异不大时，不能区分目标	人造目标与自然背景偏振特性差异明显，易探测到目标
图像特征	温度高亮度特征明显	边缘和轮廓特征明显

红外光强与偏振图像的差异如下:

(1) 光强与偏振图像的影响因素不同: 红外光强图像主要由物体的红外辐射强度形成，其主要与物体的温度、辐射率等有关；红外偏振图像主要通过获得物体多个不同方向的偏振量得到.

(2) 物体辐射特性影响不同: 受大气衰减和复杂环境的影响，造成物体辐射强度降低，红外图像视觉效果较差；而红外偏振成像可以抑制辐射偏振状态在传输过程中的影响, 使偏振图像有更多的信息和较好的视觉效果.

(3) 对目标的探测效果不同: 由于建筑、植被等背景往往存在与目标相当的辐射强度和辐射纹理, 并且各种红外伪装措施的应用, 使目标和背景的辐射特性发生变化, 都影响着红外成像系统的目标探测能力, 红外图像不能区分目标. 目标与背景间红外偏振特性机制的差异, 以及不同目标红外偏振特性的各异性, 使得红外偏振图像够有效探测到目标, 而不受低照度环境、复杂自然背景、大气强散射背景及海面杂波等条件的干扰.

(4) 图像特征不同: 在红外光强图像中物体亮度与其辐射强度成正比, 主要根据亮度差异来区分物体, 但物体的边缘及纹理细节不明显. 对于反射辐射强度对比度低的目标, 由于人造目标往往比自然背景有更高的偏振度, 因此红外偏振图像更有利于对目标与背景的有效识别并且目标拥有清晰的边缘、纹理细节.

红外光强与偏振图像如图 12.3 所示, (a1), (b1)和(c1)代表红外光强图像, (a2), (b2)和(c2)代表红外偏振图像. 从图中可以直观观察到红外光强图像整体亮度大于红外偏振图像. a 组的偏振图像展示了红外图像不清晰的细节, 如天上的星星、屋顶的纹理、矗立的杆子等; 偏振图像拥有与光强图像互补的特征, b 组的红外图像中车轮胎、车前身及部分轮廓不清晰, 红外偏振图像拥有红外图像中未显示出的细节, 轮胎纹理, 车的边缘轮廓及后视镜雨刷等; c 组的红外图像坦克前身及坦克顶的轮廓纹理不明显, 而红外偏振图像弥补了这一缺点. 基于以上特征差异分析, 将亮度、边缘、纹理特征作为比较两类图像差异性的图像特征.

(a1)　(a2)　(b1)　(b2)　(c1)　(c2)

图 12.3　红外光强与偏振图像

12.2　拟态融合类型

12.2.1　拟态融合类型分析

随着场景信息日渐复杂, 传统融合方法已不能满足图像融合的需要, 这是由于这种融合方法难以实现各类型场景的融合需求[3], 因此需建立一种随图像场景变化动态调整融合策略的融合模型——拟态融合模型. 按照图像特征、局部区域、场景变化等不同情况分析拟态融合的类型如图 12.4 所示.

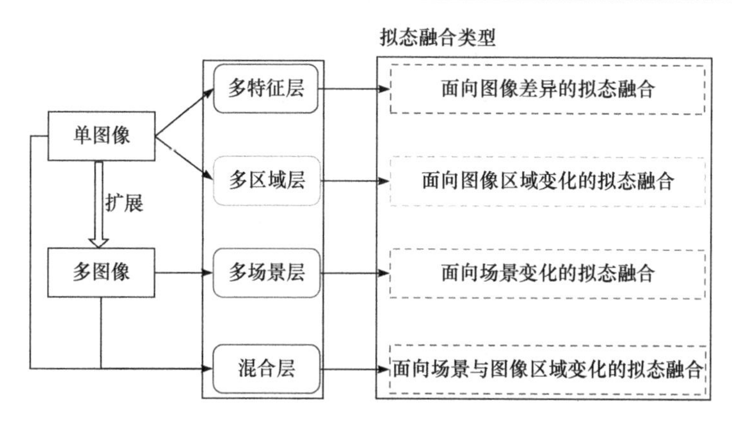

图 12.4　拟态融合类型分析

1. 面向图像差异的拟态融合

传统融合方法中单一的融合方式无法根据图像差异信息的不同选择有效的融合算法, 而面向图像差异的拟态融合以感知图像差异为前提, 有效提高了算法选择的针对性.

两类图像融合时, 主要对差异较大的部分进行融合使融合图像获得更多有用的信息. 用差异特征来有效衡量两类图像的差异信息, 基于图像的亮度、边缘、纹理提取这三类的特征, 计算图像组特征差异度, 并选择差异较大的差异特征确定主差异特征类型. 利用两类图像主差异特征类型经过拟态变换得到针对于此图像的融合策略, 融合两类图像的主差异信息.

2. 面向图像区域变化的拟态融合

通常固定的融合策略只能对整体图像进行融合, 难以对整体图像内的不同物体选择合适的融合方法, 即缺乏对局部区域融合算法的自适应选择. 该类拟态融合考虑到按物体对图像进行区域的粗划分, 分析区域内差异特征和区域间差异特征的变化, 提高局部区域融合效果.

一幅图像内景物的分布不同, 因此主差异特征分布也不均匀, 将图像按主差异特征进行区域划分, 拥有相同主差异特征的相邻区域整合到一起. 所有区域按主差异特征划分完成后考虑相邻区域间的关系, 当相邻区域出现主差异特征类型相同的情况时, 此时相邻区域的变体可能一致, 不需要做出改变; 当主差异特征类型不一致时, 可以根据变化的主差异类型确定变元的变换方式继而得到变化后的变体. 各局部区域由相邻区域辅助确定有效的融合策略, 能够做到对图像局部区域的高效融合, 进而做到对图像整体融合质量的提升.

3. 面向场景变化的拟态融合

对多场景进行融合时，面对不能自主识别场景变化的融合方法，导致多场景组不同融合需求无法满足的问题. 该类拟态融合根据变化的场景，通过构造变体库建立多场景组间的联系来提高不同场景的自适应性.

不同的图像场景往往会有很大的变化，相同的地方季节、气候或地理位置发生的改变会呈现出场景的变化，而对图像进行融合时，一种融合方法可能不适合变化的场景，因为场景的变化会引起图像主差异特征的改变，那么融合策略也需做出调整. 由于图像场景的变化无规律可循，需要构造变体库建立变化场景间的联系，将不同场景的主差异特征类型和变体存入变体库，对场景组进行融合时，分析场景组主差异特征类型与变体库主差异特征类型的关系，确定变元变换方式，当变换满足融合需求时，将场景组的主差异特征类型和经过变换形成的变体存入变体库. 变体库的建立使已融合的场景组为后续场景组的融合服务，提高了不同场景组融合的自适应性.

4. 面向场景与图像区域变化的拟态融合

在满足前三类拟态融合后，考虑一种既能提高不同场景组融合的自适应性，又能实现图像间整体质量提升的拟态融合. 因此在面向场景变化拟态融合的基础上，对场景进行区域划分，进行面向场景与图像区域变化的拟态融合，根据局部区域的主差异特征类型实现场景组的精准融合.

此类拟态融合需对不同场景组进行区域划分并建立场景局部区域的变体库，即将前三种拟态融合类型整合到一起，需考虑三种拟态融合之间的关系并将各自优势结合. 区域划分后，将变体库内没有对应差异特征差异区间的区域进行记录，并且按照区域间的关系得到变体，既考虑了不同场景组和区域间的自适应性，又提升了各区域的融合质量和不同场景组整体的融合质量.

12.2.2 四类拟态融合间的关系

从图像特征、局部区域和场景变化等情况分析四类拟态融合类型间的关系，建立面向图像差异、面向区域变化、面向场景变化的拟态融合类型，如图 12.5 所示. 第一类拟态融合利用从图像中提取的主差异特征，分别建立与各层拟态变元及拟态结构的关系，从而组合为有效的变体；第二类拟态融合通过将图像按主差异特征进行区域划分，以及考虑连续区域间的关系确定变元变换方式，得到变体来提高局部区域的融合效果；第三类拟态融合通过建立变体库记录差异特征类型及差异度与变体的关系来应对不同场景变化的需求，实现多场景的自适应融合. 将前三类拟态融合内容综合考虑，形成面向场景与图像区域变化的拟态融合，通过对场景进行区域划分，并利用变体库建立多场景局部区域的关系，实现了场景中不同区域下对融合算法的针对性选择，提升了场景内局部区域的融合效果，进而提升不同场景间的整体融合效果.

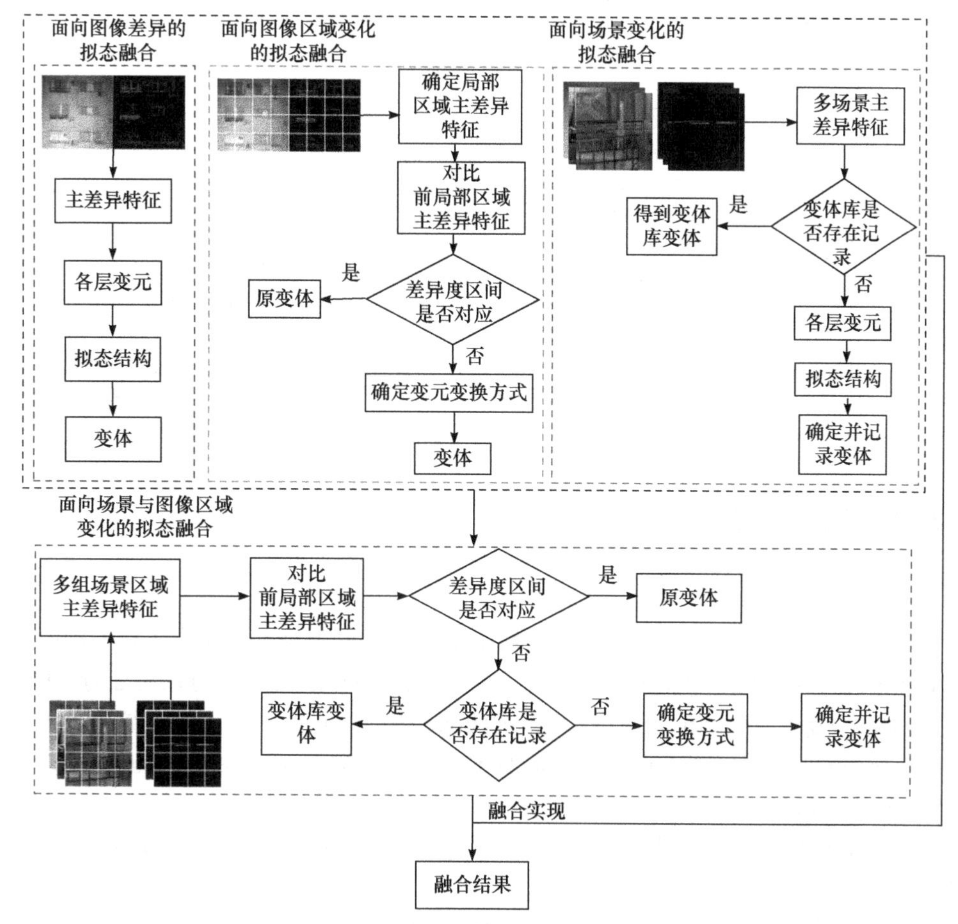

图 12.5　四类拟态融合关系

为了实现各类拟态融合的功能，构建对应的拟态融合模型，并对其进行实验仿真和验证.

12.3　面向图像差异的拟态融合模型

面向图像差异的拟态融合模型主要包括两部分，分别为主差异特征的选择、各层变元和拟态结构的确定，模型框架如图 12.6 所示.

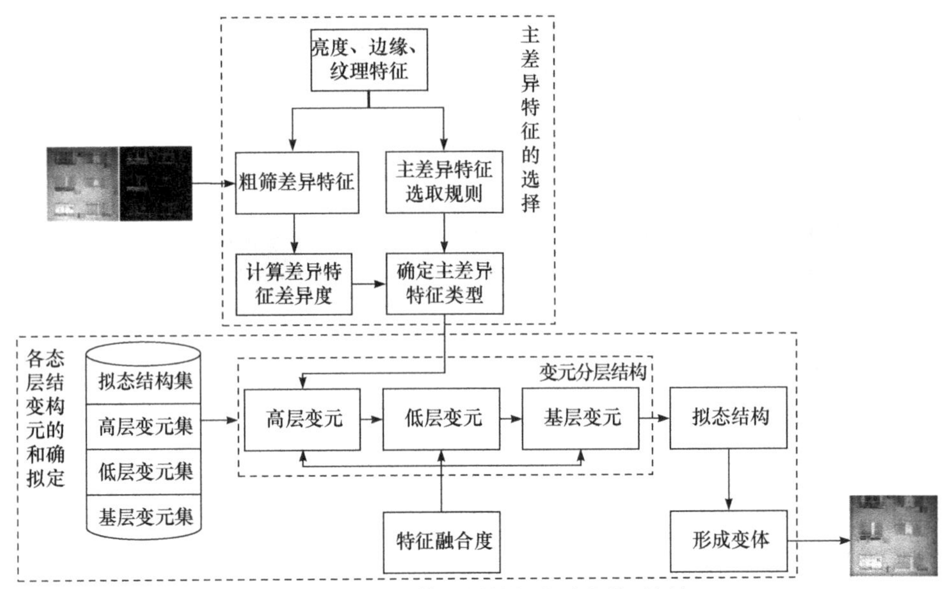

图 12.6　面向图像差异的拟态融合模型框架

12.3.1　模型构建过程

1. 主差异特征的选择

基于亮度、边缘与纹理特征，先粗筛出多种差异特征. 亮度特征有平均能量(Average Energy, AE)、熵(Entropy, EN) 、对比度(Contrast, CD)；边缘特征有 STD、边缘强度(Edge Strength, ES)、边缘丰度(Edge Abundance, EA)、AG；纹理差异特征有 Tamura 对比度(Tamura Contrast, TCD)、均匀度(Homogeneity Degree, HD) 、清晰度(Definition, DF) [4].

利用特征差异度来描述双模态红外图像差异特征的差异程度，如公式(12.1)所示：

$$\mathrm{Dif}=\frac{|\mathrm{Df_I}-\mathrm{Df_P}|}{w_1\times\mathrm{Df_I}+w_2\times\mathrm{Df_P}+\sigma} \tag{12.1}$$

$$\begin{cases}w_1=\mathrm{Df_I}/(\mathrm{Df_I}+\mathrm{Df_P})\\ w_2=\mathrm{Df_P}/(\mathrm{Df_I}+\mathrm{Df_P})\end{cases} \tag{12.2}$$

其中：Dif 为特征差异度，$\mathrm{Dif}\in[0, 1]$. Df 代表差异特征值，I 和 P 分别代表红外光强和红外偏振图像，w_1，w_2 分别为红外光强、偏振图像的权重，σ 是一个极小的常数用于防止分母为 0.

将多样本图像划分为 32×32 图像，从中随机选择 64 组得到各特征差异度值如图 12.7 所示. 可观测到，亮度差异特征中，AE 与 CD 的差异度值较高且存在较大的幅值范围，但是 EN 差异特征差异度较低，对两类图像的差异表示不明显，因此选择 AE 和 CD 作为亮度差异特征；边缘差异特征中，由于 EA 与 AG 相比于 STD 与 ES 来说，它们存在高差异度值的数量较多，STD 与 ES 的特征差异在图像中不明显，因此选择 EA 和 AG 作为边缘差异特征；纹理差异特征中，TCD 和 DF 差异特征存在高的差异度和较大的幅值，而 HD 差异度值的变化趋势与 TCD 相近且大多数值较低于 TCD 差异度值，因此选择 TCD 和 DF 作为纹理差异特征.

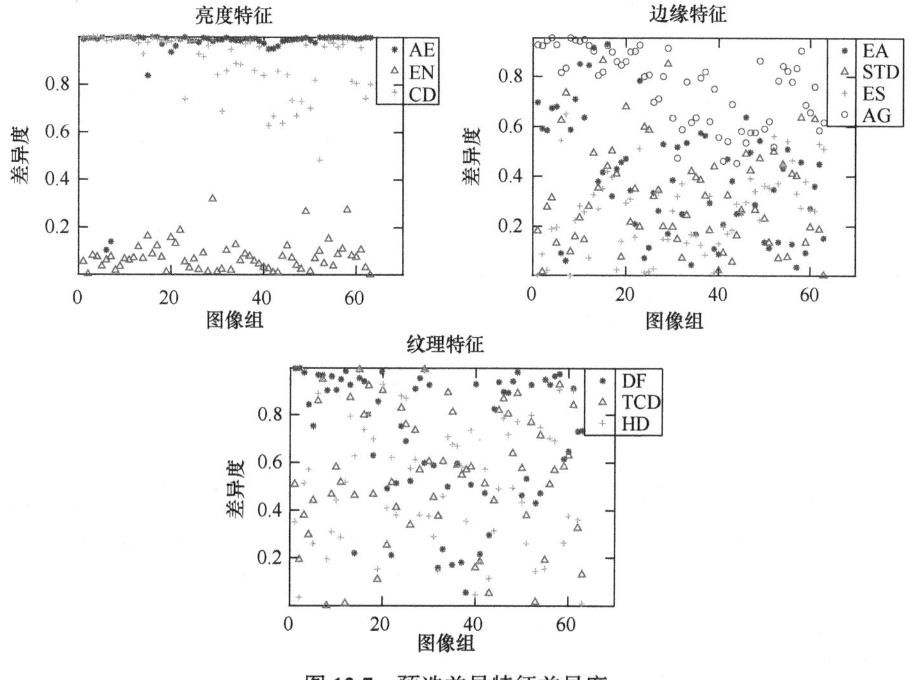

图 12.7 预选差异特征差异度

利用主差异特征类型选取规则，获取图像的 3 种主差异特征类型. 将亮度特征和边缘纹理特征设为两组，先分别得到两组中包含主差异特征的个数如式(12.3)所示，两组的差异特征按差异度排序后，分别选择对应个数的差异特征，得到主差异特征类型.

$$
|\mathrm{MDF}|=\begin{cases}|\mathrm{DF_{Brig}}|=1,|\mathrm{DF_{Edge}},\mathrm{DF_{Text}}|=2, & \mathrm{SDif_{Edge}}+\mathrm{SDif_{Text}}<a,\mathrm{SDif_{Brig}}<b\\ |\mathrm{DF_{Brig}}|=2,|\mathrm{DF_{Edge}},\mathrm{DF_{Text}}|=1, & \mathrm{SDif_{Edge}}+\mathrm{SDif_{Text}}<a,\mathrm{SDif_{Brig}}>b\\ |\mathrm{DF_{Brig}}|=2,|\mathrm{DF_{Edge}},\mathrm{DF_{Text}}|=1, & \mathrm{SDif_{Edge}}+\mathrm{SDif_{Text}}>a,\mathrm{Edif_{Edge,Text}}\leqslant c\\ |\mathrm{DF_{Brig}}|=1,|\mathrm{DF_{Edge}},\mathrm{DF_{Text}}|=2, & \mathrm{SDif_{Edge}}+\mathrm{SDif_{Text}}>a,c<\mathrm{Edif_{Edge,Text}}\leqslant d\\ |\mathrm{DF_{Edge}},\mathrm{DF_{Text}}|=3, & \mathrm{SDif_{Edge}}+\mathrm{SDif_{Text}}>a,\mathrm{Edif_{Edge,Text}}>d\end{cases}
\tag{12.3}
$$

其中：$|\mathrm{MDF}|$ 为主差异特征类型的个数，Brig, Edge, Text 分别表示亮度、边缘、纹理，SDif 代表特征差异度和，$\mathrm{Edif}_{\mathrm{Edge,Text}}$ 为边缘纹理特征差异度的加权平均值，$|\mathrm{DF}|$ 代表确定的主差异特征个数，a, b, c, d 为阈值，经过实验确定 $a=2.4$，$b=1.85$，$c=0.7$，$d=0.94$．

2. 各层变元与拟态结构的确定

1) 特征融合度

在确定差异特征与各层变元、拟态结构的关系时，需要选择出图像融合效果较好的组合，除了对视觉效果的判断以外，还要进行客观描述．在图像不失真的情况下，差异特征值越高代表图像质量越好，由于对差异特征值直接比较并不直观，为了更方便地观测出双模态红外图像差异特征的融合效果，采用特征融合度来描述在不同变元组合下差异特征的融合情况，选择变元分层结构中融合主差异特征效果较好的变元，如公式(12.4) 所示：

$$\mathrm{TF}_i=\frac{1}{\max\limits_{1\leqslant i\leqslant n}\left(\mathrm{Dif}_i-\dfrac{1}{n}\sum\limits_{i=1}^{n}\mathrm{Dif}_i\right)}\times\left(\mathrm{Dif}_i-\frac{1}{n}\sum_{i=n}^{n}\mathrm{Dif}_i\right) \tag{12.4}$$

Dif_i 为不同变元融合得到差异特征值，n 为各层变元的总数，TF_i 为计算所得差异特征的特征融合度数值．$\mathrm{TF}_i>0$ 认为变元所对应图像差异特征拥有较好的融合效果，且数值越大融合效果越好，$\mathrm{TF}_i=1$ 时融合效果最好；反之认为融合效果不好，并且数值越小融合效果越差．

2) 各层变元的确定

拟态融合的组成结构包括拟态变元和拟态结构，将拟态变元分为高层变元、低层变元和基层变元，构造拟态融合方法的拟态变元集合，具体如表 12.2 所示．其中高层变元代表各类多尺度分解算法；低层变元代表高低频融合规则；基层变元则代表融合参数．

表 12.2　拟态变元集

高层变元	低层变元		基层变元
	高频规则	低频规则	
金字塔变换类 小波变换类 方向滤波类 边缘保持类	绝对值最大 局部梯度能量 频域选择加权中值滤波 主成分分析 分块主成分分析	加权平均 局部加权平均 局部平均 平均 局部标准差	融合参数

在各层变元中，由于高层变元包含低层变元，低层变元包含基层变元，其关系如图 12.8 所示，$\mathrm{hv} \subseteq H-L$，$\mathrm{lv} \subseteq L-B$，$\mathrm{bv} \subseteq B$，$\mathrm{HV} = \mathrm{hv} \cup \mathrm{LV}$，$\mathrm{LV} = \mathrm{hv} \cup \mathrm{BV}$，$\mathrm{BV}=\mathrm{bv}$．其中，$H$ 为高层变元集，L 为低层变元集，B 为基层变元集，hv, lv, bv 分别为高层、低层和基层变元的变量，HV, LV, BV 分别代表高层、低层和基层变元.

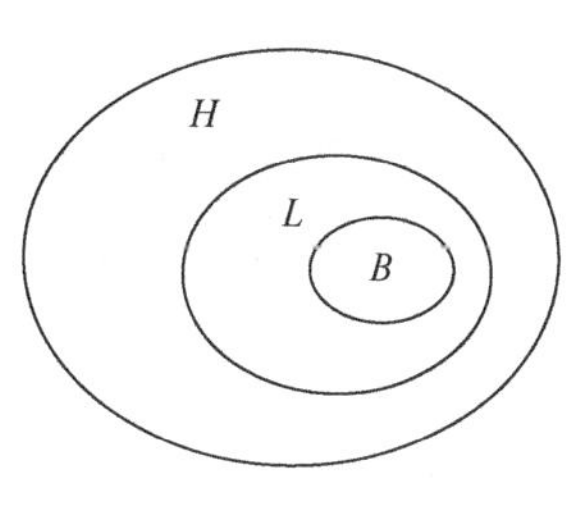

图 12.8　各层变元关系图

各变元确定的具体过程如下:

(a) 建立单一差异特征与高层变元类间的关系，确定高层变元类. 固定低层与基层变元，在不同高层变元类内各选一种高层变元分别进行 6 类差异特征的融合，比较融合后对应差异特征的特征融合度值，由于同类型的高层变元分解方式相似，因此至少选择前 2 个特征融合度最大的高层变元类来确定单一差异特征的高层变元类，如式(12.5)所示:

$$\mathrm{DF}_n \to \mathrm{HV}_k^n \tag{12.5}$$

其中 DF_n 代表第 n 个差异特征，HV_k^n 表示与差异特征 n 对应的第 k 个高层变元类，$n=1,2,\cdots,6$，$k=1,2,\cdots,K$．

(b) 建立单一差异特征与高层变元类内的关系，确定类内高层变元. 确定高层变元类后，将类内所有高层变元进行差异特征的融合，分别计算 6 类差异特征不同高层变元的特征融合度，保留特征融合度大于 0 的高层变元，确定单一差异特征的类内高层变元，如式(12.6)所示.

$$\mathrm{DF}_n \to \mathrm{HV}_{k,j}^n \tag{12.6}$$

$\mathrm{HV}_{k,j}^n$ 为高层变元，$j=1,2,\cdots,J$ 为差异特征对应的类内高层变元个数的变量.

(c) 建立单一差异特征与低层变元的关系. 固定基层变元，将差异特征对应高层变元的所有低层变元组合情况进行差异特征的融合，先进行主观判断，剔除融合失真、视觉效果差的变元组合情况后，再计算特征融合度，选择特征融合度值大于 0 的低层变元，确定低层变元，如式(12.7)所示.

$$\mathrm{DF}_n \to \mathrm{hv}_{k,j}^n \cup \mathrm{LV}_h \tag{12.7}$$

$h=1,2,\cdots,H$ 为低层变元个数的变量.

(d) 建立单一差异特征与基层变元的关系. 将不同基层变元代入式(12.7)下得到的高层和低层变元组合中，选择在高层和低层变元相同的情况下，不同基层变元中差异特征的特征融合度最大值，确定差异特征对应的基层变元，变元分层结构也由此确定，如式(12.8)所示.

$$DF_n \to hv_{k,j}^n \cup lv_h \cup BV_l \tag{12.8}$$

$l=1,2,\cdots,L$ 为基层变元个数的变量.

3) 拟态结构的确定

拟态结构代表高层变元的组合方式, 常见的拟态结构为串联式、并行式和内嵌式结构. 对于串联式结构来说, 前一级高层变元的输出作为后一级高层变元的输入, 同时要保证第二级后各高层变元输入的合理设计. 在并行式结构中不同高层变元具有相同的输入, 对图像同时进行融合, 为发挥各变元的融合效果, 此结构中的权重取均值, 最后将不同融合结果合成获得最终融合结果. 内嵌式结构的内部输出能作为其他高层变元的输入, 其他高层变元能够嵌入其中, 当内部融合结束后, 外部高层变元将内部不同融合结果组合得到最终融合结果.

确定变元分层结构后, 建立主差异特征类型与拟态结构的关系, 即确定对高层变元的组合结构, 从而形成变体. 由式(12.3)的主差异特征类型选取规则得到图像的主差异特征, 对应出各层变元后, 按照不同拟态结构对高层变元进行组合, 计算各拟态结构不同主差异特征类型融合结果的特征融合度, 确定特征融合度最大值占比最高的拟态结构, 形成变体, 如式(12.9)所示.

$$MDF = \{DF_{n_1}, DF_{n_2}, DF_{n_3}\} \to MS_s(HV_1, HV_2, \cdots, HV_y) = E \tag{12.9}$$

其中 MDF 代表主差异特征类型, MS 表示拟态结构, E 表示变体, y 表示高层变元的个数, $s=1,2,\cdots,S$ 代表拟态结构个数的变量.

12.3.2 实验仿真与结果分析

1. 实验仿真

通过对图 12.9 中 6 组双模态红外图像进行实验来验证面向图像差异拟态融合模型的融合效果, 图像组中第一行为红外光强图像, 第二行为其对应的红外偏振图像. 在拟态变元集中高层变元类内选择具有代表性的多尺度融合方法, 例如金字塔变换类内有 LP、低通比率金字塔(Low-pass Ratio Pyramid, RP)等; 小波变换类内包括 DWT, DTCWT 等; 方向滤波类包括 NSST 等; 边缘保持类内包括 GF, L0 边缘保持滤波(L0 Edge-preserving Filtering, LEP)等. 低层变元中的融合规则组合表示为(高频规则_低频规则), 高频规则有绝对值最大(Maximum Absolute Value, MAX)、局部梯度能量(Window Based Gradients, WBG)、频域选择加权中值滤波(Frequency Selective Weighted Median Filter, FSWM) 、PCA、分块主成分分析(Block Principal Component Analysis, PBPCA)等; 低频规则有加权平均(Weighted Mean, WM)、局部加权平均(Window Based Weighted Average, WBWA)、局部平均(Window Based Energy, WBE)、局部标准差(Window Based Standard Deviation,

WBSD)等. 基层变元中的融合参数包含在融合算法内, 如 LP, RP, DWT 等存在分层参数 n, NSST 算法中剪切波的方向参数、尺度参数, GF 的滤波参数等.

图 12.9　实验图像

首先由式(12.1)计算得到 6 组图像差异特征的特征差异度, 再利用式(12.4)结合特征差异度确定各组图像的主差异特征类型, 结果如表 12.3 所示.

表 12.3　主差异特征类型

图像组	a	b	C	d	e	f
主差异特征类型	AE CD TCD	AE TCD DF	TCD DF EA	CD AG TCD	CD AE AG	TCD DF AG

根据确定的变元分层结构, 对应出 6 组图像主差异特征类型的各层变元. 由于图像组的主差异特征类型不同, 对应的变元也不相同, 最后确定的各层变元如表 12.4 所示.

表 12.4　图像组的各层变元

图像组	a	b	C	d	e	f
各层变元 1	GF WBG_WA symmetric	GF MAX_WBE symmetric	LP WAX_WBE n=4	GF MAX_WBWA symmetric	GF MAX_WBWA symmetric	LP MAX_WBE n=5
各层变元 2	GF PCA_WBE symmetric	LP PBPCA_WBSD n=4	NSST MAX_WBSD [1 2 2 4] [32 16 16 8]	DWT MAX_WBE n=3	GF WBG_WA replicate	NSST MAX_WBSD [1 2 2 4] [32 16 16 8]
各层变元 3	RP MAX_WBE n=3	NSST MAX_WBSD [1 2 2 4] [32 16 16 8]	DTCWT FSWM_WA n=4	LP PBPCA_WBSD n=4	DWT MAX_WBE n=3	DWT MAX_WBE n=4

选择拟态结构, 确定高层变元合适的组合方式, 从而形成变体. 分别对 6 组双模态红外图像的不同高层变元按不同拟态结构组合, 计算在三种拟态结构组合下融合结果的特征融合度, 如图 12.10 所示.

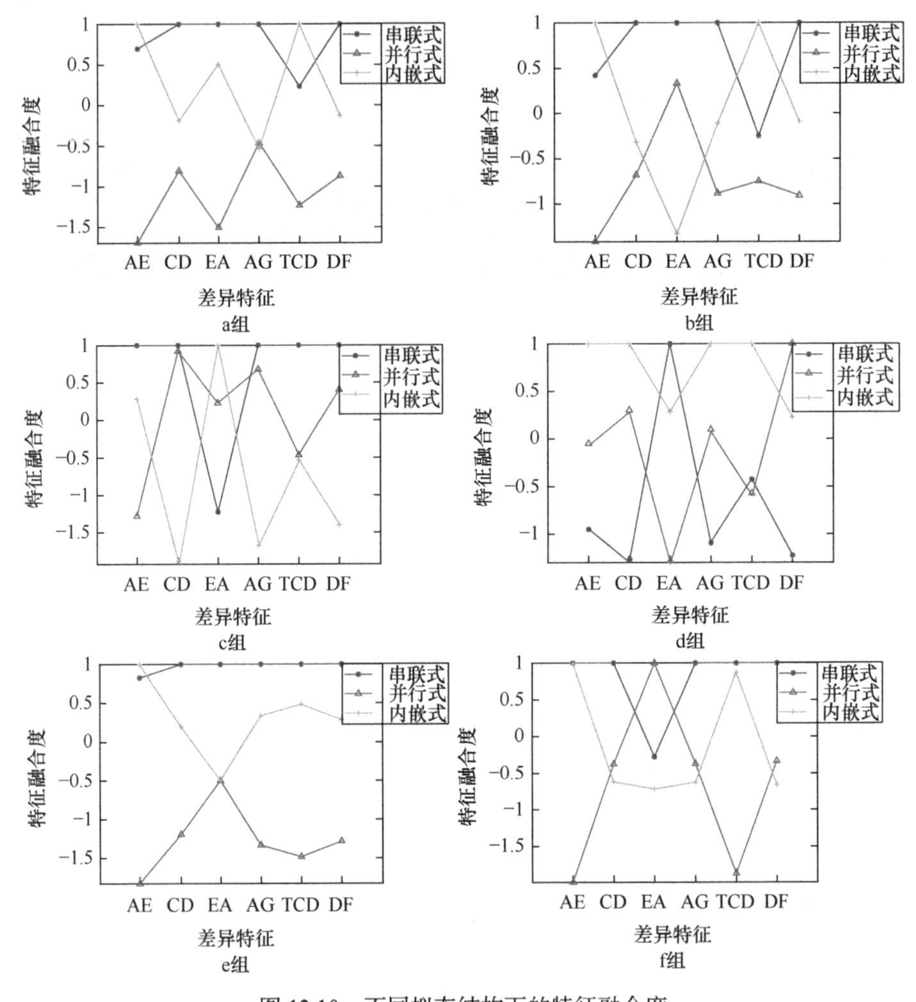

图 12.10　不同拟态结构下的特征融合度

从图 12.10 不同图像组差异特征的特征融合度结果得出, a, b, c, d, f 图像组的特征融合度最大值串联式结构占比最高, 因此确定拟态结构为串联式结构; e 图像组中特征融合度最大值占比最高的是内嵌式结构, 因此确定其作为 e 组图像的拟态结构.

实验结果如图 12.11 所示, 其中第一行为此类拟态融合模型形成变体后最终得到的融合结果, 对比实验使用金字塔变换与稀疏表示混合的方法(LP-SR)[6], 神经网络融合方法(Convolutional Neural Networks, CNN)[7], 实验结果分别对应第二行和第三行.

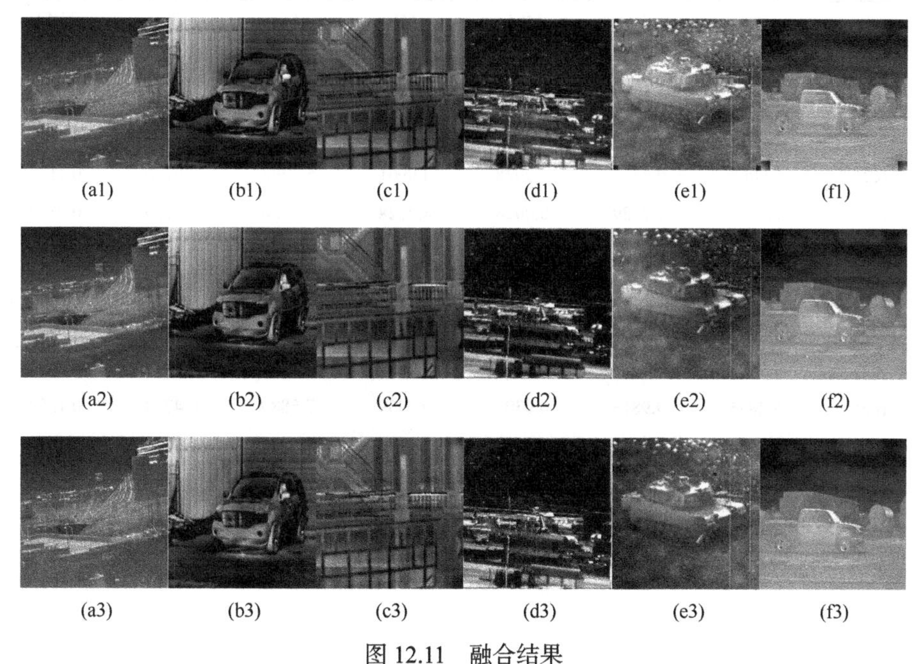

图 12.11　融合结果

2. 结果分析

1) 常用指标分析

利用七种常用评价指标对 6 组图像的三种不同融合结果进行比较, 如表 12.5 所示, 评价指标包括 EN、SD、均方差(Mean Squared Error, MSE)、互信息(Mutual Information, MI)、AG、相关系数(Correlation Coefficient, CC)、基于噪声评估的融合性能(Modified Fusion Artifacts, Nabf). 尽管评价指标结果的最大值(表中加粗字体)不全在拟态融合方法的结果中, 但整体来说, 利用拟态融合方法所得融合图像的常用评价指标结果最优值总体占比高达 78.6%, 其中 LP-SR 方法占 12%, CNN 方法占 9.4%. 因此从常用指标评价结果可知, 面向图像差异的拟态融合模型能够实现较好的融合效果.

表 12.5　评价指标结果

	EN	SD	MSE	MI	AG	CC	Nabf
(a1)	**7.3297**	**9.2469**	**0.0048**	**2.1933**	**8.0562**	**0.9086**	**0.2211**
(a2)	7.2816	9.1679	0.0056	2.0475	7.8902	0.8909	0.1595
(a3)	7.1670	8.9548	0.0070	1.7254	7.7744	0.8518	0.1549
(b1)	**7.5129**	9.7620	**0.0033**	3.7831	**6.7535**	**0.9642**	**0.2245**

续表

	EN	SD	MSE	MI	AG	CC	Nabf
(b2)	7.4757	**9.7952**	0.0035	**4.4355**	6.3511	0.9635	0.1068
(b3)	7.4959	9.7387	0.0034	4.3502	6.3513	0.9640	0.0950
(c1)	**7.0437**	**9.8620**	**0.0007**	4.3379	**5.7148**	**0.9774**	**0.1592**
(c2)	7.0067	9.7353	0.0028	4.0961	5.5793	0.9130	0.1123
(c3)	7.0165	9.7429	0.0028	**4.7028**	5.5450	0.9129	0.0824
(d1)	**7.3484**	**8.7721**	**0.0372**	**1.2047**	**12.3671**	**0.5853**	**0.1791**
(d2)	6.9189	8.2055	0.0500	0.9450	12.1817	0.4361	0.0915
(d3)	7.0447	8.5201	0.0436	1.0726	12.1344	0.5373	0.0795
(e1)	7.0426	8.8979	**0.0101**	**1.2981**	**8.2175**	**0.7047**	**0.2392**
(e2)	**7.2885**	**9.9815**	0.0303	0.7939	7.5889	0.4293	0.1553
(e3)	7.1660	9.4195	0.0341	0.6076	7.5316	0.3465	0.1586
(f1)	**7.3488**	11.7479	0.0059	2.3385	**4.6271**	0.9429	**0.2445**
(f2)	7.2826	11.7650	**0.0031**	2.5223	4.1885	**0.9699**	0.1615
(f3)	7.2846	**11.8405**	0.0032	**2.5262**	4.1827	0.9691	0.1647

2) 拟态指标分析

用拟态指标进行评价，分析拟态融合方法的优势. 融合有效度是比较双模态红外图像各类差异特征融合效果的评价指标，其作用是评价融合方法对源图像差异信息的融合情况，使用改进的融合有效度公式，既反映融合增益又体现源图像总体的融合效果，如式(12.10) 所示.

$$\mathrm{FD}_T = w_{\mathrm{I},T}(\mathrm{Df}_{\mathrm{F},T} - \mathrm{Df}_{\mathrm{I},T}) + w_{\mathrm{P},T}(\mathrm{Df}_{\mathrm{F},T} - \mathrm{Df}_{\mathrm{P},T}) \tag{12.10}$$

$$\begin{cases} w_{\mathrm{I},T} = \dfrac{\mathrm{Df}_{\mathrm{I},T}}{\mathrm{Df}_{\mathrm{I},T} + \mathrm{Df}_{\mathrm{P},T}} \\ w_{\mathrm{P},T} = \dfrac{\mathrm{Df}_{\mathrm{P},T}}{\mathrm{Df}_{\mathrm{I},T} + \mathrm{Df}_{\mathrm{P},T}} \end{cases} \tag{12.11}$$

其中, I, P 和 F 分别为红外光强、偏振图像和融合图像，T 代表差异特征的编号，Df 代表差异特征值, FD 代表差异特征的融合度. $w_{\mathrm{I},T}$ 和 $w_{\mathrm{P},T}$ 代表权重因子，为了说明源图像中差异特征较大者其重要性也越大，反之越小.

用三种融合方法得到的 6 组双模态红外图像融合结果的融合有效度如表 12.6 所示. 通过观察差异特征融合有效度的最大值(表中加粗字体)分布可知，拟态融合方法总体比其他两种方法对差异特征的融合效果好. 另外观察表中数据可知拟态融合方法的融合有效度都为正值，而用 LP-SR 方法的融合有效度在 b, c, e 图像组中存在负值，用 CNN 方法的融合有效度在 a, b, c, e 图像组中存在负值，表明面向图像差异的拟态融合可以自适应选择融合策略，实现对源图像差异特征的有效融合，而其他方法存在对源图像差异特征的无效融合.

表 12.6　融合有效度结果

	AE	CD	EA	AG	TCD	DF
(a1)	1.9966	**0.0935**	126019	**0.8300**	**0.2380**	**314171**
(a2)	1.9218	0.0598	135319	0.7991	0.1645	137245
(a3)	**2.5679**	0.0395	**137119**	0.7501	−0.1521	112802
(b1)	**1.7659**	**0.1327**	83076	**0.8230**	**0.0526**	**417975**
(b2)	1.6151	0.0670	95676	0.6858	−0.0927	240694
(b3)	1.6984	0.0674	**106376**	0.6900	−0.1431	240287
(c1)	0.5483	**0.0540**	**117497**	**0.5446**	**0.0251**	**202064**
(c2)	0.8172	0.0426	107697	0.4860	−0.0670	155986
(c3)	**0.8526**	0.0403	112597	0.4781	−0.0521	141204
(d1)	**4.0119**	**0.2512**	**74796**	**1.3454**	1.8448	**479182**
(d2)	0.1422	0.1253	62896	1.0272	1.8357	426562
(d3)	1.4290	0.1057	67096	1.0020	**2.2600**	375589
(e1)	**3.8526**	**0.1356**	**69813**	**1.1519**	0.3232	**483782**
(e2)	−3.6600	0.0318	66713	0.6146	**0.8463**	122979
(e3)	−4.8496	0.0252	51213	0.5991	0.5955	87527
(f1)	0.8010	**0.0761**	55456	**0.7373**	**0.0571**	**193877**
(f2)	1.3093	0.0214	48056	0.4515	0.0338	72326
(f3)	**1.5717**	0.0197	**71656**	0.4456	0.0328	69765

12.4　面向图像区域变化的拟态融合模型

面向图像区域变化的拟态融合模型主要包含局部区域划分和变元变换方式选择、动态优化三部分，模型框架如图 12.12 所示.

12.4.1　模型构建过程

1. 局部区域划分

由于图像连续部分存在相似的亮度、边缘或纹理，因此图像中存在主差异特征较集中的区域，在利用差异特征进行融合时，需要考虑局部主差异特征相同的部分，对图像进行局部区域划分.

(1) 对图像进行块分割. 为便于分割，将图像统一配准为 256×256 的尺寸大小，在分割图像时，确保图像块含有效的信息，能够提取稳定且显著的差异特征，因此将基本图像块的大小定为 32×32，即图像均分割为 8 行 8 列的图像块.

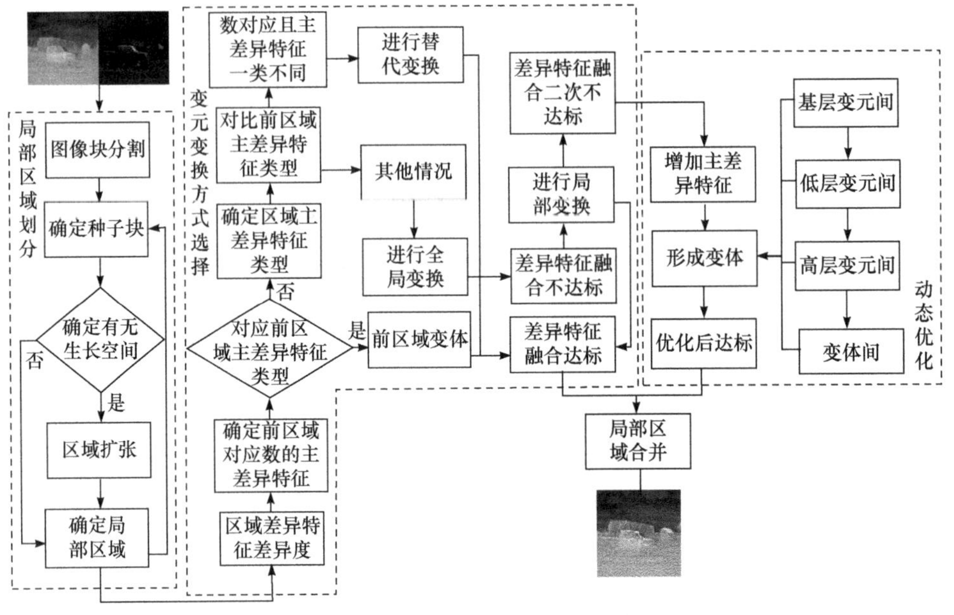

图 12.12　面向图像区域变化的拟态融合模型框架

(2) 确定种子图像块. 局部区域的确定按照从左到右的顺序, 因此种子图像块在第一列的图像块中. 初始种子图像块为 $\alpha_{1,1}$，假设第 i 行前的图像块划分了局部区域后, 新的种子图像块确定为 $\alpha_{i,1}$，区域 $\beta_1=\alpha_{i,1}$，并计算区域特征差异度得到主差异特征.

(3) 确定是否有生长空间. 若区域包含了第 8 行任意个图像块, 代表已到达图像的边界无法扩张, 则停止生长, 确定局部区域 A_{2m-1}，局部区域 A_{2m} 同时也确定; 否则对区域进行扩张. 局部区域 A_{2m-1} 和 A_{2m}：

$$
A_{2m-1}=\begin{bmatrix}\alpha_{j,1} & \cdots & \alpha_{j,8-j+1}\\ \vdots & & \vdots\\ \alpha_{8,1} & \cdots & \alpha_{8,8-j+1}\end{bmatrix}\qquad A_{2m}=\begin{bmatrix}\alpha_{j,8-j+2} & \cdots & \alpha_{j,8}\\ \vdots & & \vdots\\ \alpha_{8,8-j+2} & \cdots & \alpha_{8,8}\end{bmatrix}
$$

(4) 扩展区域. 生长方向沿水平、垂直和对角方向同时进行扩张, 将区域 β_k 进行扩张得到区域 β_{k+1}，计算区域 β_{k+1} 的差异特征差异度, 得到主差异特征, 与区域 β_k 的主差异特征进行对比, 如果主差异特征一致, 继续扩张. 区域 β_{k+1} 为

$$
\beta_{k+1}=\begin{bmatrix}\beta_k & \begin{matrix}\alpha_{i,k+1}\\ \vdots\end{matrix}\\ \alpha_{i+k,1}\ \cdots & \alpha_{i+k,k+1}\end{bmatrix}
$$

(5) 确定局部区域. 如果区域 β_{k+1} 的主差异特征与区域 β_k 的主差异特征不一致, 将 β_k 定为一个局部区域, 即 $A_{2l-1}=\beta_k$, 同时局部区域 A_{2l} 确定. 然后转步骤(2), 确定种子图像块. 局部区域 A_{2l} 为

$$A_{2l}=\begin{bmatrix}\alpha_{i,k+1} & \cdots & \alpha_{i,8}\\ \vdots & & \vdots\\ \alpha_{i+k,k+1} & \cdots & \alpha_{i+k,8}\end{bmatrix}$$

上述步骤中, α 表示图像块, β 表示图像区域, A 表示图像局部区域, i,j,k,m,l 都是表示个数的变量. 对图像组按主差异特征进行局部区域划分的流程如图 12.13 所示, 划分完成后, 得到 $\{A_1,A_2,\cdots,A_{2m}\}$ 个局部区域.

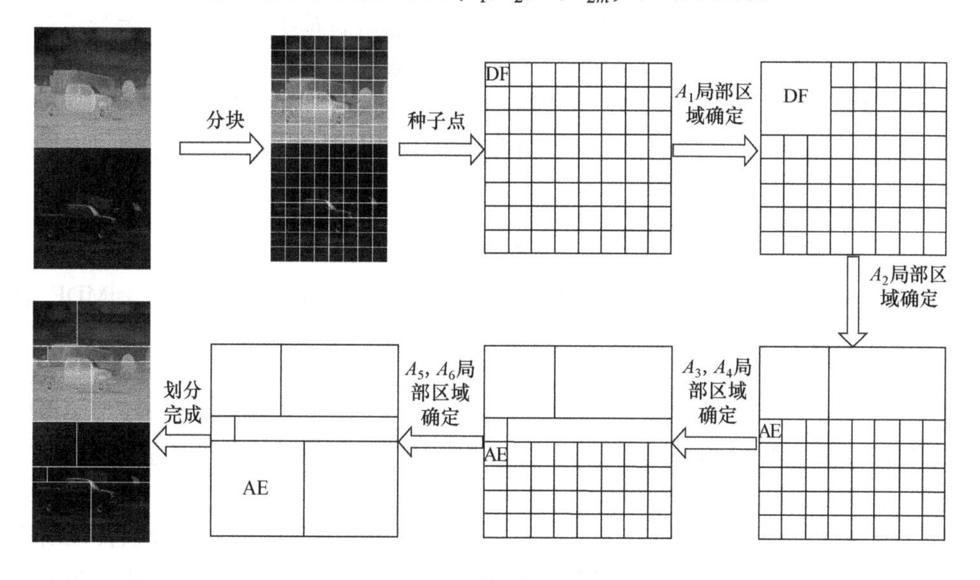

图 12.13　局部区域划分用例图

2. 变元变换方式选择

局部区域主差异特征类型确定规则定为: 满足 Dif > 0.9 的差异特征数量为 n, 当 n 大于 2 时, n 就是主差异特征类型的个数; 否则主差异特征类型个数为 2. 如式(12.12)所示, 得到主差异特征类型的个数后, 按差异度降序顺序确定主差异特征类型.

$$|\mathrm{MDF}|=\begin{cases}n, & n>2\\ 2, & \text{其他}\end{cases} \tag{12.12}$$

在利用局部区域主差异特征类型选择各层变元时是根据面向图像差异的拟

态融合模型中的变元分层结构确定的，其中差异特征与高层变元的对应关系如表 12.7 所示.

表 12.7　差异特征与高层变元的对应关系

差异特征	AE	CD	EA	AG	TCD	DF
高层变元	GF	GF	DTCWT	DWT	LP	NSST

计算局部区域 A_m 的差异特征差异度，对其进行降序排列，获得与局部区域 A_{m-1} 主差异特征类型相同数量的主差异特征，并比较两局部区域中的主差异特征是否对应，若主差异特征对应，使用 A_{m-1} 的变体进行融合. 若主差异特征不对应，确定 A_m 的主差异特征类型后，对比 A_{m-1} 主差异特征类型，如果主差异特征类型数量相同且只有一类主差异特征不同，进行替代变换，替换不同主差异特征中对应的各层变元，重新确定拟态结构，形成变体；否则进行全局变换，从变元分层结构选择各层变元后，结合特征融合度确定拟态结构，形成变体，如式(12.13)所示.

$$E_m=\begin{cases}E_{m-1}, & \mathrm{MDF}_m=\mathrm{MDF}_{m-1},\\ \mathrm{MS}_{m-1}(\mathrm{HV}_{m-1},\mathrm{HV}_m), & \left|\mathrm{MDF}_m\cap\mathrm{MDF}_{m-1}\right|=\left|\mathrm{MDF}_m\right|-1,\left|\mathrm{MDF}_m\right|=\left|\mathrm{MDF}_{m-1}\right|\\ E_m, & \text{其他}\end{cases} \tag{12.13}$$

其中，E 代表变体，MS 代表拟态结构，HV 代表高层变元，MDF 代表主差异特征类型，m 代表局部区域个数的变量.

使用 A_{m-1} 的变体或对变体经过全局、替代变换后进行局部区域融合，如果融合后差异特征融合不达标，即存在差异特征融合有效度小于 0，代表差异特征存在无效融合的情况，需要进行局部变换，修改变体中的低层或基层变元，如式(12.14)所示.

$$E_m=\mathrm{MS}(\mathrm{hv}\{\mathrm{lv}_m\{\mathrm{bv}_m\}\}) \tag{12.14}$$

其中，hv, lv, bv 分别为高层变元、低层变元和基层变元中的变量.

3. 动态优化

动态优化是在选择变元变换方式后，计算差异特征融合有效度，如果不达标，说明 A_i 确定的主差异特征类型未能反映双模态红外图像的主要互补信息，需要增加主差异特征，得到 A_{i-1} 新的主差异特征类型. 由主差异特征类型确定对应的高层变元、低层变元和基层变元, 再由特征融合度最大值的比值确定拟态结构,按拟态结构对高层变元进行组合, 得到变体, 变体形成过程如图 12.14 所示. 在动态优化中的变体依次按照基层变元间、低层变元间、高层变元间和变体间的顺序进行优化, 如果优化不成功, 就进行下一步的优化; 如果优化成功, 即差异特征融合有效度都大于 0, 将 A_i 的融合结果与 $\{A_1, A_2, \cdots, A_{i-1}\}$ 的融合结果进行合并.

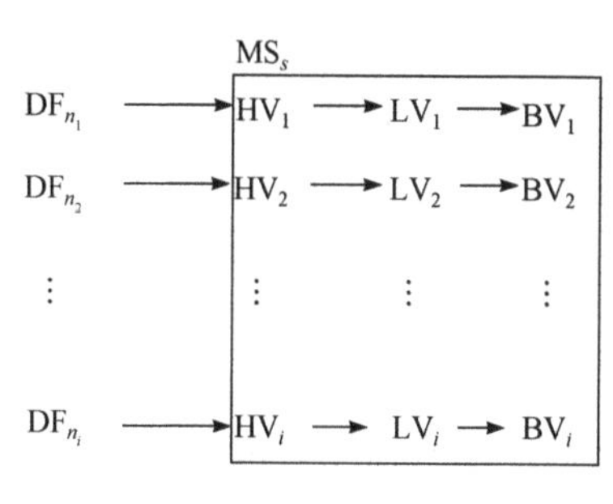

图 12.14　变体形成过程

12.4.2　实验仿真与结果分析

1. 实验仿真

利用双模态红外图像实现区域变化的拟态融合模型, 使用 3 组图像进行实验仿真, 如图 12.15 所示, 其中每组图像左侧为红外光强图像, 右侧为红外偏振图像.

图 12.15　实验图像

对图像组按主差异特征进行局部区域划分, 划分后如图 12.16 所示, 用 a_i, b_i, c_i 表示图像中所划分的局部区域.

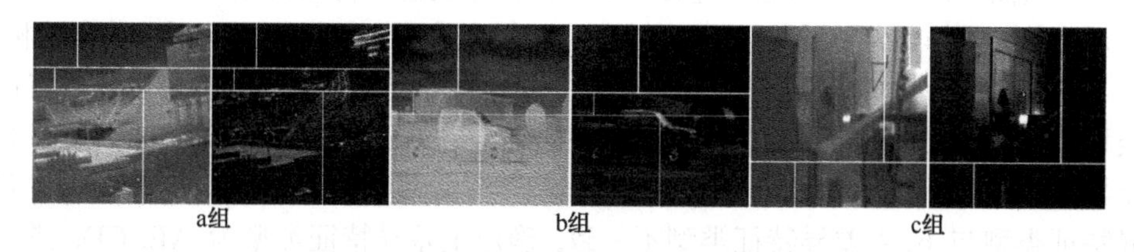

图 12.16　局部区域划分

a 组图像局部区域的融合过程: ① a_1 的主差异特征类型为 AE, CD, DF, AG, 对应出各层变元后, 比较特征融合度最大值占比, 确定拟态结构为串联式结构, 将变元层的各高层变元按结构进行, 形成变体, 计算融合有效度得知差异特征融合有效; ② 进行下一局部区域的融合, a_2 的前四类主差异特征类型与 a_1 主差异特征类型一致, 使用 a_1 变体进行 a_2 的融合, 得到融合有效度均大于 0, 差异特征融合达标；③ 计算 a_3 和 a_4 的差异特征差异度可知，它们的前四类主差异特征类型也与 a_2 和 a_3 的主差异特征类型相同，使用 a_2 和 a_3 的变体进行 a_3 和 a_4 的融合，计算融合有效度后可知结果均大于 0，因此差异特征融合达标；④ a_5 的前四类主差异特征与 a_4 主差异特征类型不一致，主差异特征类型为 AE, CD，进行全局变换，得到变体后，存在融合有效度小于 0，因此进行动态优化，增加主差异特征 AG，确定对应的各层变元后，确定拟态结构为串联式结构，计算融合有效度，差异特征融合达标；⑤ 计算 a_6 的差异特征差异度，比较其前三类主差异特征与 a_5 主差异特征类型不一致，确定 a_6 的主差异特征类型为 AE, CD，进行全局变换后，得到差异特征融合不达标，局部变换后，依然不达标，因此进行动态优化，增加差异特征，确定对应变元和拟态结构，形成变体，优化达标. a 组图像各区域确定的高层变元如表 12.8 所示，a 组局部区域的拟态结构均确定为串联式结构.

表 12.8　a 组局部区域各层变元

局部区域	主差异特征类型	各层变元	局部区域	主差异特征类型	各层变元
a_1	AE, CD, AG, DF	GFF(MAX_WBE) DWT(MAX_WBE) NSST(MAX_WBSD)	a_2	AE, CD, AG, DF	GFF(MAX_WBE) DWT(MAX_WBE) NSST(MAX_WBSD)
a_3	AE, CD, AG, DF	GFF(MAX_WBE) DWT(MAX_WBE) NSST(MAX_WBSD)	a_4	AE, CD, AG, DF	GFF(MAX_WBE) DWT(MAX_WBE) NSST(MAX_WBSD)
a_5	AE, CD, AG	GFF(MAX_WBE) DWT(MAX_WBE)	a_6	AE, CD, AG, TCD, DF	GFF(MAX_WBE) DWT(MAX_WBE) LP(PBPCA_WBE) NSST(MAX_WBSD)

b 组图像局部区域的融合过程：① 确定 b_1 主差异特征类型 CD, TCD，进行全局变换，差异特征融合不达标，再进行局部变换，改变低层变元后，融合达标；② b_2 的前两类主差异特征类型与 b_1 的主差异特征类型不一致，确定主差异特征类型为 AE, TCD，进行替代变换，差异特征融合达标；③ b_3 主差异特征类型与 b_2 差异特征类型一致，使用 b_2 变体融合后，差异特征融合达标；④ b_4 的前两类主差异特征类型与 b_3 主差异特征类型不一致，确定主差异特征类型为 AE, CD，进行替代变换形成变体，差异特征融合未达标，进行局部变换后，二次融合未达标，进行动态优化，增加主差异特征 TCD，形成变体，融合达标；⑤ b_5 的前三类主差异特征类型与 b_4 主差异特征类型不一致，确定主差异特征类型为 AE, CD，进行全局变换，差异特征融合未达标，替代变换后，融合达标；⑥ b_6 主差异特征类型与 b_5 主差异特征类型相同，用 b_5 变体进行融合，差异特征融合达标. b 组图像各区域确定的高层变元如表 12.9 所示，b 组局部区域的拟态结构均确定为串联式

结构.

表 12.9　b 组局部区域各层变元

区域	主差异特征类型	各层变元	区域	主差异特征类型	各层变元
b_1	CD, TCD	GFF(PCA_WBE) LP(MAX_WBSD)	b_2	AE, TCD	GFF(MAX_WBE) LP(MAX_WBSD)
b_3	AE, TCD	GFF(MAX_WBE) LP(MAX_WBSD)	b_4	AE, CD, TCD	GFF(MAX_WBE) LP(MAX_WBE)
b_5	AE, CD	GFF(MAX_WBE) GFF(PCA_WBE)	b_6	AE, CD	GFF(MAX_WBE) GFF(PCA_WBE)

c 组图像局部区域的融合过程: ① c_1的主差异特征类型为 CD, DF, 进行全局变换后, 存在不达标, 进行局部变换后, 差异特征融合达标; ② c_2 的前两类主差异特征类型与 c_1 差异特征类型不一致, 确定主差异特征类型为 AE, TCD, 进行全局变换后再进行替代变换, 融合达标; ③ c_3 的前两类主差异特征类型与 c_2 主差异特征类型不一致, 确定主差异特征类型为 AE, CD, 进行替代变换, 得到差异特征融合有效; ④ c_4 的前两类主差异特征类型与 c_3 主差异特征类型不一致, 确定主差异特征类型为 AE, TCD, 进行替代变换后, 差异特征融合达标. c 组图像各区域确定的高层变元如表 12.10 所示, c 组局部区域的拟态结构均确定为串联式结构.

表 12.10　c 组局部区各高层变元

区域	主差异特征类型	各层变元	区域	主差异特征类型	各层变元
c_1	CD, DF	GFF(MAX_WBE) NSST(MAX_WBSD)	c_2	AE, TCD	GFF(MAX_WBE) LP(PBPCA_WBE)
c_3	AE, CD	GFF(MAX_WBE) GFF(PCA_WBE)	c_4	AE, TCD	GFF(MAX_WBE) LP(PBPCA_WBE)

每组图像局部区域融合完成后, 对局部区域进行合并, 得到最终的融合结果, 如图 12.17 所示, 图像从左到右依次为此类拟态融合模型, LR-SR, CNN, CBF[8], GTF[9], TIF[10]方法的融合结果.

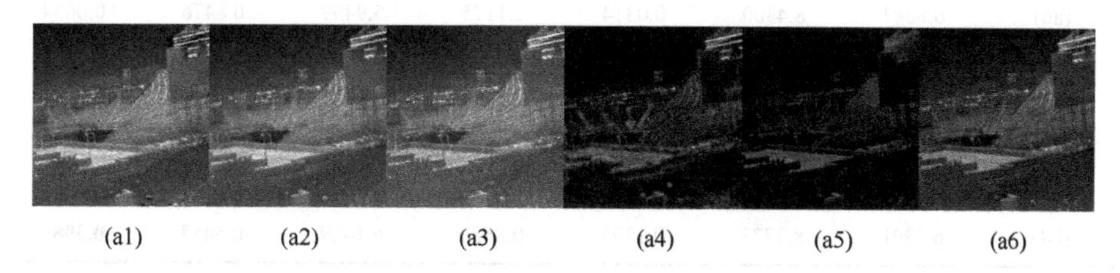

(a1)　(a2)　(a3)　(a4)　(a5)　(a6)

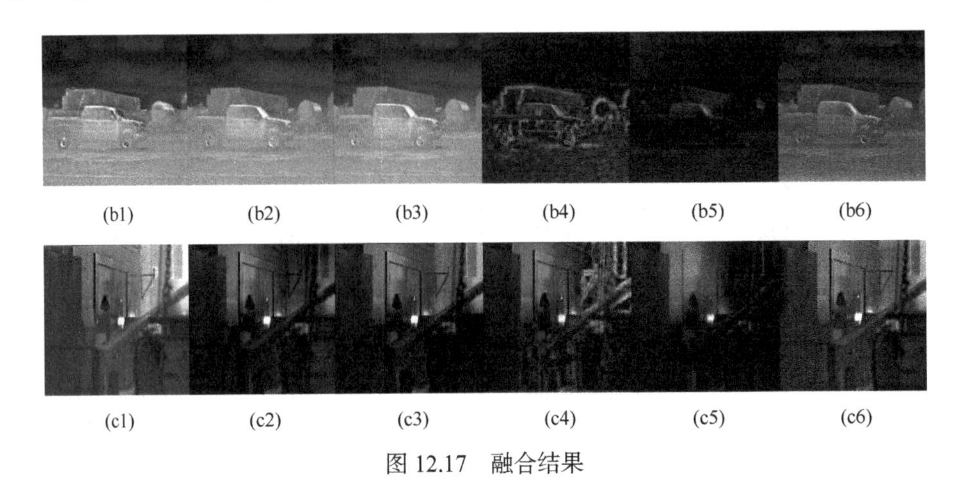

图 12.17 融合结果

2. 结果分析

1) 常用指标分析

采用七种常用评价指标对 3 组图像的六种实验结果进行评价，结果如表 12.11 所示，其中 MSE 指标越小，则图像质量越好. 从不同最优评价指标(表中加粗字体)的占比情况可知，a 组结果中拟态融合方法最优占比 85.7%，次优为 CBF 方法，占比 14.3%；b 组结果中拟态融合方法最优占比 42.9%，LP-SR 方法次优占比 28.6%；c 组结果中拟态融合方法最优占比 71.4%，CBF 方法次优占比 28.6%，即面向图像区域变化的拟态融合得到的融合结果最优评价指标占比最高，拥有比其他方法更好的融合质量.

表 12.11 常用评价指标结果

	EN	SD	MSE	MI	AG	CC	Nabf
(a1)	**7.3349**	**11.6676**	**0.0033**	**2.6636**	4.6313	**0.9674**	**0.2668**
(a2)	7.2816	9.1679	0.0056	2.0475	7.8902	0.8909	0.1595
(a3)	7.1670	8.9548	0.0070	1.7254	7.7744	0.8518	0.1549
(a4)	6.4468	8.1964	0.0868	0.9403	**8.0209**	0.6570	0.2145
(a5)	5.5794	7.1956	0.1136	1.3080	3.3440	0.7839	0.0164
(a6)	6.8687	8.4300	0.0314	2.1175	5.9499	0.8476	0.0654
(b1)	**7.3117**	9.1792	0.0048	**2.6856**	**7.8219**	0.9078	0.1982
(b2)	7.2826	11.7650	**0.0031**	2.5223	4.1885	**0.9699**	0.1615
(b3)	7.2846	**11.8405**	0.0032	2.5262	4.1827	0.9691	0.1647
(b4)	6.4301	8.3775	0.1395	0.8820	6.1429	0.5453	**0.3981**

续表

	EN	SD	MSE	MI	AG	CC	Nabf
(b5)	5.2572	6.6567	0.2088	0.8177	1.6550	0.2933	0.0305
(b6)	6.7972	11.1735	0.0501	2.0161	3.0336	0.9292	0.0992
(c1)	**7.0732**	**9.0997**	**0.0025**	**2.9961**	**4.4072**	0.9618	0.1583
(c2)	6.6526	8.0656	0.0767	0.9995	4.3269	0.5408	0.1197
(c3)	6.6816	9.0266	0.0515	1.8221	4.2157	0.8501	0.1213
(c4)	6.7808	8.4871	0.0629	1.0016	0.5669	**0.9663**	**0.3392**
(c5)	6.2223	7.5427	0.1085	1.1336	0.2781	0.6204	0.0434
(c6)	6.9268	8.9549	0.0269	1.7138	0.8369	1.4332	0.1269

2) 拟态指标分析

对实验结果进行拟态指标评价，计算 3 组图像六种融合方法的差异特征融合有效度，结果如表 12.12 所示. 从表中可以看出，虽然拟态融合方法在所有方法中没有达到最优的差异特征融合效果(表中加粗字体)，但在三种融合结果下，所有的差异特征均融合有效，其他融合方法均存在差异特征融合不达标的情况. a 组图像中拟态融合方法和 LP-SR 方法差异特征融合有效，其中拟态融合方法最优融合有效度占比最高为 66.7%，次优方法占比 33.3%；b 组图像中存在拟态融合、LP-SR、CNN 方法融合有效，其中拟态融合方法最优融合有效度占比最高为 66.7%，次优方法占比 16.7%；c 组图像中只有拟态融合方法融合有效. 面向图像区域变化的拟态融合模型针对差异特征进行融合，提高了整体图像的融合质量.

表 12.12　融合有效度结果

	AE	CD	EA	AG	TCD	DF
(a1)	1.9522	0.0212	**145019**	0.4404	**0.2084**	**322919**
(a2)	1.9218	0.0598	135319	0.7991	0.1645	187245
(a3)	**2.5679**	**0.0395**	137119	0.7501	−0.1521	112802
(a4)	−14.1393	0.0499	127319	**0.8087**	−0.9537	211574
(a5)	−16.0899	−0.4120	4219	−2.1318	−1.3884	−709702
(a6)	−9.4398	−0.1314	16519	−0.6030	−0.6869	−68058
(b1)	1.4474	0.0412	134256	0.4125	**0.0609**	210842
(b2)	1.3093	0.0214	48056	0.4515	0.0338	72326
(b3)	**1.5717**	0.0197	71656	0.4456	0.0328	69765
(b4)	−23.3421	**0.1533**	**152956**	**1.4386**	−3.8194	**434074**
(b5)	−26.0196	−0.1059	−36344	−1.0936	−4.4079	−200336

续表

	AE	CD	EA	AG	TCD	DF
(b6)	−16.9760	−0.0317	−59144	−0.3625	−2.8764	−1086
(c1)	**2.9042**	**0.0578**	116612	0.2828	0.3036	272217
(c2)	−11.1747	0.0453	26112	0.4334	−0.7298	167410
(c3)	−8.9108	0.0487	7912	0.3683	**0.4833**	193267
(c4)	−9.9843	0.1625	**154812**	**1.2670**	−0.5535	**488362**
(c5)	−12.5618	−0.0998	−53888	−0.7757	−0.9130	−256268
(c6)	−6.9791	0.0129	23812	0.1116	−0.4714	129127

12.5 面向场景变化的拟态融合模型

面向场景变化的拟态融合模型通过构建变体库、变体形成和动态优化三部分来实现多场景的融合，模型框架如图 12.18 所示.

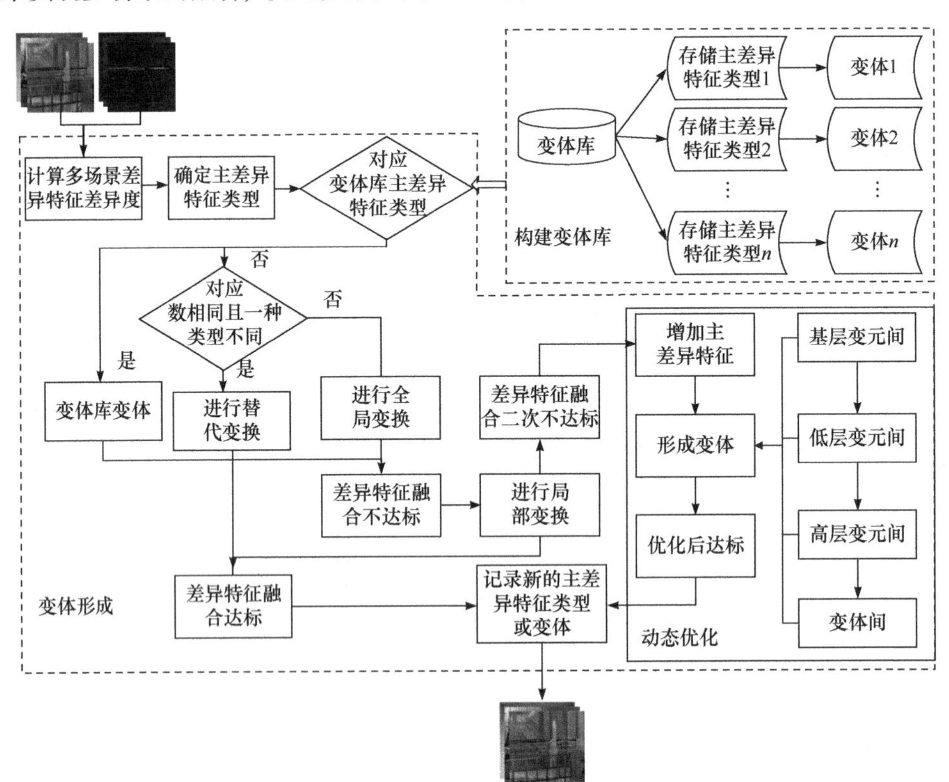

图 12.18　面向场景变化的拟态融合模型框架

12.5.1　模型构建过程

1. 变体库构建

建立变体库是面向场景变化的拟态融合模型的重点. 建立变体库需要两部分, 一部分为存储图像的主差异特征类型, 另一部分为变体, 即存储形成变体的各层变元和拟态结构. 以汽车、栏杆、房屋、坦克 4 组双模态红外场景为例, 将其分别记为 E1, E2, E3, E4 组场景, 如图 12.19 所示, 第一行为红外光强图像, 第二行为红外偏振图像.

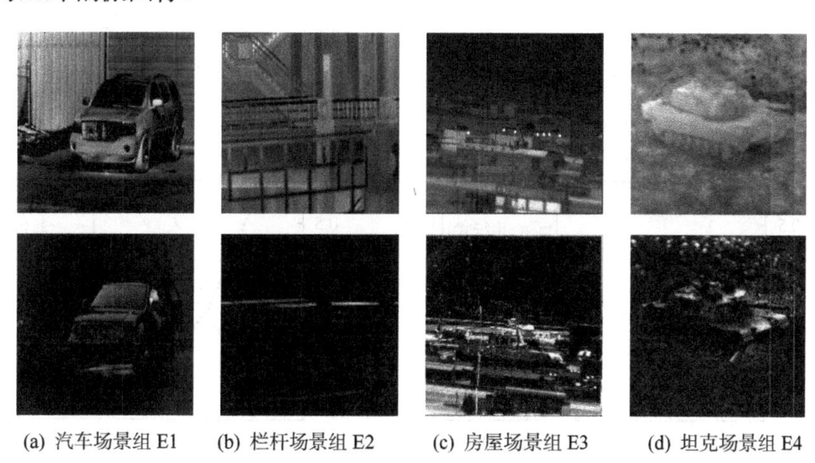

(a) 汽车场景组 E1　(b) 栏杆场景组 E2　(c) 房屋场景组 E3　(d) 坦克场景组 E4

图 12.19　4 组场景样本

由面向图像区域变化的拟态融合模型中的主差异特征类型选取规则确定主差异特征类型, 根据主差异特征与各层变元的对应关系确定各层变元, 再选择对高层变元进行组合的拟态结构. 确定 4 组场景的主差异特征类型和对应的各层变元如表 12.13 所示.

表 12.13　主差异特征类型与对应的各层变元

场景组	E1	E2	E3	E4
主差异特征类型	AE, TCD	AE, EA, TCD	CD, DF	AE, CD, DF
各层变元 1	GF MAX_WBE symmetric	GF MAX_WBE symmetric	GF SML_WBE symmetric	GF MAX_WBE symmetric
各层变元 2	LP MAX_WBE n=4	DTCWT FSWM_WA n=4	NSST MAX_WNSD [1 2 2 4] [32 16 16 8]	NSST MAX_WNSD [1 2 2 4] [32 16 16 8]
各层变元 3	—	LP MAX_WBSD n=4	—	—

对 4 组场景的高层变元进行串联式、并行式、内嵌式拟态结构的组合, 计算组合结果得到的特征融合度. 如图 12.20 所示, 可以看出 4 组场景都是串联式结构的特征融合度最优占比最高, 因此拟态结构都选择串联式结构.

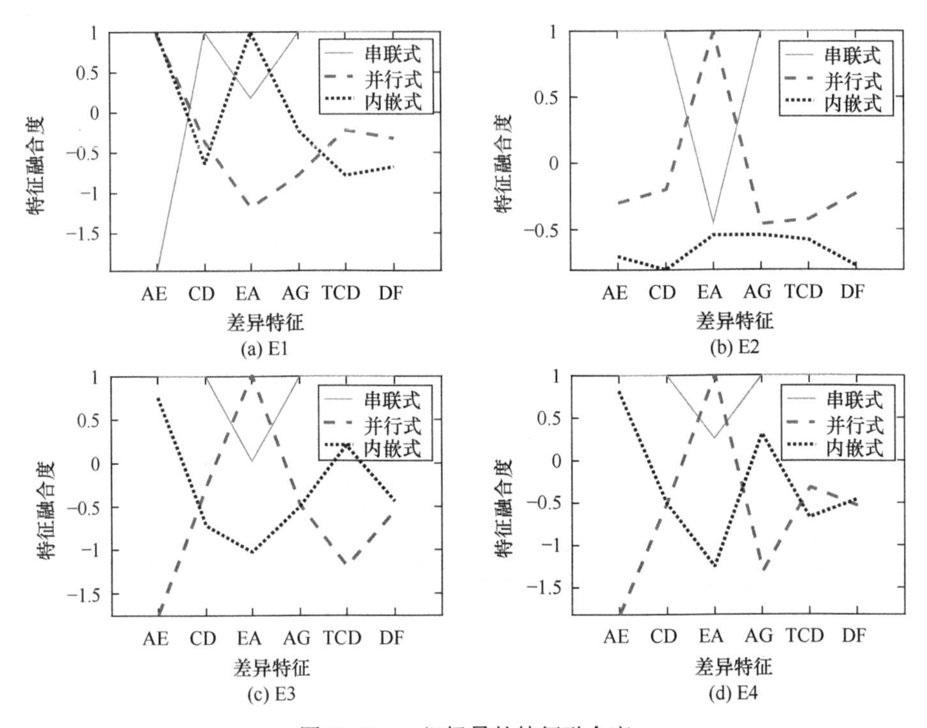

图 12.20　4 组场景的特征融合度

形成变体后计算场景差异特征的融合有效度, 结果都大于 0 得到差异特征全部融合有效, 将 4 种场景的主差异特征类型和变体记录到变体库.

2. 变体形成

计算场景的差异特征差异度确定主差异特征类型后查询变体库, 对比变体库中是否由相同类型的主差异特征, 如果存在相同类型的主差异特征, 确定变体为对应的变体库变体; 如果存在相同数量且只有一类主差异特征不对应的主差异特征类型, 对其变体库变体进行替代变换; 否则进行全局变换, 确定各层变元和拟态结构形成变体. 形成变体的数学化描述如式(12.15)所示:

$$E_r=\begin{cases}E_{\mathbb{E}}, & \mathrm{MDF}_r=\mathrm{MDF}_{\mathbb{E}}\\ \mathrm{MS}_{\mathbb{E}}(\mathrm{HV}_{\mathbb{E}},\mathrm{HV}_r), & \left|\mathrm{MDF}_r\cap\mathrm{MDF}_{\mathbb{E}}\right|=\left|\mathrm{MDF}_r\right|-1,\left|\mathrm{MDF}_r\right|=\left|\mathrm{MDF}_{\mathbb{E}}\right|\\ E_r, & \text{其他}\end{cases}\tag{12.15}$$

其中 r 代表此场景下的组数，$\mathbb{E}$ 代表存储主差异特征类型和变体的变体库.

获得场景的变体后进行融合有效度的计算，差异特征融合不达标则进行局部变换，若差异特征融合二次不达标，需要进行动态优化，如式(12.16)所示，即增加主差异特征，确定场景新的主差异特征对应的各层变元和拟态结构，形成变体后依次进行基层变元间、低层变元间、高层变元间和变体间的优化，当优化后的变体达标后，停止优化. 如果差异特征融合达标，记录新的主差异特征类型或新的变体到变体库，供后续的场景融合使用.

$$E_r = [\mathrm{MS}(\mathrm{hv}\{\mathrm{lv}\{\mathrm{bv}_r\}\}) \to \mathrm{MS}(\mathrm{hv}\{\mathrm{LV}_r\}) \to \mathrm{MS}_r(\mathrm{HV}_r) \to E_r] \tag{12.16}$$

其中 $\to$ 代表动态优化的顺序，依次从左向右进行.

12.5.2　实验仿真与结果分析

1. 实验仿真

利用3组双模态红外图像实现对场景变化的拟态融合模型的实验仿真，如图 12.21 所示，其中每组图像中左侧为红外光强图像，右侧为红外偏振图像.

a组　　b组　　c组

图 12.21　实验图像

利用图 12.21 的图像组进行分析，计算 3 组图像的主差异类型，如表 12.14 所示.

表 12.14　主差异特征类型

图像组	a	B	c
主差异特征类型	AE, TCD	CD, DF	AE, DF

a 组场景的主差异特征类型与变体库中的主差异特征类型 AE, TCD 相同，使用变体库变体进行融合，计算融合有效度，该变体使场景差异特征融合达标；b 组场景的主差异特征类型在场景组中 CD, DF 也存在对应，使用变体库变体进行融合，并计算得知场景差异特征融合达标；c 组场景主差异特征类型与变体库中 AE, TCD 存在相同数量且一种差异特征不同，对变体库中主差异特征类型对应变体进行替代变换，将高层变元 LP 改为 NSST，计算得到差异特征融合不达标，再进

行局部变换, 将 NSST 的低层变元(MAX_WBSD)改为(MAX_WBE), 差异特征融合达标, 将 c 组场景的主差异特征类型和最后形成的变体存入变体库, 三组场景获得各层变元的结果如表 12.15 所示.

表 12.15 3 组场景的变元层

场景组	a	B	c
变元层 1	GF MAX_WBE symmetric	GF SML_WBE symmetric	GF MAX_WBE symmetric
变元层 2	LP MAX_WBE n=4	NSST MAX_WBSD [1 2 2 4] [32 16 16 8]	NSST MAX_WBSD [1 2 2 4] [32 16 16 8]

将形成的变体对 3 组场景进行融合, 得到的实验结果如图 12.22 所示, 用其他五种融合算法进行对比实验. 其中, 从左到右依次为此类拟态融合模型、LR-SR、CNN、GTF、VGG19[11]、TIF 方法的融合结果.

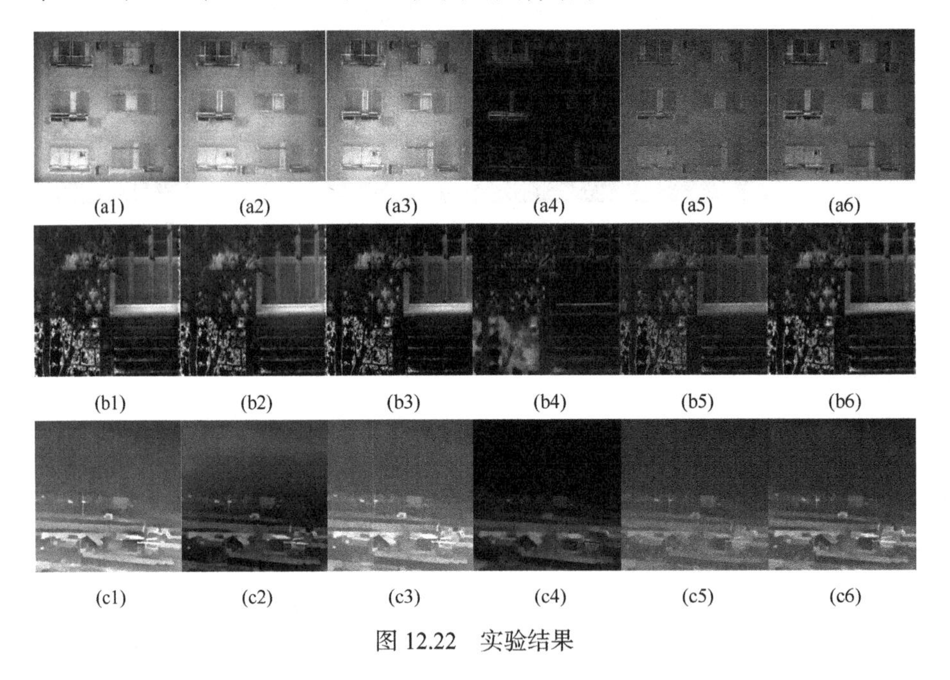

图 12.22 实验结果

2. 结果分析

1) 常用指标分析

用七种评价指标对 3 组场景的六种融合方法得到的融合结果进行评价, 指标评价结果如表 12.16 所示, 其中有视觉保真度(Visual Fidelity, VIF). 用粗体标出 3

组场景六种融合方法得到的不同指标的最优值, 在六种方法中, 方法 CNN, GTF 融合效果最差, 这两种方法的 3 组场景融合结果没有一个最优的评价指标, 按照最优评价指标所占个数可知, 融合效果好的方法依次为拟态融合、LR-SR、VGG19、TIF, 其中在单组场景中拟态融合方法融合结果的最优评价指标也比其他方法融合结果最优评价指标的占比高, 因此利用拟态融合方法得到的融合结果质量远胜于其他方法得到的融合结果.

表 12.16　常用指标结果

	EN	SD	MSE	MI	VIF	AG	Nabf
(a1)	**7.4326**	**10.6269**	0.0051	**2.5823**	**7.1522**	0.9211	**0.2394**
(a2)	7.3414	10.5880	**0.0040**	2.4463	6.1561	**0.9333**	0.1866
(a3)	7.3529	10.5491	0.0044	2.3270	6.2036	0.9280	0.1904
(a4)	4.9988	5.4054	0.3261	0.4995	3.8023	0.0561	0.0289
(a5)	6.4430	9.2625	0.0793	2.4886	4.4031	0.8498	0.0024
(a6)	6.8514	9.4394	0.0802	1.9955	5.8146	0.8310	0.1414
(b1)	**7.2219**	**8.8585**	0.0298	1.7563	**9.5268**	0.6024	**0.2158**
(b2)	7.2010	8.8134	0.0219	**2.0218**	9.1127	**0.6911**	0.1353
(b3)	6.6559	8.7121	0.0251	1.7246	8.6119	0.6305	0.1159
(b4)	6.2590	7.3502	0.0588	0.8452	3.8128	−0.2105	0.0357
(b5)	6.3501	7.8784	**0.0208**	1.5698	5.5744	0.5957	0.0005
(b6)	6.7040	8.1197	0.0254	1.3374	8.1894	0.5514	0.1153
(c1)	**6.8114**	8.8914	**0.0063**	3.1635	**2.9337**	0.8384	0.2353
(c2)	6.0486	6.8479	0.1130	1.6671	2.7017	0.2144	**0.2508**
(c3)	6.4198	8.5569	0.0075	2.4875	2.5695	0.8009	0.1704
(c4)	5.4520	8.1819	0.1634	1.7897	1.5821	0.7080	0.0469
(c5)	6.2731	**9.4267**	0.0405	**3.1951**	1.4638	0.9060	0.0231
(c6)	6.5270	8.8127	0.0424	2.6739	2.4917	**0.8470**	0.2040

2) 拟态评价指标

对实验结果进行拟态指标评价, 计算 3 组图像六种融合方法的差异特征融合有效度, 结果如表 12.17 所示. 从表中可以看出, a 组场景只有拟态融合方法融合结果的融合有效度全部融合有效, b 组场景中拟态融合、LR-SR、CNN 方法融合结果的融合有效度全部融合有效, c 组场景中拟态融合、CNN 方法融合结果的融合有效度全部融合有效. 由各组场景不同融合方法得到融合结果的最优融合有效度占比, 可看到 3 组场景中都是拟态融合方法的占比最高, a 组和 c 组场景中拟态融合方法融合结果的最优融合有效度占比都为 83.3%, b 组场景用拟态融合方法得到的融合结果最优融合有效度在六种方法中占比 100%. 从视觉上看, 在 a 组场景中，只有拟态融合、LR-SR、CNN 方法结果的亮度较高，其中 a 组场景拟态融合方法融合结果整体对比度和左下角窗口的边缘比 LR-SR、CNN 方法融合结果的明显；b 组场景中用 GTF 方法的融合结果较为模糊，视觉效果最差，未能做到有效融合，用 VGG19 方法树影边缘的清晰度比用拟态融合方法的低，拟态融合方法融合结果的亮度比 LR-SR、CNN、TIF 方法融合结果的亮度高；c 组场景中拟态融合和 CNN 方法融合结果的亮度比其他方法结果的亮度高，但拟态融合方法结果的对比度比 CNN 方法结果的高且 CNN 方法中有含有噪声.

表 12.17　融合有效度

	AE	CD	EA	AG	TCD	DF
(a1)	1.0957	**0.1094**	**101059**	**0.6508**	**0.2120**	**256291**
(a2)	**1.7280**	−0.1224	55359	0.3556	−0.0031	−126080
(a3)	1.0737	−0.1178	70359	0.3721	−0.0438	−119781
(a4)	−37.4726	−0.3414	−150441	−0.8456	−2.2537	−614442
(a5)	−25.4121	−0.2253	−142241	−0.6389	−1.8609	−467146
(a6)	−25.2063	−0.1015	−16941	0.0272	−1.5395	−85762
(b1)	**4.2612**	**0.1534**	**55226**	**1.0544**	**0.5350**	**618490**
(b2)	3.3465	0.0976	47926	0.9036	0.4496	406447
(b3)	0.0519	0.0639	26626	0.6718	0.2605	258063
(b4)	−3.3012	−0.4599	−9874	−1.5996	−1.0767	−1377840
(b5)	−1.9958	−0.3074	43726	−0.7335	−1.1820	−944778
(b6)	−0.6698	0.0086	55926	0.4235	−0.4059	114343
(c1)	**2.6539**	**0.0585**	61412	**0.4917**	**0.2206**	**212728**
(c2)	−16.0743	0.0297	80012	0.4173	−0.4765	100977
(c3)	1.2992	0.0149	**87012**	0.4285	0.0599	44373
(c4)	−22.0276	−0.0374	50012	−0.1261	−0.4498	−160372
(c5)	−13.7469	−0.0504	78312	−0.1736	−0.2396	−208751
(c6)	−13.1725	0.0116	65412	0.2789	0.0009	29429

面向场景变化的拟态融合方法实现了对不同场景的自适应性并提升了图像融合的质量.

12.6　面向场景与图像区域变化的拟态融合模型

此类拟态融合模型结合前三种拟态融合模型的优势，将多场景进行区域划分，主差异特征类型确定变元变换方式及变体库查询或存储的运用整合到一种拟态融合模型中. 此部分的重点为对前三种拟态融合模型的有效结合, 面向场景与图像变化的拟态融合模型的流程如图 12.23 所示.

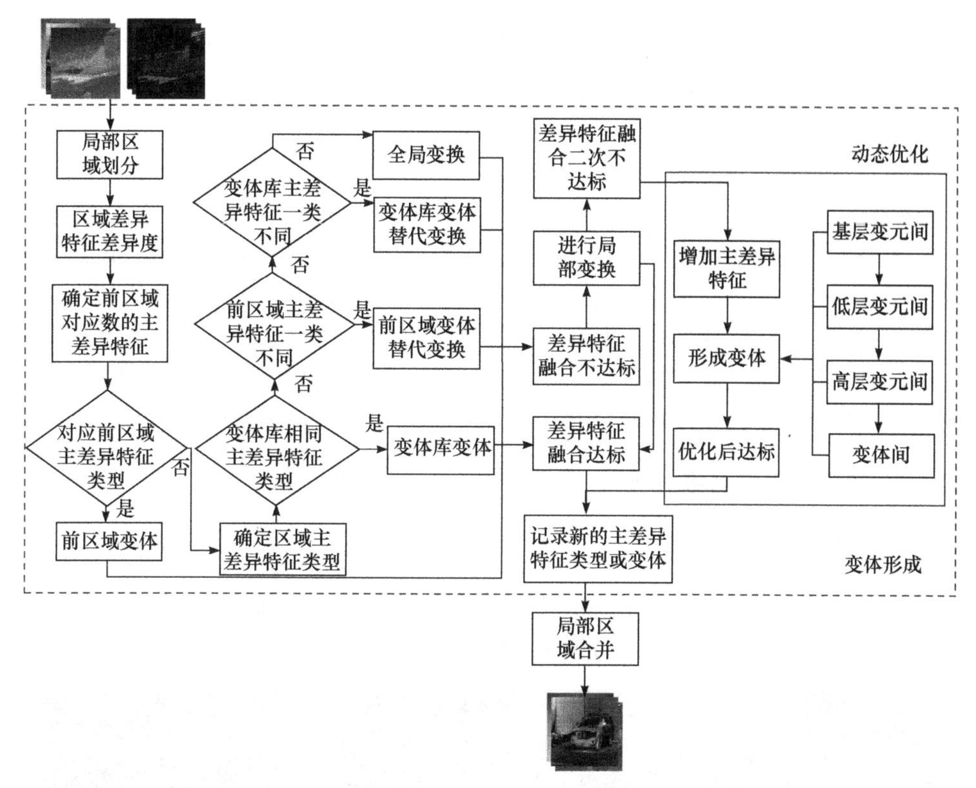

图 12.23　面向场景与图像区域变化的拟态融合模型框架

12.6.1　模型构建过程

输入多双模态红外场景, 先进行局部区域划分, 计算 $A_{r,m}$ 差异特征差异度, 确定与 $A_{r,m-1}$ 对应数的主差异特征类型, 比较与 $A_{r,m-1}$ 的主差异特征类型是否对应, 如果相同, 使用 $A_{r,m-1}$ 的变体进行融合. 如果不同, 根据式(12.12)确定 $A_{r,m}$ 的主差异特征, 判断变体库中是否存在相同的主差异特征类型, 存在时用变体库变体进行融合; 不存在时判断是否与 $A_{r,m-1}$ 主差异特征类型数量相同且有一类主差异特征不同, 如果是, 对 $A_{r,m-1}$ 变体进行替代变换, 如果否, 则判断变体库中是否存在与 $A_{r,m-1}$ 相同数量且有一类主差异特征不同的主差异特征类型, 如果是, 则对变体库变体进行替代变换, 如果否, 则进行全局变换. 形成变体的数学化描述如式(12.17):

$$
E_{r,m}=\begin{cases}E_{r,m-1}, & \mathrm{MDF}_{r,m}=\mathrm{MDF}_{r,m-1}\\ E_{\mathbb{E}}, & \mathrm{MDF}_{r,m}=\mathrm{MDF}_{\mathbb{E}}\\ \mathrm{MS}_{r,m-1}(\mathrm{HV}_{r,m-1},\mathrm{HV}_{r,m}), & \left|\mathrm{MDF}_{r,m}\cap\mathrm{MDF}_{r,m-1}\right|=\left|\mathrm{MDF}_{r,m}\right|-1,\left|\mathrm{MDF}_{r,m}\right|=\left|\mathrm{MDF}_{r,m-1}\right|\\ \mathrm{MS}_{\mathbb{E}}(\mathrm{HV}_{\mathbb{E}},\mathrm{HV}_{r,m}), & \left|\mathrm{MDF}_{r,m}\cap\mathrm{MDF}_{\mathbb{E}}\right|=\left|\mathrm{MDF}_{r,m}\right|-1,\left|\mathrm{MDF}_{r,m}\right|=\left|\mathrm{MDF}_{\mathbb{E}}\right|\\ E_{r,m}, & \text{其他}\end{cases}
\tag{12.17}
$$

如果形成的变体差异特征融合不达标，进行局部变换，改变变体的低层变元或基层变元，再次进行融合，若差异特征融合不达标，需要进行动态优化，增加主差异特征，重新形成变体，根据差异特征融合情况进行变体优化，差异特征融合达标时优化停止. 差异特征融合达标后，对变体库中不存在的主差异特征类型或变体进行记录，最后合并融合的局部区域，得到最终的场景融合结果.

12.6.2　实验仿真与结果分析

1. 实验仿真

面向场景与图像区域变化的拟态融合模型的场景组如图 12.24 所示，其中每组图像左侧为红外光强图像，右侧为红外偏振图像.

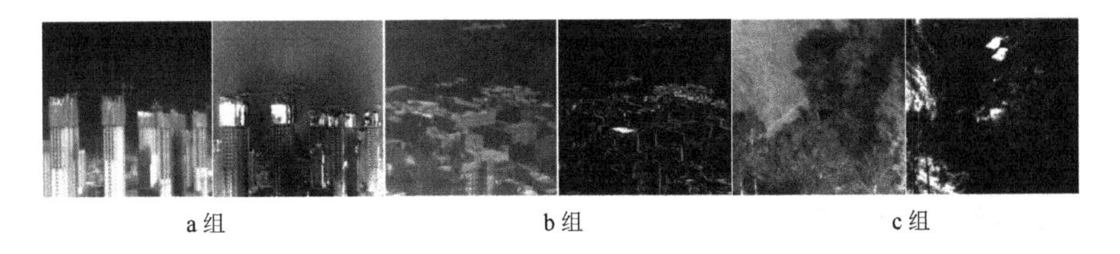

a 组　　b 组　　c 组

图 12.24　实验图像

对多场景图像按面向图像区域变化的拟态融合模型中的区域生长方法进行局部区域分割，划分结果如图 12.25 所示.

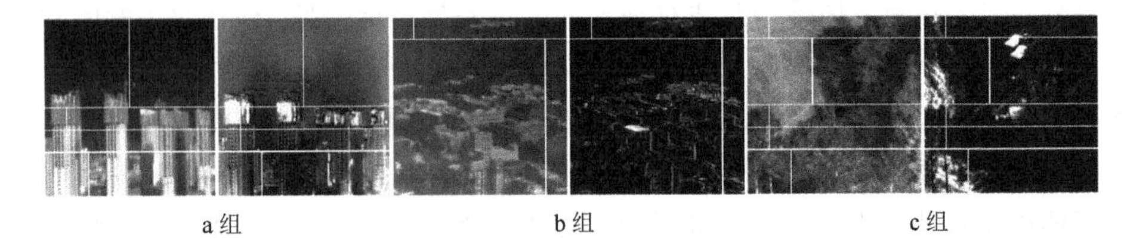

a 组　　b 组　　c 组

图 12.25　划分局部区域

计算局部区域的差异特征差异度，最终各局部区域确定的主差异特征类型如

表 12.18 所示.

表 12.18　区域主差异特征类型

3 组图像局部区域	主差异特征类型	3 组图像局部区域	主差异特征类型
a_1	AE, EA, DF, AG	a_2	AE, EA
a_3	AE, CD	a_4	CD, DF
a_5	CD, TCD	a_6	AE, TCD
a_7	AE, TCD	a_8	AE, CD
b_1	AE, EA, TCD, DF	b_2	AE, TCD
b_3	AE, TCD	b_4	AE, TCD, DF
c_1	AE, CD, TCD, DF	c_2	AE, CD, TCD, DF
c_3	AE, CD, TCD, DF	c_4	CD, DF
c_5	TCD, DF	c_6	AE, CD
c_7	AE, TCD	c_8	AE, TCD
c_9	TCD, DF	c_{10}	AE, EA

以 a 组场景为例描述局部区域变体形成过程. 先确定 a_1 的主差异特征类型, 变体差异特征融合有效后将主差异特征类型和变体记入变体库; 得到 a_2 的主差异特征类型, 对 a_1 变体库变体进行替代变换, 差异特征融合达标, 记录主差异特征类型和变体到变体库; 对 a_3 进行 a_2 变体替代变换后, 将主差异特征类型和变体记入变体库; 对 a_4 用变体库变体进行融合, 差异特征融合有效; 对 a_5 进行 a_4 变体替代变换, 在变体库中记录; 对 a_6 用变体库变体进行融合, 差异特征融合有效; 对 a_7 用 a_6 变体进行融合, 差异特征融合有效; 对 a_8 用变体库变体进行融合, 差异特征融合有效.

2. 结果分析

将通过面向场景与图像区域变化的拟态融合模型得到的变体进行场景局部区域的融合, 融合结果如图 12.26 所示, 从左到右依次为此类拟态融合方法、LR-SR、CNN、CBF、GTF、TIF 算法的融合结果.

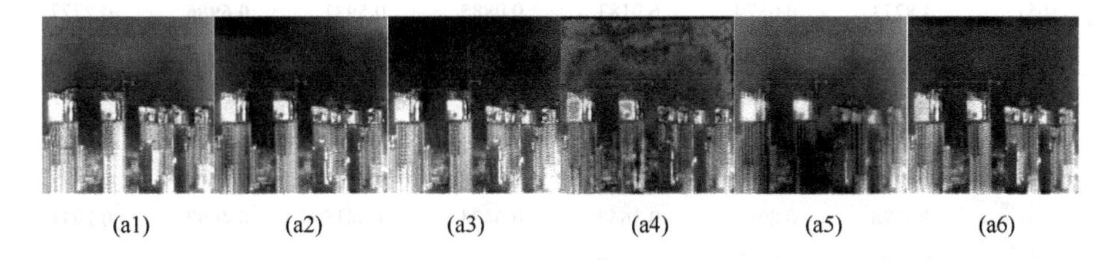

(a1)　(a2)　(a3)　(a4)　(a5)　(a6)

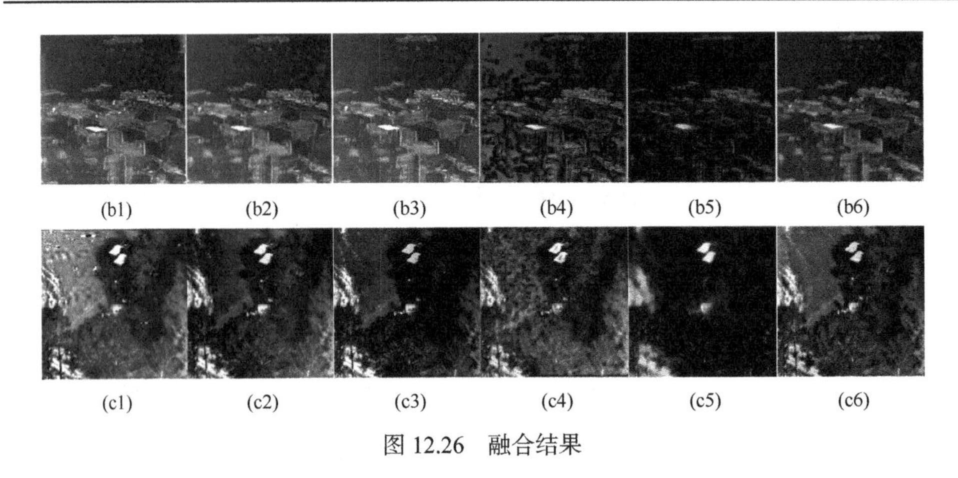

图 12.26　融合结果

1) 常用评价指标

用七种评价指标对 3 组场景的融合进行评价, 其中 FMI_dct 为离散余弦特征互信息(Discrete Cosine Feature Mutual Information), PSNI 为峰值倍噪比(Peak Singal to Noise Ratio). 从表 12.19 的常用评价指标结果看, 3 组场景使用拟态融合方法得到的融合结果最优评价指标(表中加粗字体)比其他方法的比值高, 说明利用面向场景与图像区域变化的拟态融合模型得到的融合结果质量更好.

表 12.19　评价指标结果

	EN	SF	PSNR	MSE	MI	VIF	FMI_dct
(a1)	7.4927	**0.0945**	9.3837	0.0574	**2.0559**	**0.7120**	0.2020
(a2)	**7.5533**	0.0909	9.6765	0.0317	1.6593	0.5934	**0.3122**
(a3)	7.5182	0.0888	9.8368	**0.0174**	1.9805	0.5876	0.2799
(a4)	7.3888	0.0933	9.0963	0.0680	1.1305	0.4590	0.2924
(a5)	7.3791	0.0572	**9.8370**	0.1255	1.4206	0.5944	0.2663
(a6)	7.3035	0.0818	9.0381	0.0330	1.6173	0.5607	0.2096
(b1)	**7.2048**	0.0796	**9.3976**	0.0087	1.6756	0.5040	**0.3351**
(b2)	7.1968	0.0886	9.2806	**0.0065**	**2.2133**	0.5945	0.3094
(b3)	7.1714	0.0860	9.2445	0.0077	1.9519	0.5806	0.2898
(b4)	6.8566	**0.0953**	9.2975	0.0374	1.1733	0.3514	0.2516
(b5)	4.8273	0.0579	6.9183	0.0885	0.5931	**0.6986**	0.2777
(b6)	6.7562	0.0813	8.1626	0.0234	1.9669	0.5712	0.2213
(c1)	**7.6016**	**0.0982**	**9.7395**	**0.0228**	**2.7313**	**0.7443**	0.1927
(c2)	7.1727	0.0936	8.4271	0.0696	1.0055	0.7628	**0.3434**
(c3)	6.0076	0.0900	8.6686	0.0784	1.6816	0.7102	0.2899
(c4)	7.2776	0.0962	9.2667	0.0474	1.3815	0.4997	0.2941
(c5)	5.9990	0.0518	6.3180	0.1157	0.6487	0.4126	0.2390
(c6)	7.1527	0.0800	9.1377	0.0403	1.6567	0.6942	0.2403

2) 拟态评价指标

3 组场景六种不同方法的融合结果融合有效度如表 12.20 所示. 3 组场景下拟态融合方法中融合结果的指标都为正值, 差异特征全部融合有效, 其他方法只有 b 组场景下的 LP-SR 和 CNN 方法融合结果的差异特征全部为有效融合, 并且 3 组场景组都是拟态融合方法融合结果的最优差异特征融合有效度占比最高. 从主观上看, 拟态融合方法的融合结果亮度和清晰度比 LP-SR 方法的更高, 细节也更加明显. 面向场景与图像区域变化的拟态融合模型实现了对不同场景和不同场景局部区域的自适应性, 提高了对算法选择的针对性, 提升了不同场景下整体图像的融合质量.

表 12.20　融合有效度

	AE	CD	EA	AG	TCD	DF
(a1)	**10.0466**	**0.1938**	62441	0.7414	**0.0396**	**653829**
(a2)	1.2175	0.1245	44541	0.7343	−3.1609	319989
(a3)	3.7015	0.0927	22241	0.5920	−0.3768	201935
(a4)	−2.6256	0.1669	**95041**	**1.3267**	−5.5444	435360
(a5)	−3.1963	−0.2172	−16759	−0.8677	−5.3473	−692212
(a6)	−2.0465	0.0162	1141	0.1348	−4.2019	105702
(b1)	**10.1938**	**0.2846**	**630442**	**1.7562**	**1.4215**	**1251203**
(b2)	2.1120	0.1542	70998	0.8151	0.2812	476487
(b3)	2.8106	0.1192	81298	0.7436	0.1276	325662
(b4)	−6.2575	0.2477	290098	1.7344	−0.2386	786844
(b5)	−10.6487	−0.1615	−14102	−0.7968	−1.1258	−484159
(b6)	−5.7477	0.0645	41598	0.3360	−0.3675	235759
(c1)	**5.7222**	**0.2200**	96927	1.4806	**0.7041**	**836234**
(c2)	−4.0687	0.1680	40127	1.2452	−0.3079	529909
(c3)	−6.6251	0.1222	−44773	0.6432	−0.3806	395412
(c4)	−2.7117	0.2060	**182527**	**1.7564**	−0.4957	676098
(c5)	−8.9878	−0.2572	−257173	−0.7102	−1.2206	−612681
(c6)	−4.2281	−0.0030	29727	0.6272	−0.7743	212973

参 考 文 献

[1] 杨风暴. 红外物理与技术[M]. 2 版. 北京: 电子工业出版社, 2020.

[2] Fu Q, Zhang Y, Li Y C, et al. Analysis of infrared polarization imaging characteristics based on long wave infrared zoom system[J]. Frontiers in Physics, 2023, 11: 1224726.

[3] Zhang B, Lu X, Pei H, et al. A fusion algorithm for infrared and visible images based on saliency

analysis and non-subsampled Shearlet transform[J]. Infrared Physics & Technology, 2015, 73: 286-297.

[4] Zhang L, Yang F B, Ji L N, et al. A categorization method of infrared polarization and intensity image fusion algorithm based on the transfer ability of difference features[J]. Infrared Physics & Technology, 2016, 79: 91-100.

[5] Zhang L, Yang F B, Ji LN, et al. Multiple-algorithm parallel fusion of infrared polarization and intensity images based on algorithmic complementarity and synergy[J]. Journal of Electronic Imaging, 2018, 27(1): 013029.

[6] Liu Y, Liu S P, Wang Z F. A general framework for image fusion based on multi-scale transform and sparse representation[J]. Information Fusion, 2015, 24(C): 147-164.

[7] Liu Y, Chen X, Cheng J, et al. Infrared and visible image fusion with convolutional neural networks[J]. International Journal of Wavelets Multiresolution and Information Processing, 2018, 16(3): 1850018.

[8] Shreyamsha Kumar B K. Image fusion based on pixel significance using cross bilateral filter[J]. Signal Image and Video Processing. 2015, 9(5): 1193-1204.

[9] Ma J Y, Chen C, Li C, Huang J. Infrared and visible image fusion via gradient transfer and total variation minimization[J]. Information Fusion, 2016, 31(C): 100-109.

[10] Bavirisetti D P, Dhuli R. Two-scale image fusion of visible and infrared images using saliency detection[J]. Infrared Physics & Technology, 2016, 76: 52-64.

[11] Li H, Wu X J, Kittler J. Infrared and visible image fusion using a deep learning framework[J]. 2018 24th International Conference on Pattern Recognition, 2018: 2705-2710.

第 13 章　红外与可见光视频的拟态融合

13.1　红外与可见光视频的特点

红外传感器是利用目标与场景之间的辐射能量来采集图像, 表征了目标和场景的温度信息. 图像内容取决于目标和场景的温度分布, 温度高的目标亮度高, 温度低的目标亮度低. 而可见光图像传感器则是利用光线的反射来采集图像数据, 两类成像具有明显区别.

红外与可见光视频的特点[1]总结如下.

红外视频的特点:

(1) 穿透能力强/探测距离远. 红外热成像能有效穿透雾霾、烟雾、粉尘等恶劣环境拍摄清晰画面, 同时, 其探测目标的距离也较可见光视频更远, 可达 10km 以上.

(2) 可识别隐藏目标. 红外热成像是被动接收目标自身发出的红外辐射, 人体、车辆的温度及红外辐射要高于草丛、灌木等背景, 因此不易伪装.

(3) 昼夜可视. 红外热成像可适用于任何光照条件, 依靠物体自身辐射的红外光线即可清晰成像. 不受强光影响, 无论白天黑夜, 都可探测发现目标, 实现全天候监控.

(4) 可有效区分人、车、动物等. 可对各运动目标进行持续跟踪, 并支持绊线检测、区域入侵、物品移除、物品遗留等多种行为检测.

可见光视频的特点:

(1) 分辨率高. 可见光成像将环境中的可见光信号转换成电信号, 从而形成清晰的视频图像, 目标背景色彩丰富、目标的边缘特征、纹理特征较为清晰.

(2) 颜色还原度高. 由于可见光摄像机可以同时捕捉多种颜色的信号, 因此其颜色还原度相对较高.

(3) 信噪比高. 相较于红外视频, 可见光成像不易受外界环境的随机干扰, 从而使得可见光视频包含噪声较少.

图 13.1 为红外与可见光视频数据集 GTOT 中的部分视频帧, 其中(a)～(c)分别代表来自 FastMotorNig、Jogging 和 LightOcc 三组视频. 每组视频第一行代表红外视频帧, 第二行代表可见光视频帧, 从图 13.1(a)中可以明显发现当目标(摩托车)移动到灯光下的时候, 可见光视频帧无法观测到目标(见方框),

而红外视频帧不受强光影响，在黑夜中可明显探测到目标. 从图 13.1(b)中可以明显发现当目标(人)移动到阴影中时，可见光视频帧只能稍微呈现一定的场景及目标的边缘，而红外视频帧有一定的穿透能力，可对各运动目标进行持续跟踪，且目标较为清晰. 图 13.1(c)视频画面中描述了一辆行驶的汽车及一群行走的路人，明显发现红外视频可对与背景温度差异较大的行人与车辆目标进行较清晰成像.

(a) FastMotorNig

(b) Jogging

(c) LightOcc

图 13.1　红外与可见光视频帧

因此需要将红外视频与可见光视频进行融合，综合两种图像各自的优点，既可以充分利用其信息互补性，有效增加视频的信息量，又可以提高目标和场景分析的可靠性及解释的完全性，使得探测系统的后续处理能力大幅提高，还可以提高系统的空间分辨率、全天候工作能力以及目标检测和抗干扰能力，在无人航空器遥感观测、防空及制导、新纳传感智能驾驶、水利监控等领域具有重要的应用价值[2].

13.2　拟态需求分析

利用视频帧的差异信息优化选择融合策略是提高红外光电探测系统自适应性能的重要途径. 目前，两类视频的融合策略选择大多借鉴图像的融合经验和算法的优势特点来事先确定一种固定的融合策略应用于整个视频序列，在特定场景下这种融合方法在一定程度上取得了良好的效果[3]，但在实际目标检测中，由于场景的动态变化，成像环境更加复杂，尤其是动态视频帧内感兴趣区域目标及其差异特征属性更加复杂多变. 对于红外和可见光视频融合，预选的融合策略对于整个视频序列目标区域内的不同差异特征下并不能始终保持良好的融合性能，且融合的效果在不同的差异特征幅值下具有不确定性和动态性. 因此相对固定的融合模型难以满足不同特征"动态"变化的灵活融合要求，传统方法已成为制约两类视频融合效果提升的瓶颈. 因此以拟态章鱼模拟多种生物来躲避威胁的行为为仿生依据，借鉴拟态章鱼的多拟态变换过程，提出了红外与可见光视频的拟态融合方法.

从表面上看，问题的原因在于融合模型及其结构并没有随着视频帧的差异而动态变化，本质上是模型每一层的固定元素(融合规则和参数等)导致模型无法根据视频间差异逐层推导出对应的子结构，严重制约了视频融合优势的发挥. 只有研究模型中的分层结构以及协调组合建立动态可变结构的方法，才能解决上述瓶颈问题.

视频融合的核心是将不同模态视频间的差异特征有效综合，以发挥不同成像的互补优势，而根据感知到的不同差异特征智能化选择融合策略也是拟态融合的核心思想. 研究表明曲波变换、非下采样剪切波变换、非下采样轮廓波变换、拉普拉斯金字塔等不同融合算法各有优势[4]，且算法内部的融合规则、融合参数及算法间的组合也会显著影响最终融合效果. 为了充分发挥融合算法、融合规则和融合参数等拟态变元的融合性能，实现视频各帧间差异特征的有效融合，且能将拟态融合的过程简单化，从而高效获得高质量的红外与可见光融合视频. 根据拟态章鱼多拟态变换与视频融合的关联关系，将拟态变元集进行分层，即对融合算法、融合规则和融合参数等拟态变元按照由主到次的顺序分层为高层变元、低层变元及基层变元，然后逐层分析比较不同变元对红外与可见光视频序列帧内各差异特征的融合效果，优化选择各层拟态变元，根本上保证模型的融合性能.

13.3 基于差异特征信息量的拟态融合模型

基于差异特征信息量的拟态融合模型具体实现过程如图 13.2 所示，主要包括帧内主要差异特征及其属性的表征、差异特征信息量的计算、拟态变换方式的确定、拟态变元的选择与组合四大部分.

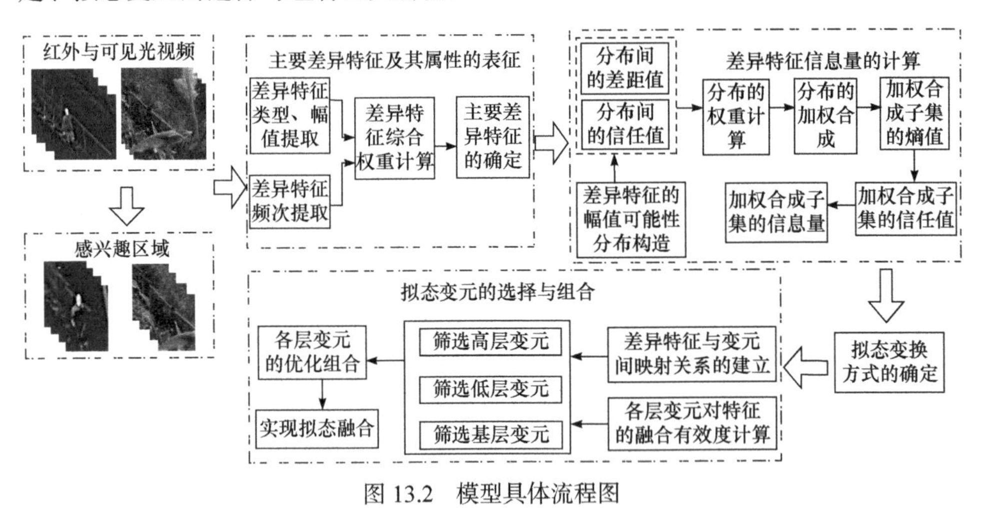

图 13.2 模型具体流程图

13.3.1 主要差异特征及其属性的表征

首先是根据融合需求及运动目标的检测识别任务对红外与可见光视频序列中每一帧的感兴趣区域进行大致划分，并尽可能地将其框出；然后针对双模态视频显著的三类差异互补信息即亮度、边缘和纹理，选取六个差异特征实现对三者幅值的定量描述；再利用 K 最近邻非参数估计法[5]得到差异特征的概率密度分布，从而得到差异特征的频次分布; 最后通过差异特征幅值与频次构造差异特征综合权重用于协调差异特征多属性间的关系, 从而根据其结果对每帧主要差异特征进行确定.

1. 差异特征的类型、幅值及频次表征

结合 4.2 节内容, 选取 GM, EI, SD, AG, CA 以及 CN 作为双模态视频的差异特征类型, 利用 16×16 的平滑窗口对红外与可见光视频序列逐帧进行不重叠分块处理, 来提取对应的特征信息, 差异特征幅值计算步骤见 4.2.2 节, 差异特征幅值的概率密度估计值及频次的计算参考式(4.18)和(4.19).

2. 差异特征综合权重的计算

差异特征综合权重即为差异特征的不同属性所占整幅图像权重的动态函数, 它代表着不同属性的相对重要性. 如式(13.1)所示, 其中 $\omega(Q_N^m)$ 为差异特征综合权重, 通过差异特征综合权重实现同类差异特征的幅值与频次的合成轴映射, 进而将异类差异特征多个属性的合成简化为异类差异特征权重函数的合成.

$$\begin{cases} \omega(Q_N^m)' = p(Q_N^m) \times Q_N^m \\ \omega(Q_N^m) = \dfrac{\omega(Q_N^m)' - Q_N^L}{Q_N^R - Q_N^L} \end{cases} \tag{13.1}$$

其中 $p(Q_N^m)$ 为差异特征幅值 Q_N^m 的概率密度估计值, Q_N^R 和 Q_N^L 分别为扩充样本集的右边界和左边界.

对于每帧图像来说, 不同模态图像间所包含的亮度、边缘及纹理等差异互补信息含量是高低不同的, 即差异特征存在主次之分, 比如图 13.3 的两组红外与可见光图像(a)和(b), (a)组场景主要包含人、广告牌、电线杆和汽车等目标, 显然其差异主要体现在亮度和纹理方面, 而(b)组场景则包含大量的树木和植被, 从人眼视觉来看其差异主要体现在亮度和边缘信息. 结合两组图像的差异特征综合权重值也能看出(见表 13.1 中的加粗字体).

(a) 第一组

(b) 第二组

图 13.3　红外与可见光图像

表 13.1　差异特征的综合权重值

	GM	SD	AG	EI	CN	CA
图 13.3(a)	**0.3676**	0.1967	0.2061	0.1996	0.1766	**0.3260**
图 13.3(b)	**0.3891**	0.3016	**0.3555**	0.3305	0.2662	0.2373

3. 主要差异特征的确定

主要差异特征指的是对于一组不同模态的图像来说，该类特征的差异信息相较于其他特征更为明显突出，用其引导后期拟态融合具有现实可行性和重要意义. 由于差异特征综合权重用于协调差异特征多属性间的关系，其值更具有合理意义和表观全面性. 众所周知，黄金分割是指将整体一分为二，较大部分与整体部分的比值等于较小部分与较大部分的比值，其比值约为 0.618，在许多科学研究中，它通常被用来实现方案的优化选择，用少量的实验快速找到合适的方案. 为了准确判断双模态视频每一帧的主要差异特征，将黄金分割数引入差异特征综合权重，从而定义了特征判断准则，见式(13.2)，然后根据其筛选结果对每帧主要差异特征进行确定.

$$\omega_{i,r} \geqslant \min(\omega_{i,r=1:k}) + 0.618 \times \left|\max(\omega_{i,r=1:k}) - \min(\omega_{i,r=1:k})\right| \tag{13.2}$$

其中 $\omega_{i,r}$ 代表视频序列中第 i 帧的相应特征 r 的差异特征综合权重值.

13.3.2　差异特征信息量的计算

将第 i 帧的相应特征 r 的差异特征的幅值等分为 l 份，然后统计第 j 个幅值区间内幅值散点的个数 $n_{r,i}^{(j)}$，以及其在整幅图中所占的比重，所得值即为每个区间内的概率分布 $P_{r,i}^{(j)}$，然后基于式(13.3)和(13.4)将其转换成可能性分布 $\pi_{r,i}^{(j)}$. 每一帧视频内的差异特征幅值分布用子集 Z_i 来表示：$Z_i = \{\pi_{1,i}, \pi_{2,i}, \pi_{3,i}, \pi_{4,i}, \pi_{5,i}, \pi_{6,i}\}$，其中 $\pi_{r,i}$ 是差异特征 r 在第 i 帧视频的分布，$\pi_{r,j} = [\pi_{r,j}^{(1)}, \pi_{r,j}^{(2)}, \cdots, \pi_{r,j}^{(l)}]$.

$$P_{r,i}^{(j)} = \frac{n_{r,i}^{(j)}}{N} \quad \left(N = \frac{a \times b}{m \times n}\right) \tag{13.3}$$

$$\pi_{r,i}^{(j)} = \frac{P_{r,i}^{(j)}}{\max(P_{r,i}^{(j)})} \tag{13.4}$$

其中 N 为散点总个数，$a \times b$ 为视频帧的尺寸大小，$m \times n$ 为滑动窗口大小.

定义 Z_k 中任意两个分布 π_α，π_β，则 π_α 的信任值 CR_α 计算公式为

$$\mathrm{CR}_{\alpha}=\frac{1}{r-1}\sum_{\substack{\beta=1\\ \beta\neq\alpha}}^{r}\frac{\sum_{m=1}^{l}\pi_{\alpha}(m)\pi_{\beta}(m)}{\left\|\pi_{\alpha}\right\|\cdot\left\|\pi_{\beta}\right\|} \tag{13.5}$$

其中 r 代表差异特征的类数; l 表示每个差异特征幅值区间等分成 20 份.

基于曼哈顿距离提出两个分布的差距值, 定义 Z_k 上的两个可能性分布 π_α, π_β, π_α 的差距值 GA_α 为

$$\mathrm{GA}_{\alpha}=1-\left[\frac{1}{r-1}\sum_{\substack{\beta=1\\ \beta\neq\alpha}}^{r}(\pi_{\alpha}-\pi_{\beta})\right] \tag{13.6}$$

计算每个差异特征分布的权重: 由于每帧视频内不同差异特征的幅值分布 Z_k 中各分布子集所含信息量不同且数值差异较大, 所以在合成时基于信任值(CR)和各子集间的差距值(GA)定义一种新权重, 如公式(13.7)所示.

$$W=\frac{1}{2}(\mathrm{CR}+\mathrm{CR}_{r}\cdot\mathrm{GA}^{-\mathrm{CR}}) \tag{13.7}$$

对于每帧视频 i, 根据公式(13.7)定义的每个特征分布的权重 $W_{r=1:6}$, 利用公式(13.8)对各帧视频内的特征子集进行加权合成.

$$Z_{i}(\pi_{a},\pi_{b})=\frac{1}{2}(W_{a}\pi_{a}+W_{b}\pi_{b}) \tag{13.8}$$

计算加权合成子集的熵值. 信息熵越小, 表明其不确定信息越少. 负熵可用来表示信息的不确定性, 加权合成子集 Z_i 的负熵 $\mathrm{NI}(Z_i)$ 定义如下:

$$\mathrm{NI}(Z_{i})=\frac{1}{\sum_{m=1}^{l}Z_{i}(m)^{2}} \tag{13.9}$$

计算加权合成子集的信任值. 加权合成子集 Z_i 可信度的计算公式可以类比于公式(13.5).

利用基于 NI 和 CR 的信息量函数[6], 见公式(13.10), 其值越高代表着合成子集的质量越好.

$$\mathrm{IE}(Z_{i})=\frac{\mathrm{CR}(Z_{i})}{1+\mathrm{CR}(Z_{i})}\left(1+\mathrm{NI}(Z_{i})\right) \tag{13.10}$$

接下来对各帧对应的信息量进行分析, 由于异类差异特征分布子集对应的信息量常具有不同的量纲和数量级, 当这些信息量水平相差很大时, 如果直接用原始值进行分析, 就会突出数值较高的指标在综合分析中的作用, 相对削弱数值水

平较低指标的作用. 因此, 为了保证结果的可靠性, 需要对原始指标数据进行标准化处理, 具体见公式(13.11).

$$\mathrm{IE}_{st}(Z_k)=\frac{\mathrm{IE}(Z_k)}{\frac{1}{k}\sum_{i=1}^{k}\mathrm{IE}(Z_i)} \tag{13.11}$$

13.3.3　拟态变换方式的确定

当一组待融合的视频序列主要差异特征的合成分布信息量经过标准化处理后, 通过分析前后帧视频标准化信息量绝对差值的范围, 从而确定当前帧拟态融合过程中采用的拟态变换方式. 经过对多个数据集进行分析构造如下函数, 具体见图 13.4 及公式(13.12).

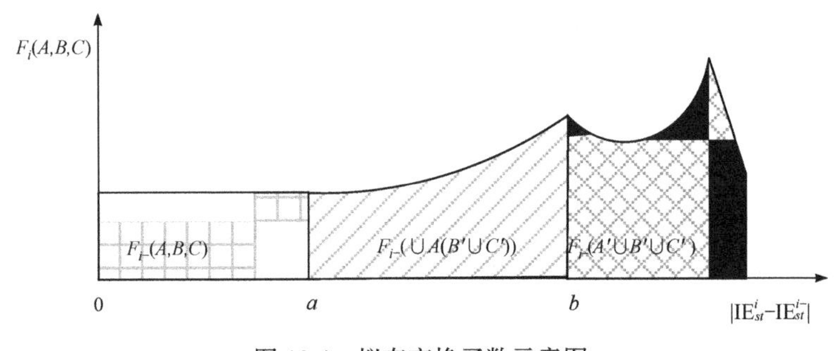

图 13.4　拟态变换函数示意图

当$\left|\mathrm{IE}_{st}^{i}-\mathrm{IE}_{st}^{i-}\right|\leqslant a$时, $F_{i-}(A,B,C)$表示当前视频帧所采用的拟态变换方式与前面帧保持一致;

当$a<\left|\mathrm{IE}_{st}^{i}-\mathrm{IE}_{st}^{i-}\right|\leqslant b$时, $F_{i-}(\cup A(B'\cup C'))$表示当前帧相比前面帧采用局部变的拟态变换方式, 即高层变元保持不变, 低层变元类内或类间发生改变;

当$\left|\mathrm{IE}_{st}^{i}-\mathrm{IE}_{st}^{i-}\right|>b$时, $F_{i-}(A'\cup B'\cup C')$则表示当前帧相比前面帧采用替代变(或全局变)的拟态变换方式, 即高层变元必发生改变, 低层变元或基层变元视情况而定, 替代变是低层变元、基层变元保持不变, 而全局变则是三类变元均发生变化.

$$F_i(A,B,C)=\begin{cases}F_{i-}(A,B,C), & \left|\mathrm{IE}_{st}^{i}-\mathrm{IE}_{st}^{i-}\right|\leqslant a\\ F_{i-}(\cup A(B'\cup C')), & a<\left|\mathrm{IE}_{st}^{i}-\mathrm{IE}_{st}^{i-}\right|\leqslant b\\ F_{i-}(A'\cup B'\cup C'), & \left|\mathrm{IE}_{st}^{i}-\mathrm{IE}_{st}^{i-}\right|>b\end{cases} \tag{13.12}$$

其中A,B,C分别代表高层变元、低层变元及基层变元, 阈值a,b均由融合需求决定.

13.3.4 拟态变元的选择与组合

(1) 建立所选差异特征与高层变元、低层变元(高低频融合规则)和基层变元间的一般映射关系.

为了衡量视频多尺度融合框架中各类拟态变元对某一差异特征融合效果的好坏, 基于余弦相似性测度和加权平均思想, 提出单特征融合有效程度的评价函数, 如公式(13.13)所示, 其值越大, 融合有效度越高, $X_{i,r,\xi}^{F(k)}$ 表示基于变元 A_k 得到的视频序列第 i 帧的融合结果对应像素块 ξ 的特征 r 的表征量.

$$E_{i,r}^{k}=\frac{1}{N}\sum_{\xi=1}^{N}E_{i,r,\xi}^{k}=\frac{1}{N}\sum_{\xi=1}^{N}\left(w_{i,r,\xi}^{\mathrm{I}}\times\mathrm{SIM}\left(X_{i,r,\xi}^{F(k)},X_{i,r,\xi}^{\mathrm{I}}\right)+w_{i,r,\xi}^{\mathrm{V}}\times\mathrm{SIM}\left(X_{i,r,\xi}^{F(k)},X_{i,r,\xi}^{\mathrm{V}}\right)\right) \tag{13.13}$$

其中

$$\text{局部相似性:}\begin{cases}\mathrm{SIM}\left(X_{i,r,\xi}^{F(k)},X_{i,r,\xi}^{\mathrm{I}}\right)=\dfrac{\left\langle X_{i,r,\xi}^{F(k)},X_{i,r,\xi}^{\mathrm{I}}\right\rangle}{\sqrt{\left(X_{i,r,\xi}^{F(k)}\right)^{2}+\left(X_{i,r,\xi}^{\mathrm{I}}\right)^{2}}}\\[2ex]\mathrm{SIM}\left(X_{i,r,\xi}^{F(k)},X_{i,r,\xi}^{\mathrm{V}}\right)=\dfrac{\left\langle X_{i,r,\xi}^{F(k)},X_{i,r,\xi}^{\mathrm{V}}\right\rangle}{\sqrt{\left(X_{i,r,\xi}^{F(k)}\right)^{2}+\left(X_{i,r,\xi}^{\mathrm{V}}\right)^{2}}}\end{cases} \tag{13.14}$$

$$\text{内积:}\left\langle X_{i,r,\xi}^{F(k)},X_{i,r,\xi}^{\mathrm{I}}\right\rangle=\sum_{x=1}^{l}X_{i,r,\xi}^{F(k)}(x)\cdot X_{i,r,\xi}^{\mathrm{I}}(x) \tag{13.15}$$

$$\begin{cases}w_{i,r,\xi}^{\mathrm{I}}=\dfrac{X_{i,r,\xi}^{\mathrm{I}}}{X_{i,r,\xi}^{\mathrm{I}}+X_{i,r,\xi}^{\mathrm{V}}}\\[2ex]w_{i,r,\xi}^{\mathrm{V}}=\dfrac{X_{i,r,\xi}^{\mathrm{V}}}{X_{i,r,\xi}^{\mathrm{I}}+X_{i,r,\xi}^{\mathrm{V}}}\end{cases} \tag{13.16}$$

$w_{i,r,\xi}^{\mathrm{I}}$ 和 $w_{i,r,\xi}^{\mathrm{V}}$ 分别为红外与可见光视频序列帧的权重因子.

此外实验所包含的高层变元集、低层变元集以及基层变元集具体如下.

高层变元集: 共选取常用融合框架中的 6 种算法, 具体包括 CVT, NSST, NSCT, SWT, LP 和 DTCWT.

低层变元集: 多尺度融合框架下的低层变元主要分为高频规则和低频规则, 其中低频规则主要包括 SAW, MC, WE 和 WWA; 高频规则主要包括 AMC, MC, WE, WG 和 WSD, 其中低、高频融合规则可以两两任意组合.

基层变元集: 涉及的多尺度融合框架下的基层变元主要指的是多尺度分解层数以及算法内部滤波器类型等, 分解层数和滤波器均是根据算法本身来设置.

为了建立差异特征与拟态变元(高层变元、低层变元和基层变元)的映射关系, 在多个数据集的红外与可见光图像/视频上做了多组实验, 基于公式(13.13)来选择其中融合有效度最高者所对应的拟态变元作为该差异特征的最佳拟态变元, 融合有效度最大者及与其偏差不超过 0.05 的所有拟态变元都被认为是最佳拟态变元. 此外在实验过程中采用消融实验, 即在只研究差异特征与高层变元间的映射对应关系时, 应该保证在融合过程中都采用同样的低层变元, 保持其一致性. 在研究差异特征与低层变元、基层变元间的映射关系时, 应该固定高层变元.

表 13.2～表 13.5 是目前已建立的差异特征与拟态变元间的映射关系:

表 13.2　差异特征与最优高层变元的映射关系

差异特征	最优高层变元
GM	NSCT, DTCWT, SWT
SD	NSCT, NSST
AG	CVT
EI	NSST
CN	LP, NSST
CA	NSST

表 13.3　差异特征与最优低层变元(高频)的映射关系(以 NSCT 为例)

差异特征	最优低层变元(高频)
GM	AMC, WE
SD	WG
AG	WSD
EI	WSD
CN	WG
CA	MC, WG

表 13.4　差异特征与最优低层变元(低频)的映射关系(以 NSCT 为例)

差异特征	最优低层变元(低频)
GM	SWA, WWA
SD	WWA
AG	MC, WE
EI	WWA
CN	WWA
CA	WWA

表 13.5　差异特征与最优基层变元的映射关系(以 NSCT 为例)

差异特征	最优基层变元(金字塔分解滤波器/多方向滤波器)
GM	Pyrexc/ haar
SD	Pyrexc/ haar
AG	Pyrexc/ vk
EI	Pyrexc/ vk
CN	Pyrexc/ vk
CA	Pyrexc, maxflat, 9-7/ haar

(2) 最佳拟态变元的选择与组合.

对于每帧视频最佳拟态变元的选择, 主要分为两步:

一是根据每帧视频的主要差异特征类型以及之前确定的差异特征与最优高层变元、低层变元(高低频融合规则)、基层变元间的映射来确定该帧可能对应的拟态变元.

二是结合已经确定的拟态变换方式以及融合有效度函数对拟态变元进行筛选. 对于视频序列的第一帧来说, 由于没有参照视频, 即无法确定拟态变换方式, 则只能根据融合有效度函数计算在映射所选最佳高层变元下, 不同低层变元和基层变元相互组合的特征的融合有效度的大小来选取高层变元、低层变元、基层变元的组合, 即最大值对应为当前帧拟态融合过程中选取的最佳拟态变元. 对于视频序列的其他帧来说, 若拟态变换方式为不变, 则与前一帧的最佳拟态变元类型保持一致; 若为局部变, 则高层变元和前一帧保持一致, 低层及基层变元则需结合融合有效度的大小来确定相应类型; 若为替代变或者全局变, 则高层变元排除与前一帧相同的那种类型, 再结合融合有效度函数来选择最佳拟态变元的组合, 基于差异特征指数测度的多类融合算法并行协同融合方法实现较为方便, 但受权重度量函数选择影响较大. 对于权重的设置还可以采用智能优化算法的方法, 比如采用粒子群、差分进化算法等. 通过设定多目标函数的方法, 优化不同融合算法的权重. 但是, 目标函数的确定比较复杂, 且随着目标函数的增加, 算法的收敛性很难控制, 权重的不稳定性增加, 实际上是增加了权重设置和协同嵌接方法整体的复杂程度, 不利于算法协同嵌接融合优势的发挥. 为了减少并行协同融合对权重的依赖, 且不过多增加融合的复杂度, 提出基于非负矩阵的并行协同融合方法[4].

13.3.5　实验结果与分析

此处详细介绍所提拟态融合方法的整体流程及实验结果分析, 在数据集上进行了实验, 最后通过定性和定量分析将其与常用的 CVT, NSST 等方法比较.

OTCBVS 数据集共包含 17089 个不同场景的红外与可见光图像, 其中所选择的视频集 OSU Color-Thermal change 包含俄亥俄州立大学校园两个场景的红外与可见光视频序列, 由于篇幅限制, 接下来只展示该视频集中名称为"Location 2"的分组中的 9 帧视频的实验结果.

首先是对视频序列每一帧中的感兴趣区域进行大致划分, 并尽可能地框出, 如图 13.5 方框所示; 其次对每一帧中感兴趣区域的各类差异特征的幅值大小进行计算, 然后得到差异特征幅值的频次分布, 在这里将差异特征幅值点移动的步长设为 0.01, 接着将每一帧的各类差异特征幅值和频次属性综合考虑, 得到差异特征综合权重值. 最后基于特征判别条件将计算出的各类差异特征综合权重值进行筛选排序, 从而确定每一帧对应的主要差异特征. 结果如表 13.6 所示, 表中加粗数字对应的差异特征即为该帧的主要差异特征, 如第 3 帧、第 5 帧和第 7 帧对应的主要差异特征均为 GM 和 CA.

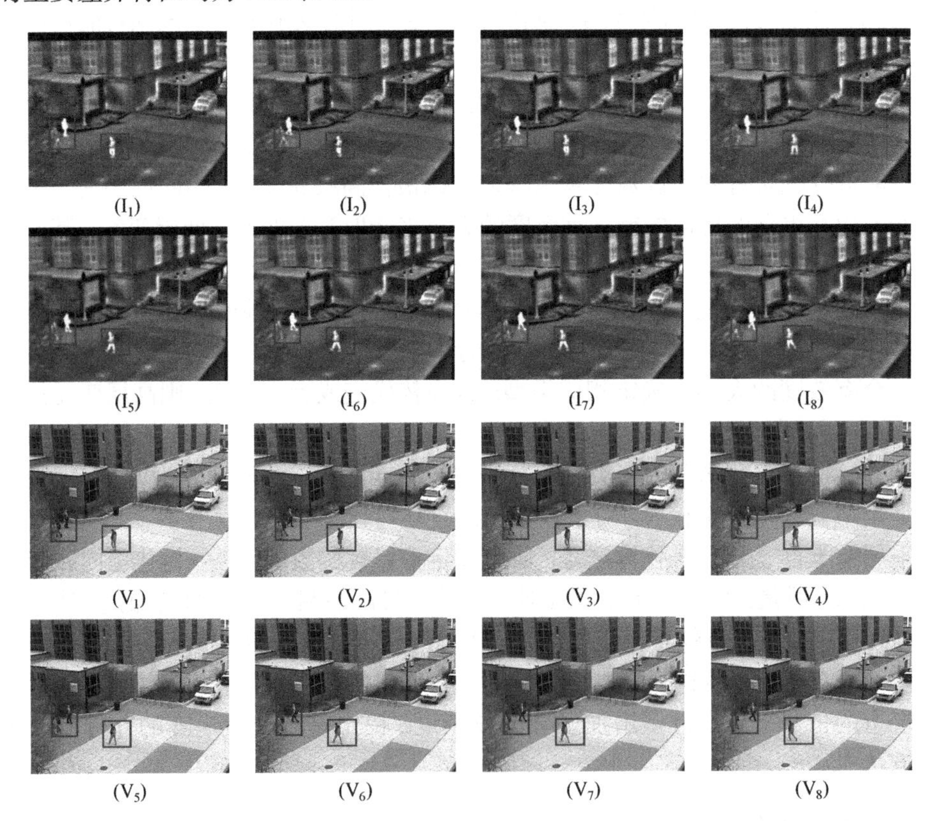

图 13.5　OTCBV 数据集上的红外与可见视频帧. (I_1)至(I_8)、(V_1)至(V_8)分别代表红外与可见光视频的第 3 帧、第 5 帧、第 7 帧、第 9 帧、第 11 帧、第 13 帧、第 15 帧、第 19 帧

表 13.6　每帧的主要差异特征

视频帧	判别值	差异特征的综合权重					
		GM	SD	AG	EI	CN	CA
3	0.2503	**0.3512**	0.2152	0.2236	0.1924	0.1646	**0.2932**
5	0.2507	**0.3502**	0.2043	0.2221	0.1895	0.1570	**0.3221**
7	0.2435	**0.3453**	0.2107	0.2244	0.1949	0.1637	**0.3119**
9	0.2445	**0.3410**	0.2240	0.2191	0.1912	0.1842	**0.3131**
11	0.2484	**0.3496**	0.2205	0.2221	0.1889	0.2082	**0.3154**
13	0.2431	**0.3426**	**0.3426**	0.3426	0.3426	0.3426	**0.3426**
15	0.2434	**0.3455**	**0.2471**	0.2197	0.1885	0.1951	**0.3131**
19	0.2463	**0.3430**	0.2449	0.2156	0.1883	0.1756	**0.3201**

首先将每帧各类差异特征的幅值分布转换成可能性分布，其次分别计算每帧视频的 6 类差异特征幅值可能性分布子集的信任值及各子集间的差距值；再基于各分布的信任值和差距值对每帧视频每类差异特征分布的权重进行估计，利用对幂集里的子集进行加权合成；然后计算每个合成子集的熵值和信任值；最后基于每个合成子集的熵值和信任值对每个合成子集的信息量进行评估. 表 13.7 只显示每帧视频的主要差异特征的信息量以及其合成子集的信息量. 如第 3 帧对应的主要差异特征是 GM 和 CA，表 13.7 第三行分别显示了该帧的 GM, CA 以及 GM, CA 加权合成子集的信息量.

表 13.7　每帧的主要差异特征的信息量

视频帧	主要差异特征	主要差异特征的信息量($\mathrm{IE}(Z_i)$)				
		GM	SD	CA	GM, CA	GM, SD, CA
3	GM, CA	378.5659	—	145059.2562	1426.0252	—
5	GM, CA	344.0369	—	143067.3715	1303.9169	—
7	GM, CA	343.5901	—	156674.0786	1393.0913	—
9	GM, CA	371.3479	—	151636.6205	1397.7971	—
11	GM, CA	444.2584	—	147184.1855	1664.3315	—
13	GM, SD, CA	444.9776	3536.5083	—	—	2117.7735
15	GM, SD, CA	371.6541	19600.4595	—	—	2502.2994
19	GM, CA	370.5469	—	142094.9535	1394.1015	—

从表 13.7 可以发现每类差异特征对应分布子集及合成子集的信息量幅值范围量纲不同，且数值单位级过大，较难分析表中数据从而得出结论，为此这里对表中数据进行标准化处理，具体见公式(13.14)，表 13.8 显示的是视频第 3 帧、第

5 帧、第 7 帧、第 9 帧、第 11 帧、第 13 帧、第 15 帧、第 19 帧各自对应的几类主要差异特征分布合成子集的信息值的标准化处理值, 如表 13.8 中第 3 帧、第 5 帧对应表 13.7 中的第 6 列(GM, CA), 第 13 帧、第 15 帧则对应表 13.7 中的第 7 列(GM, SD 和 CA).

表 13.8　每帧的主要差异特征的信息量的标准化处理(IE_{st})

视频帧	3	5	7	9	11	13	15	19
IE_{st}	0.6278	0.6037	0.6597	0.7600	0.9228	1.0769	1.0362	0.9663

计算相邻两帧信息量的绝对差值 D_{IE}, 具体数值见表 13.9, 根据 $D_{IE}(3,5)=0.0241<0.05$, $0.05<D_{IE}(5,7)=0.0560$, $D_{IE}(7,9)=0.1003>0.1$, $D_{IE}(9,11)=0.1628>0.1$, $D_{IE}(11,13)=0.1541>0.1$, $D_{IE}(13,15)=0.0407<0.05$, $0.05<D_{IE}(15,19)=0.0699<0.1$, 可以得出各帧对应的拟态变换方式, 第 5 帧: 不变; 第 7 帧: 局部变; 第 9 帧: 替代变(或全局变); 第 11 帧: 替代变(或全局变); 第 13 帧: 替代变(或全局变); 第 15 帧: 不变; 第 19 帧: 局部变.

表 13.9　相邻两帧视频间信息量的绝对差值(D_{IE})

视频帧	(3, 5)	(5, 7)	(7, 9)	(9, 11)	(11, 13)	(13, 15)	(15, 19)
D_{IE}	0.0241	0.0560	0.1003	0.1628	0.1541	0.0407	0.0699

根据每帧视频的拟态变换方式来确定其拟态变换过程中具体对应的高层变元、低层变元及基层变元. 步骤主要分为:

(1) 根据每帧视频的主要差异特征类型以及之前确定的差异特征与最优高层变元、低层变元(高低频融合规则)、基层变元间的映射来确定该帧可能对应的拟态变元. 如第 3 帧的主要差异特征为 GM 和 CA, 根据映射可知对应的最佳高层变元可能包括 NSCT, DTCWT 和 SWT, 若高层变元为 SWT, 则低层变元包括高频融合规则: WE 和 AMC; 低频融合规则: WWA 和 WE; 对应的基层变元可能为“db1”“db13”等.

(2) 结合已经确定的拟态变换方式以及融合有效度函数对拟态变元进行筛选. 对于待融合的第一帧来说(在本小节对应视频第 3 帧), 由于没有参照视频, 即无法确定拟态变换方式, 则只能根据融合有效度函数计算在映射所选最佳高层变元下, 不同低层变元和基层变元相互组合的主要差异特征的融合有效度大小, 选取最大值对应的高层变元、低层变元、基层变元的组合即为当前帧拟态融合过程中选取的拟态变元. 对于本小节视频第 3 帧, 选取的高层变元为 SWT, 低层变元为 WE-WWA, 基层变元为“db1”; 对于第 5 帧, 由于拟态变换方式不变, 则所选拟态变元与前一帧保持一致; 对于第 7 帧, 拟态方式采用局部变, 则高层变元仍然为 SWT, 再结合主要差异特征的类型及映射, 只需考虑低层变元(高频融合规则: WE, AMC; 低频融合规则: WWA, WE)和基层变元(“db1”“db13”)几种组合下融合有效度的大小, 选取值最大对应的组合; 对于第 9 帧, 拟态方式采用替代变(或全局变), 即高层变元需要替换, 则主要差异特征映射对应的高层变元集中排除 SWT, 然后根据融合有效度来选择最佳拟态变元的组合, 后面几帧的操作同前, 具体内容见表 13.10.

表 13.10　每帧视频所选的最佳拟态变元

视频帧	拟态变换类型	每帧视频所选的最佳拟态变元			
		高层变元	低层变元		基层变元
			高频融合规则	低频融合规则	各层滤波器
3	—	SWT	WE	WWA	“db1”
5	不变	SWT	WE	WWA	“db1”
7	局部变	SWT	AMC	WE	“db13”
9	全局变	NSST	MC	MC	“maxflat”
11	全局变	DTCWT	AMC	WWA	“near_sym_b” “qshift_06”
13	全局变	NSST	MC	MC	“maxflat”
15	不变	NSST	MC	MC	“maxflat”
19	局部变	NSST	AMC	MC	“pyrexc”

为了验证所提拟态融合方法的合理性和有效性, 将该方法与之前所选的几种融合算法(CVT, NSST, NSCT, SWT, LP 和 DTCW)的融合结果相比较, 这些融合算法的参数设置均按照原算法所设, 融合规则均采用高频绝对值取大, 低频加权平均, 所有实验均在 Windows 10 的 Intel (R) Core (TM)i5-5200U 操作系统下运行. 不同方法的融合结果如图 13.6 所示, 从上到下每一行分别代表着红外与可见光视频的第 3 帧、第 5 帧、第 7 帧、第 9 帧、第 11 帧、第 13 帧、第 15 帧和第 19 帧; 从左到右分别代表 CVT, NSST, NSCT, SWT, LP, DTCWT 和拟态融合这七种方法. 明显发现从展示的几帧融合结果来看, 单一融合算法并不能在所有帧上均保持良好的融合效果, 随着帧内帧间差异信息的改变, 行人的亮度、建筑物边缘及电线杆的轮廓都会不可避免地丢失信息, 而就整体而言, 所提的拟态融合方法在展示

的几帧上均表现出较好的融合性能，尤其在运动物体上呈现出更强的强度分布、更逼真和清晰的纹理，例如来回行走的路人.

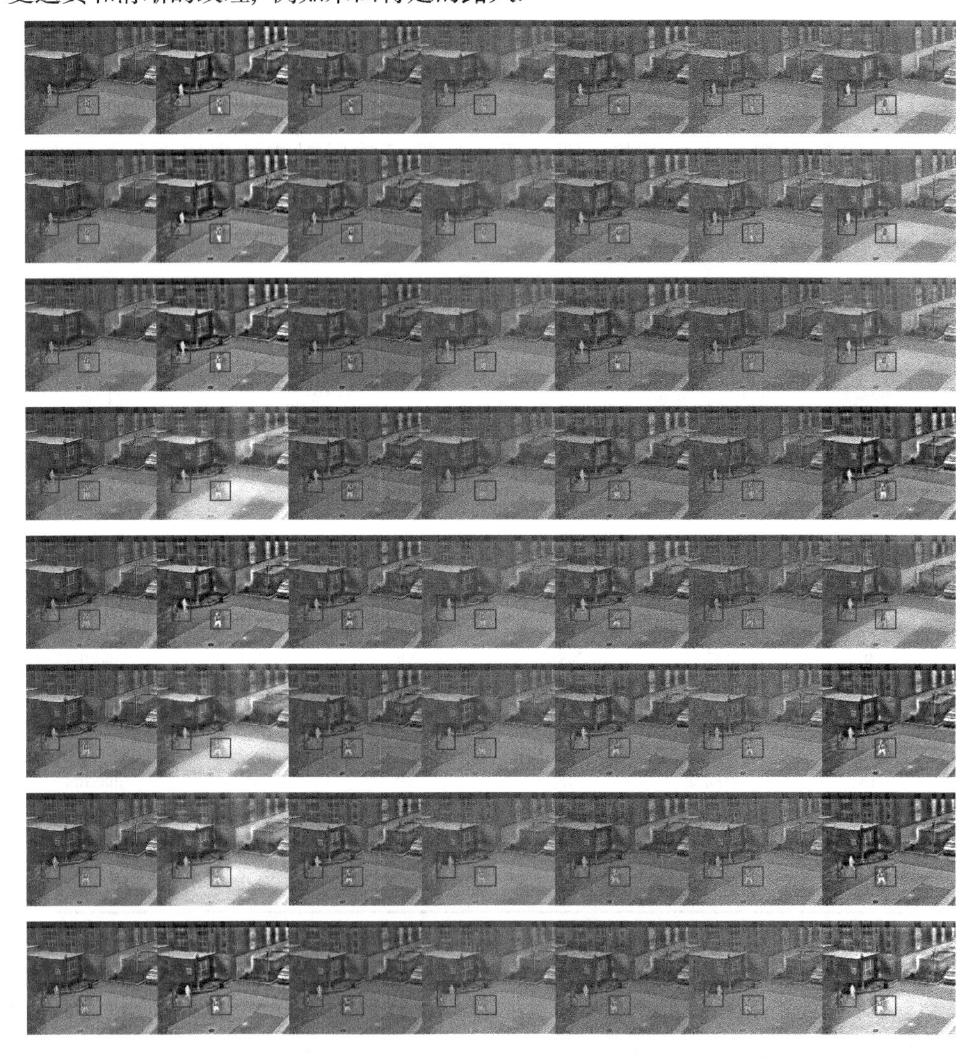

图 13.6　各种融合算法的性能比较(从上到下依次为第 3 帧、第 5 帧、第 7 帧、第 9 帧、第 11 帧、第 13 帧、第 15 帧和第 19 帧；从左到右依次为 CVT, NSST, NSCT, SWT, LP, DTCWT 和拟态融合)

同时，由于主观评价易受评价者个人心理因素、精神状态等各方面的差异影响，存在一定的主观能动性，选择 $Q^{AB/F}$, Q_0, Q_w, Q_e, 视觉信息保真度(Visual Information Fidelity for Fission, VIFF)和结构相似性(Structural Similarity, SSIM) 6 个客观评价指标对各方法下融合结果进行评价，指标值越高表示融合性能越好.

图 13.7(a)至(h)分别展示了上面 8 帧在不同融合方法下的评价指标值，从 8 张图中明显发现所提的拟态融合方法相较于其他单一算法而言，融合性能较为突出，对于每帧视频而言，该方法在 6 个指标中绝大多数获得最优，部分获得次优，总体而言综合效果最佳. 如在图 13.7(a)中，拟态融合在 $Q^{AB/F}$, Q_w 和 SSIM 这三个客观指标上都是最优，在 Q_e, VIFF 上略次于 NSST，虽然 Q_0 指标不太高，但从整体而言，该方法的融合效果明显优于其他算法，其他帧亦如此.

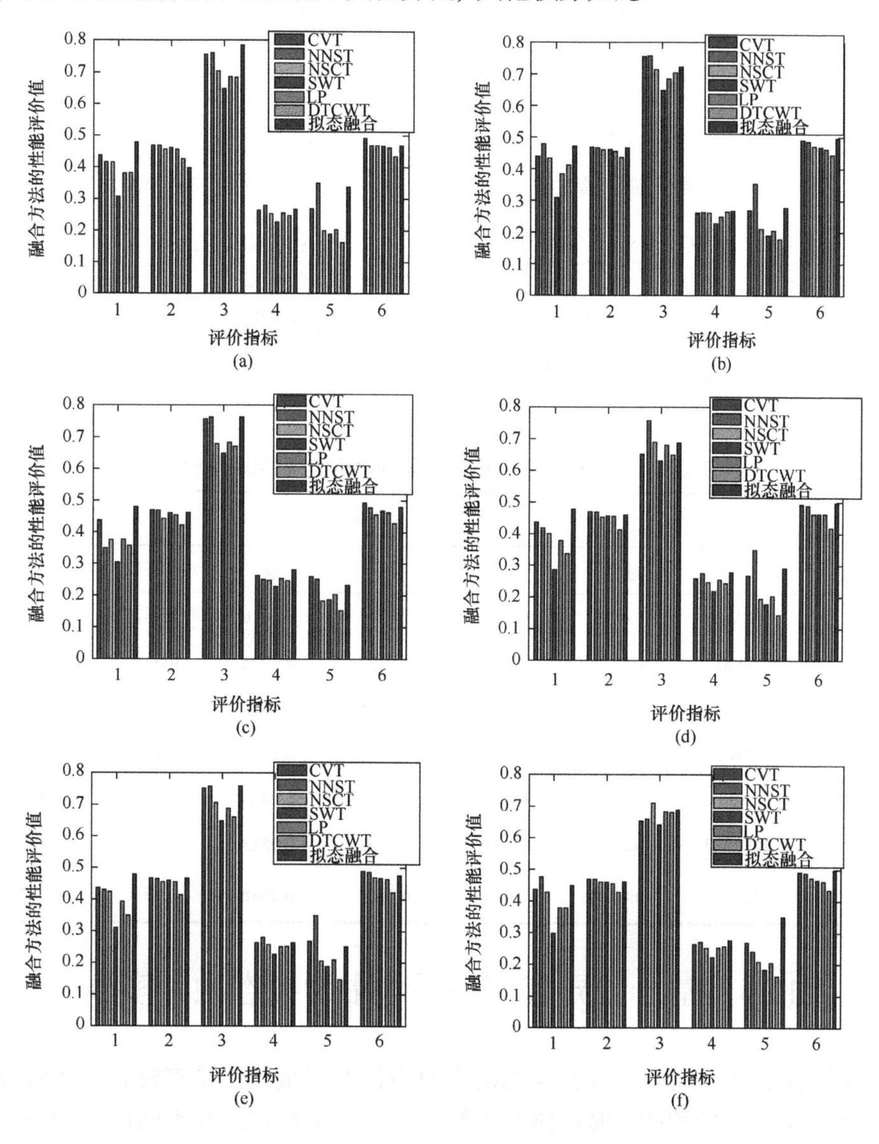

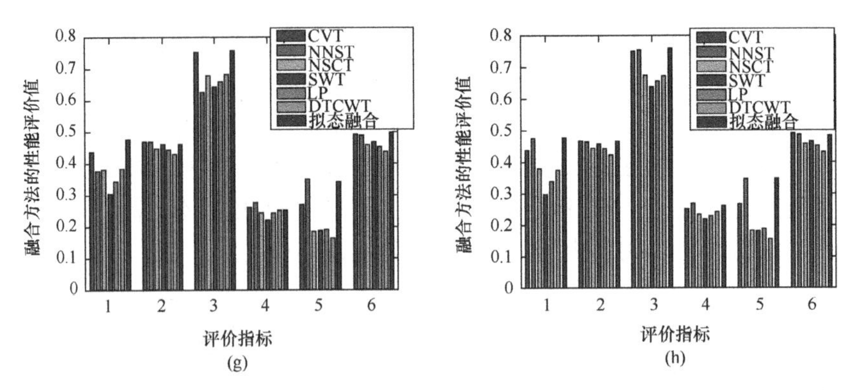

图 13.7　OTCBVS 数据集的几帧视频在不同融合方法的评价指标值((a)至(h)依次为第 3 帧、第 5 帧、第 7 帧、第 9 帧、第 11 帧、第 13 帧、第 15 帧和第 19 帧)

表 13.11 是 OTCBVS 整个视频序列在 CVT, NSST, NSCT, SWT, LP, DTCWT 和拟态融合等不同融合方法下的融合结果的平均评价指标值, 表中的黑色粗体来突出显示最优值, 从表中数据可得, 拟态融合方法在 $Q^{AB/F}$, Q_w 和 SSIM 三个评价指标上均取得最优值, 在 Q_e 和 VIFF 上取得次优值, 显然优于其他 6 种融合方法, 整体性能最优.

表 13.11　OTCBVS 数据集上各种融合算法的评价指标

数据集	融合方法	评价指标					
		$Q^{AB/F}$	Q_0	Q_w	Q_e	VIFF	SSIM
OTCBVS	CVT	0.4371	0.4684	0.7289	0.2610	0.2674	0.4818
	NSST	0.4275	**0.4677**	0.7302	**0.2708**	**0.3240**	0.4843
	NSCT	0.4044	0.4528	0.6945	0.2495	0.1963	0.4646
	SWT	0.3014	0.4593	0.6433	0.2234	0.1857	0.4663
	LP	0.3717	0.4523	0.6777	0.2489	0.2016	0.4604
	DTCWT	0.3717	0.4242	0.6758	0.2513	0.1586	0.4317
	拟态融合	**0.4738**	0.4549	**0.7406**	0.2686	0.3041	**0.4876**

13.4　基于差异特征关联落影的拟态融合模型

不同模态视频间差异互补信息的有效表征及定量描述是多模态智能融合系统精准分析决策的前提. 现有异类差异特征幅值属性常具有不同的量纲和数量级, 当各差异特征间的水平相差很大时, 如果直接用原始值进行分析, 就会突出数值较高的指标在综合分析中的作用, 相对削弱数值水平较低指标的作用; 而且对于同一成像场景来说, 背景及目标对应的同一类差异特征幅值分布并不均匀, 差异特征在成像场景中分布的疏密程度影响后期融合有效度的分布及构造, 进而造成视频融合效果差甚至融合方法失效; 再者现有融合方法往往忽视了差异特征信息间的关联关系, 导致融合过程语义解释性不强、融合效果提升难等问题[7].

因此, 为了保证融合结果的可靠性, 针对以上问题提出了基于差异特征关联落影的红外与可见光视频拟态融合模型.

13.4.1　拟态融合模型的构建

基于差异特征关联落影的拟态融合模型的具体流程图见图 13.8, 主要包括帧内差异特征及其属性的表征、差异特征关联矩阵的建立、差异特征分布的关联合成和拟态变元的选择与组合四大部分.

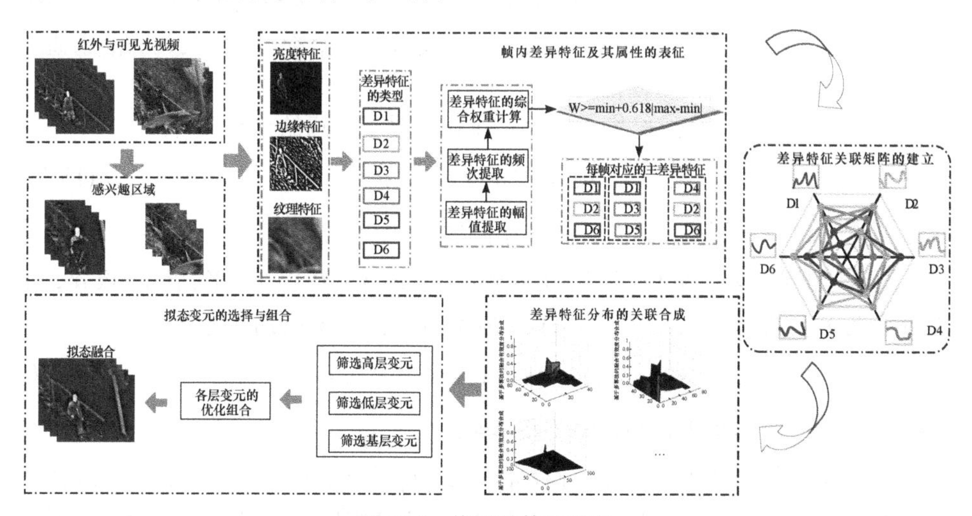

图 13.8　模型总体流程图

双模态视频帧内差异特征及其属性的表征具体见 13.3.1 节.

在统计学中, 皮尔逊相关系数, 如式(13.17)所示, 是用于度量两个变量 x 和 y 之间的线性相关, 其值介于 −1 与 1 之间. 当相关系数为 1 或 −1 时, 两者有严格的线性关系; 当相关系数为 0 时, 则称 x 和 y 不相关. 在这里用它来描述差异特征两两间的关联关系, 从而得到特征关联矩阵 T, 见式(13.18), 其中 k 表示共有 k 种差异特征, t_{k1} 表示差异特征 f_k 和 f_1 的关联值.

$$\mathrm{corr}(x,y)=\frac{E[(x-\mu_x)(y-\mu_y)]}{\sigma_x\sigma_y},\quad \mathrm{corr}\in(-1,1) \tag{13.17}$$

$$T = \begin{bmatrix} t_{11} & t_{12} & \cdots & t_{16} \\ t_{21} & t_{22} & \cdots & t_{2k} \\ \vdots & \vdots & & \vdots \\ t_{k1} & t_{k2} & \cdots & t_{kk} \end{bmatrix} \tag{13.18}$$

T-模算子[8]适用于各类信息存在较大重叠的情况时来处理信息，能够有效处理信息的冗余性. 利用 T-模算子建立不同差异特征综合权重的关联合成规则，得到相应的合成结果，将基于皮尔逊相关系数求得的特征关联矩阵 T 与 T-模算子相结合，得到 T-模算子的具体计算公式，具体见表 10.8 所示. 即根据所得的关联矩阵元素值选择相应的 T-模算子进行分布合成，从而建立基于多规则组合的差异特征综合权重关联合成.

随机集落影是联系模糊集与随机集的一种理论，它为模糊集和概率论之间搭建了桥梁，并为概念描述、知识表示提供了理论工具. 落影函数[9]及关联落影概念定义如下:

设论域 X 上的一个随机集 ξ: $\Omega \to F(X)$，对于任意的 $x \in X$，有

$$\mu_\xi = P\{w \mid x \in \xi(w)\} \tag{13.19}$$

则称 μ_ξ 是 ξ 的落影函数，其中 P 为概率测度.

设给定某概率空间 (Ω, F, P) 及可测区间 $(F(X), \beta_1)$，$(F(Y), \beta_2)$，设 α，η 分别是 X, Y 上的两个随机集: α: $\Omega \to F(X)$ 和 η: $w \to F(Y)$，定义:

$$\mu_{\alpha,\eta}(x, y) = P\{w \mid x \in \alpha(w), y \in \eta(w)\} \tag{13.20}$$

则称 $\mu_{\alpha,\eta}(x, y)$ 为随机集 α 与 η 的关联落影.

通过建立异类差异特征综合权重与多融合算法间的分布合成，分析互补特征不同属性的重要性程度，确定合成分布的投影轴方向，从而得到异类差异特征权重函数多融合算法融合有效度的关联落影[10]. 其中融合有效度即为衡量融合算法变元对某一差异特征融合效果的好坏程度[11]，计算具体见公式(13.13).

拟态变元的选择与组合参考 13.3.4 节，与该节所用的高层变元集、低层变元集及基层变元集相同，其中高层变元的 7 类变元依次记为 A_1 至 A_7.

13.4.2 实验结果与分析

以 BEPMS 数据集为例来说明，首先对视频序列中的每一帧中的各类差异特征的幅值及频次进行提取，得到差异特征综合权重值. 基于特征判别条件将计算出的各类差异特征综合权重值进行筛选排序，从而确定每一帧对应的主要差异特征. 结果如表 13.12 所示，展示了第 1 帧、第 50 帧、第 120 帧、第 140 帧、第 165 帧、第 185 帧、第 200 帧共 7 帧视频，表中每一行中加粗对应的特征即为该帧视

频的主要差异特征. 如第 1 帧: GM, AG 和 CA; 第 50 帧: GM 和 CA; 第 120 帧: AG, EI 和 CA; 第 140 帧: CA; 第 200 帧: AG 和 CA.

表 13.12　每帧对应的主要差异特征类型

视频帧	判别值	差异特征综合权重值					
		GM	SD	AG	EI	CN	CA
1	0.2873	**0.2934**	0.1895	**0.2916**	0.2891	0.1492	**0.3727**
50	0.2759	**0.3104**	0.2219	0.2739	0.2742	0.1654	**0.3441**
120	0.2905	0.2234	0.2719	**0.3182**	**0.3088**	0.2309	**0.3320**
140	0.2813	0.1805	0.2408	0.2352	0.2623	0.1955	**0.3436**
165	0.2463	0.1736	**0.2635**	**0.2912**	**0.2844**	0.2350	0.2461
185	0.2781	0.2123	0.2609	**0.2938**	**0.3053**	0.2352	**0.3188**
200	0.2639	0.1729	0.2574	**0.2838**	0.2607	0.2051	**0.3201**

然后分别计算差异特征综合权重两两间的关联关系, 从而得到每帧对应的特征关联矩阵 T, 采用表格代替矩阵的方式将特征间的关联关系数字化表达出来, 具体如表 13.13～表 13.15 所示, 分别展示了第 1 帧、第 120 帧和第 200 帧的特征关联矩阵值, 根据所得的关联矩阵元素值选择合适的 T-模算子(表中加粗字体), 如在表 13.13 括号中, 根据第 1 帧所选主要差异特征为 GM, AG 和 CA, 其中 corr(GM,AG)= 0.1486, corr(AG,CA)= $0.0552 \in [0, 0.2)$, 即差异特征 GM 和 AG, AG 和 CA 均不相关, 对应的 T-模算子为 T_3, 而 corr(GM, CA)= $-0.1355 \in [-0.5, 0)$, 即 GM 和 CA 属于负相关, 选择 T_2 算子, 其他帧亦如此.

表 13.13　第 1 帧的特征关联矩阵

	GM	SD	**AG**	EI	CN	**CA**
GM	1.0000	0.1506	**0.1486 (T_3)**	0.1883	0.1551	**−0.1355 (T_2)**
SD	0.1506	1.0000	0.7439	0.6596	0.9657	0.0924
AG	**0.1486 (T_3)**	0.7439	1.0000	0.9486	0.6914	**0.0552 (T_3)**
EI	0.1883	0.6596	0.9486	1.0000	0.6152	0.0327
CN	0.1551	0.9657	0.6914	0.6152	1.0000	0.0804
CA	**−0.1355 (T_2)**	0.0924	**0.0552 (T_3)**	0.0327	0.0804	1.0000

表 13.14　第 120 帧的特征关联矩阵

	GM	SD	**AG**	**EI**	CN	**CA**
GM	1.0000	0.2043	0.1629	0.1900	0.2160	0.0689
SD	0.2043	1.0000	0.7330	0.6997	0.9690	0.0065

续表

	GM	SD	**AG**	**EI**	CN	**CA**
AG	0.1629	0.7330	1.0000	**0.9559 (T_6)**	0.6665	**−0.1618 (T_2)**
EI	0.1900	0.6997	**0.9559 (T_6)**	1.0000	0.6544	**−0.1897 (T_2)**
CN	0.2160	0.9690	0.6665	0.6544	1.0000	0.0197
CA	0.0689	0.0065	**−0.1618 (T_2)**	**−0.1897 (T_2)**	0.0197	1.0000

表 13.15　第 200 帧的特征关联矩阵

	GM	SD	**AG**	EI	CN	**CA**
GM	1.0000	0.3681	0.3234	0.3402	0.3726	−0.0558
SD	0.3681	1.0000	0.8470	0.8253	0.9646	0.0921
AG	0.3234	0.8470	1.0000	0.9678	0.8091	**0.0200 (T_3)**
EI	0.3402	0.8253	0.9678	1.0000	0.8098	−0.0446
CN	0.3726	0.9646	0.8091	0.8098	1.0000	0.0716
CA	−0.0558	0.0921	**0.0200 (T_3)**	−0.0446	0.0716	1.0000

最后对于两类差异特征综合权重对应的融合有效度合成值点，利用析取算子选取融合算法集中融合有效度最大的拟态变元；建立不同融合算法下差异特征合成结果的关联落影，再将其映射到相应两类差异特征综合权重值的组合面上.

如果对于某帧视频来说，其主要差异特征只有一种，则跳过计算特征关联矩阵和构建特征关联落影这两步，直接通过不同融合算法下该种差异特征的融合有效度优化选择拟态算法变元以实现拟态融合；如果某帧视频的主要差异特征为 $\{f_a,f_b,f_c\}$ (大于等于两种)，我们则需要考虑主要差异特征集内所有元素两两的关联情况，即包括 $\langle f_a,f_b\rangle$，$\langle f_a,f_c\rangle$，$\langle f_b,f_c\rangle$.

将关联落影图中各类差异特征综合权重函数融合有效度大于等于 0.1 的集群划分为显著融合信息区，通过统计每种融合算法在各类差异特征综合权重显著融合信息区现的次数以及对应的融合有效度值，利用加权统计的方法来对结果进行数理统计，从而计算得到拟态算法变元 A_i 在该区域的融合所占比例 Pr_i 以及平均融合有效度 $\overline{E_i}$，由于这两个值均与融合算法 A_i 的融合性能成正比，所以构建融合得分指标 Fs_i，如公式(13.21)所示. 将各类差异特征综合权重关联方式下不同融合算法的融合得分指标求和，根据所求值来确定拟态算法变元，最终实现拟态融合.

$$Fs_i = Pr_i \times \overline{E_i} \tag{13.21}$$

图 13.9 展示了第 1 帧的三种主要差异特征(GM, AG 和 CA)的融合有效度关联合成结果图，总体从图中可以发现，融合有效度分布合成值的大小与对应的两

类差异特征综合权重的值密切相关, 且近似成反比例变换, 即当两类差异特征综合权重很小时, 对应的融合有效度的合成值却很大, 反之亦然. 通过图 13.10 也可以明显看出当两者差异特征的权重值都很小时, 即每个图的左下角部分, 不同融合算法的融合有效度点分布相对比较密集, 即图像的主要融合有效信息主要分布在关联落影图中两类差异特征综合权重值较小的部分. 表 13.16 显示了不同算法在三种关联结果的融合得分指标值, 从最后一行的指标和大小可以得出第一帧所选最优拟态算法变元为 A_4. 图 13.11 和图 13.12 分别展示了第 120 帧的三种主要差异特征(AG, EI 和 CA)的特征关联合成和特征关联落影结果图, 基于此我们计算各类融合算法的融合得分指标和, 具体见表 13.17, 选择算法 A_5 作为最优拟态变元来实现拟态融合. 图 13.13(b)展示的是第 200 帧的特征关联落影图, 由于第 200 帧的主要差异特征只有两种: AG 和 CA, 所以关联方式只有一种, 结合表 13.18 和图 13.13 的结果, 显然拟态算法变元 A_1 优于其他变元, 有更好的融合性能.

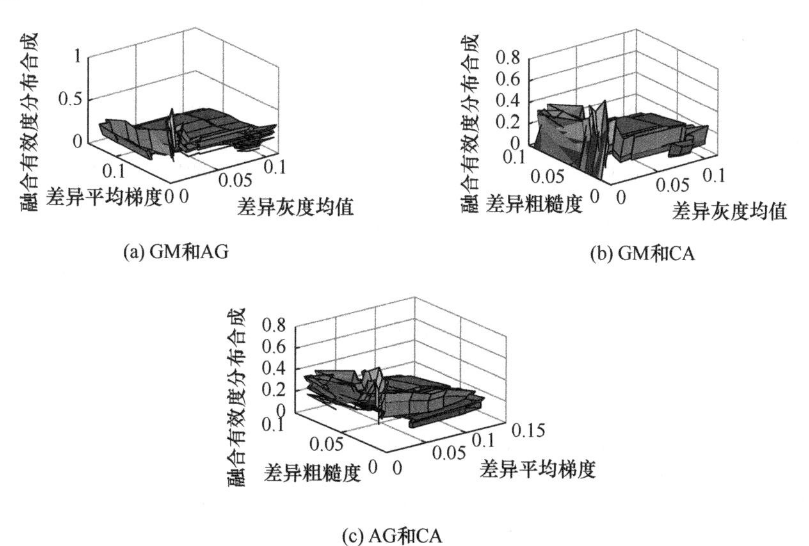

图 13.9　第 1 帧的特征关联合成结果

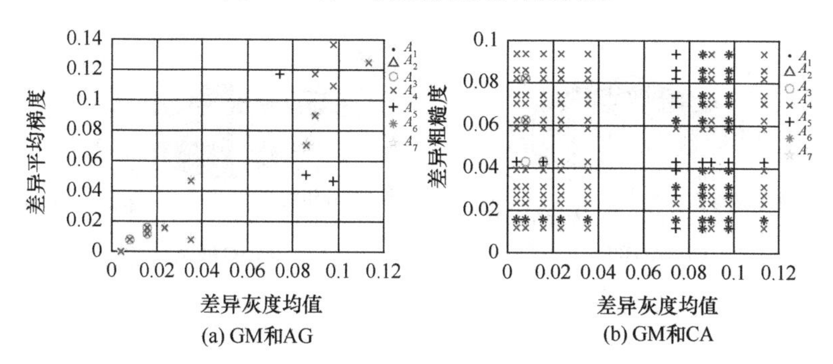

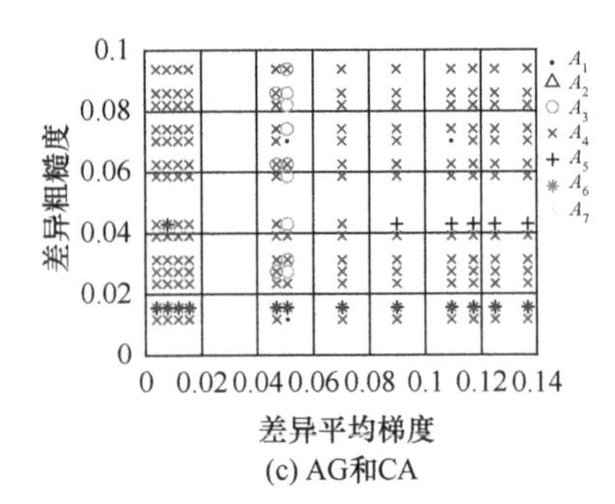

(c) AG和CA

图 13.10　第 1 帧的特征关联落影结果

表 13.16　第 1 帧不同拟态变元的融合得分指标值

特征关联	指标	A_1	A_2	A_3	A_4	A_5	A_6	A_7
GM 和 AG	Pr_i	0.0186	0	0.0217	0.8168	0.1180	0	0.0248
	E_i	0.1717	0	0.1668	0.3316	0.1729	0	0.1717
	Fs_i	0.0032	0	0.0036	0.2708	0.0204	0	0.0033
GM 和 CN	Pr_i	0	0	0.0218	0.8836	0.0945	0	0
	E_i	0	0	0.2468	0.2827	0.1944	0	0
	Fs_i	0	0	0.0054	0.2498	0.0184	0	0
AG 和 CN	Pr_i	0.0258	0	0.0115	0.9026	0.0602	0	0
	E_i	0.1440	0	0.1359	0.2985	0.2248	0	0
	Fs_i	0.0037	0	0.0016	0.2694	0.0135	0	0
总和	Fs_i	0.0069	0	0.0106	**0.7901**	0.0523	0	0

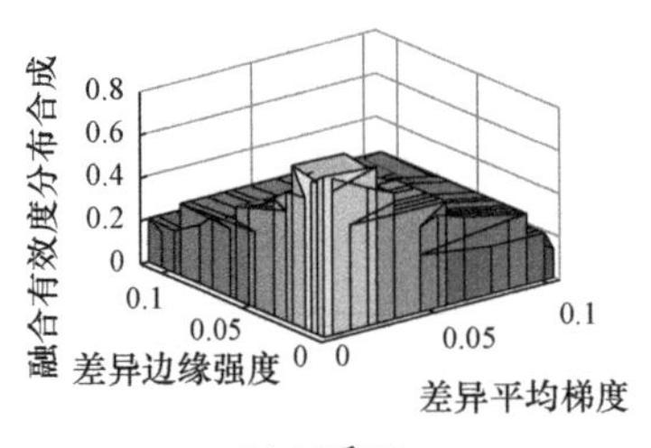

(a) AG和EI

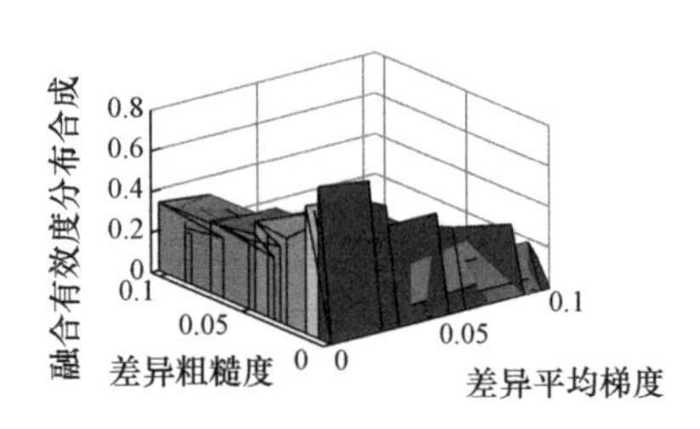

(b) AG和CA

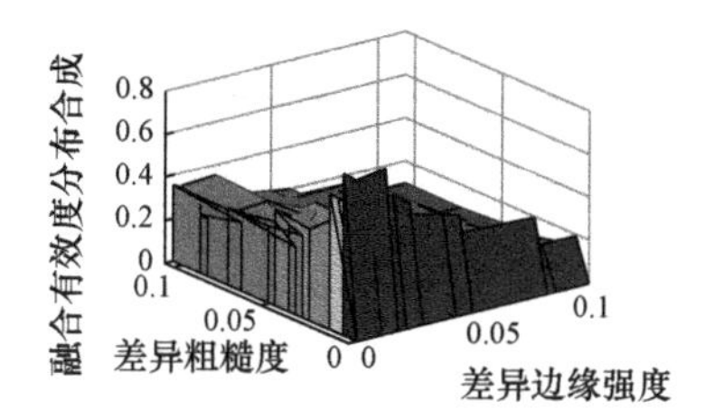

(c) EI和CA

图 13.11　第 120 帧的特征关联合成结果

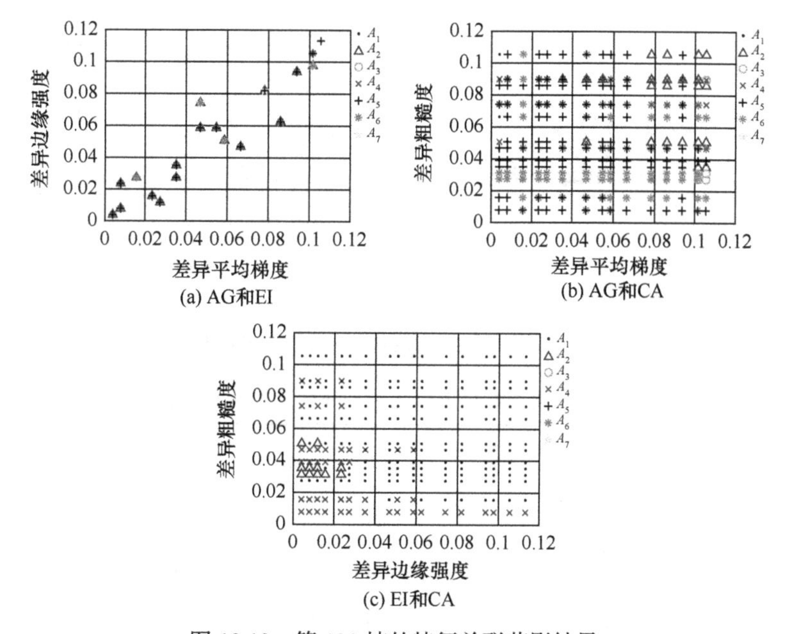

(a) AG和EI　(b) AG和CA　(c) EI和CA

图 13.12　第 120 帧的特征关联落影结果

表 13.17　第 120 帧不同拟态变元的融合得分指标值

特征关联	指标	A_1	A_2	A_3	A_4	A_5	A_6	A_7
AG 和 EI	Pr_i	0	0.1191	0	0.2742	0.3795	0.1330	0.0942
	E_i	0	0.2462	0	0.4331	0.3376	0.3218	0.1979
	Fs_i	0	0.0293	0	0.1188	0.1281	0.0428	0.0186
AG 和 CA	Pr_i	0.0470	0.0043	0	0.0812	0.6154	0.2521	0
	E_i	0.2763	0.1480	0	0.2191	0.2728	0.2273	0
	Fs_i	0.0130	0.0006	0	0.0178	0.1679	0.0573	0
EI 和 CA	Pr_i	0.7943	0.0348	0	0.1709	0	0	0

续表

特征关联	指标	A_1	A_2	A_3	A_4	A_5	A_6	A_7
EI 和 CA	E_i	0.2172	0.3216	0	0.3976	0	0	0
	Fs_i	0.1725	0.0112	0	0.0679	0	0	0
求和	Fs_i	0.1855	0.0412	0	0.2045	**0.2960**	0.1001	0.0186

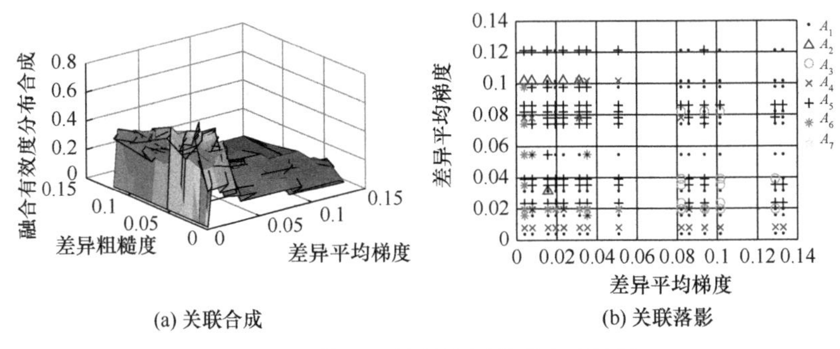

(a) 关联合成　　(b) 关联落影

图 13.13　第 200 帧的特征关联合成结果

表 13.18　第 200 帧不同拟态变元的融合得分指标值

特征关联	指标	A_1	A_2	A_3	A_4	A_5	A_6	A_7
AG 和 CA	Pr_i	0.4290	0.0195	0.0334	0.1031	0.3510	0.0641	0
	E_i	0.2655	0.3524	0.1604	0.3184	0.3008	0.4372	0
	Fs_i	**0.1139**	0.0069	0.0054	0.0328	0.1056	0.0280	0

融合结果如图 13.14 所示，采用 7 个客观评价指标[12]对算法各方面的融合结果进行评价. 包括 $Q^{AB/F}$, Q_0, Q_W, Q_e, 互信息(Mutual Information, MI), VIFF 和空间频率(Spatial Frequency, SF). 指标值越高，融合性能越好. 在实验中，粗体用于突出显示最优值. 从融合结果来看，典型的单一融合算法无法对所有帧都保持良好的融合效果，随着帧间差异信息的变化，行人的亮度、楼梯的边缘和树木的轮廓都不可避免地会丢失信息. 与其他方法相比，本方法可以很好地保留行人的亮度和场景细节，具有更清晰的视觉效果，定性分析结果表明其在保留典型热目标和丰富可见细节方面的优势. 表 13.19 给出了 BEPMS 数据集的平均定量分析结果，该方法在 $Q^{AB/F}$, Q_0, Q_e, MI 和 VIFF 的评价指标中取得了最好的值，在 Q_W 上排名第三，仅次于 A_3 和 A_5，仅次于到 SF 上的 A_5，不仅保留了丰富的有用特征信息，并且比其他方法具有更好的融合性能，这与上述定性分

析是一致的.

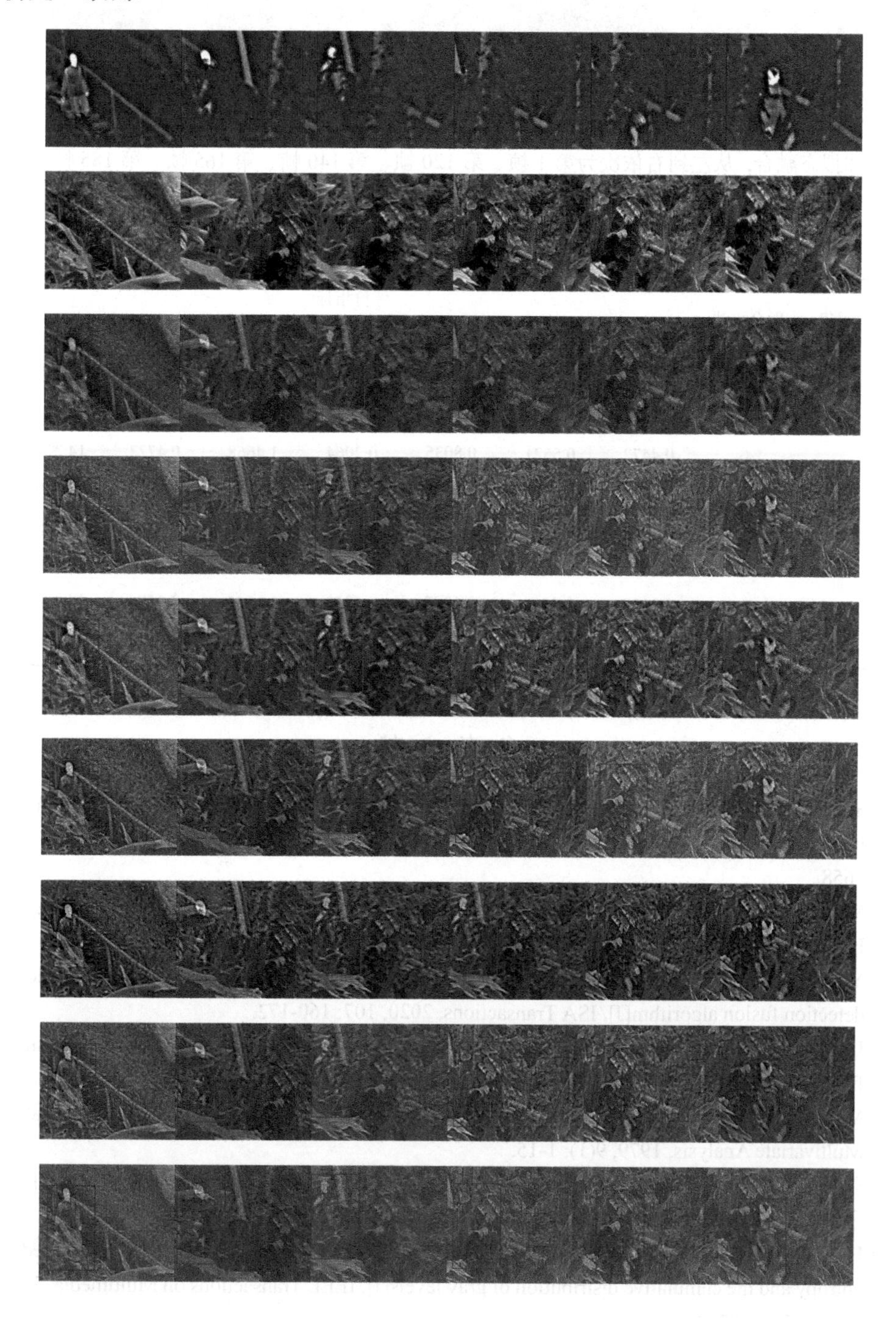

图 13.14 BEPMS 数据集的对比融合结果. 从上到下依次为: 红外图像, 可见光图像, A_1 至 A_7 和拟态融合, 从左到右依次为第 1 帧、第 120 帧、第 140 帧、第 165 帧、第 185 帧和第 200 帧

表 13.19 BEPMS 数据集各评价指标结果

数据集	融合方法	评价指标						
		$Q^{AB/F}$	Q_0	Q_w	Q_e	MI	VIFF	SF
BEPMS	A_1	0.3435	0.5474	0.7050	0.1527	1.4282	0.3462	14.4333
	A_2	0.4113	0.5708	0.7847	0.2052	1.3244	0.3878	13.6647
	A_3	0.4472	0.5521	0.8035	0.2064	1.4668	0.4772	14.2224
	A_4	0.4513	0.5498	0.8016	0.2179	1.3907	0.5135	13.9504
	A_5	0.4405	0.5615	0.8100	0.2258	1.4231	0.4349	**14.5350**
	A_6	0.4333	0.5473	0.7853	0.2178	1.3348	0.3855	13.5462
	A_7	0.3024	0.4560	0.6397	0.1078	1.1565	0.2576	14.0764
	拟态融合	**0.4522**	**0.5737**	0.8032	**0.2259**	**1.4776**	**0.5224**	14.4704

参 考 文 献

[1] Sun J Q, Xiong X X, Waluschka E, et al. Suomi national polar-orbiting partnership visible infrared imaging radiometer suite polarization sensitivity analysis[J]. Applied Optics, 2016, 55(27): 7645-7658.

[2] Ma J, Ma Y, Li C. Infrared and visible image fusion methods and applications: A survey[J]. Information Fusion, 2019, 45: 153-178.

[3] Yan H, Zhang X F. Adaptive fractional multi-scale edge-preserving decomposition and saliency detection fusion algorithm[J]. ISA Transactions, 2020, 107: 160-172.

[4] Li S, Yang B, Hu J. Performance comparison of different multi-resolution transforms for image fusion[J]. Information Fusion, 2011, 12: 74-84.

[5] Mack Y P, Rosenblatt M. Multivariate k-nearest neighbor density estimates[J]. Journal of Multivariate Analysis, 1979, 9(1): 1-15.

[6] 郭小铭, 吉琳娜, 杨风暴. 基于可能性信息质量合成的双模态红外图像融合算法选取[J]. 光子学报, 2021, 50(3): 175-187.

[7] Hu H M, Wu J W, Zheng J. An adaptive fusion algorithm for visible and infrared videos based on entropy and the cumulative distribution of gray levels[J]. IEEE Transactions on Multimedia, 2017, 19(12): 2706-2719.

[8] 杨风暴, 吉琳娜, 王肖霞. 可能性理论及应用[M]. 北京: 科学出版社, 2019: 41-45.

[9] Tan S K, Wang P Z, Lee E S. Fuzzy set operations based on the theory of falling shadows[J]. Journal of Mathematical Analysis and Applications, 1993, 1(15): 242-255.

[10] Guo X M, Yang F B, Ji L N. A mimic fusion method based on difference feature association falling shadow for infrared and visible video[J]. Infrared Physics &Technology, 2023, 132: 104721.

[11] Guo X M, Yang F B, Ji L N. MLF: A mimic layered fusion method for infrared and visible video[J]. Infrared Physics &Technology, 2022, 126: 104349.

[12] Han Y, Cai Y, Cao Y, et al. A new image fusion performance metric based on visual information fidelity[J]. Information Fusion, 2013, 14(2): 127-135.